全国高职高专“十二五”规划教材
机械制造与自动化专业群

机械设计基础

主　编　王　玉
副主编　高桂仙
参　编　杜海彬　富国亮　孙大鹏
主　审　张兆隆

机械工业出版社

本教材紧紧围绕着国家职业标准中的机械基础知识要求和高级技术人员的需要，以国家职业技能标准和职业能力培养为目标，以工作内容为主线，以“分析、设计典型的机械传动装置”作为任务驱动，按任务描述、任务分析、相关知识、任务实施四部分进行编写。

本教材分为18章，每章（第1章除外），以典型的工作任务为引领，突出核心技能与实操能力，强化了知识应用和能力训练方面的内容，使理论与实践融为一体，充分体现了“教、学、做合一”的教学思想。

本教材可作为高等职业院校机械类、机电类和近机类专业的规划教材，也可作为成人教育机电类专业教材，同时可供从事机械设计、制造和维修等工作的有关工程技术人员参考。

本书配有电子课件，凡使用本书作为教材的教师可登录机械工业出版社教育服务网 www.cmpedu.com 注册后下载。咨询邮箱：cmpgaozhi@sina.com。咨询电话：010-88379375。

图书在版编目（CIP）数据

机械设计基础/王玉主编．—北京：机械工业出版社，2015.8（2018.8重印）

全国高职高专“十二五”规划教材．机械制造与自动化专业群

ISBN 978-7-111-50873-1

Ⅰ.①机… Ⅱ.①王… Ⅲ.①机械设计-高等职业教育-教材 Ⅳ.①TH122

中国版本图书馆CIP数据核字（2015）第193577号

机械工业出版社（北京市百万庄大街22号 邮政编码100037）
策划编辑：王海峰 责任编辑：王海峰 李若冰
责任校对：陈秀丽 李锦莉
责任印制：常天培
北京京丰印刷厂印刷
2018年8月第1版·第2次印刷
184mm×260mm·20印张·496千字
标准书号：ISBN 978-7-111-50873-1
定价：48.00元

凡购本书，如有缺页、倒页、脱页，由本社发行部调换

电话服务	网络服务
服务咨询热线：010-88379833	机工官网：www.cmpbook.com
读者购书热线：010-88379649	机工官博：weibo.com/cmp1952
	教育服务网：www.cmpedu.com
封面无防伪标均为盗版	金书网：www.golden-book.com

前　言

本教材根据高职高专人才的培养目标、教育部关于《高职高专教育机械设计基础课程教学的基本要求》及高等职业教育教学和改革的要求，结合编者多年从事教研、教改的经验编写而成，以注重实践、强化应用为指导思想，采用任务驱动的模式，在内容安排上，突出了高等职业教育的特点。

本教材紧紧围绕着国家职业标准中的机械设计知识要求和高级技术人员的需要，以培养应用型、技术型、革新型人才，达到国家职业技能标准和提升就业能力为目标，以工作内容为主线，以工作任务为引领，由浅入深，循序渐进，精简理论，突出核心技能与实操能力，使理论与实践融为一体，充分体现了“教、学、做合一”的教学思想，强化了知识应用和能力训练方面的内容。

本教材以“分析、设计典型的机械传动装置”作为任务驱动，将任务中涉及的常用机构、传动和通用零部件的设计和选用，按所需要掌握的相关知识和技能分为18章，包括机械设计概述，机构结构分析，平面连杆机构，凸轮机构，间歇运动机构，带传动，链传动，齿轮传动，蜗杆传动，轮系，轴，连接和螺旋传动，滑动轴承，滚动轴承，联轴器、离合器和制动器，弹簧，机械系统的平衡和调速，机械总体设计。每章（第1章除外）按任务描述、任务分析、相关知识、任务实施四部分进行编写，并附有相关思考题和习题供学生练习。

本教材可作为高等职业院校机械类、机电类和近机械类专业的规划教材，也可作为成人教育机电类专业教材，同时可供从事机械设计、制造和维修等工作的工程技术人员参考。

本教材由王玉任主编，高桂仙任副主编，杜海彬、富国亮、孙大鹏参加编写。编写人员分工如下：河北机电职业技术学院王玉编写第1、6、7、8、10、11、14章、附录，高桂仙编写第2、3、4、5章，孙大鹏编写第12章，富国亮编写第9、13、15章，杜海彬编写第16、17、18章。王玉负责全教材的统稿。河北机电职业技术学院副院长张兆隆教授对本教材进行了认真、细致的审阅，提出了许多宝贵意见和建议。本教材在编写过程中得到了单位领导和有关同志的大力支持和帮助，在此一并表示感谢。

在编写过程中，编者参考了有关文献，在此对这些文献的作者表示衷心的感谢！

鉴于编者水平有限，教材中难免存在不足之处，欢迎读者批评指正。

编　者

目　　录

第 1 章　机械设计概述

1.1　机械设计的研究对象及其基本概念

1.1.1　机器、机构和机械

机器是人类在长期的生产实践中发展起来的，用以减轻人类的劳动强度，提高生产率的重要工具。利用机器，人类可以创造出更多的物质财富。

图 1-1 所示的单缸内燃机由气缸体 1、活塞 2、连杆 3、曲轴 4、小齿轮 5、大齿轮 6、凸轮 7、推杆 8、气门 9 和气门 10 等组成。缸内气体燃烧，推动活塞平动，带动连杆平面运动、曲轴定轴转动，一方面运动输出，驱动车辆行驶；另一方面，通过小齿轮、大齿轮、凸轮轴、进排气推杆控制进气和排气，使运动连续。燃气在气缸内的进气—压缩—作功—排气过程，使其燃烧的热能转变为机械能。

图 1-2 所示的颚式破碎机由电动机 1、小带轮 2、V 带 3、大带轮 4、偏心轮 5、动颚板 6、肘板 7、定颚板（机架）8 组成。通电后电动机转动，通过带传动带动偏心轮转动，使动颚板作平面运动，肘板定轴摆动，动颚板与定颚板一起压碎物料。电动机的电能转化为机械能，即曲轴转动、动颚板平面运动、肘板摆动。

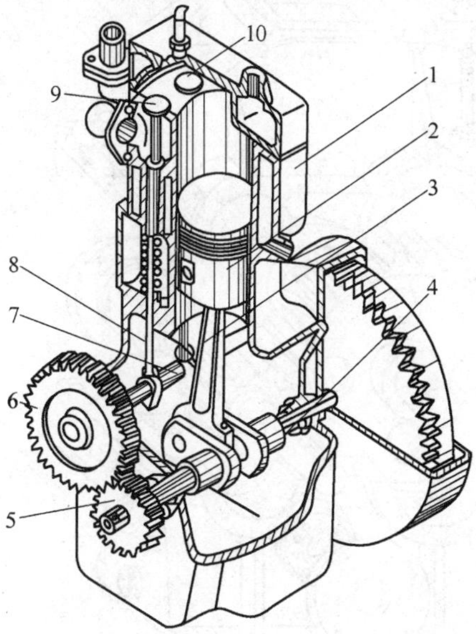

图 1-1　单缸内燃机

1—气缸体　2—活塞　3—连杆　4—曲轴　5—小齿轮　6—大齿轮　7—凸轮　8—推杆　9、10—气门

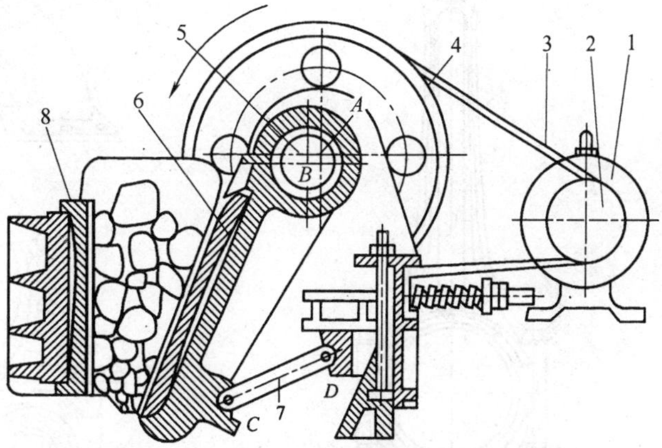

图 1-2　颚式破碎机

1—电动机　2—小带轮　3—V 带　4—大带轮　5—偏心轮　6—动颚板　7—肘板　8—定颚板

通过以上分析可知，机器的种类繁多，结构形式和用途也各不相同，但机器都有以下三个共同特征。

1）它们都是一种人为的实物（构件、零件）组合体。

2）各实物之间具有确定的相对运动。

3）能实现能量转换或完成有用的机械功。

机构只具有机器的前两个特征，如连杆机构，凸轮机构，齿轮机构等。机构只是完成传递运动、力或改变运动形式的机械装置。机器是根据某种使用要求而设计的带有动力的完整装置，能完成有用的机械功或转换机械能。机器包含机构，机构是机器的重要组成部分。一部机器中可以包括不同种类的机构，而同一种机构又可以应用在不同的机器中。

机构与机器的区别在于机器必须能够做功或进行能量转换。由于机器与机构在组成和运动中并无区别，所以将机器和机构统称为机械。

1.1.2 构件和零件

组成机械的各个相对运动的实物称为构件，机械中不可拆卸的制造单元称为零件。构件可以是单一零件，如图 1-1 内燃机的曲轴 4；也可以是多个零件的刚性组合体，如内燃机的连杆 3，其结构如图 1-3 所示。它由连杆体 1、连杆盖 4、螺栓 2 以及螺母 3 等零件组成。这些零件之间没有相对运动，构成一个运动单元，称为一个构件。

零件是制造的单元。机械中的零件可以分为两类：一类称为通用零件，它在各种机械中都能用到，如图 1-3 所示内燃机连杆中的螺栓 2、螺母 3，图 1-4 所示齿轮减速器中的螺母

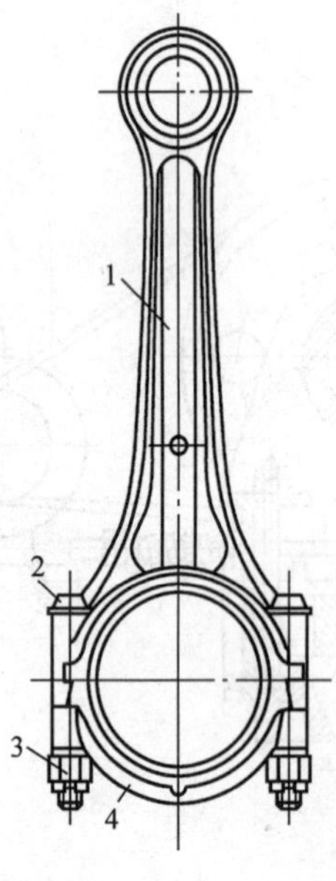

图 1-3　内燃机连杆

1—连杆体　3—螺栓　3—螺母　4—连杆盖

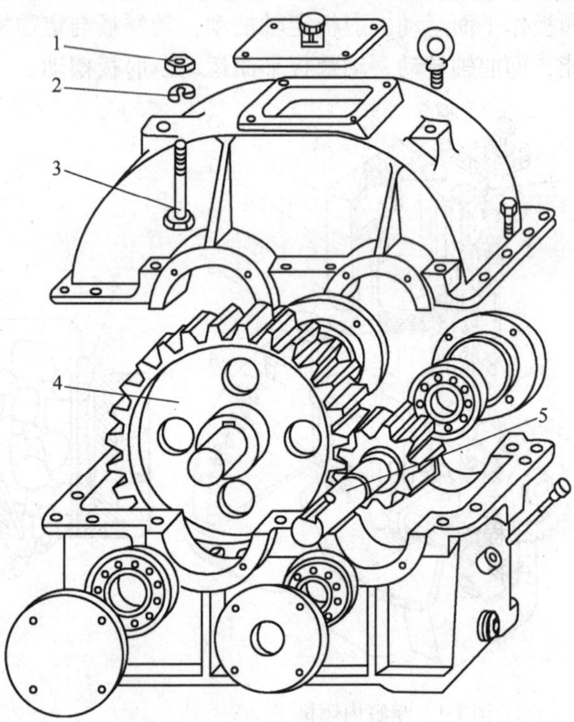

图 1-4　齿轮减速器

1—螺母　2—垫圈　3—螺栓　4—齿轮　5—轴

1、垫圈 2、螺栓 3、齿轮 4、轴 5 等；另一类称为专用零件，它只出现于某些机械之中，如图 1-1 所示内燃机中的活塞 2、曲轴 4，图 1-3 所示内燃机连杆中的连杆体 1、连杆盖 4 等。

1.1.3　机器的组成

机器都可归纳为由四大部分组成：原动部分、传动部分、工作部分和检控部分。

1. 原动部分

原动部分是机械的动力源。常见的动力源有电动机、内燃机等。这部分的作用是把其他形式的能转变为机械能，以驱动机械各部件，如图 1-5 所示车床中的电动机 1。

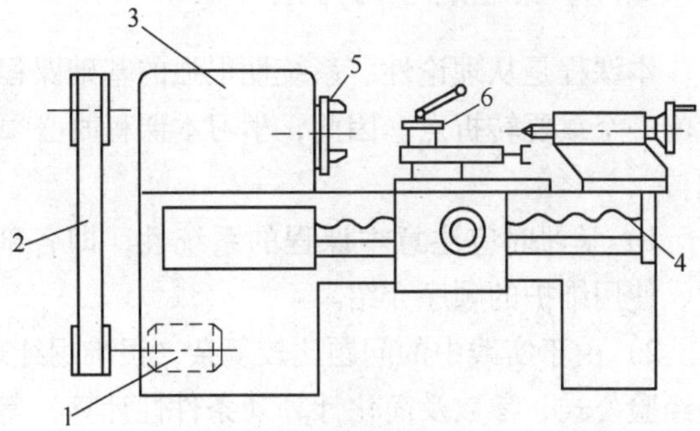

图 1-5　车床

1—电动机　2—带传动　3—变速箱　4—丝杠　5—卡盘　6—刀架

2. 传动部分

传动部分处于机械的中间部位，如图 1-2 所示颚式破碎机中的 V 带传动，图 1-5 所示车床中的带传动 2、变速箱 3。其作用是把原动机的运动和动力传递给工作部分。此外，还有电磁传动、液或气传动等。

3. 工作部分

工作部分是机械的终端，依靠原动部分经过传动部分带动。如图 1-5 所示车床旋转的主轴卡盘 5 和作纵、横直线运动的刀架 6 都属于工作部分，利用它们可以切削工件。如图 1-2 所示破碎机的动颚板 6 也属于工作部分，利用它的平面运动可将物料碾碎。

4. 检控部分

检控部分包括控制部分和检测部分，如数控机床的工业控制机、数字显示器以及各种操纵杆和仪表。其作用是操作机械运行，显示运行状况和数据，保证机械正常地运行。机电一体化的发展，使检控部分在机械中的地位日益重要。

1.2　本课程的内容、任务和学习方法

1.2.1　本课程的内容、性质和任务

本课程的内容是讲述机械中常用机构和通用零件的工作原理、结构特点、基本的设计理论和设计选用方法。讲述的常用机构和通用零部件有平面连杆机构、凸轮机构、间歇运动机构、齿轮传动、带传动、蜗杆传动、螺旋传动、键连接、螺纹连接、轴、滚动轴承、滑动轴承、联轴器与离合器、弹簧、轮系以及平衡与调速等。

本课程是一门技术基础课程，位于基础课程和专业课程之间，起着承前启后的作用，是学习专业课程和从事机械产品设计的必备基础。学习本课程时，要综合运用高等数学、机械制图、工程力学、机械制造基础等课程的有关知识。

本课程的任务是培养学生树立正确的设计思想和思维方法，养成踏实、严谨的工作习

惯；使学生掌握一般机械中常用机构和通用零部件的工作原理、性能特点；初步掌握常用机构和通用零部件的选用和设计方法；掌握一般机械设备中常用机构和零部件的使用方法；学会查用图表、标准、规范和手册等技术资料；培养学生设计常用机构、简单传动装置、通用零件及分析、解决一般工程问题的能力。

1.2.2 本课程的学习方法

本课程是从理论性、系统性很强的基础课程和专业基础课程向实践性较强的专业课程过渡的一个重要转折点。因此，学习本课程时必须在学习方法上有所转变，应注意以下几个问题：

1）学习时应注意本课程的系统性，即各部分内容都是按照工作原理、结构、强度计算、使用维护的顺序介绍。

2）由于实践中的问题比较复杂，很难用纯理论的方法解决，因此学习时要灵活应用一些经验公式、参数及简化计算（条件性计算）等。

3）计算步骤和计算结果不像基础课程那样具有唯一性。

4）计算对解决设计问题虽然很重要，但并不是唯一要求学生掌握的能力。必须逐步培养学生把理论计算与结构设计、工艺等结合起来解决设计问题的能力。

1.3 机械设计的基本要求

机械设计包括以下两种设计：一种是应用新技术、新方法开发创造新机械；另一种是在原有机械的基础上重新设计或进行局部改造，从而改变或提高原有机械的性能。设计质量直接关系机械产品的性能、价格及经济效益。

1.3.1 机械零件设计的基本要求

机械零件是组成机器的基本单元，其应满足的基本要求是工作可靠并且成本低廉。只有每个零件都能可靠地工作，才能保证机器的正常运行。设计机械零件还必须考虑经济效益，力求综合经济效益高。为此要注意以下几点：

1）合理选择材料，降低材料费用。

2）保证良好的工艺性，减少制造费用。

3）尽量采用标准化、通用化设计，简化设计过程，从而降低成本。

1.3.2 机械产品设计的基本要求

机械产品设计应满足以下几方面的基本要求。

1. 满足机械功能的要求

设计的机器能够准确实现规定的运动轨迹，完成预定的功能，满足人们提出的使用要求，并能在规定的工作条件下、规定的工作期限内正常运行，即可称为该机械有良好的功能。例如设计的破碎机能实现对有一定硬度和一定颗粒大小的物料进行碾碎；设计的车床能加工零件的外圆表面和内孔表面。

2. 整机工作可靠

机器由许多零件及部件组成，其可靠度取决于零部件的可靠度。机械系统的零部件越多，其可靠度也就越低，因此在设计机器时应尽量减少零件数目。

3. 经济实用

经济性指标是一项综合性指标，要求设计及制造成本低、机器生产率高、能源和材料耗费少、维护及管理费用低等。

4. 操作方便、工作安全

操作系统要简便可靠，有利于减轻操作人员的劳动强度。设计的机械要有各种保险装置以消除由于误操作而引起的危险，避免人身及设备事故的发生。除了某些机械要求有特定的振动以外，大多数的机械要求运行平稳、振动小、噪声低，在机械的重要部位要有保险或防护装置，以保证运行安全可靠。

除了以上这些基本要求外，少污染、外形美观等要求也是不可忽视的。

1.4　机械设计的方法和一般步骤

机械设计是一项复杂、细致和科学性很强的工作。常规设计方法是工程技术人员进行机械设计的重要基础，需很好地掌握。

1.4.1　机械设计的一般程序

1. 设计任务书

首先进行社会调查和市场调查，根据市场需求提出设计任务，明确设计要求，根据需要确定机械的功能及技术要求。设计任务书应确切写明机械名称、功能、主要的经济和技术指标、工作条件、生产规模、完成设计和制造的日期等。设计任务书的内容应由主管部门及专家研究审定。

2. 方案设计

根据设计任务书的内容，在满足设计任务书中具体设计要求的前提下，分析机械的运动规律和受力情况，选择采用何种机构和传动，拟定机械的总体布置方案。在这一阶段中，应提出几个可行的方案，用指标评分选优法，从中优选出一种满足功能要求、工作性能可靠、结构设计可行以及成本低廉的方案。

3. 总体结构设计

依据总体方案，通过运动学和动力学计算以及对关键零部件工作能力和寿命的计算，有时还需借助试验测得的必要数据，确定结构中零部件的形状和尺寸。同时，考虑零部件相互间的位置和装卸关系，绘出总体结构图。

4. 零部件设计

根据总体结构图要求，结合零部件的工艺性和工作能力绘制零部件工作图，并编写出相应的技术文件和说明书。

5. 试制和修改设计

先经过加工、安装及调试制造出样机，并进行试运行。将试验过程中发现的问题，进行修改完善。

6. 审核和鉴定

根据任务书，将规定的指标同实际情况逐项对照，给出审定意见并确定能否投入生产。

7. 定型生产

根据可投入生产的鉴定结论定型样品。然后，再由生产条件和市场状况确定生产数额。对于新的机械产品，通常先以小批量规模投入生产，经过一段时间试用后，再扩大生产量。

1.4.2 机械零件设计的一般步骤

与设计机器时一样，设计机械零件也常需拟定出几种不同方案，经过认真比较选用其中最好的一种。设计机械零件的一般步骤如下：

1）根据机器的具体运转情况和简化的计算方案确定零件的载荷。

2）对零件的工作情况进行分析，判定零件的失效形式，从而确定计算准则。

3）选择主要参数，选定材料，根据计算准则求出零件的主要尺寸，考虑热处理及结构工艺性要求等。

4）进行结构设计。

5）绘制零件工作图，制订技术要求，编写计算说明书及相关技术文件。

对于不同的零件和工作条件，以上这些设计步骤可以有所不同。此外，在设计过程中，这些步骤又是相互交错、反复进行的。设计过程是一个不断修改和完善的过程，只有在实践中不断探索，并进行发展和创新，才能设计出更合理、更先进的机械。

1.5 机械零件的失效形式和设计计算准则

机械零件丧失预定功能或预定功能指标降低到许用值以下的现象，称为机械零件的失效。进行机械零件设计时必须根据零件的失效形式分析失效原因，提出防止或减轻失效的措施，根据不同的失效形式提出不同的设计计算准则。

1.5.1 失效形式

机械零件最常见的失效形式大致有以下几种。

1. 断裂

机械零件的断裂通常有以下三种情况：

1）零件在外载荷的作用下，某一危险截面上的应力超过零件的强度极限时将发生断裂，如齿轮轮齿的过载折断、轴的过载折断。

2）零件在循环变应力的作用下，危险截面上的应力超过零件的疲劳强度而发生疲劳断裂，如齿轮轮齿的疲劳折断。

3）载荷作用在零件的某一部分时，造成零件的局部折断，如齿轮轮齿的偏载折断。

2. 过量变形

当零件的弹性变形量过大时也会使机器的工作不正常，如机床主轴的过量弹性变形会降低机床的加工精度。

3. 表面失效

表面失效主要有疲劳点蚀、磨损、压溃和腐蚀等形式。表面失效后通常会增加零件的摩擦，使零件尺寸、精度发生变化，最终造成零件的报废，如齿轮齿面的点蚀、磨损等。

4. 破坏正常工作条件引起的失效

有些零件只有在一定的工作条件下才能正常工作，否则就会引起失效。如带传动因过载发生打滑，使传动不能正常进行。

1.5.2 设计计算准则

根据不同的失效原因建立起来的工作能力判定条件，称为设计计算准则，主要包括以下几种。

1. 强度准则

强度是指零部件承受外载荷（包括力和力矩）后，抵抗破坏（包括整体断裂、塑性变形和表面损伤等）的能力。如果强度不够，则零件就不能工作，甚至可能造成严重事故，例如轴折断、齿轮表面点蚀等。强度是一切零件设计的基本准则，必须予以满足。影响零件强度的主要因素包括零件材料的力学性能及热处理、结构形状、尺寸大小和表面粗糙度等。

零件的强度准则是

最大工作应力≤许用应力

许用应力与零件所受的应力种类、零件所用材料的极限应力、零件尺寸大小、工作状况，以及安全系数和可靠性要求等有关。

2. 刚度准则

刚度是指在外载荷作用下，零件抵抗变形的能力。刚度不够，则零件不能正常工作。例如，安装齿轮的轴弯曲挠度过大时，就会破坏轮齿的正确啮合。影响零件刚度的主要因素包括零件的尺寸大小、截面形状和力的支点距离。

零件的刚度准则是

最大工作挠度≤许用挠度

最大工作偏转角≤许用偏转角

最大工作扭转角≤许用扭转角

但是并非所有零件都需要较大的刚度，有一些零件工作时需要较小的刚度，即在外载荷作用下，要有较大的变形量。例如弹簧就是依靠大的弹性变形量来贮存能量或控制运动。

3. 耐磨性准则

耐磨性是指作相对运动的两个零件抵抗摩擦表面物质损失的能力。例如，滑动轴承的工作表面过量磨损时，传动精度就会下降。零件在摩擦过程中，其尺寸和形状都在改变，当磨损量超过限度时，机械就会失去原来的性能而报废。零件的耐磨性是决定机械使用寿命的重要因素。人们常采用使用恰当润滑剂和润滑方式或适当降低表面粗糙度等办法，延长机械正常工作的时间。磨损的机理较复杂，所以通常采用条件性计算准则。

零件的耐磨性准则是

最大工作压力≤许用压力

4. 振动稳定性准则

一般机械中的振动会使零件承受额外的变应力，并使零件和机械的运动精度降低，产生噪声。在高速机械中，当机械或零件的自振频率与载荷的周期性频率相接近时，就会发生共振。共振将导致零件迅速损坏。此时，要进行振动计算，使自振频率远离周期性的频率，从而避免共振。

零件的振动稳定性准则是：零件的工作转速避开临界转速。

5. 散热性准则

零件若在高温环境下工作，一方面会使润滑油失去作用，摩擦及磨损剧增；另一方面会引起热变形和附加热应力，从而使零件的机械强度下降，最终导致零件的承载能力降低，甚至不能正常工作。因此，效率低，发热量大的机构通常要进行工作时的热平衡计算，例如蜗杆蜗轮传动应进行散热能力计算。如果工作温度超过限度，则必须采取散热降温措施。

零件的热平衡准则是

工作时发出的热量≤能够散出的热量

1.6 机械零件结构的工艺性及标准化

1.6.1 机械零件结构的工艺性

机械零件中由理论计算确定的尺寸和形状，只占小部分，而它的许多尺寸、形状以及零件间的相互位置关系，是要由设计者根据机械的整体功能、运动规律、强度、刚度、加工工艺、装卸、调试、维修等因素综合考虑分析后确定。其中零件具有良好的加工工艺性更显得重要，即在一定的生产条件下，用最少工时将零件制造出来。具体地说，设计时应考虑以下基本要求。

1. 合理选择零件的毛坯

零件毛坯的种类有铸件、锻件、焊件、冲压件以及轧制件等。零件采用何种毛坯，与零件的工作能力、生产条件、产量和生产率以及经济性有关。

2. 合理选择零件的精度和表面粗糙度

零件的精度和表面粗糙度制订得过低，就难以满足力学性能要求和寿命要求；制订得过高，又会使零件的加工费用增加，成本提高。

3. 合理设计零件的结构

零件要结构简单、重量轻。在满足功能要求的条件下，采用容易加工的表面形状，减少加工面积。

1.6.2 标准化

一些通用零部件，如螺纹连接件、滚动轴承、联轴器等，由于应用范围广、用量大，已经被标准化成为标准件。设计时只需根据设计手册或产品目录选定型号和尺寸，向专业商店或工厂订购。此外，有很多零件虽使用范围极为广泛，但具体设计时随着工作条件的不同，在材料、尺寸、结构等方面的选择也各不相同。这种情况则可对其某些基本参数规定标准的系列化数列，如齿轮的模数等。

按规定标准生产的零件称为标准件。标准化给机械设计和制造带来的好处是：

1）由专业工厂大量生产标准件，能保证质量、节约材料、降低成本。

2）选用标准件可以简化设计工作、缩短产品的生产周期。

3）选用参数标准化的零件，在机械制造中可以减少刀具和量具的数量，以及加工零部件的工作量。

4）具有互换性，从而简化机器的维护。

设计中选用标准件会受到标准的限制，若选用系列化产品则在一定程度上解决了这一问题。例如，对于同类型、同内径的滚动轴承，按照滚动体直径的不同形成各种外径、宽度的滚动轴承系列，从而使轴承的选用更为方便、灵活。

通用化是指在不同规格的同类或不同类产品中采用同一结构和尺寸的零部件，以减少零部件的种类，简化生产管理过程，降低成本和缩短生产周期。

我国现行标准分为国家标准（GB）、行业标准（如 JB 为机械工业标准、YB 为冶金工业标准等）以及企业标准等。为了方便国际间的交流和参与国际市场竞争，我国的标准将同国际标准（ISO）衔接。所以，在设计过程中应采用国家标准。

思 考 题

1-1 机器的三个特征是什么?

1-2 构件和零件有什么不同?

1-3 机械零件设计、机械设计的基本要求是什么?

1-4 机械设计一般按什么程序进行?

1-5 机械零件设计的基本步骤有哪些?

1-6 机械零件主要有哪些失效形式？相应的设计准则是什么?

1-7 设计机械零件时应考虑哪些结构工艺要求?

1-8 标准化的意义是什么?

第 2 章　机构结构分析

任务描述

任务一：绘制图 1-2 所示颚式破碎机主体机构的运动简图。

任务二：计算机构的自由度。

任务分析

首先需要掌握运动副的概念、类型及其符号，构件的表示方法、构件的自由度及约束的概念，以及机构自由度的计算公式，了解机构运动简图的概念以及机构运动简图的绘图步骤等内容，才能绘制机构运动简图并计算机构的自由度。

相关知识

2.1　平面机构的组成

机构是具有确定相对运动的构件组合。显然，不能产生相对运动或无确定运动的构件组合，不能称为机构。如果机构中所有的构件均在同一平面或相互平行的平面内运动，则称为平面机构，否则称为空间机构。

2.1.1　运动副及其分类

机构是由构件组成的，每个构件都以一定的方式与其他构件相连接。机构中使两构件直接接触既保持联系又能进行相对运动的连接，称为运动副。如内燃机中气缸体与活塞、活塞与连杆、连杆与曲轴、曲轴与气缸体间的连接等，都是运动副。

组成运动副的两构件只能在同一平面作相对运动的运动副，称为平面运动副，否则称为空间运动副。平面运动副按照两构件的接触特性分为高副和低副。

1. 高副

两构件通过点或线接触形成的运动副，称为高副，如图 2-1a 中的凸轮 1 与从动件 2、图 2-1b 中的轮齿 1 与轮齿 2，它们分别在接触处 A 构成高副。

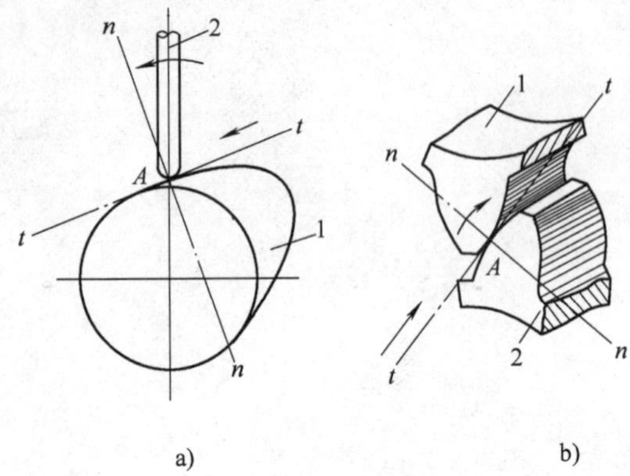

图 2-1　平面高副

2. 低副

两构件通过面接触形成的运动副，称为低副，如图 2-2 所示。低副按两构件间相对运动形式的不同，又分为转动副和移动副。

（1）转动副　如图 2-2a、b 所示，构件 1 与 2 以圆柱面接触。两构件只能绕 z 轴作相对转动。两构件间只能作相对转动的低副，称为转动副或铰链。

（2）移动副　如图 2-2c、d 所示，构件 1 与 2 以平面或圆柱面接触。两构件只能沿 x 轴方向作相对移动。两构件间只能作相对移动的低副，称为移动副。

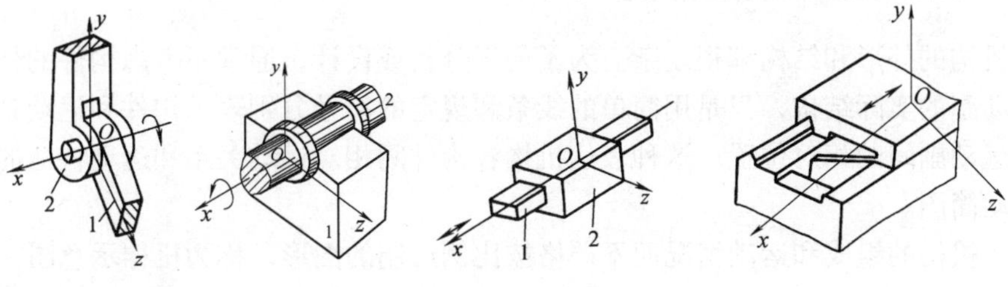

图 2-2　平面低副

2.1.2　运动链

如图 2-3 所示，由两个以上构件通过运动副连接而成的系统，称为运动链。未构成首末相连封闭环的运动链，称为开式运动链（图 2-3a），否则称为闭式运动链（图 2-3b）。

在传统的机械中，应用较多的是闭式运动链。随着生产线中机器人的应用日益广泛，开式运动链的应用也逐渐增多。

2.1.3　机构

在运动链中，若把一个构件固定，另外某一构件或几个构件按给定的运动规律进行独立运动，其余构件均随之作确定相对运动的运动链，称为机构，如图 2-4 所示。

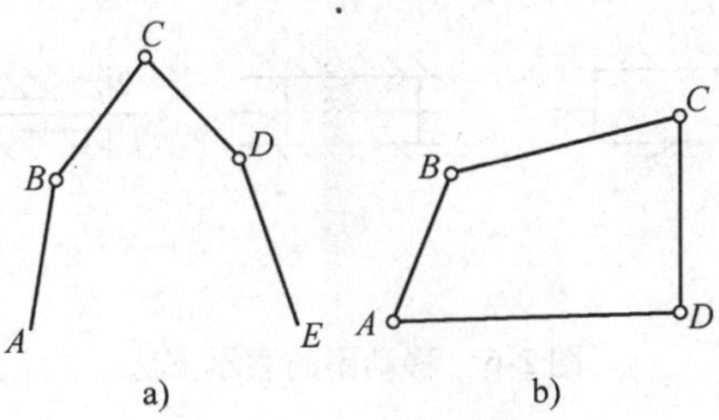

图 2-3　运动链

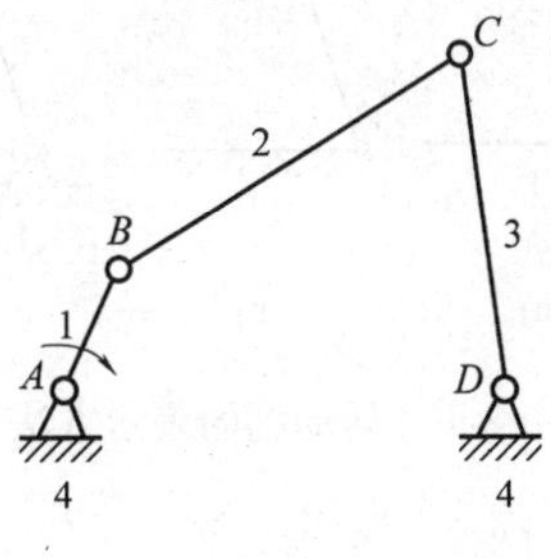

图 2-4　机构

机构中的构件，按其运动性质的不同分为三类。

（1）机架　机构中可看作是固定不动的构件，如图 2-4 中的构件 4。一个机构只能有一个机架。

（2）原动件　机构中运动规律已知的活动构件，一般与机架相连，如图 2-4 中的构件 1。一个机构可以有一个或几个原动件。

(3) 从动件　除原动件以外的其余活动构件，如图 2-4 中的构件 2、3 都是从动件。

2.2　平面机构运动简图

2.2.1　平面机构运动简图的概念

实际机构的外形和结构都很复杂。为了便于分析或设计，通常不考虑构件的外形、截面尺寸和运动副的实际结构，只是用简单的线条和规定的符号分别表示构件和运动副，并按比例确定各运动副间的相对位置。这种表达机构各构件间相对运动关系和运动特征的图形，称为机构运动简图。

只表示机构的组成和运动情况而不严格按比例绘制的图形，称为机构示意图。

2.2.2　运动副和构件的表示方法

1. 转动副

图 2-5 所示为两构件组成转动副的表示方法。图 2-5a 中组成转动副的两构件均是活动构件；图 2-5b、c 组成转动副的两构件中，构件 2 是活动构件，构件 1 为机架固定不动。圆圈用来表示转动副，其圆心代表回转轴线。

2. 移动副

图 2-6 所示为两构件组成移动副的表示方法。图 2-6a 中组成移动副的两构件均是活动构件；图 2-6b 组成移动副的两构件中，构件 2 是活动构件，构件 1 为机架固定不动。移动副的导路必须与相对移动方向一致。

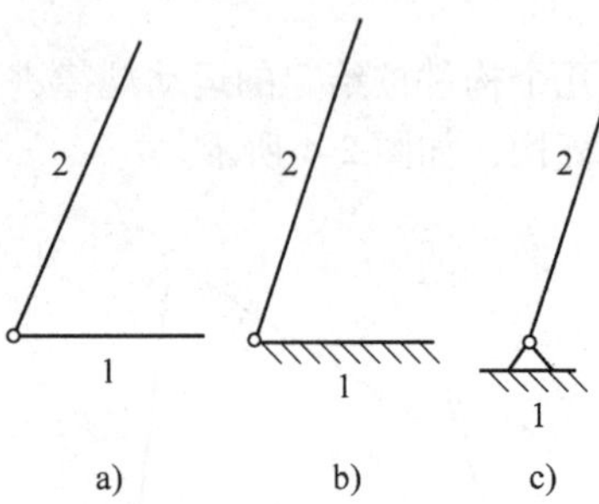

图 2-5　转动副的表示方法

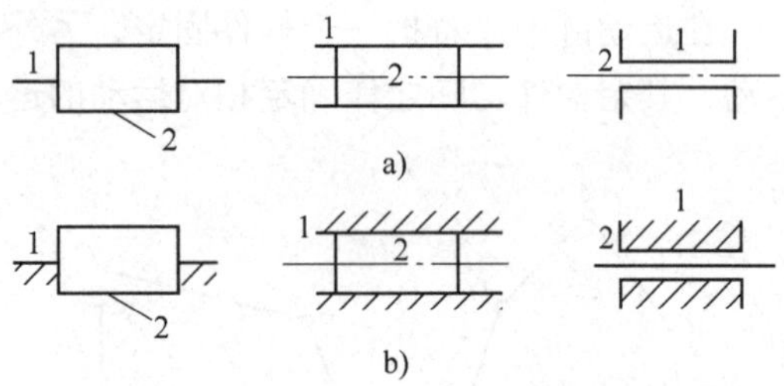

图 2-6　移动副的表示方法

3. 高副

图 2-7 所示为两构件组成高副的表示方法。在运动简图中，高副应画出两构件接触处的曲线轮廓。对于凸轮和从动件，常画出其全部轮廓，如图 2-7a 所示；对于齿轮，常用点画线画出其节圆，如图 2-7b 所示。

4. 构件

构件一般用线段或小方块等来表示，如图 2-8 所示。图 2-8a 表示组成两个转动副的构件。图 2-8b 表示组成一个转动副和一个移动副的构件。图 2-8c 表示组成三个转动副的构件。如果三个转动副中心位于同一条直线上，其表示方法如图 2-8d 所示。

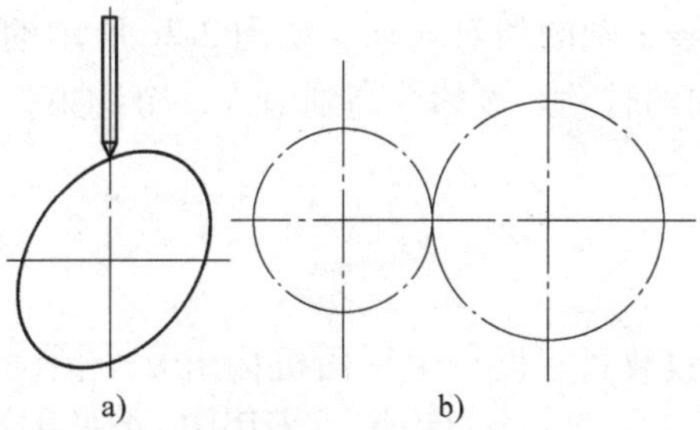

图 2-7　高副的表示方法

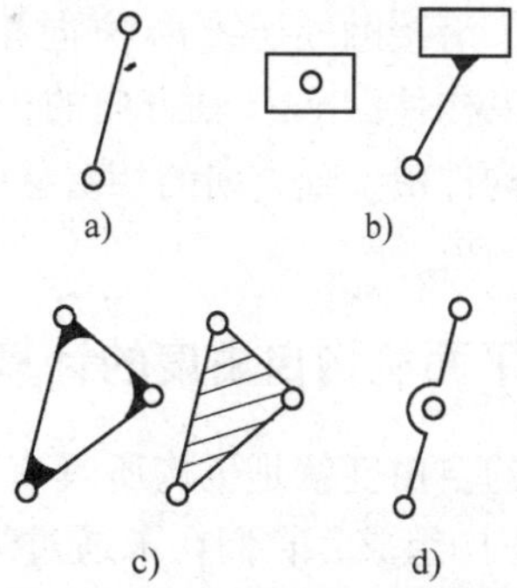

图 2-8　构件的表示方法

2.2.3　平面机构运动简图的绘制

平面机构运动简图的绘制步骤是：

1）分析机构的运动，确定机架、原动件和从动件。

2）从原动件开始，沿着运动传递路线，依次分析构件间相对运动的性质，确定运动副的类型和数目。

3）选择合适的视图平面和原动件位置，以便于清楚表达各构件的运动关系。通常选择机构运动的平面作为视图平面。

4）选择适当的比例尺 μ_l，定出各运动副的相对位置，用构件和运动副的规定符号绘制机构运动简图。

$$\mu_l = \frac{\text{构件的实际尺寸}}{\text{构件的图示尺寸}}$$

5）在机构运动简图上，从原动件开始，沿运动传递路线，把各构件用数字编号，运动副用字母标注，在原动件上标出指示运动方向的箭头，在机架上画上斜线。

2.3　平面机构的自由度

2.3.1　构件的自由度

如图 2-9 所示，构件 S 作平面运动时，可以沿 x 轴、y 轴方向移动和绕平面上任一点 A 转动。构件或机构所具有的独立运动，称为自由度。可见，作平面自由运动的构件，具有三个自由度。

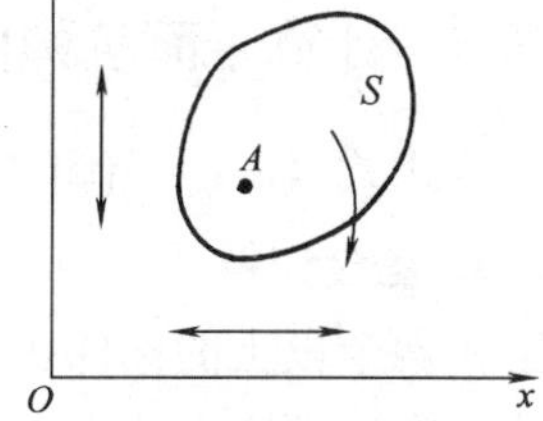

图 2-9　平面构件的自由度

2.3.2　运动副对构件的约束

两个构件通过运动副连接后，相对运动会受到限制。运动副对构件独立运动的限制，称为约束。每增加一个约束，构件的自由度会相应减少。运动副的类型不同，引入的约束数目不同。如图 2-1 所示的高副，约束构件沿接触处公法线 n-n 方向的相对移动，保留了沿接触处切线 t-t 方向相对移动和绕接触处的相对转动。如图 2-2a、b 所示的转动副，约束构件沿 y、z 轴方向的相对移动，保留绕 x 轴的相对转动。如图 2-2c 所示的移动副，约束构件沿 y 轴方向的相对移动和绕 x 轴方向的转动。显然，高副引入一个约束，低副引入两个约束。

2.3.3　平面机构自由度的计算

机构的自由度就是机构所具有的独立运动参数数目。设一个平面机构由 n 个活动构件（机架除外）组成，它们在未通过运动副连接前，共有 $3n$ 个自由度。当用 P_L 个低副和 P_H 个高副连接后，每个低副引入两个约束，每个高副引入一个约束，共减少 $2P_L + P_H$ 个自由度，则平面机构自由度 F 的计算公式为

$$F = 3n - 2P_L - P_H \tag{2-1}$$

2.3.4　构件组合成为机构的条件

只有机构的自由度大于零，机构才有可能运动。同时，只有给机构输入的独立运动数目与机构的自由度数相等，机构才能获得确定的运动。

当机构的自由度等于零时，构件组合形成刚性桁架，各构件间没有相对运动，故不能称为机构，如图 2-10 所示。

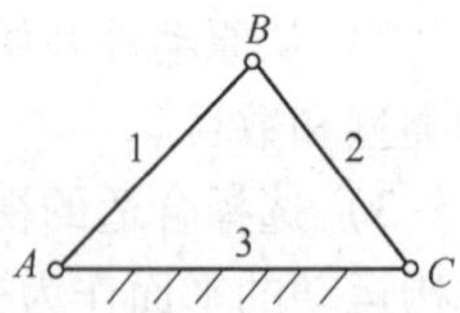

图 2-10　刚性桁架

当原动件数大于自由度数时，机构中较薄弱的构件或运动副可能被破坏，如图 2-11 所示。

当原动件数小于自由度数时，机构会出现运动不确定的现象，如图 2-12 所示。

由上可知，构件组合成为机构的条件为机构的自由度数与原动件数相等且大于零。

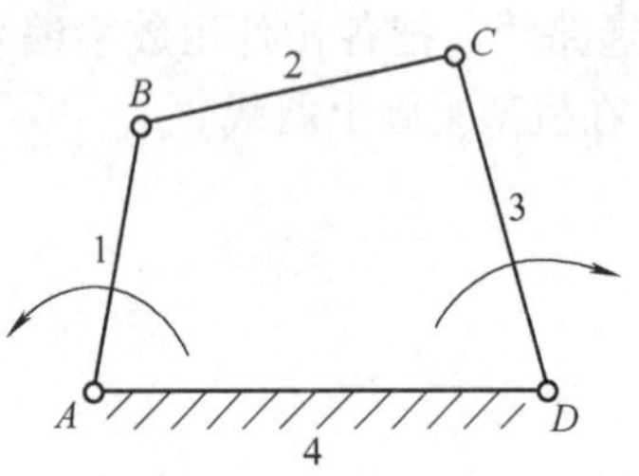

图 2-11　原动件数 > F

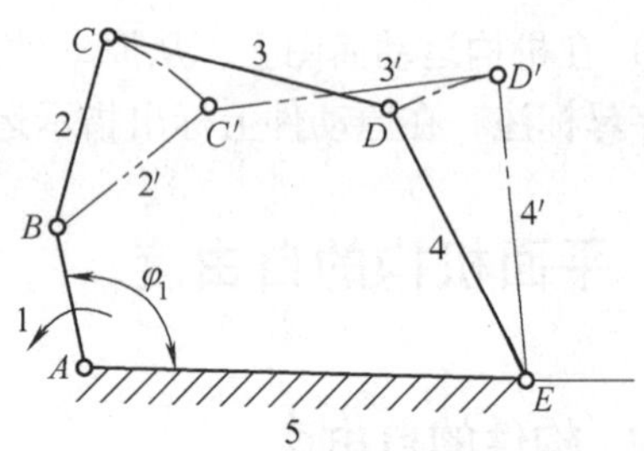

图 2-12　原动件数 < F

2.3.5　计算平面机构自由度的注意事项

应用式（2-1）计算平面机构自由度时，要注意以下问题。

1. 复合铰链

由两个以上的构件在一处以转动副相连接所构成的运动副，称为复合铰链。图 2-13 所示为三个构件在点 A 形成复合铰链，构件 1 分别与构件 2、构件 3 构成两个转动副。依次类推，若 k 个构件组成复合铰链，应有 $k-1$ 个转动副。

2. 局部自由度

机构中出现的与输出构件运动无关的自由度，称为局部自由度。在计算机构自由度时，局部自由度应除去不计。如图2-14a所示的凸轮机构，当原动件凸轮1绕O轴逆时针转动时，通过滚子4使从动件2在导路中往复移动。显然，滚子4绕其自身轴线B的转动，并不影响从动件2的运动，所以滚子的这一转动属局部自由度。在计算机构自由度时，假设将滚子4和从动件2焊成一体，如图2-14b所示，这样就除去了局部自由度。故$n=2$，$P_L=2$，$P_H=1$，其自由度为

$$F=3n-2P_L-P_H=3\times2-2\times2-1=1$$

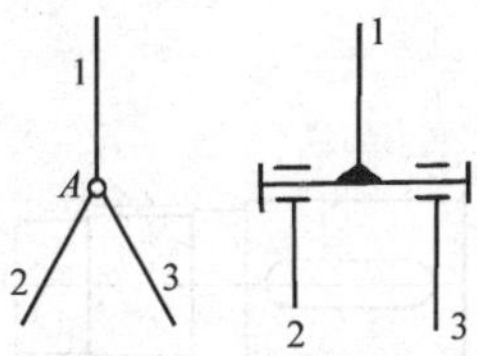

图2-13　复合铰链

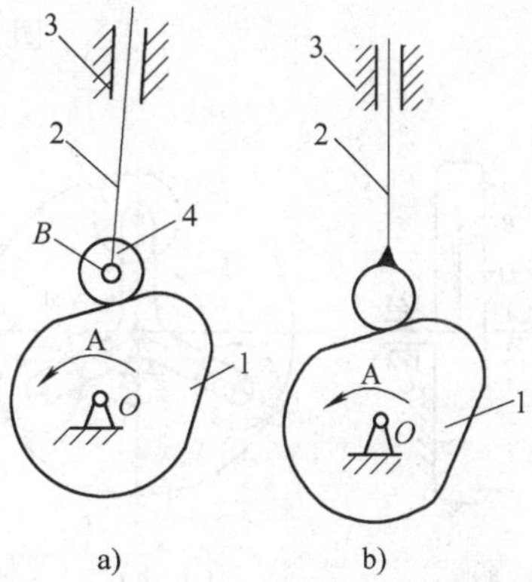

图2-14　局部自由度

由于机构的自由度数等于原动件数且大于零，因此机构具有确定运动。

局部自由度虽不影响机构的运动，但可以减少高副处的摩擦和磨损，所以在机械中常出现局部自由度。

3. 虚约束

在机构中，有些运动副引入的约束与其他运动副引入的约束重复。这种对机构的运动不起独立限制作用的约束，称为虚约束。计算机构自由度时，虚约束应除去不计。

虚约束是在特定的几何条件下形成的，常见的虚约束有：

（1）两构件上连接点的运动轨迹互相重合　如图2-15a所示的平行四边形机构，该机构的自由度$F=3n-2P_L-P_H=3\times4-2\times6-0=0$。计算结果表明，该机构不能运动。显然，这是不符合实际情况的。由于杆EF与AB、CD平行且长度相等，当原动件1转动时，连杆2作平动，其上各点的轨迹均为圆心在AD上，而半径等于AB的圆弧。即杆2上E点的轨迹与杆5上E点的轨迹互相重合。增加构件5后，引入3个自由度，E、F两个转动副引入4个约束。这个多引入的约束对机构的运动起重复约束作用，因而为虚约束，在计算机构自由度时应除去不计，即按图2-15b所示计算机构的自由度。

（2）机构中对传递运动起重复作用的对称部分　如图2-16所示轮系，齿轮1经过三个对称布置的小齿轮2、2′和2″驱动内齿轮3，其中小齿轮2′和2″对传递运动起重复作用，是虚约束。

（3）两构件之间组成多个轴线重合的转动副　如图2-17所示的阶梯轴，轴与轴承之间组成两个轴线重合的转动副，引入虚约束，在计算机构自由度时，应除去不计。

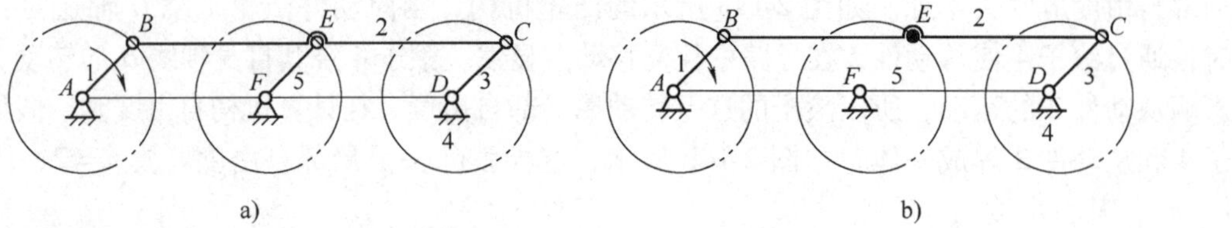

图 2-15　轨迹重合虚约束

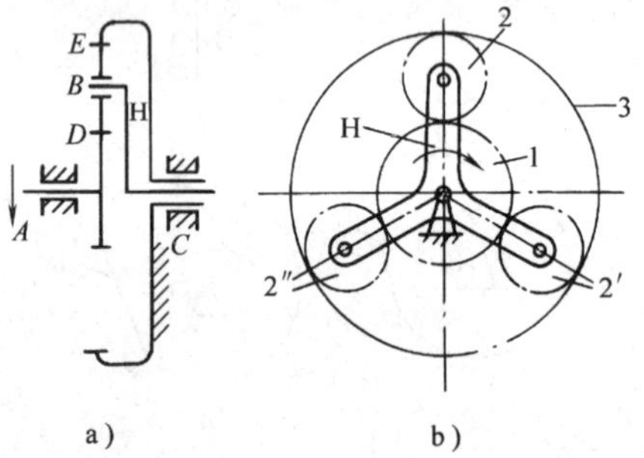

图 2-16　对称结构的虚约束

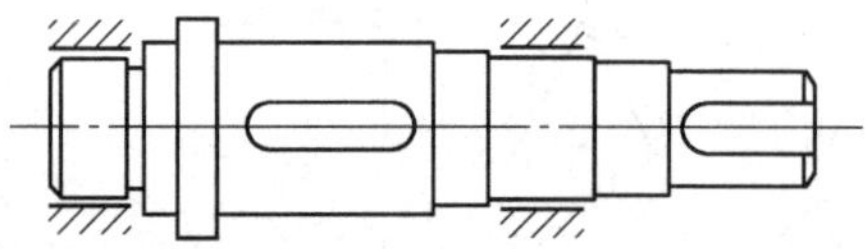

图 2-17　轴线重合虚约束

（4）两构件之间组成多个导路平行或重合的移动副　如图 2-20 所示大筛机构中，杆 DF 与机架在 E、E'两位置组成导路重合的移动副，引入虚约束，在计算机构自由度时，应除去不计。

虚约束对运动虽不起独立限制作用，但可以提高机构的刚性，改善受力状况，所以虚约束常常应用在机构中。

任务实施

任务一：试绘制图 1-2 所示颚式破碎机主体机构的运动简图。

绘制步骤：

1）颚式破碎机由机架 8、偏心轮 5、动颚板 6、肘板 7 共 4 个构件组成。偏心轮 5 为原动件，动颚板 6 和肘板 7 为从动件。当偏心轮绕轴 A 转动时，驱使动颚板作平面运动，将矿石粉碎。

2）偏心轮 5 与机架 8、偏心轮 5 与动颚板 6、动颚板 6 与肘板 7、肘板 7 与机架 8 分别在 A、B、C、D 处组成转动副。

3）选择各构件工作的平面作为视图平面。

4）首先确定转动副 A 的位置，然后根据各转动副中心间的尺寸，按适当的比例尺 μ_L 确定转动副 D、B、C 的位置，用构件和运动副的规定符号，绘制出机构运动简图，如图 2-18 所示。

任务二：计算机构的自由度。

1. 计算图 2-18 所示颚式破碎机主体机构的自由度。

计算方法：

机构有三个活动构件，A、B、C、D 处各有一个转动副。所以 $n=3$，$P_L=4$，$P_H=0$，则机构的自由度为

$$F=3n-2P_L-P_H=3\times3-2\times4-0=1$$

2. 试计算图 2-19 所示摇筛机构的自由度。

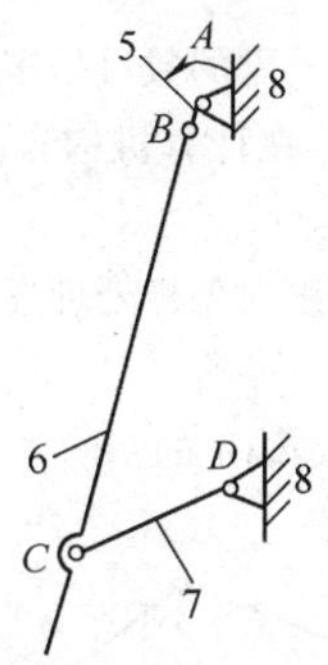

图 2-18　颚式破碎机主体机构运动简图

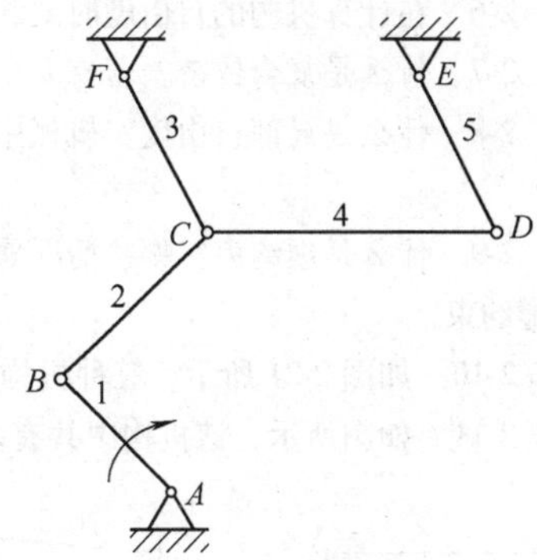

图 2-19　摇筛机构

计算方法：

该机构的活动构件数 $n=5$，A、B、D、E、F 处各有一个转动副，C 处为 2、3、4 三个构件组成的复合铰链，有两个转动副，故 $P_L=7$，$P_H=0$，则机构的自由度为

$F=3n-2P_L-P_H=3\times5-2\times7-0=1$

由于机构的自由度数等于原动件数且大于零，因此机构具有确定运动。

3. 试计算图 2-20 所示大筛机构的自由度，并判断机构的运动是否为确定的。

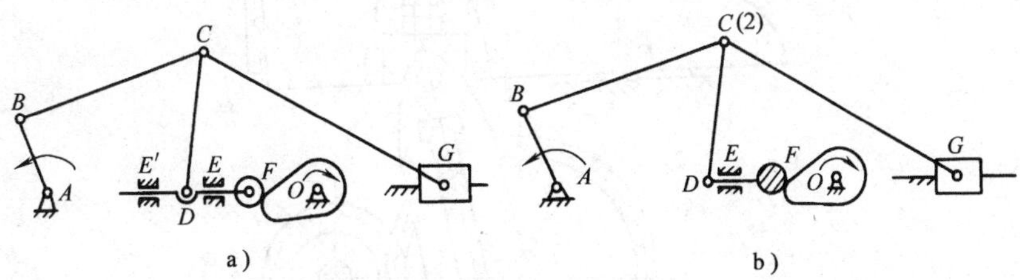

图 2-20　大筛机构

计算方法：

机构中的滚子引入局部自由度，推杆 DF 与机架分别在 E 和 E' 组成两个导路重合的移动副，其中一个为虚约束。C 处是三个构件组成的复合铰链。假设将滚子和推杆焊成一体，除去移动副 E'，如图 2-20b 所示。机构中 $n=7$，$P_L=9$（七个转动副和两个移动副），$P_H=1$，其自由度为

$$F=3n-2P_L-P_H=3\times7-2\times9-1=2$$

由于机构的自由度数等于原动件数且大于零，因此机构具有确定运动。

思　考　题

2-1　什么是运动副？运动副有哪些类型？各有何特点？

2-2　什么是运动链？什么是机构？两者有何区别？

2-3　什么是机构运动简图？如何绘制机构运动简图？

2-4　什么是构件的自由度？什么是约束？平面高副和低副各引入多少约束？

2-5　机构具有确定运动的条件是什么？

2-6　在计算机构的自由度时要注意哪些事项？

2-7　什么是复合铰链？若有 k 个构件组成复合铰链，则其转动副的数目是多少？

2-8　什么是局部自由度？机械中为什么要引入局部自由度？在计算机构自由度时怎样处理局部自由度？

2-9　什么是虚约束？哪些情况属于虚约束？在计算机构自由度时怎样处理虚约束？机构中为什么要引入虚约束？

2-10　如图 2-21 所示，三种机构运动简图中，哪个机构运动是确定的？

2-11　如图所示，该机构中共有多少个转动副？

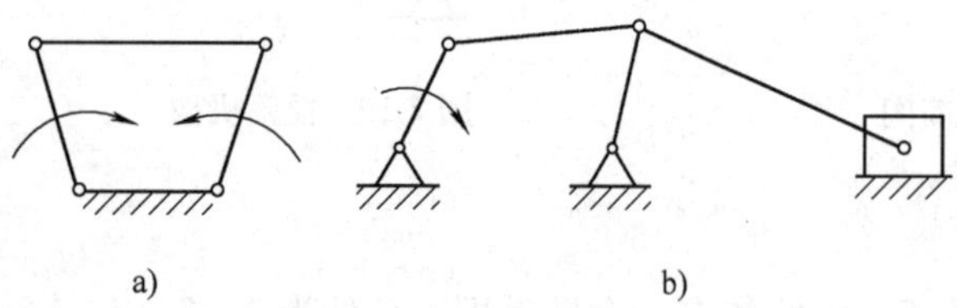

图 2-21　思考题 2-10 图

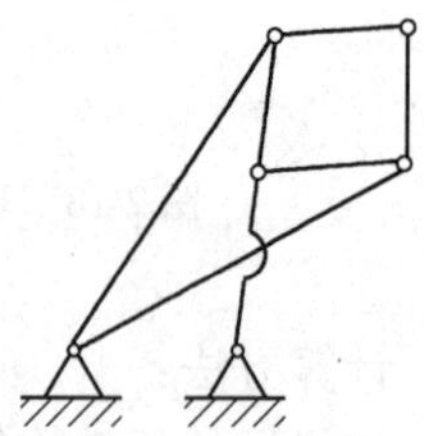

图 2-22　思考题 2-11 图

习　　题

2-1　试绘制如图 2-23 所示牛头刨床主体运动机构的机构运动简图，尺寸从图中直接测量。

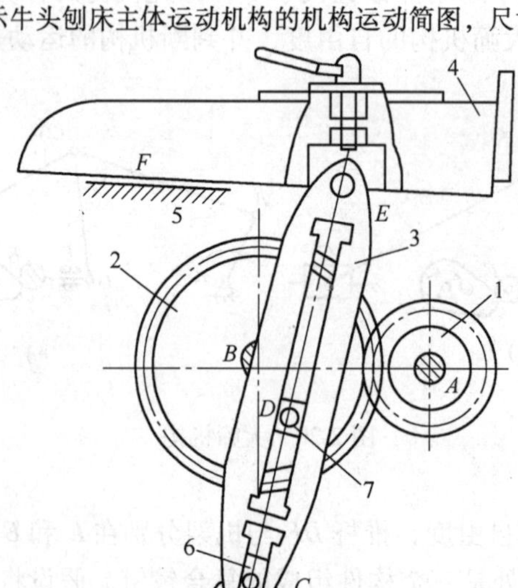

图 2-23　习题 2-1 图

1，2—齿轮　3—导杆　4—滑枕　5—机架　6—摇块　7—滑块

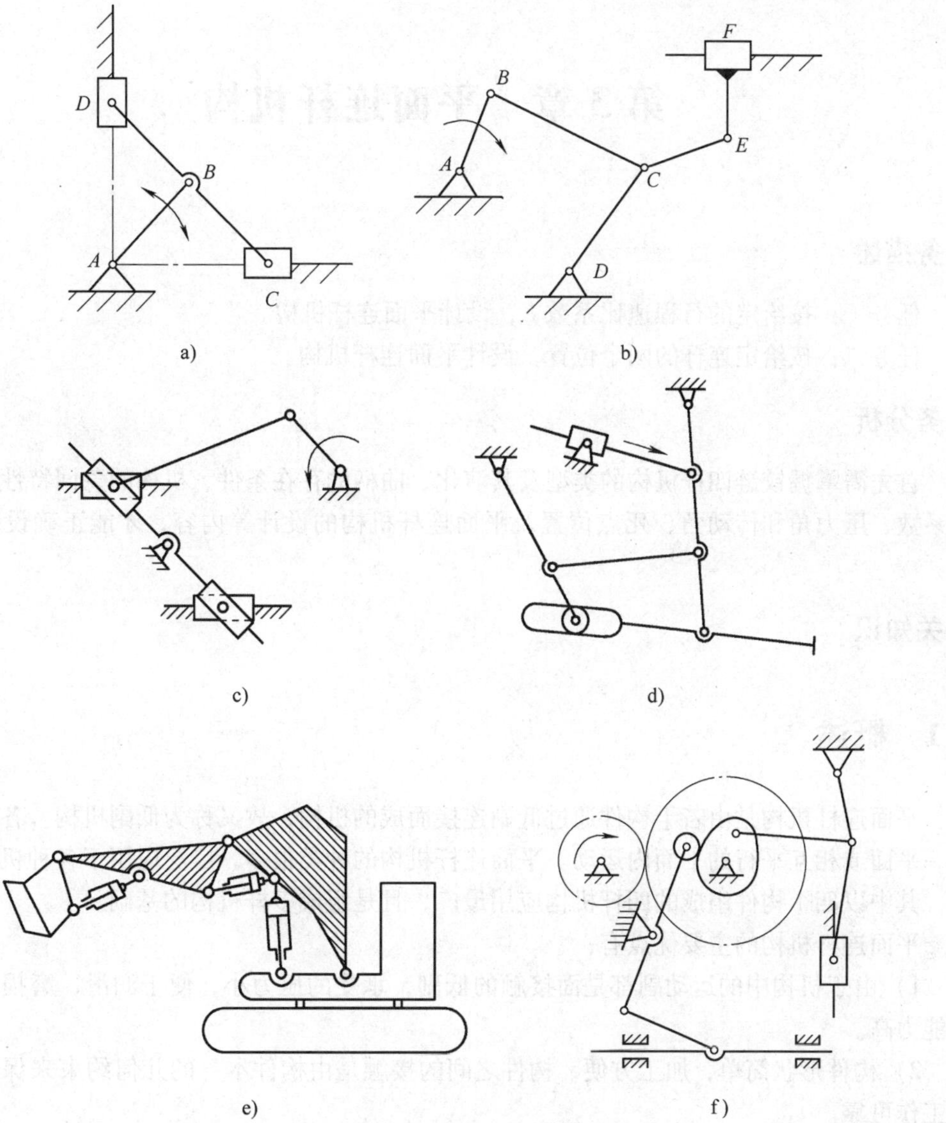

图 2-24　习题 2-2 图

2-2　试计算如图 2-24 所示各机构的自由度，指出机构中的复合铰链、局部自由度和虚约束，并判断机构的运动是否确定。

2-3　如图 2-25 所示为一简易冲床的初拟设计方案。设计者的思路是动力由齿轮 1 输入，使轴 A 连续转动，固定在轴 A 上的凸轮 2 与杠杆 3 组成的凸轮机构，将使冲头 4 上下往复运动以达到冲压目的。试绘制该机构的示意图，分析其运动是否确定，并提出修改意见。

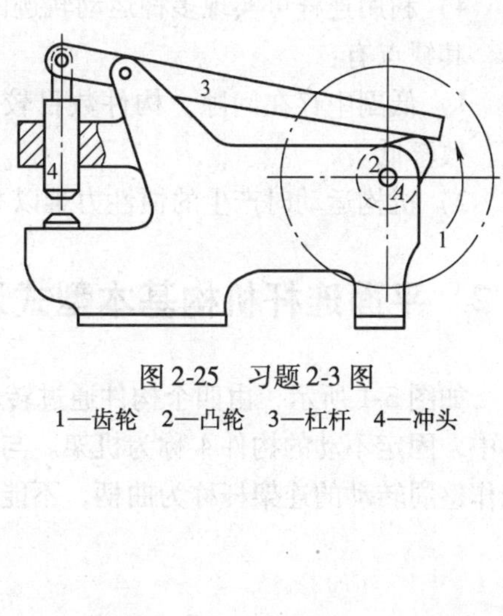

图 2-25　习题 2-3 图

1—齿轮　2—凸轮　3—杠杆　4—冲头

第 3 章　平面连杆机构

任务描述

任务一：按给定的行程速比系数 K，设计平面连杆机构。

任务二：按给定连杆的两个位置，设计平面连杆机构。

任务分析

首先需掌握铰链四杆机构的类型及其演化、曲柄的存在条件、机构的急回特性和行程速比系数、压力角和传动角、死点位置及平面连杆机构的设计等内容，才能正确设计四杆机构。

相关知识

3.1　概述

平面连杆机构是由若干构件通过低副连接而成的机构，故又称为低副机构。各构件都在同一平面或相互平行的平面内运动。平面连杆机构的种类很多，广泛应用于各种机械和仪表中，其中以四个构件组成的四杆机构应用最广，且是组成多杆机构的基础。

平面连杆机构的主要优点有：

1）由于机构中的运动副都是面接触的低副，承受的压力小，便于润滑，磨损较轻，承载能力高。

2）构件形状简单，加工方便，构件之间的接触是由构件本身的几何约束来保持，故构件工作可靠。

3）可实现多种运动形式之间的变换。

4）利用连杆可实现多种运动轨迹的要求。

其缺点有：

1）低副中存在间隙，构件数目较多时会产生较大的累积运动误差，从而降低运动精度，效率低。

2）机构运动时产生的惯性力难以平衡，故不宜用于高速的场合。

3.2　平面连杆机构基本型式及其演化

如图 3-1 所示，由四个构件通过转动副（铰链）连接而成的机构，称为铰链四杆机构。其中，固定不动的构件 4 称为机架。与机架相连的构件 1 和 3 称为连架杆。在两连架杆中，能作整周转动的连架杆称为曲柄，不能作整周转动的连架杆称为摇杆，与机架不相连的构件

2 称为连杆。

3.2.1　铰链四杆机构的基本类型

按连架杆是否为曲柄，铰链四杆机构可分为三种类型。

1. 曲柄摇杆机构

在铰链四杆机构的两连架杆中，如果一个为曲柄，另一个为摇杆，则称为曲柄摇杆机构（图 3-1）。通常曲柄为主动件作匀速转动，摇杆为从动件作变速往复摆动。图 3-2 所示为雷达天线调整机构，当曲柄 1 转动时，通过连杆 2 使摇杆 3（天线）往复摆动，以调整天线的角度。

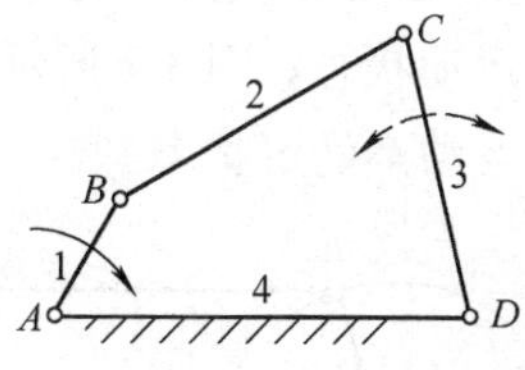

图 3-1　铰链四杆机构

在曲柄摇杆机构中，也可以摇杆为主动件，曲柄为从动件。图 3-3 所示为脚踏砂轮机。踏板 *DC*（摇杆）为主动件，作上下摆动，通过连杆 *CB*，带动从动曲柄 *AB* 连续转动，与曲柄固联的砂轮随之转动，以磨削工件。

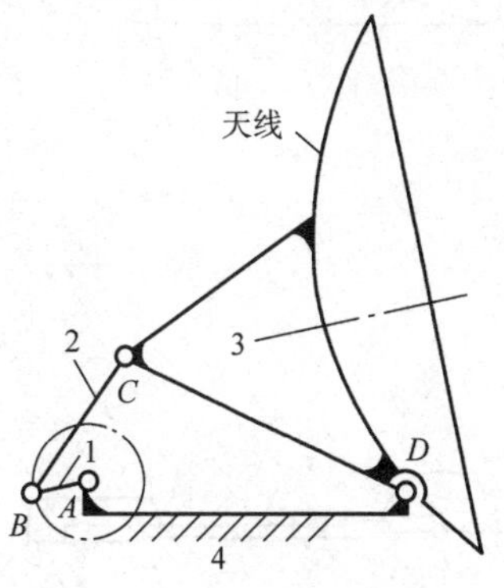

图 3-2　雷达天线调整机构

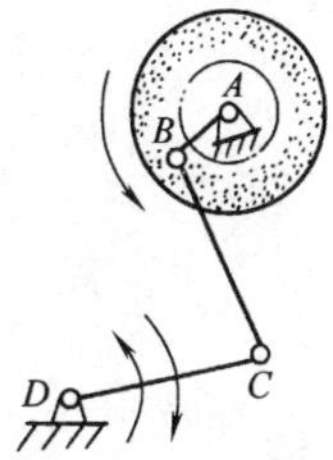

图 3-3　脚踏砂轮机

2. 双曲柄机构

在铰链四杆机构中，若两连架杆均为曲柄时，则称为双曲柄机构。

图 3-4 所示双曲柄机构的运动特点是：当主动曲柄 *AB* 作匀速转动时，从动曲柄 *CD* 作变速转动。图 3-5 所示的惯性筛，当曲柄 *AB* 匀速转动时，另一曲柄 *CD* 作变速转动，使筛子具有所需要的加速度，利用加速度所产生的惯性力使颗粒材料在筛蓖上振动，达到筛分的目的。

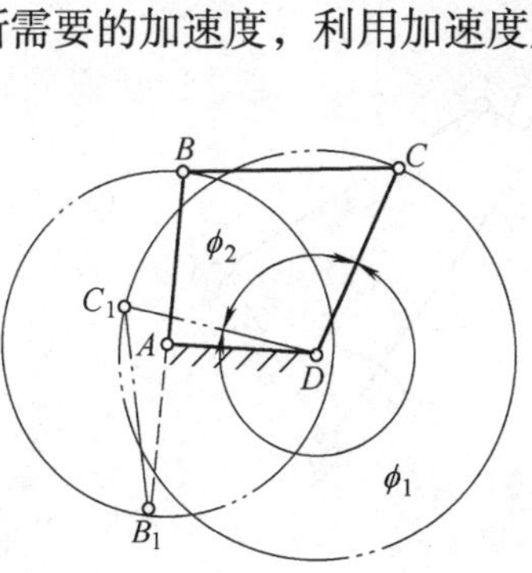

图 3-4　双曲柄机构

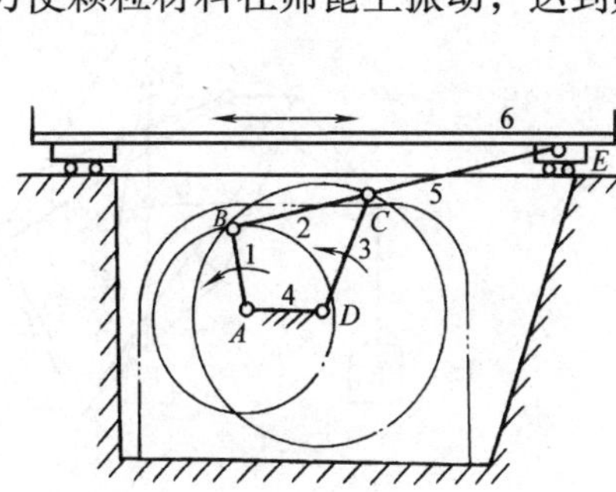

图 3-5　惯性筛

在双曲柄机构中，应用较广的是平行双曲柄机构，或称为平行四边形机构，如图 3-6a 所示。这种机构的对边长度相等且平行，组成平行四边形。当杆 1 匀角速转动时，杆 3 以相同的角速度同向转动，连杆 2 则作平动。必须指出，该机构当四个铰链中心处于同一直线（如图中 AB_2C_2D 所示）时，会出现运动不确定的状态。如图 3-6a 中，当曲柄 1 由 AB_2 转到 AB_3 时，从动曲柄 3 可能转到 DC_3'，也可能转到 DC_3''。为了消除这种运动不确定状态，可以采用两组平行双曲柄机构（图 3-6b），采取机构错位排列的方法，当上面一组平行四边形机构转到 $AB'C'D$ 共线位置时，另一组平行四边形机构 $AE'F'D$ 处于正常位置，故机构仍然保持确定运动状态。图 3-7 所示的机车驱动轮联动机构，则是利用第三个平行曲柄 EF 来消除机构的运动不确定状态。

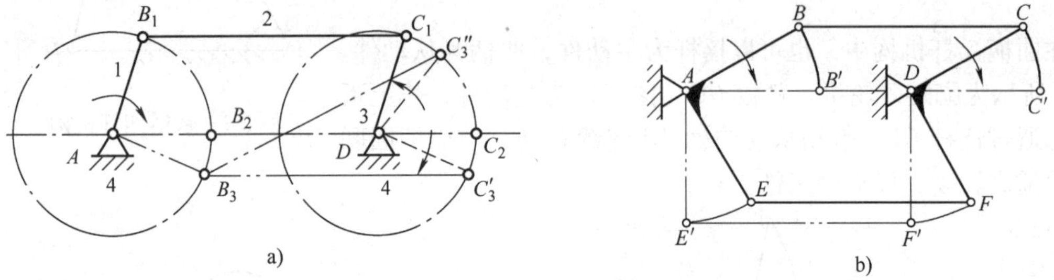

图 3-6　平行四边形机构

3. 双摇杆机构

在铰链四杆机构中，若两连架杆均为摇杆时，则称为双摇杆机构。

图 3-8a 所示为港口起重机机构，其运动简图如图 3-8b 所示。当摇杆 AB 摆动时，可使悬挂在连杆 BC 延长部分 E 处的吊钩在近似水平直线 EE' 上移动，这样可以避免因不必要的升降而引起的能量消耗。

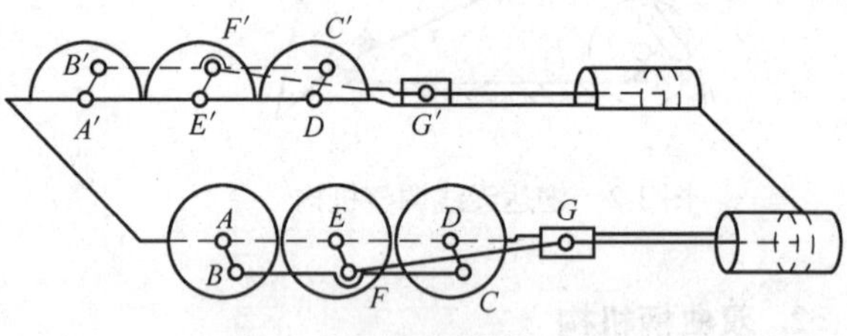

图 3-7　机车驱动轮联动机构

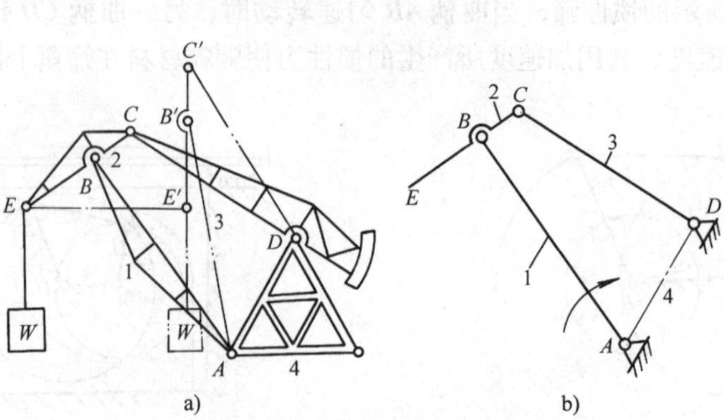

图 3-8　港口起重机机构

3.2.2 铰链四杆机构的演化

铰链四杆机构通过改变构件、运动副的形状或尺寸以及选取不同的构件为机架，可以演化出一些其他形式的平面连杆机构。

1. 曲柄滑块机构

在图 3-9a 所示的曲柄摇杆机构中，若以滑块代替摇杆 *CD*，如图 3-9b 所示，即演化为曲柄滑块机构，此时滑道是弧线。若将滑道拉直，则成为图 3-9c 所示的曲柄滑块机构。由于滑块的导路不通过曲柄回转中心 *A*，而是偏离一段距离 *e*，故称为偏置曲柄滑块机构。若将导路下移，使其通过曲柄回转中心 *A*，如图 3-9d 所示，则称之为对心曲柄滑块机构。

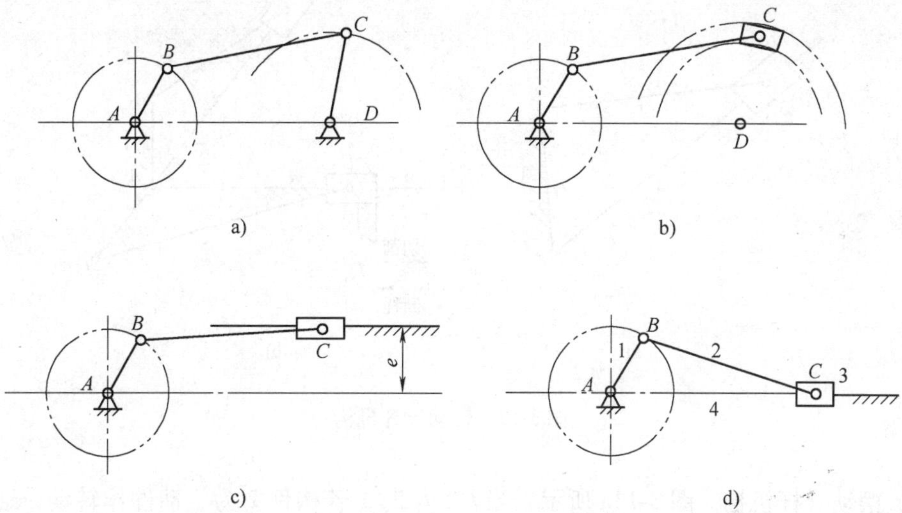

图 3-9 曲柄摇杆机构的演化

在对心曲柄滑块机构中，取构件 4 为机架，构件 4 对滑块起导向作用，称为导杆。

图 3-10 所示的自动上料装置，当曲柄 *AB* 转动时，通过连杆 *BC* 使滑块 *C* 作往复移动。曲柄每转动一周，滑块则往复运动一次，即推出一个工件，实现自动上料。

在曲柄摇杆机构和曲柄滑块机构中，当曲柄长度较短时，往往由于结构、工艺和强度等方面的需要，须将回转副 *B* 的半径增大到超过曲柄的长，使曲柄成为绕点 *A* 转动的偏心轮，此时机构称为偏心轮机构，如图 3-11 所示。

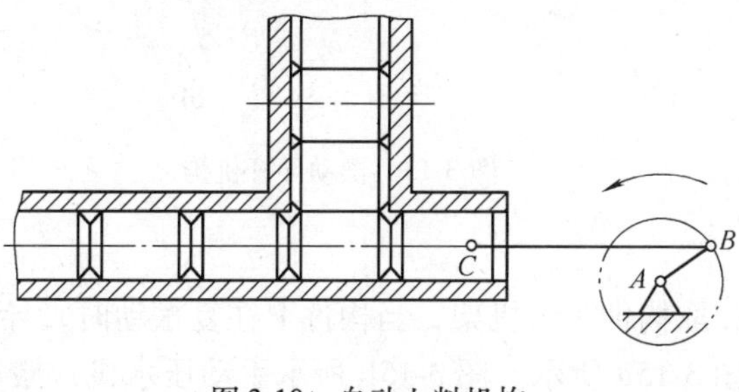

图 3-10 自动上料机构

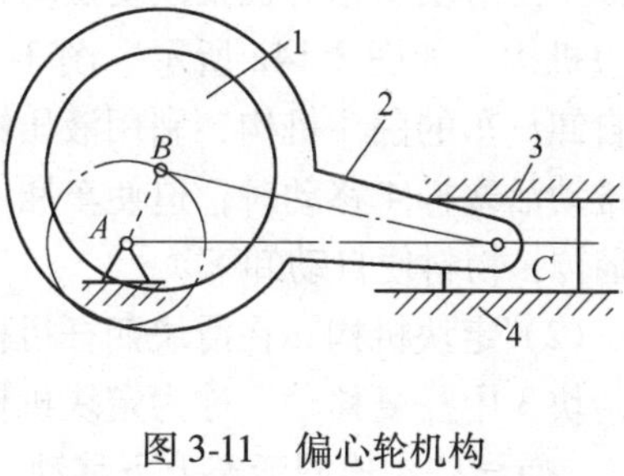

图 3-11 偏心轮机构

偏心轮机构广泛应用于冲床、剪床、破碎机等载荷大、行程小的机械中。

2. 导杆机构

在滑块四杆机构中，若取构件 1 为机架，可得到导杆机构。

（1）转动导杆机构　图 3-12a 所示，当 $l_1 < l_2$ 时，即构件 1 的长度小于构件 2 的长度。若构件 2 为主动件作转动时，通过滑块 3 使导杆 4 也作整周转动，则称为转动导杆机构。图 3-12b 所示简易刨床的主运动就采用了这种机构。当曲柄 2 转动时，通过滑块 3 使导杆 4 转动，通过杆 5 使刨刀作有急回动作的往复运动。

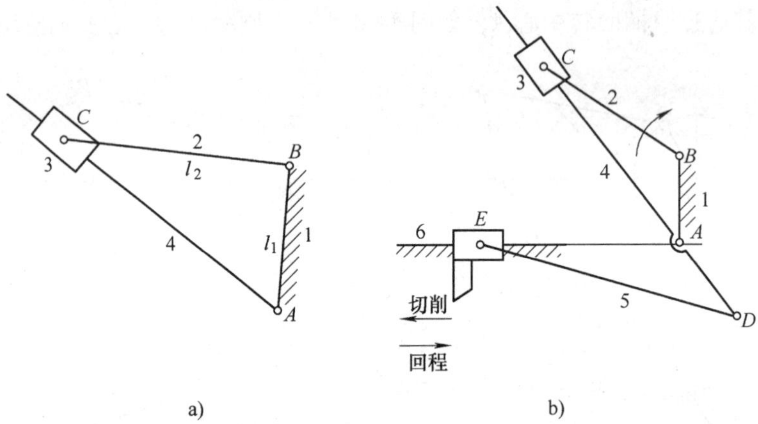

图 3-12　转动导杆机构

（2）摆动导杆机构　图 3-13a 所示，当 $l_1 > l_2$ 时，若构件 2 为主动件作转动，通过滑块 3 使导杆 4 只能绕 A 点作往复摆动，故称为摆动导杆机构。图 3-13b 所示牛头刨床中的主运动机构，当曲柄 2 转动时，通过滑块 3 使导杆 4 摆动，并通过构件 5 带动滑枕 6 和刨刀一起往复移动，进行刨削加工。

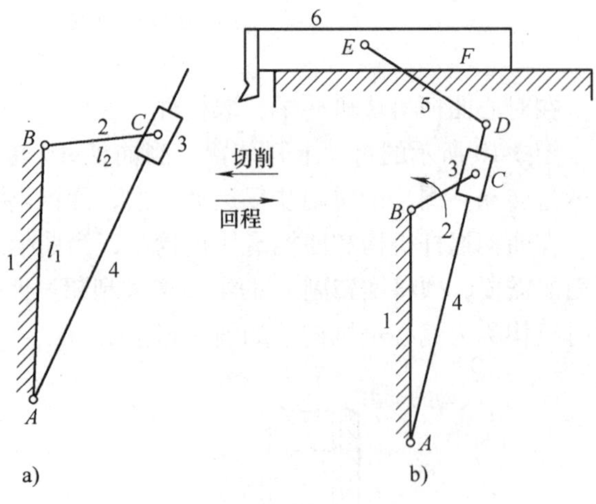

图 3-13　摆动导杆机构

3. 摇块机构和定块机构

（1）摇块机构　在滑块四杆机构中，如取构件 2 为机架，构件 1 作转动，通过导杆 4 使滑块 3 相对机架往复摆动，称为摇块机构，如图 3-14a 所示。图 3-14b 所示自卸汽车的翻斗机构，利用液压缸中油压推动活塞杆 4 移动时，迫使车厢 1 绕点 B 翻转，物料便自动卸下。

（2）定块机构　在滑块四杆机构中，如取构件 3 为机架，当构件 1 往复摆动时，导杆 4 在滑块 3 中往复移动，称为定块机构，如图 3-15a 所示。图 3-15b 所示手动压水机，搬动手柄 1，使导杆 4 连同活塞上下移动，便可抽水。

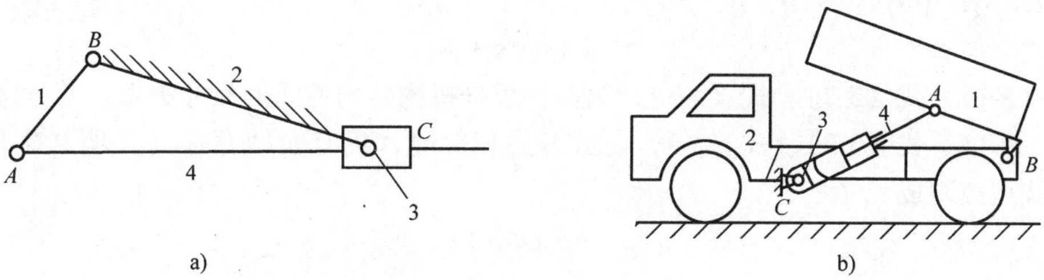

图 3-14　曲柄摇块机构

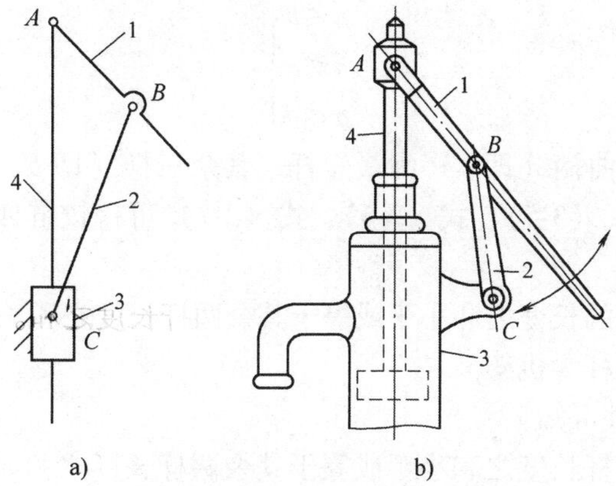

图 3-15　定块机构

3.3　平面连杆机构曲柄的存在条件及其基本特性

3.3.1　平面连杆机构的曲柄存在条件

铰链四杆机构是否存在曲柄，取决于机构中各构件的长度和机架的选择，下面以图 3-16 所示曲柄摇杆机构为例，来讨论铰链四杆机构的曲柄存在条件。

设机构中各构件的长度分别为 a、b、c、d。当曲柄 AB 转动一周时，曲柄 AB 与连杆 BC 两次共线（如图中双点画线所示），构成两个三角形，分别为 $\triangle AC_1D$ 和 $\triangle AC_2D$。由于三角形中任意两边之和大于第三边，所以在 $\triangle AC_1D$ 中有

$$(b-a)+c>d$$

$$(b-a)+d>c$$

即

$$a+d<b+c \tag{3-1}$$

$$a+c<b+d \tag{3-2}$$

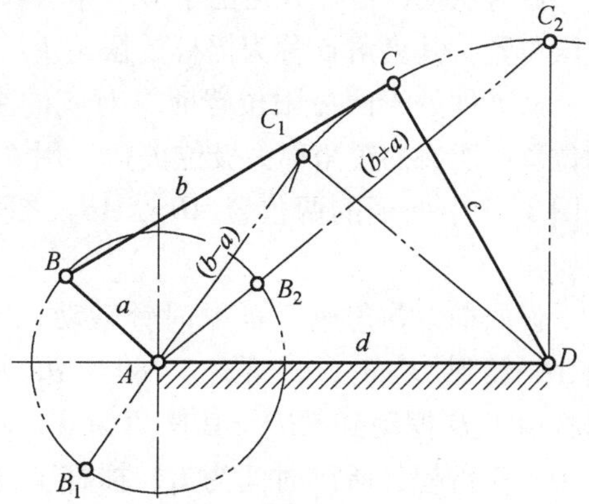

图 3-16　曲柄存在条件分析

在$\triangle AC_2D$中有

$$a + b < c + d \tag{3-3}$$

式（3-1）、式（3-2）、式（3-3），为曲柄摇杆机构各构件间的尺寸关系。若考虑极限情况，式（3-1）、式（3-2）、式（3-3）三式两边相等时，仍有曲柄存在（证明从略）。所以以上三式可改写成

$$a + d \leqslant b + c \tag{3-4}$$

$$a + c \leqslant b + d \tag{3-5}$$

$$a + b \leqslant c + d \tag{3-6}$$

将式（3-4）、式（3-5）、式（3-6）三式中的每两式相加，化简后得

$$\left.\begin{aligned} a &\leqslant b \\ a &\leqslant c \\ a &\leqslant d \end{aligned}\right\} \tag{3-7}$$

由式（3-7）可知，曲柄（即a）为最短杆，其余三杆（即b、c、d）中必有一杆为最长杆，故由式（3-4）、式（3-5）、式（3-6）、式（3-7）可得铰链四杆机构中曲柄的存在条件为：

1）最短杆与最长杆的长度之和小于或等于其余两杆长度之和。

2）最短杆或其相邻杆为机架。

根据曲柄存在的条件可知：

1）若最短杆与最长杆长度之和小于或等于其余两杆长度之和时，取最短杆的相邻杆为机架得曲柄摇杆机构；取最短杆为机架得双曲柄机构；取最短杆的相对杆为机架得双摇杆机构。

2）若最短杆与最长杆长度之和大于其余两杆长度之和时，则无论取哪个杆为机架，均无曲柄存在，此时机构只能是双摇杆机构。

3.3.2 平面连杆机构的基本特性

1. 急回特性

图 3-17 所示的曲柄摇杆机构，主动件曲柄AB在转动一周的过程中有两次与连杆BC共线。此时从动件摇杆分别位于C_1D和C_2D两个极限位置，其夹角ψ称为摇杆的摆角。

从动件处于两极限位置时，对应的主动件两位置间所夹的锐角称为极位夹角，用θ表示。如图 3-17 中曲柄的两位置AB_1、AB_2之间所夹的锐角。

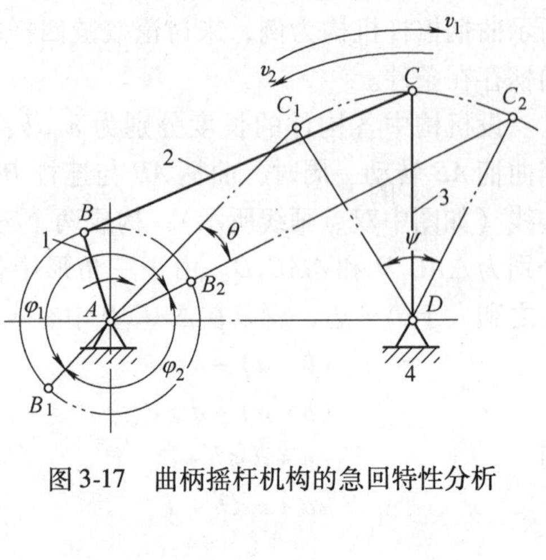

图 3-17 曲柄摇杆机构的急回特性分析

设曲柄以匀角速度ω顺时针转动，当曲柄由AB_1转到AB_2时，转角$\varphi_1 = 180° + \theta$，从动件摇杆由$C_1D$摆动到$C_2D$，其摆角为$\psi$，此过程称为工作行程，所用时间为$t_1$，摇杆上点$C$的平均速度为$v_1$。当曲柄继续由$AB_2$转到$AB_1$时，

转角 $\varphi_2=180°-\theta$，从动件摇杆由 C_2D 摆回到 C_1D，其摆角为 ψ，此过程称为回程，所用时间为 t_2，摇杆上点 C 的平均速度为 v_2。

由于曲柄以匀角速度 ω 转动，$\varphi_1>\varphi_2$，对应的时间 $t_1>t_2$，则有 $\varphi_1/\varphi_2=t_1/t_2$。而摇杆上点 C 的平均速度为

$$v_1=\widehat{C_1C_2}/t_1,\ v_2=\widehat{C_2C_1}/t_2,\ \text{显然}\ v_2>v_1。$$

当主动件匀速转动时，从动件回程速度大于工作行程速度的现象，称为急回特性。它能满足某些机械的工作要求，如插床、牛头刨床等在工作行程中要求速度慢且均匀，以提高加工质量，回程时要求速度快，以缩短非工作时间，提高生产率。

为了表达机构急回特性的程度，常用从动件回程速度 v_2 与工作行程速度 v_1 之比来说明，即

$$K=\frac{v_2}{v_1}=\frac{\widehat{C_2C_1}/t_2}{\widehat{C_1C_2}/t_1}=\frac{t_1}{t_2}=\frac{\varphi_1}{\varphi_2}=\frac{180°+\theta}{180°-\theta} \tag{3-8}$$

式中，K 称为行程速比系数。

由式（3-8）可得极位夹角的计算式为

$$\theta=180°\frac{K-1}{K+1} \tag{3-9}$$

由式（3-8）可知，机构的急回程度取决于极位夹角 θ 的大小。只要 $\theta\neq0°$，则 $K>1$，机构具有急回特性；θ 越大，则 K 越大，机构急回作用越显著。

除曲柄摇杆机构外，偏置曲柄滑块机构和摆动导杆机构也具有急回特性。

在设计具有急回特性的四杆机构时，一般是先根据工作要求选定 K 值，然后由式（3-9）求出极位夹角 θ，再设计各构件的尺寸。

2. 压力角和传动角

在生产中，不仅要求铰链四杆机构实现预定的运动规律，而且希望机构运转轻便，效率较高。在图3-18所示的曲柄摇杆机构中，若忽略各构件的重力和运动副中的摩擦，则连杆为二力构件。原动件1通过连杆作用于从动件3上的力 $\boldsymbol{F}$ 沿连杆 BC 方向，从动件上点 C 所受力 $\boldsymbol{F}$ 的方向与该点的速度 v_C 的方向间所夹的锐角，称为压力角，用 α 表示。

将力 $\boldsymbol{F}$ 分解为

$$F_t=F\cos\alpha \tag{3-10}$$

$$F_r=F\sin\alpha \tag{3-11}$$

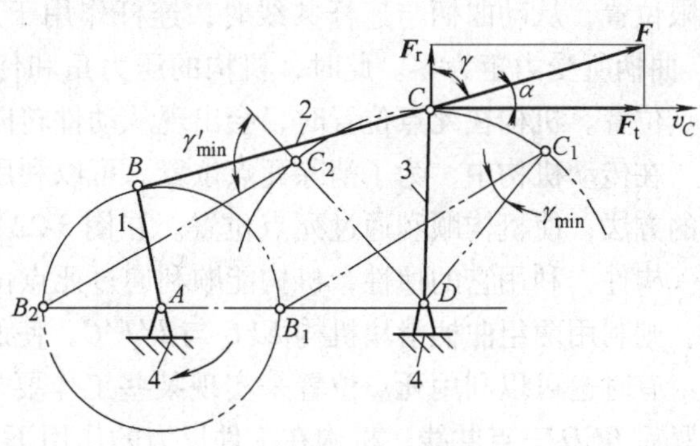

图3-18　压力角和传动角

力 $\boldsymbol{F}$ 沿 v_C 方向的分力 $\boldsymbol{F}_t$，是推动从动件运动的有效分力；沿 v_C 垂直方向的分力 $\boldsymbol{F}_r$，只能对铰链 C、D 产生径向压力，对传动不利。显然 α 越小，$\boldsymbol{F}_t$ 越大，$\boldsymbol{F}_r$ 越小，机构运转越轻便，效率越高，所以压力角 α 是判断机构传力性能好坏的重要参数。

在连杆机构设计中，为了度量方便，习惯用压力角 α 的余角 γ 来判断机构传力性能的好坏，γ 称为传动角。机构的传动角越大，传力性能越好。

当机构运动时，压力角 α 和传动角 γ 随从动件位置而变化，为保证机构有良好的传力性能，要限制工作行程的最大压力角 α_{max} 或最小传动角 γ_{min}。对于一般机械 $\alpha_{max} \leqslant 50°$ 或 $\gamma_{min} \geqslant 40°$；对于大功率机械 $\alpha_{max} \leqslant 40°$ 或 $\gamma_{min} \geqslant 50°$。

对于曲柄摇杆机构，当曲柄为主动件，摇杆为从动件时，机构的 γ_{min} 出现在曲柄 AB 与机架 AD 两次共线位置之一，如图 3-18 所示。

对于曲柄滑块机构，当曲柄为主动件，滑块为从动件时，机构的 γ_{min} 出现在曲柄与滑块的导路垂直且与偏距方向相反一侧的位置，如图 3-19 所示。

对于摆动导杆机构，当曲柄为原动件，导杆为从动件时，因滑块 3 对导杆 4 的作用力始终垂直于导杆，故其传动角 γ 恒等于 90°，说明该机构传力性能好，如图 3-20 所示。

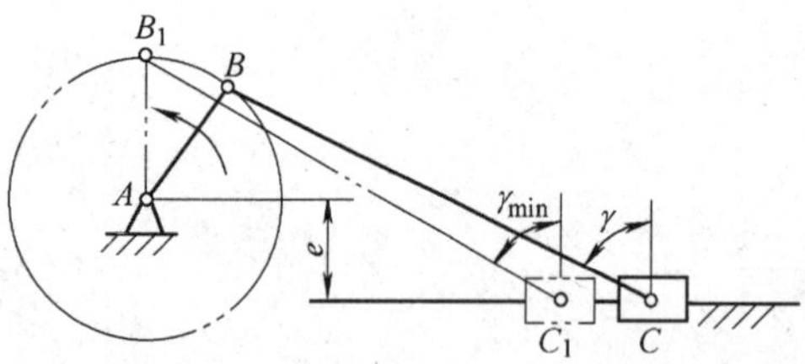

图 3-19　曲柄滑块机构的 γ_{min}

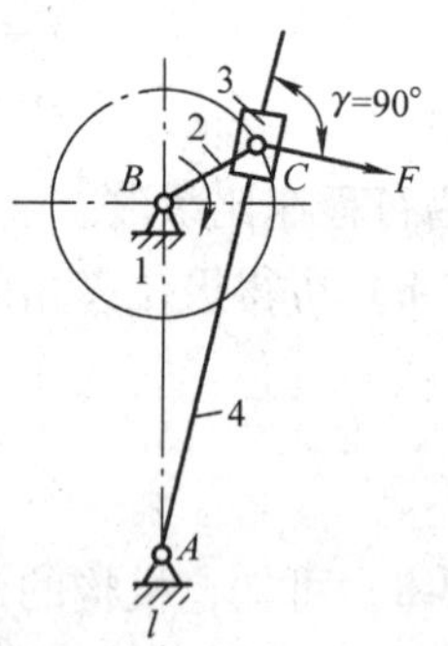

图 3-20　摆动导杆机构的 γ_{min}

3. 死点位置

图 3-21 所示的曲柄摇杆机构，若摇杆 CD 为原动件，曲柄 AB 为从动件。当摇杆处于两极限位置，从动曲柄与连杆共线时，连杆作用于从动曲柄的力为 $\boldsymbol{F}$，通过曲柄转动中心点 A，曲柄所受力矩为零。此时，机构的压力角和传动角分别为 $\alpha = 90°$、$\gamma = 0°$，该位置称为死点位置。机构在死点位置时，会出现从动件转向不定或卡死不动的现象。

在传动机构中，为了消除死点位置。可以利用飞轮及构件自身的惯性或采用机构错位排列的方法，使机构顺利通过死点位置。在图 3-22 所示缝纫机踏板机构中，曲柄与大带轮为同一构件，利用它的惯性，机构能顺利通过死点位置。在图 3-7 所示的机车驱动轮联动机构中，则利用两组曲柄滑块机构 EFG 与 $E'F'G$，使两者的曲柄位置相互错开 90°。

有时也可以利用死点位置来实现某些工作要求。在图 3-23 所示的夹具中，当工件 5 被夹紧后 BCD 三点共线，机构在工件反力的作用下处于死点位置，从而保证在加工时，工件不会松脱；当需要取出工件时，向上搬动手柄，即能松开夹具。又如图 3-24 所示的飞机起落架，利用机构的死点位置使机轮着地时不会因受力而折起。

显然，只要从动件与连杆存在共线位置，机构就存在死点位置。因此，以滑块为原动件的曲柄滑块机构，以导杆为原动件的摆动导杆机构等，都存在死点位置。

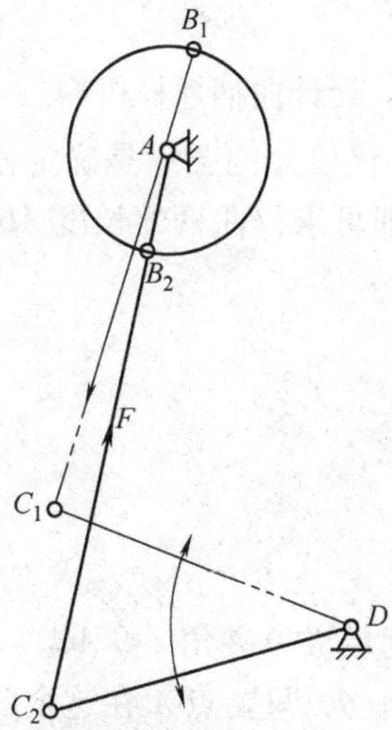

图 3-21　死点位置

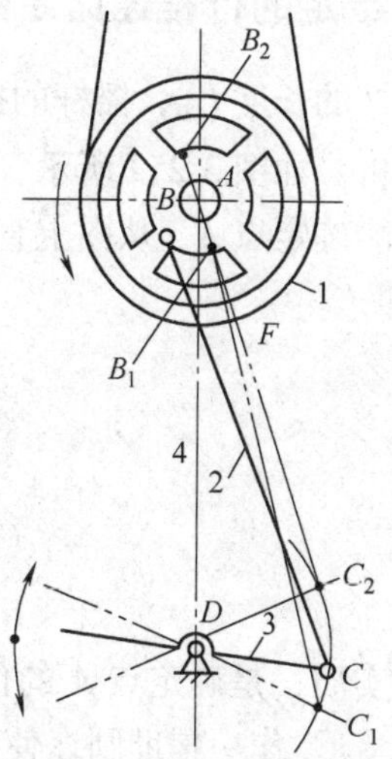

图 3-22　缝纫机踏板机构

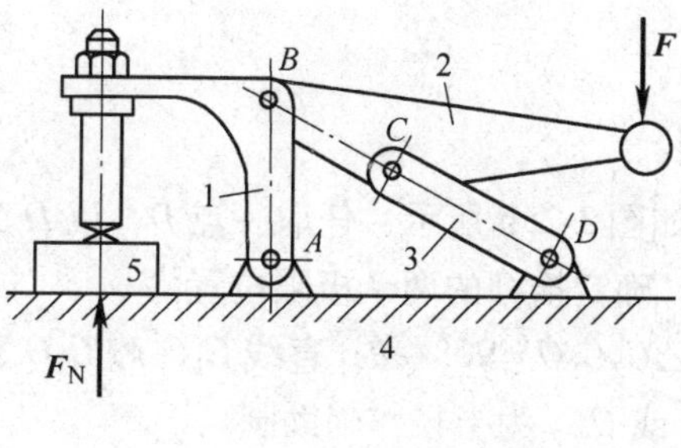

图 3-23　夹具

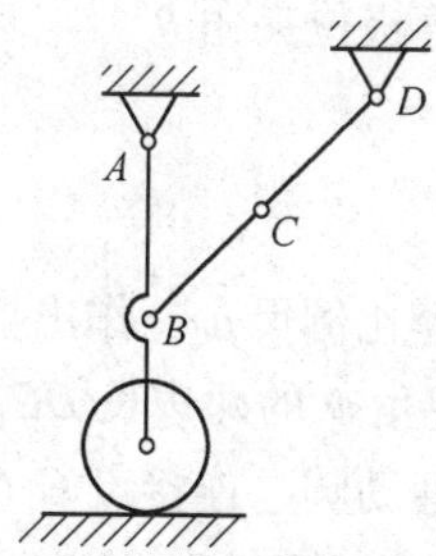

图 3-24　飞机起落架

具有死点位置的机构，多数在改变原动件后，机构的死点位置随之消失，所以机构是否具有死点位置一般取决于原动件的选择。

3.4　平面连杆机构的设计

设计平面连杆机构的任务，是根据给定条件选择机构的类型，确定机构的尺寸参数。在生产实际中，对平面连杆机构提出的工作要求是多种多样的，给定的条件也各不相同，通常可归纳为以下两类问题：

1）按照给定从动件的运动规律，设计四杆机构。

2）按照给定点的运动轨迹，设计四杆机构。

平面连杆机构的设计方法有图解法、解析法和实验法三种。图解法和实验法直观、简明，但精确度较低，可满足一般设计要求。解析法精确度高，适于用计算机设计。本节只介绍图解法。

3.4.1 按给定的行程速比系数 K 设计四杆机构

已知摇杆的长度 l_{CD}，摇杆的摆角 ψ，行程速比系数 K，设计曲柄摇杆机构。

设计分析：如图 3-25a 所示，显然在已知 l_{CD} 和 ψ 时，该设计的关键是确定固定铰链 A 的位置。若能确定点 A，从图上直接量得 AC_1 和 AC_2 后，即可求得曲柄的长度 AB 和连杆的长度 BC，即

$$AB=\frac{AC_2-AC_1}{2}$$

$$BC=\frac{AC_2+AC_1}{2}$$

所以设计的实质，是确定点 A 的位置。点 A 的位置必须满足极位夹角 $\angle C_1AC_2=\theta$ 的要求。若能过点 C_1、C_2 作一辅助圆，使弦 C_1C_2 所对的圆周角等于 θ，只要点 A 在这个圆上，就一定能满足行程速比系数 K 的要求。

设计步骤如下：

（1）计算极位夹角 θ

$$\theta=180°\frac{K-1}{K+1}$$

（2）选择比例尺 μ_l，作出摇杆的两极限位置　如图 3-25b 所示，任取一点 D，以 D 为顶点作角 ψ，使角 ψ 的两边长 DC_1 和 DC_2 等于 l_{CD}/μ_l，确定摇杆的两个极限位置。

（3）作辅助圆　连接点 C_1C_2，作角 $\angle C_1C_2O=\angle C_2C_1O=90°-\theta$，直线 C_1O 和 C_2O 相交于点 O，圆心角 $\angle C_1OC_2=2\theta$。以点 O 为圆心，OC_1 或 OC_2 为半径作辅助圆。

4）确定曲柄的转动中心点 A　在辅助圆上任取一点，即为曲柄的转动中心 A，连接直线 AC_1 和 AC_2，即得到曲柄与连杆的两个共线位置，$\angle C_1AC_2=\frac{1}{2}\angle C_1OC_2=\theta$，故能满足行程速比系数 K 的要求。

5）确定曲柄、连杆和机架的长度　因 $AC_1=BC-AB$，$AC_2=BC+AB$，考虑比例尺 μ_l 后得到曲柄长度 l_{AB}、连杆长度 l_{BC} 和机架长度 l_{AD} 为

$$\left.\begin{aligned}l_{AB}&=\mu_l\frac{AC_2-AC_1}{2}\\ l_{BC}&=\mu_l\frac{AC_2+AC_1}{2}\\ l_{AD}&=\mu_l AD\end{aligned}\right\}$$

AC_1、AC_2 和 AD 可以由图中直接量取。图中 AB_1C_1D 或 AB_2C_2D 即为所设计的曲柄摇杆机构。

由于曲柄的转动中心点 A 可在辅助圆上任意选取，所以有无穷多解。若给定其他附加条件时（如给定机架长度 l_{AD} 或最小传动角 γ_{min} 等），解可唯一确定。

同理，可设计出满足给定行程速比系数 K 的偏置曲柄滑块机构、摆动导杆机构等。

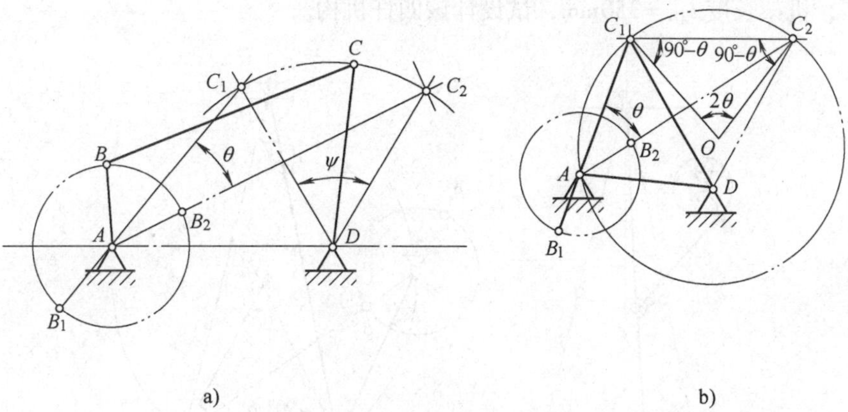

图3-25 按给定的行程速比系数 K 设计曲柄摇杆机构

3.4.2 按给定连杆的位置设计四杆机构

已知连杆的长度 l_{BC} 及其两个预定位置 B_1C_1 和 B_2C_2，如图3-26所示，试设计此铰链四杆机构。

设计分析：由图3-26可知，此设计的关键是要确定两固定铰链 A、D 的位置。由于连杆上点 B、C 的运动轨迹分别是以点 A 和点 D 为圆心，以 l_{AB} 和 l_{CD} 为半径的圆弧。所以该问题设计的实质是，在已知圆弧上两点条件下，如何确定圆心的问题。点 A 和点 D 分别位于线段 B_1B_2 和 C_1C_2 的垂直平分线 b_{12} 和 c_{12} 上。

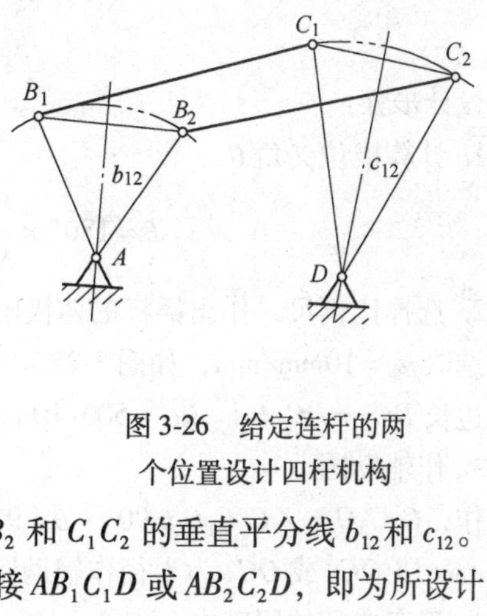

图3-26 给定连杆的两个位置设计四杆机构

设计步骤如下：

1）选取比例尺 μ_l，根据已知条件画出连杆的两个位置 B_1C_1、B_2C_2，使线段 $B_1C_1 = B_2C_2 = l_{BC}/\mu_l$。

2）分别连接线段 B_1B_2 和 C_1C_2，然后分别作 B_1B_2 和 C_1C_2 的垂直平分线 b_{12} 和 c_{12}。

3）在 b_{12} 上任取一点 A，在 c_{12} 上任取一点 D，连接 AB_1C_1D 或 AB_2C_2D，即为所设计的四杆机构。各杆的长度分别为 $l_{AB} = \mu_l AB_1$，$l_{CD} = \mu_l C_1D$，$l_{AD} = \mu_l AD$。

注意，由于点 A、D 是在 b_{12} 和 c_{12} 上任意选取的，所以有无穷多解。如要得到唯一解，则还需要给定其他的附加条件，如给定机架的位置。

此外，如给定连杆的长度及其三个位置设计四杆机构，则解唯一确定。

任务实施

任务一：按给定的行程速比系数 K 设计四杆机构。

设计一摆布落布机构。如图3-27a所示，当曲柄 AB 绕 A 点旋转时，通过连杆 BC 带动摇杆 CD 绕 D 点作往复摆动，从而使织物平整地落入堆布车内。

已知摇杆的长度 $l_{CD} = 500\text{mm}$，其摆角 $\psi = 30°$，行程速比系数 $K = 1.4$，要求落布宽度 E

=1000mm，机架长度 $l_{AD}=350$mm，试设计该四杆机构。

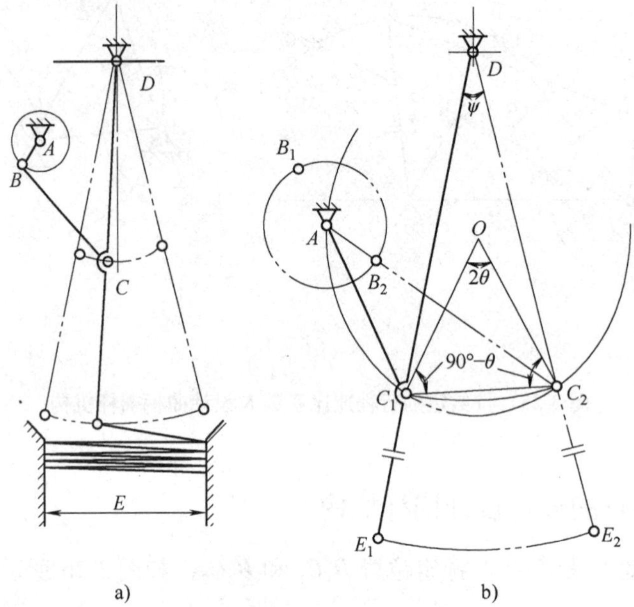

图 3-27　摆布落布机构

设计步骤：

1. 计算极位夹角 θ

$$\theta=180°\times\frac{K-1}{K+1}=180°\times\frac{1.4-1}{1.4+1}=30°$$

2. 选择比例尺，作出摇杆的两极限位置

选取 $\mu_l=10$mm/mm，如图 3-27b 所示，任取一点 D，以 D 为顶点作角 $\psi=30°$，使角 ψ 的两边长 $DC_1=DC_2=l_{CD}/\mu_l=500/10\text{mm}=50\text{mm}$，确定摇杆的两个极限位置。

3. 作辅助圆

作 $\angle C_1C_2O=\angle C_2C_1O=90°-\theta=90°-30°=60°$，直线 C_1O 和 C_2O 相交于点 O，以点 O 为圆心，以 OC_1 或 OC_2 为半径作辅助圆。

4. 确定曲柄的回转中心点 A

以点 D 为圆心，以机架 $AD=l_{AD}/\mu_l=350/10\text{mm}=35\text{mm}$ 为半径画弧与辅助圆相交于点 A。连接并于图中量取 AC_1 和 AC_2 得

$$AC_1=28\text{mm}\ ,\ AC_2=46\text{mm}$$

5. 计算曲柄长度 l_{AB} 和连杆长度 l_{BC}

$$l_{AB}=\mu_l\frac{AC_2-AC_1}{2}=10\times\frac{46-28}{2}\text{mm}=90\text{mm}$$

$$l_{BC}=\mu_l\frac{AC_2+AC_1}{2}=10\times\frac{46+28}{2}\text{mm}=370\text{mm}$$

根据比例求出 l_{ED} 的长度为 1390mm。

任务二：按给定连杆的两个位置，设计四杆机构。

设计一砂箱翻转机构。砂箱在位置Ⅰ处造型，在位置Ⅱ处起模，翻台与连杆 BC 固联成一体，$l_{BC}=0.5\text{m}$，机架 AD 为水平位置，如图 3-28 所示。

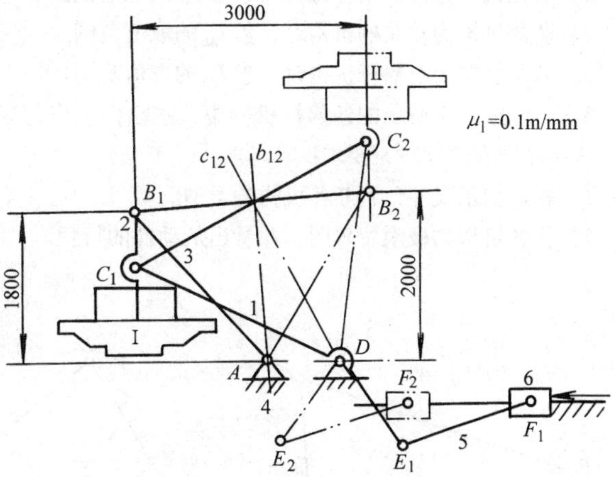

图 3-28　砂箱翻转机构

设计步骤：

1）选取比例尺 $\mu_l=0.1\text{m/mm}$，则 $BC=l_{BC}/\mu_l=0.5/0.1\text{mm}=5\text{mm}$，在给定位置作出 B_1C_1、B_2C_2。

2）连接线段 B_1B_2 和 C_1C_2，分别作线段 B_1B_2 的中垂线 b_{12} 和 C_1C_2 的中垂线 c_{12}。

3）按给定机架的位置作水平线，与 b_{12} 和 c_{12} 分别交得点 A 和 D。

4）连接 AB_1 和 C_1D，即得到所设计的机构，各构件的长度分别为

$$l_{AB}=\mu_l AB=0.1\times 25\text{m}=2.5\text{m}$$
$$l_{CD}=\mu_l CD=0.1\times 27\text{m}=2.7\text{m}$$
$$l_{AD}=\mu_l AD=0.1\times 8\text{m}=0.8\text{m}$$

本题有唯一解，给定机架 AD 位置是辅助条件。

思　考　题

3-1　平面连杆机构有什么特点？

3-2　铰链四杆机构有哪几种基本类型？各有何运动特点？

3-3　铰链四杆机构曲柄存在的条件是什么？当四杆机构符合曲柄存在条件时，如何通过改变机架来得到不同机构？

3-4　什么是极位夹角？什么是行程速比系数？两者有何关系？它们对机构的急回特性有何影响？

3-5　什么是机构的压力角和传动角？两者有何关系？它们对机构的工作性能有何影响？

3-6　机构在什么情况下会出现死点位置？如何克服？

习　　题

3-1　根据图 3-29 所示尺寸，判断各铰链四杆机构的类型。

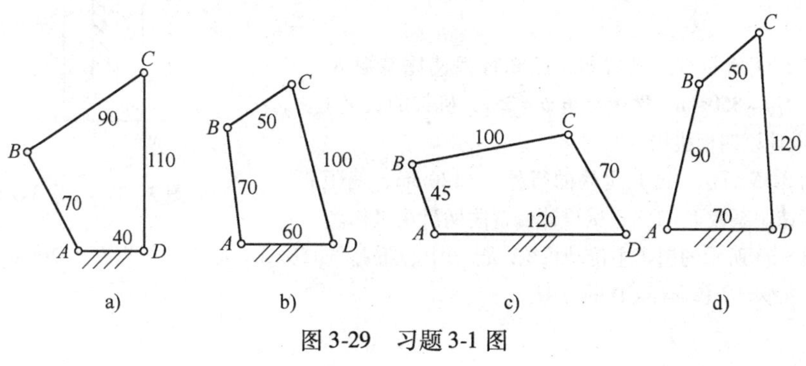

图 3-29　习题 3-1 图

3-2　在图 3-30 所示的铰链四杆机构中，已知各杆的长度分别为 $l_{BC}=200\text{mm}$，$l_{CD}=150\text{mm}$，$l_{AD}=120\text{mm}$，杆 AD 为机架。

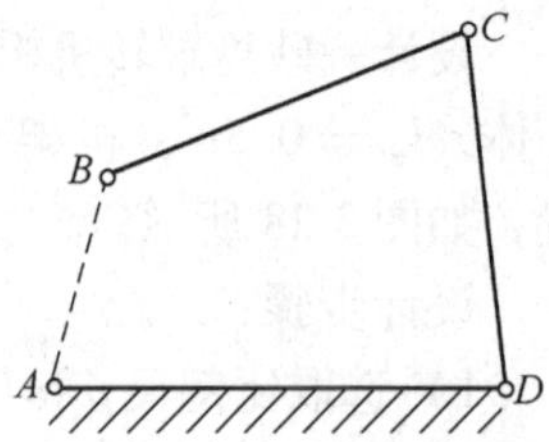

图 3-30　习题 3-2 图

1）若此机构为曲柄摇杆机构时，求 l_{AB} 的取值范围。

2）若此机构为双曲柄机构时，求 l_{AB} 的取值范围。

3）若此机构为双摇杆机构时，求 l_{AB} 的取值范围。

3-3　在图 3-31 所示的各四杆机构中，主动件 1 作匀速顺时针转动，从动件 3 由左向右运动时，要求：

1）根据图示尺寸，判断各机构的类型。

2）作各机构的极限位置图，并量出从动件的行程。

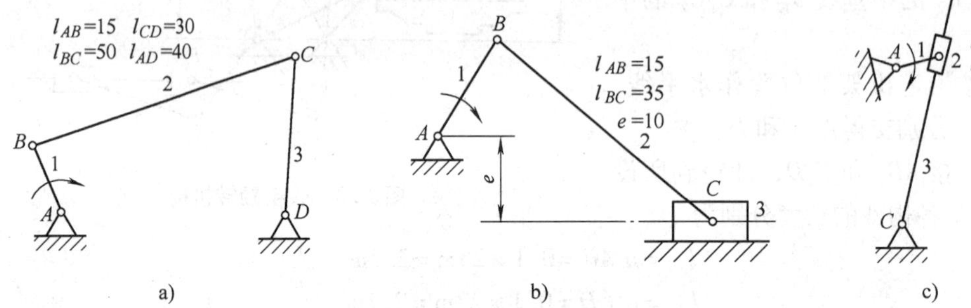

图 3-31　习题 3-3 图

3）计算各机构行程速度变化系数 K。

4）作出各机构出现最小传动角 $\gamma_{\min}$（或最大压力角 $\alpha_{\max}$）时的位置图，并量出其大小。

3-4　图 3-31 所示各四杆机构中，若构件 3 为主动件、构件 1 为从动件时，试作出各机构的死点位置。

3-5　图 3-32 所示为四杆机构控制的加热炉炉门的启闭机构。要求其加热时炉门能关闭紧密，放取工件时，炉门能处于水平位置当一个小平台用，炉门上两铰链的中心距 $BC=200\text{mm}$，与机架相连的 A、D 两点设置在 y-y 轴线上，其相互位置尺寸如图所示，试设计此机构。

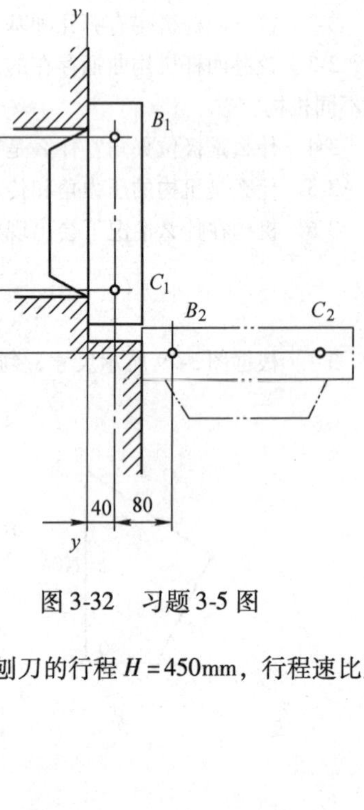

图 3-32　习题 3-5 图

3-6　如图 3-33 所示，已知连架杆 CD 和机架 AD 的长度分别为 $l_{CD}=75\text{mm}$，$l_{AD}=100\text{mm}$，摇杆 CD 的一个极限位置与机架 AD 间的夹角 $\psi=45°$，行程速比系数 $K=1.4$，试设计一曲柄摇杆机构。

3-7　如图 3-34 所示颚式破碎机，已知行程速比系数 $K=1.4$，颚板长度 $l_{CD}=350\text{mm}$，颚板摆角 $\psi=35°$，机架的长度 $l_{AD}=600\text{mm}$。试设计该四杆机构。

3-8　如图 3-35 所示，已知滑块的行程 $s=120\text{mm}$，偏距 $e=10\text{mm}$，行程速比系数 $K=1.4$，试设计偏置曲柄滑块机构。

3-9　如图 3-36 所示的刨床主传动机构，已知中心距 $l_{AC}=150\text{mm}$，刨刀的行程 $H=450\text{mm}$，行程速比系数 $K=2$，试求曲柄 AB 和导杆 CD 的长度。

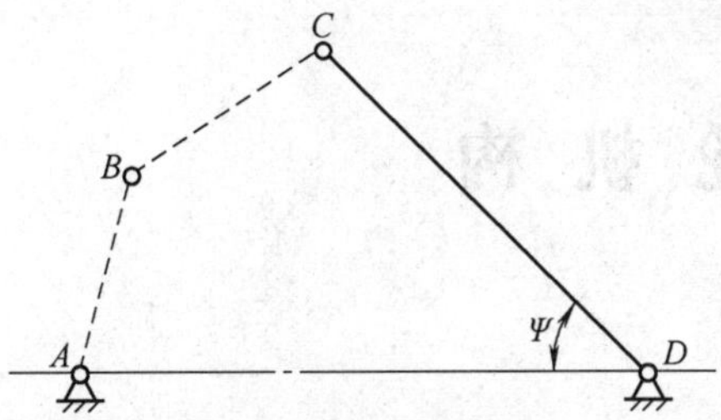

图3-33　习题3-6图

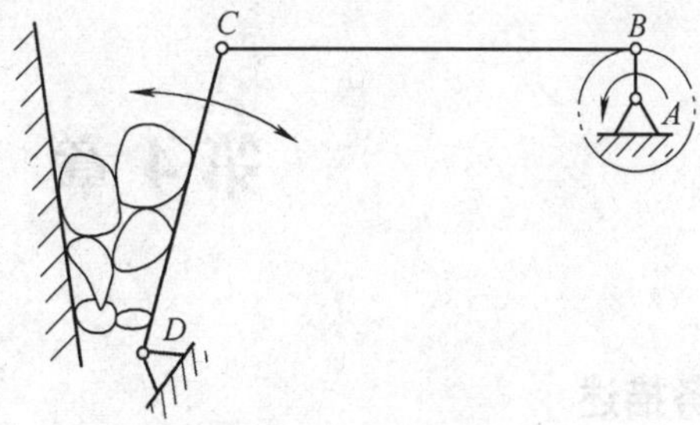

图3-34　习题3-7图

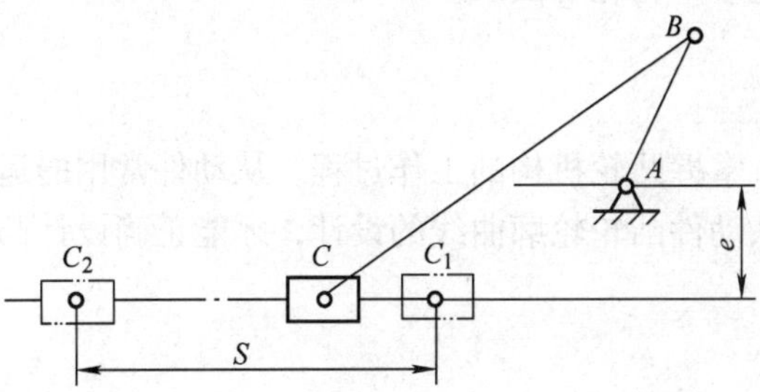

图3-35　习题3-8图

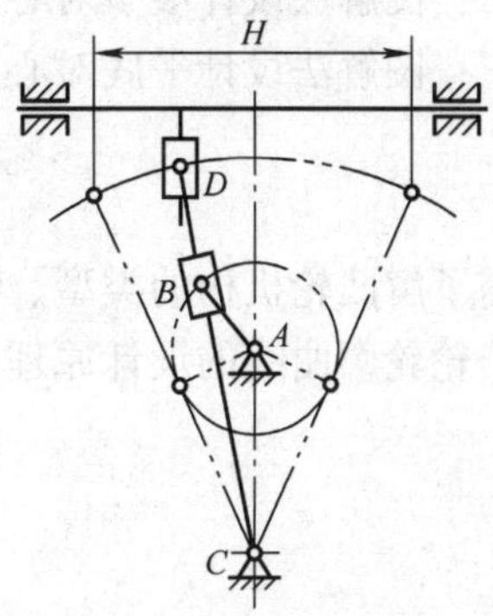

图3-36　习题3-9图

第4章　凸 轮 机 构

任务描述

任务一：图解法设计尖顶对心直动从动件盘形凸轮轮廓曲线。

任务二：图解法设计滚子对心直动从动件盘形凸轮轮廓曲线。

任务三：图解法设计平底对心直动从动件盘形凸轮轮廓曲线。

任务分析

首先需了解凸轮机构的类型、特点及应用，掌握凸轮机构的工作过程、从动件常用的运动规律、凸轮轮廓曲线的设计原理及对心直动从动件凸轮轮廓曲线的设计，才能正确设计凸轮机构。

相关知识

4.1　概述

凸轮是一种具有曲线轮廓或凹槽的构件，通过与从动件的高副接触，在运动时可使从动件获得任意要求的运动。本章主要讨论平面凸轮机构类型、特点、应用、从动件常用的运动规律及凸轮轮廓曲线的设计等内容。

4.1.1　凸轮机构的应用及特点

凸轮机构是机械中的一种常用机构，在自动化和半自动化机械中应用较广泛。

图4-1所示为内燃机配气机构。当凸轮1匀速转动时，其轮廓驱使从动件2（阀杆）按预期的运动规律上、下往复移动，以控制阀门定时开启和关闭。

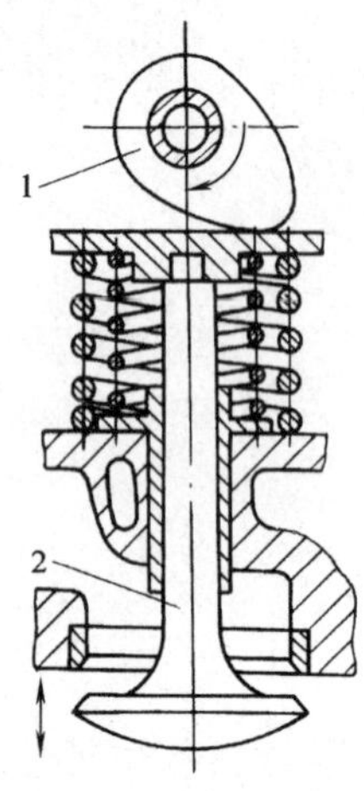

图4-1　内燃机配气机构
1—凸轮　2—阀杆

图4-2所示为靠模车削机构。工件1回转，凸轮3作为靠模被固定在床身上，刀架2在弹簧作用下与凸轮轮廓紧密接触。当拖板4纵向移动时，刀架2在凸轮轮廓曲线的推动下作横向移动，从而切削出与靠模板曲线一致的工件。

图4-3所示为机床横向进给机构。当具有凹槽的圆柱凸轮1匀速转动时，其轮廓迫使从动件（扇形齿轮）2绕轴线O_2作往复摆动，从而控制刀架（齿条）3按一定的运动规律完成进刀、退刀运动。

图4-4所示为自动上料机构。当具有凹槽的圆柱凸轮1匀速转动时，槽中的滚子带动从动件2作往复移动，将毛坯推到指定位置，从而完成自动上料任务。

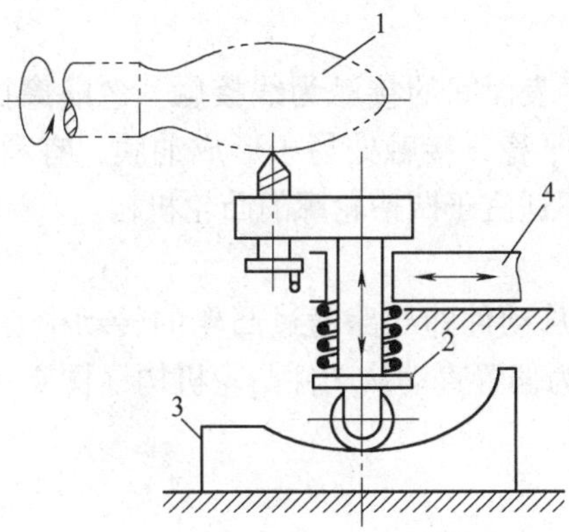

图4-2　靠模车削机构

1—工件　2—刀架　3—凸轮　4—拖板

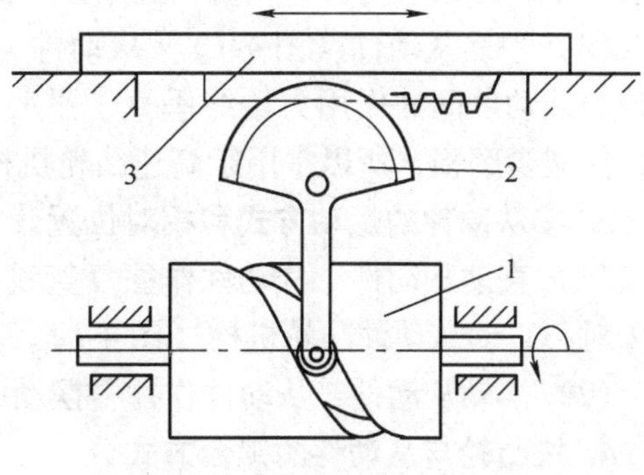

图4-3　机床横向进给机构

1—圆柱凸轮　2—扇形齿轮　3—刀架（齿条）

由以上实例可以看出：凸轮机构是由凸轮、从动件和机架组成的高副机构。一般凸轮为主动件，可将凸轮的连续转动或移动变换为从动件的往复移动或摆动。

与连杆机构比较，凸轮机构的优点是：只要适当地设计凸轮轮廓曲线，即可使从动件实现各种预期的运动规律，且结构简单、紧凑，工作可靠。缺点是：由于凸轮与从动件间为高副接触，压强较大，易磨损；凸轮加工较困难，成本较高；由于受凸轮尺寸的限制，从动件工作行程较小。因此凸轮机构多用于能精确实现较复杂的运动规律且传力不大的控制装置中。

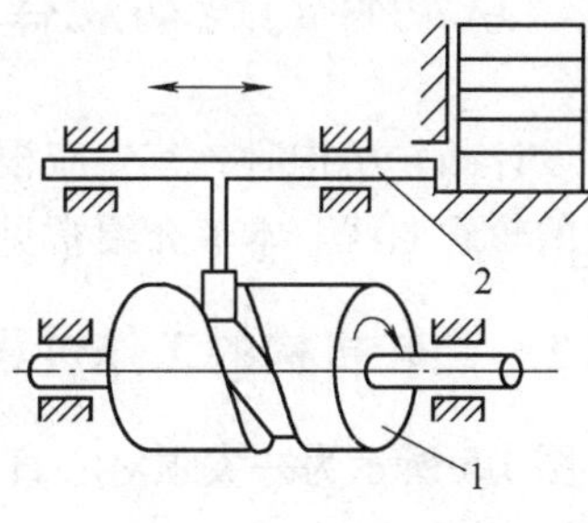

图4-4　自动上料机构

1—圆柱凸轮　2—从动件

4.1.2　凸轮机构的类型

凸轮机构有很多类型，可按如下方法分类。

1. 按凸轮的形状分

（1）盘形凸轮机构（图4-1）　盘形凸轮是绕固定轴线转动且具有变化向径的盘形构件，是凸轮机构的基本形式。

（2）移动凸轮机构（图4-2）　当盘形凸轮的转动中心趋于无穷远处时，凸轮的转动可看作移动，即称为移动凸轮机构。

（3）圆柱凸轮机构（图4-3、图4-4）　将移动凸轮卷成圆柱体，即成为圆柱凸轮机构。

盘形凸轮、移动凸轮与从动件之间的相对运动是平面运动，称为平面凸轮机构。圆柱凸轮与从动件之间的相对运动是空间运动，称为空间凸轮机构。

2. 按从动件的形式分

（1）尖顶从动件（图4-5）　尖顶从动件能与任何形状的凸轮轮廓接触，故能实现复杂的运动规律，且结构简单。但易磨损，只宜用于传力不大的低速凸轮机构，如仪表中的凸轮机构。

（2）滚子从动件（图 4-2、图 4-3 和图 4-4）　滚子与凸轮间为线接触，且为滚动摩擦，磨损较小，可以承受较大载荷，应用较广泛。

（3）平底从动件（图 4-1）　从动件与凸轮轮廓表面间的接触为线接触。忽略摩擦时，凸轮与从动件间的作用力始终垂直于平底，受力较平稳，接触处易于形成油膜，有利于润滑，能减少磨损，所以常用于高速凸轮机构中。但不适宜于凹槽轮廓的凸轮机构。

3. 按从动件的运动方式和相对位置分

（1）直动从动件　从动件作往复直线运动，若从动件的导路通过凸轮的转动中心，则称为对心直动从动件凸轮机构（图 4-1）。否则，称为偏置直动从动件凸轮机构（图 4-14）。

（2）摆动从动件　从动件作往复摆动（图 4-3）。

4. 按凸轮与从动件的锁合方式分

凸轮机构工作时，凸轮轮廓与从动件相接触，称为锁合。

（1）力锁合　凸轮与从动件依靠重力或弹簧力相接触（图 4-1、图 4-2）。

（2）形锁合　凸轮与从动件依靠凸轮几何形状相接触（图 4-3、图 4-4）。

实际应用中的凸轮机构通常是上述类型的不同综合体。

4.2　从动件的运动规律

设计凸轮机构时，首先应根据工作要求确定从动件的运动规律，然后根据运动规律设计凸轮的轮廓曲线。本节介绍常见的从动件运动规律及其选择方法。

4.2.1　凸轮机构的工作过程

图 4-5 所示为一尖顶对心直动从动件盘形凸轮机构。以凸轮理论轮廓的最小向径 r_b 为半径所作的圆，称为基圆，基圆半径用 r_b 表示。凸轮以匀角速度 ω 逆时针转动，当凸轮转过角 δ_0 时，凸轮轮廓按一定的运动规律，将从动件从初始位置点 A 推到了最高位置点 B'，这个过程称为推程（一般推程是凸轮机构的工作行程），凸轮转过的角度 δ_0 称为推程运动角，从动件上升的位移 h，称为从动件的行程。当凸轮继续转过角 δ_1 时，从动件的尖顶与凸轮上的圆弧轮廓 BC 接触，此时从动件位于距凸轮回转中心距离最远处静止不动，这个过程称为远休止，凸轮转过的角度 δ_1 称为远休止角。当凸轮继续转过角 δ_2 时，从动件在自重的作用下，按一定的运动规律返回初始位置，这个过程称为回程，对应凸轮的转角 δ_2 称为回程运动角。当凸轮继续转过角 δ_3 时，从动件静止不动，此过程称为近休止，凸轮的转角 δ_3 称为近休止角。当凸轮继续转

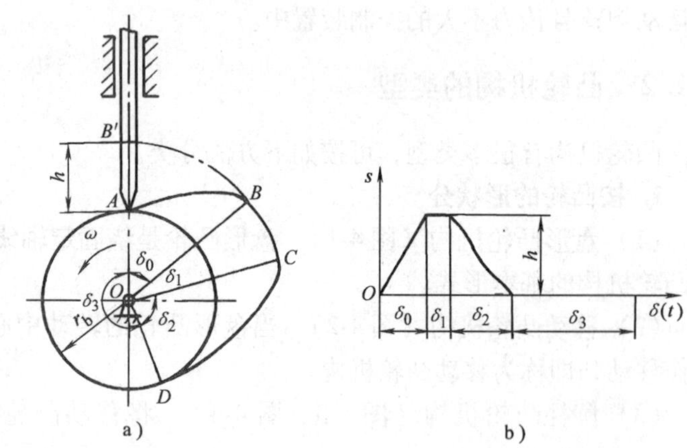

图 4-5　尖顶对心直动从动件盘形凸轮机构

动时，从动件重复上述的运动过程。

由上述分析可知，从动件的位移 s 随凸轮转角 δ 而变化。因为一般凸轮作匀角速度转动，凸轮转角 δ 与时间 t 成正比。从动件的位移、速度和加速度随凸轮转角 δ（或时间 t）的变化关系，称为从动件的运动规律。如果以凸轮转角 δ（或时间 t）为横坐标，分别以从动件的位移 s、速度 v 和加速度 a 为纵坐标，作出凸轮转角与从动件的位移、速度和加速度间的关系曲线，称为从动件的运动线图。在绘制运动线图时，需选择长度比例尺 μ_l 和转角比例尺 μ_δ。

$$\mu_\delta = \frac{\text{凸轮的实际转角}\,\delta}{\text{图样上代表}\,\delta\,\text{线段长}}$$

从动件的运动规律完全取决于凸轮轮廓形状。设计凸轮轮廓时，首先需要根据工作要求确定从动件的运动规律，并按此运动规律——位移曲线（图4-5b）设计凸轮轮廓，以实现从动件预期的运动规律。

4.2.2　常见的从动件运动规律分析

1. 等速运动规律

从动件在推程或回程的运动速度为常值的运动规律，称为等速运动规律。

以推程为例，设凸轮以匀角速度 ω 转动，当凸轮转过推程运动角 δ_0 时，从动件的行程为 h，则从动件的运动方程为

$$\begin{cases} s = \dfrac{h}{\delta_0}\delta \\ v = \dfrac{h}{\delta_0}\omega \\ a = 0 \end{cases} \tag{4-1}$$

现分别以从动件的位移 s、速度 v 和加速度 a 为纵坐标，以凸轮转角 δ（或时间 t）为横坐标，作 $s-\delta(t)$、$v-\delta(t)$ 及 $a-\delta(t)$ 线图（图4-6）。

这种运动规律的特点是：当速度为常值时，加速度为零，惯性力也为零。但在运动起始和终止的瞬间，由于速度有突变，理论上加速度无穷大，贯性力也为无穷大，会引起刚性冲击，因此这种运动规律只适用于低速轻载的场合。

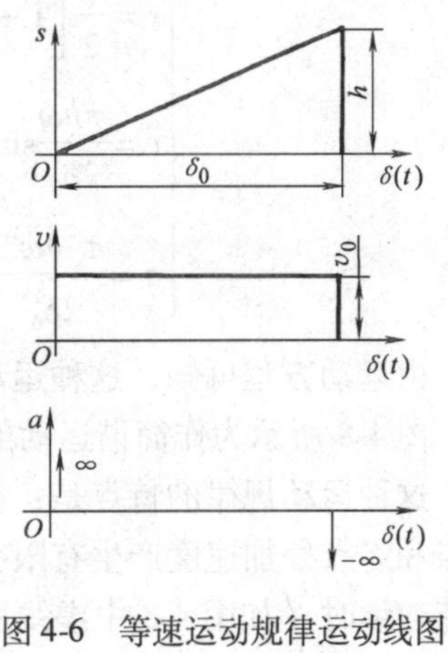

图4-6　等速运动规律运动线图

2. 等加速等减速运动规律

从动件在一个行程中，前半行程作等加速运动，后半行程作等减速运动，加速、减速运动加速度的绝对值相等，则称为等加速等减速运动规律。

由匀变速运动的加速度、速度、位移方程，可得到推程从动件的运动方程为

等加速段（$0 \leqslant \delta \leqslant \delta_0/2$）

$$\begin{cases} s = \dfrac{2h}{\delta_0^2}\delta^2 \\ v = \dfrac{4h\omega}{\delta_0^2}\delta \\ a = \dfrac{4h\omega^2}{\delta_0^2} \end{cases} \tag{4-2}$$

等减速段（$\delta_0/2 \leqslant \delta \leqslant \delta_0$）

$$\begin{cases} s = h - \dfrac{2h}{\delta_0^2}(\delta_0 - \delta)^2 \\ v = \dfrac{4h\omega}{\delta_0^2}(\delta_0 - \delta) \\ a = -\dfrac{4h\omega^2}{\delta_0^2} \end{cases} \tag{4-3}$$

由上述方程，可作出在推程等加速等减速运动从动件的运动线图（图 4-7）。由位移方程可知，位移 s 是 δ 的二次函数，所以从动件的位移曲线为抛物线，又称其为抛物线运动规律。

这种运动规律的特点是：当加速度 a = 常数时，从动件的加速度曲线为平行于 δ 轴的直线，在曲线的端点和中点处，加速度发生有限突变，此时惯性力产生有限值的突变，结果使凸轮机构产生柔性冲击。所以这种运动规律适用于中速、轻载的场合。

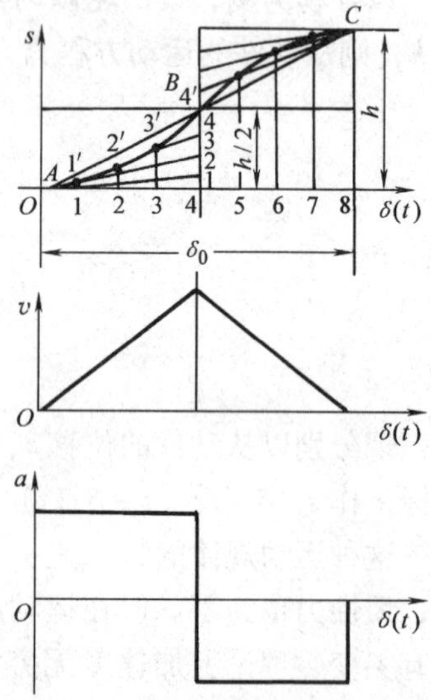

图 4-7 等加速、等减速运动线图

3. 简谐运动规律

当一质点在圆周上作匀速运动时，该点在这个圆直径上的投影所形成的运动，称为简谐运动。从动件作简谐运动时，其推程的运动方程为

$$\begin{cases} s = \dfrac{h}{2}\left[1 - \cos\left(\dfrac{\pi}{\delta_0}\delta\right)\right] \\ v = \dfrac{\pi h\omega}{2\delta_0}\sin\left(\dfrac{\pi}{\delta_0}\delta\right) \\ a = \dfrac{\pi^2 h\omega^2}{2\delta_0^2}\cos\left(\dfrac{\pi}{\delta_0}\delta\right) \end{cases} \tag{4-4}$$

由运动方程可知，这种运动规律的加速度曲线为余弦曲线，又称其为余弦加速度运动规律。图 4-8 所示为作简谐运动的从动件在推程时的运动线图。

这种运动规律的特点是：在整个运动过程中，速度和加速度曲线是连续的。但在曲线的起点和终点处加速度产生有限突变，会产生柔性冲击，适用于中速场合。只有当加速度曲线保持连续时（如图 4-8 中虚线所示），才能避免冲击，这时可用于高速传动。

4. 摆线运动规律

如图 4-9 所示，当半径为 r 的滚圆沿纵坐标轴自点 O 向上作纯滚动时，滚圆上的点 A 所走过的轨迹，称为摆线。该点在纵坐标轴上投影点的运动规律，称为摆线运动规律。从动件作摆线运动时，其推程的运动方程为

$$\begin{cases} s = h\left(\dfrac{\delta}{\delta_0} - \dfrac{1}{2\pi}\sin\dfrac{2\pi}{\delta_0}\delta\right) \\ v = \dfrac{h\omega}{\delta_0}\left(1 - \cos\dfrac{2\pi}{\delta_0}\delta\right) \\ a = \dfrac{2\pi h\omega^2}{\delta_0^2}\sin\dfrac{2\pi}{\delta_0}\delta \end{cases} \tag{4-5}$$

由运动方程可知，这种运动规律的加速度曲线为正弦曲线，又称其为正弦加速度运动规律。图 4-9 所示为作摆线运动的从动件在推程时的运动线图。

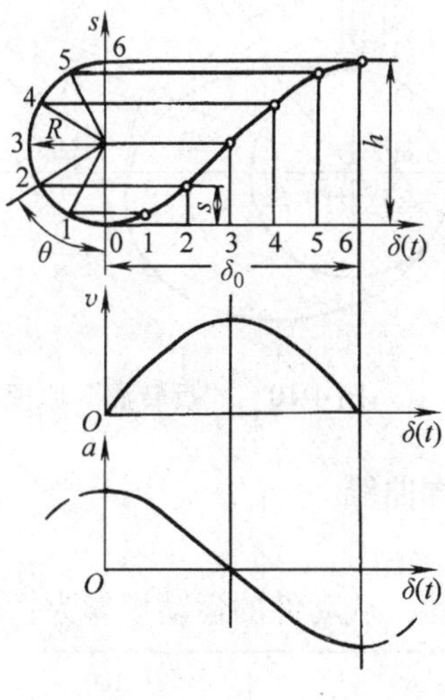

图 4-8　简谐运动规律运动线图

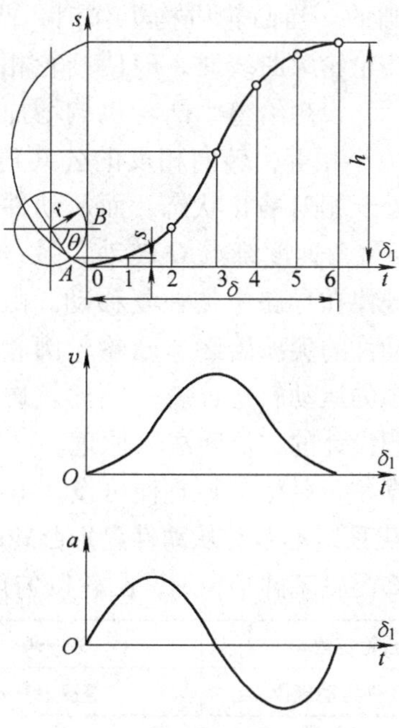

图 4-9　摆线运动规律运动线图

这种运动规律的特点是：在整个运动过程中，加速度曲线是连续的，在运动的起始和终止位置处加速度为零，没有冲击，加速度变化也较平缓，故机构传动平稳，振动、噪声和磨损都较小，适用于较高速的凸轮机构。

4.2.3　从动件运动规律的选择

凸轮轮廓曲线完全取决于从动件的运动规律，因此正确选择从动件的运动规律是凸轮设计的重要环节。选择从动件的运动规律时，要综合考虑机械的工作要求、动力特性和凸轮是否便于加工等。例如：对于内燃机中控制阀门启闭的凸轮机构，要求气门的启闭

越快越好，全开的时间越长越好，并希望降低气阀机构的冲击和噪声，故要求从动件作等加速等减速运动。当机器的工作过程对从动件的运动规律没有特殊要求时，对于低速凸轮机构主要考虑凸轮是否便于加工，如夹紧送料等凸轮机构，可只考虑方便加工，采用圆弧、直线等组成的凸轮轮廓。对于高速凸轮机构，为了减小冲击，改善动力性能，可选用摆线运动规律。

4.3 凸轮轮廓曲线的设计

根据工作要求选择了从动件的运动规律之后，就可以按照所允许的空间和具体要求，确定凸轮的基圆半径，进而设计凸轮的轮廓。凸轮轮廓曲线的设计方法有图解法和解析法两种。图解法简单易行，虽然其精确度较低，但能满足一般机械的要求，故应用广泛。解析法精确度高，但计算工作量大，本节只介绍图解法。

图解法设计凸轮轮廓曲线，是以“反转法”原理为基础的。当凸轮机构工作时，凸轮是运动的，而绘制凸轮轮廓曲线时，应使凸轮相对静止。如图4-10所示，设想给整个凸轮机构增加一个与凸轮角速度 ω 大小相等，转向相反的公共角速度“$-\omega$”，则凸轮处于相对静止状态，而从动件一方面随机架以“$-\omega$”角速度绕点 O 转动，另一方面又按已知的运动规律在导路中作往复移动。由于在反转过程中，从动件的尖顶始终与凸轮轮廓相接触，所以从动件尖顶的运动轨迹，就是凸轮轮廓曲线。这就是凸轮轮廓设计的“反转法”原理。

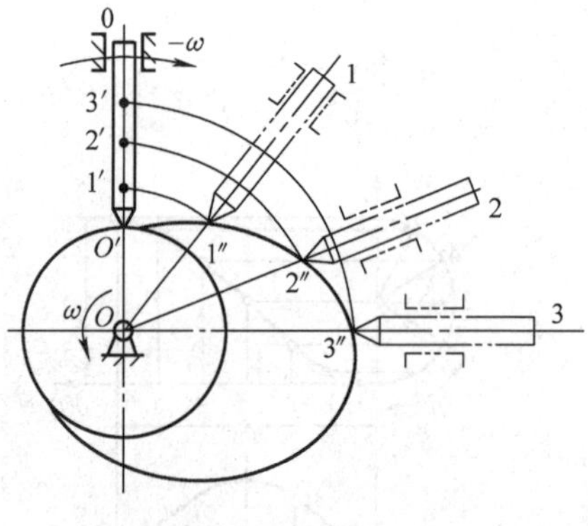

图 4-10 “反转法”原理

根据“反转法”原理便可设计出各种类型的凸轮轮廓曲线。

1. 尖顶对心直动从动件盘形凸轮轮廓曲线的设计

已知凸轮基圆半径 r_b，凸轮以匀角速度 ω 顺时针转动，从动件的运动规律为：

凸轮转角 δ	0°~90°	90°~180°	180°~360°
从动件运动规律	等速上升 h	等速下降到原位	静止不动

凸轮轮廓的作图步骤如下：

1）选取比例尺 μ_l、μ_δ，作 $s-\delta(t)$ 曲线，如图4-11b所示。

在横坐标轴上，将凸轮的推程运动角六等分（每15°一等分），过各等分点作垂线，得到与凸轮转角相对应的从动件位移 $\overline{11'}$、$\overline{22'}$、$\overline{33'}$…。

2）取与位移曲线相同的比例尺，以 r_b/μ_l 为半径作基圆，在基圆上任意选取点 A，即为从动件的初始位置（图4-11a中实线位置）。

3）在基圆上，从 OA 开始，沿“$-\omega$”方向确定推程角、回程角、休止角，并将其等分成与 $s-\delta(t)$ 曲线相同的等份，得到点 A_1、A_2、A_3…，自点 O 向各等分点作射线，便得到从动件导路在反转过程中的一系列位置线。

4）沿各位置线自基圆向外依次量取从动件的位移，即 $\overline{A_1A_1'}=\overline{11'}$、$\overline{A_2A_2'}=\overline{22'}$、$\overline{A_3A_3'}=$

$\overline{33'}$…，得点 A_1'、A_2'、A_3'…。

5）将点 A、A_1'、A_2'、A_3'…连成一光滑曲线，即为所求凸轮轮廓曲线。

同理，可作出从动件在回程和休止时所对应的凸轮轮廓曲线。

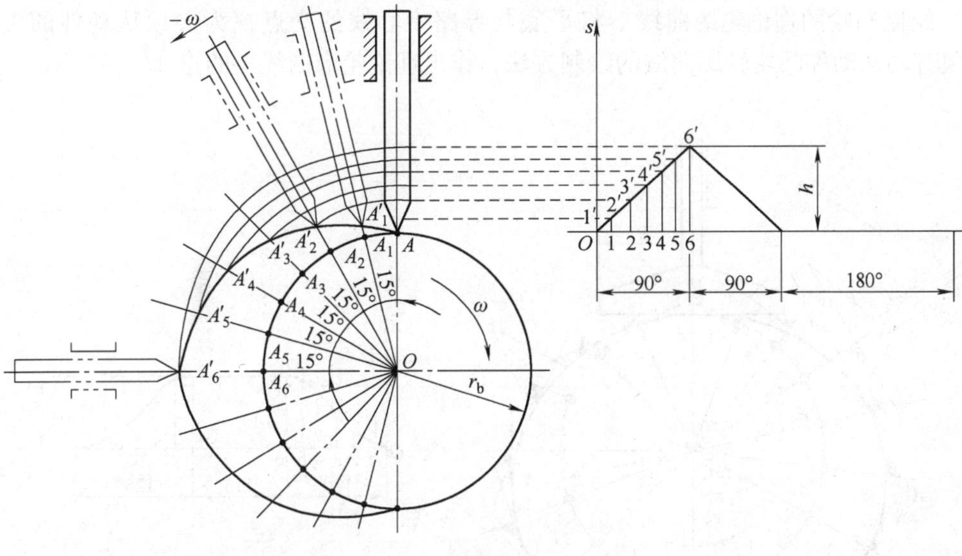

a) b)

图4-11 尖顶对心直动从动件盘形凸轮轮廓曲线的设计

a）凸轮轮廓曲线的设计 b）从动件的位移曲线

2. 滚子对心直动从动件盘形凸轮轮廓曲线的设计

已知条件同上例，再给定滚子半径 r_T，其凸轮轮廓曲线的画法可分两步进行。

（1）绘制凸轮的理论轮廓曲线 将滚子中心视为尖顶从动件的尖顶，按照前述方法，画出滚子中心的轨迹，称为凸轮的理论轮廓曲线，用 β_0 表示，其基圆半径用 r_b 表示，如图4-12所示。

（2）绘制凸轮的实际轮廓曲线 以凸轮理论轮廓曲线上的点为圆心，以滚子半径 r_T 为半径，画一系列滚子圆，然后作这些滚子圆的包络线（与这些圆弧相切的曲线）β，即为该凸轮的实际轮廓曲线。

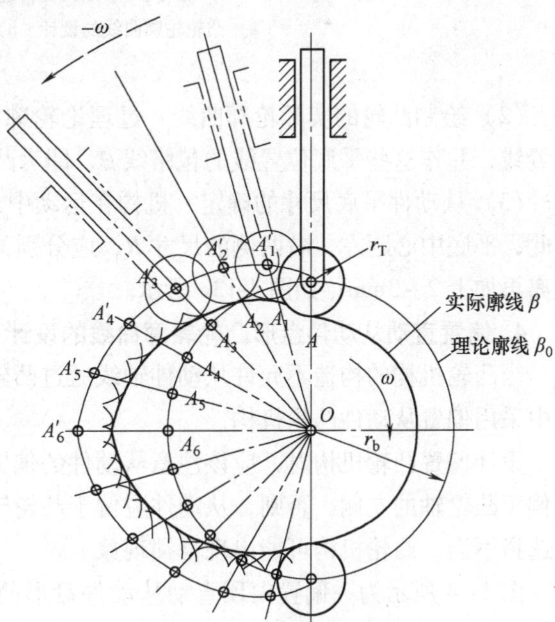

图4-12 滚子对心直动从动件盘形凸轮轮廓曲线的设计

3. 平底对心直动从动件盘形凸轮轮廓曲线的设计

已知凸轮的基圆半径 r_b，凸轮以匀角速度 ω 顺时针方向转动，从动件的位移线图如图 4-13b 所示。

平底直动从动件盘形凸轮轮廓曲线的绘制方法与滚子从动件盘形凸轮轮廓曲线的绘制方法相似，如图 4-13a 所示，绘制步骤如下：

（1）绘制凸轮的理论轮廓曲线　将平底与导路中心线的交点视为尖顶从动件的尖顶，按照尖顶直动从动件凸轮轮廓曲线的绘制方法，作出理论轮廓曲线上的点 A_1'、A_2'、A_3'…。

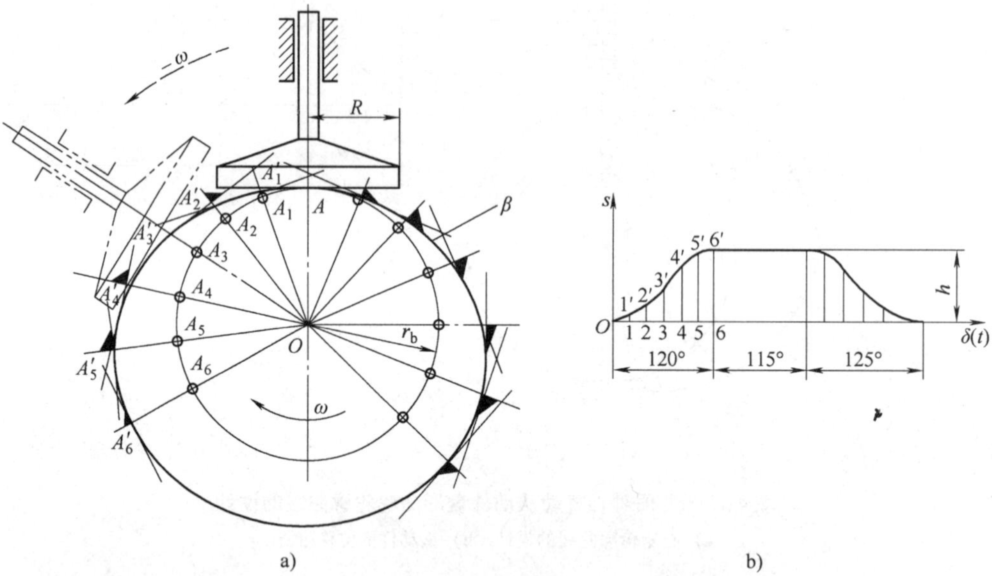

图 4-13　平底对心直动从动件盘形凸轮轮廓曲线的设计

a）凸轮轮廓曲线的设计　b）从动件的位称曲线

（2）绘制凸轮的实际轮廓曲线　过理论轮廓曲线上点 A_1'、A_2'、A_3'…，依次作出平底的位置线，并作这些平底位置线的包络线 β，即为凸轮的实际轮廓曲线。

（3）从动件平底尺寸的确定　机构在运动中，平底与凸轮轮廓接触点的位置是变化的，因此，平底中心距左、右两侧的尺寸 R，应分别为导路中心与平底左、右两侧最远接触点的距离再加上 2 ~ 3mm，如图 4-13a 所示。

4. 偏置直动从动件盘形凸轮轮廓曲线的设计

当凸轮机构的构造不允许从动件轴线通过凸轮中心时，或为了获得较小的机构尺寸，机械中采用偏置从动件凸轮机构。

设计偏置凸轮机构时，应该注意从动件的偏置方向。当凸轮顺时针方向转动时，从动件应偏于凸轮轴的左侧；否则，从动件应偏于凸轮轴的右侧。在设计凸轮机构时，如果偏置方向选择不当，凸轮机构可能出现自锁现象。

图 4-14 所示为一偏置尖顶直动从动件盘形凸轮机构，从动件导路偏离凸轮轴的距离 e 称为偏距。以点 O 为圆心，以偏距 e 为半径所作的圆称为偏距圆。从动件在反转过程中，其导路中心线必始终与偏距圆相切。过基圆上各分点 A_1、A_2、A_3…，作偏距圆的切线 A_1B_1、A_2B_2、A_3B_3…，并沿这些切线，自基圆向外依次量取从动件的位移，即$\overline{A_1A_1'} = \overline{11'}$、$\overline{A_2A_2'} =$

$\overline{22'}$、$\overline{A_3A_3'}=\overline{33'}\cdots$。

以上是偏置从动件与对心从动件凸轮轮廓曲线作图法的不同之处，其余作图步骤两者完全相同，此处不再赘述。

若采用滚子从动件，图 4-14 所示为凸轮的理论轮廓曲线，按前述方法同样可设计凸轮的实际轮廓曲线。

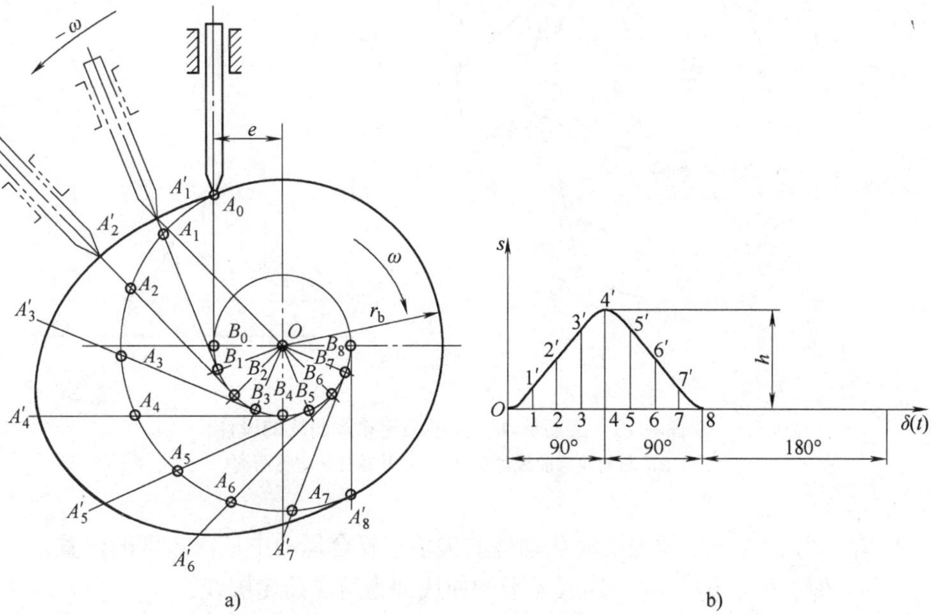

图 4-14　偏置尖顶直动从动件盘形凸轮轮廓曲线的设计

a）凸轮轮廓曲线的设计　b）从动件的位移曲线

5. 摆动从动件盘形凸轮轮廓曲线的设计

已知凸轮以匀角速度 ω 逆时针方向转动，从动件的运动规律如图 4-15b 所示。又知凸轮的基圆半径为 r_a，凸轮与从动件的中心距为 l_{OA}，摆杆长度为 l_{AB}，试绘制该凸轮的轮廓。

仍用“反转法”绘制凸轮轮廓。假设凸轮不动，让摆动从动件一方面随机架以匀角速度（$-\omega$）绕凸轮轴中心 O 回转，同时又绕 A 点摆动。凸轮轮廓曲线的绘制步骤如下：

1）选取角度比例尺 μ_δ 和 μ_φ，作位移曲线 $\varphi-\delta$（t）如图 4-15b 所示。

在位移曲线的横坐标上，将推程和回程区间的位移曲线进行等分并编号。

2）选取适当的比例尺，以 O 为圆心，以 r_a/μ_l 和 l_{OA}/μ_l 为半径分别作出理论廓线的基圆和辅助圆。

在辅助圆上，自 A_0 开始沿 $-\omega$ 方向将辅助圆进行相应的等分（和位移曲线横坐标的等分数一致），得 A_0、A_1、A_2……等点。

3）在辅助圆上，以 A_0、A_1、A_2、…等点为圆心，以摆杆长 l_{AB}/μ_l 为半径作圆弧交基圆于 B_0'、B_1、B_2、…。连接 A_0B_0'、A_1B_1、A_2B_2、…，其中 A_0B_0'即为摆杆的起始位置。角 φ_0 为摆杆起始位置夹角（或称初位角）。

4）自线段 A_1B_1、A_2B_2、A_3B_3…开始，分别作角 φ_1、φ_2、φ_3、…，使它们分别等于位移曲线中对应的角位移，得线段 A_1B_1'、A_2B_2'、A_3B_3'…。截取摆杆长为 l_{AB}/μ_l，得 B_1'、B_2'、B_3'

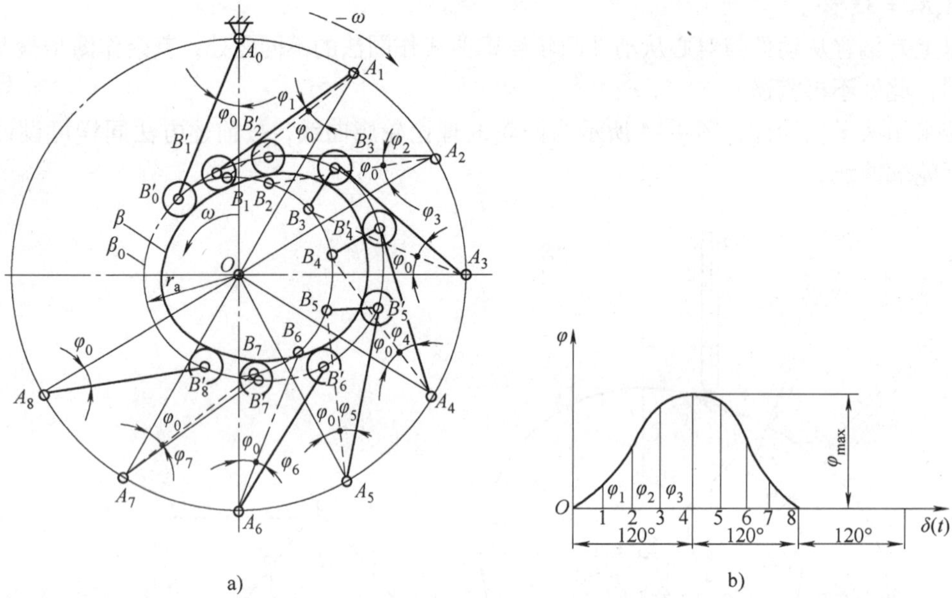

图 4-15 摆动从动件盘形凸轮轮廓曲线的设计
a）凸轮轮廓曲线的设计 b）从动件的位移曲线

…点，则 B_1'、B_2'、B_3'…点即为摆动从动件的尖顶在复合运动中依次占据的位置。

5）将点 B_0'、B_1'、B_2'、B_3'…连成光滑的曲线即为所求凸轮廓线。

同前所述，如果采用滚子从动件，那么上述凸轮廓线即为理论廓线，只要在理论廓线上选一系列点作滚子圆，然后作它们的内包络线，便可求出相应的实际廓线。

4.4 凸轮机构基本尺寸的确定

设计凸轮机构，不仅要保证从动件能实现预期的运动规律，而且还要求机构传力性能良好，结构紧凑。这些要求与凸轮机构的压力角、基圆半径、滚子半径等因素有关。下面就来研究它们之间的关系，以便合理地确定机构各部分的尺寸，设计出质量较好的凸轮机构。

4.4.1 凸轮机构的压力角及许用值

图 4-16 所示为尖顶对心直动从动件盘形凸轮机构，F_Q 为作用在从动件上的载荷（包括工作阻力、从动件的重力、惯性力及弹簧力等）。当忽略摩擦时，凸轮作用于从动件的力 F 方向（沿着法线 n-n 方向）与从动件在该点的运动速度 v 方向间所夹的锐角，称为凸轮机构的压力角，用 α 表示。

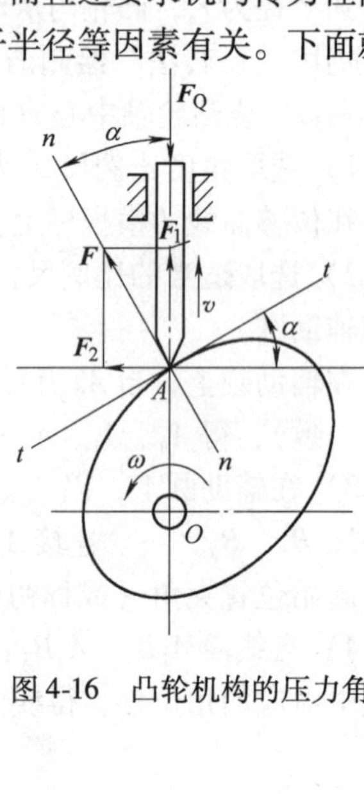

图 4-16 凸轮机构的压力角

将力 F 分解为

$$\begin{cases} F_1 = F\cos\alpha \\ F_2 = F\sin\alpha \end{cases} \tag{4-6}$$

式中，F_1 为推动从动件运动的有效分力；F_2 为侧推力。

显然，凸轮轮廓上各点的压力角是不同的。α 角越小，有效力越大，侧推力越小，凸轮与从动件间的摩擦阻力越小，凸轮运转较轻快，传力性能越好。当 α 角增大时，有效力减小，侧推力增大，凸轮与从动件间的摩擦阻力增大，凸轮运转沉重。当 α 角增大到一定值时，致使侧推力所引起的摩擦阻力大于有效力，此时，无论凸轮作用于从动件的力多大，从动件都不能运动，这种现象称为自锁。

由以上分析可知，为了防止凸轮机构自锁，保证机构有良好的传力性能，必须限制凸轮在推程的最大压力角 α_{max}，应使

$$\alpha_{max} \leqslant [\alpha] \tag{4-7}$$

式中，[α] 为许用压力角（°）。

在设计中，一般推荐推程的 [α] 为

移动从动件　[α] =30°

摆动从动件　[α] =45°

回程　[α] =80°

凸轮机构的最大压力角 α_{max}，一般出现在推程的起始位置、理论廓线上比较陡和从动件出现最大速度的轮廓附近。设计时，可用量角器检验（图 4-17）。

如果 α_{max} > [α] 时，可采用偏置从动件凸轮机构（图 4-18）；或增大凸轮基圆半径 r_b（图 4-19），以减小 α_{max} 的值，满足使用要求。

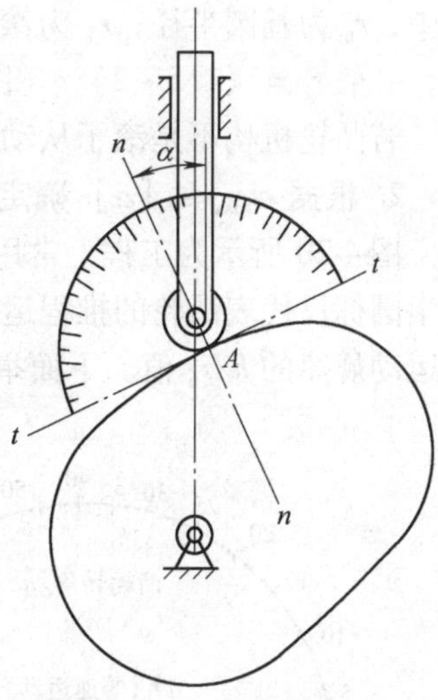

图 4-17　凸轮机构压力角的测量

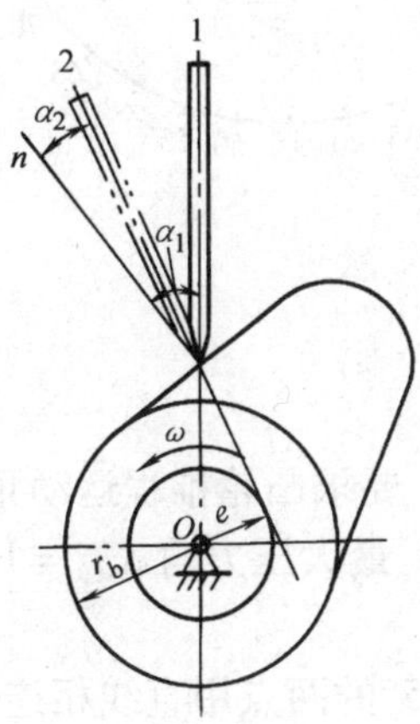

图 4-18　偏置从动件可减小压力角

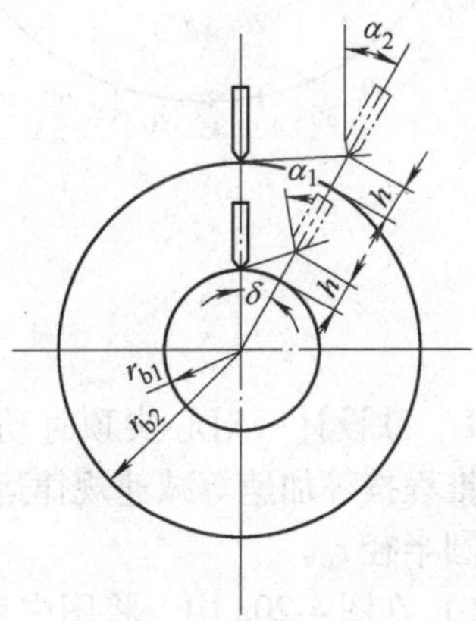

图 4-19　压力角与凸轮尺寸的关系

4.4.2　盘形凸轮基圆半径的确定

基圆半径是凸轮机构中的一个重要参数，它对凸轮机构的结构尺寸，传力性能，运动性能等都有影响。目前，凸轮基圆半径常用下述两种方法确定。

1. 根据凸轮的结构确定 r_b

若凸轮与轴做成一体（凸轮轴）时

$$r_b = r + r_T + (2 \sim 5)\text{mm} \tag{4-8}$$

若凸轮单独制造时

$$r_b = r_h + r_T + (2 \sim 5)\text{mm} \tag{4-9}$$

式中，r_b 为基圆半径；r_T 为滚子半径；r 为凸轮轴的半径（图 4-22b）；r_h 为凸轮轮毂的半径，一般 r_h =（1.5～2）r（图 4-22b）。

若凸轮机构不是滚子从动件时，式（4-8）和式（4-9）中的 r_T 可略去不计。

2. 根据 $\alpha_{max} \leqslant [\alpha]$ 确定基圆半径 r_b

图 4-20 所示为工程上常用的诺模图。根据 $\alpha_{max} \leqslant [\alpha]$ 来确定最小基圆半径 r_{bmin}。图中上半圆标尺代表凸轮的推程运动角 δ_0，下半圆标尺代表最大压力角 α_{max}，直径标尺代表从动件运动规律的 h/r_b 值。下面举例说明诺模图的使用方法。

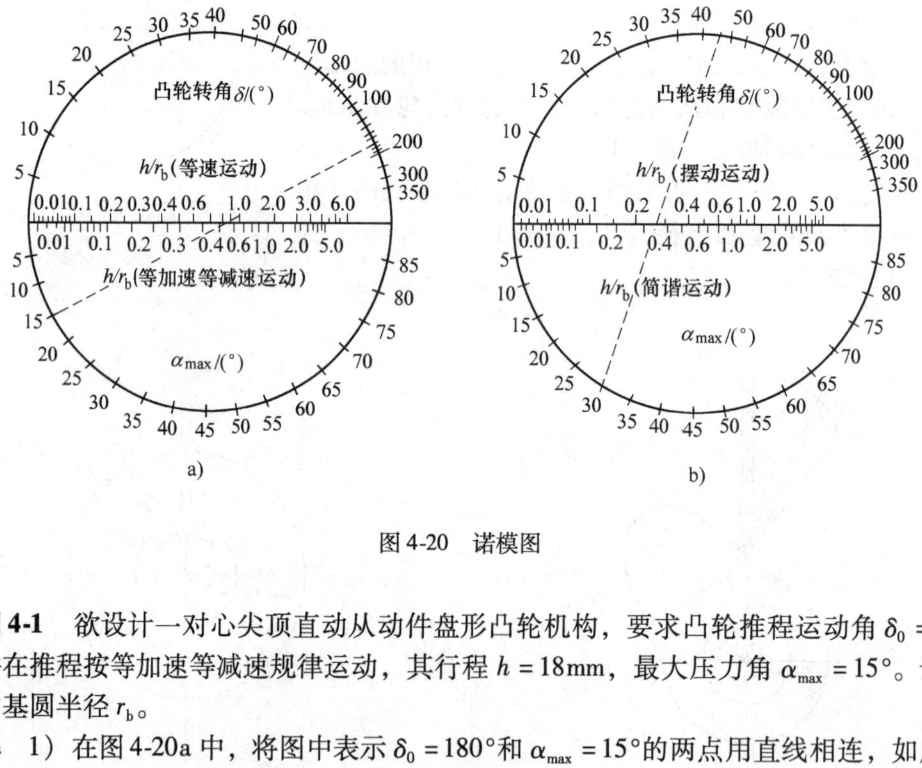

图 4-20 诺模图

例 4-1 欲设计一对心尖顶直动从动件盘形凸轮机构，要求凸轮推程运动角 $\delta_0 = 180°$，从动件在推程按等加速等减速规律运动，其行程 $h = 18\text{mm}$，最大压力角 $\alpha_{max} = 15°$。试确定凸轮的基圆半径 r_b。

解 1）在图 4-20a 中，将图中表示 $\delta_0 = 180°$和 $\alpha_{max} = 15°$的两点用直线相连，如虚线所示。

2）由虚线与等加速等减速运动规律直径标尺的交点得 $h/r_b = 0.6$。

3）求得最小基圆半径为 $r_{bmin} = h/0.6 = 18/0.6\text{mm} = 30\text{mm}$。

4）基圆半径可按 $r_b \geqslant r_{bmin}$ 选取。

4.4.3 滚子半径的选择

凸轮机构中，常采用滚子从动件。合理选择滚子的半径，要考虑多方面的因素。滚子的强度、结构及凸轮轮廓曲线形状等方面的因素。

为了减小滚子与凸轮间的接触应力并便于安装，应选用较大的滚子半径 r_T。但滚子半径的增大，会影响凸轮的实际轮廓。

1. 当理论轮廓曲线内凹时（图 4-21a）

实际轮廓的曲率半径 ρ' 等于理论轮廓的最小曲率半径 ρ_{min} 与滚子半径 r_T 之和，即 $\rho' = \rho_{min} + r_T$。此时，无论滚子半径取何值，实际轮廓总可以作出。

2. 当理论轮廓曲线外凸时（图 4-21b、c、d）

实际轮廓的曲率半径 $\rho' = \rho_{min} - r_T$，根据 r_T 与 ρ_{min} 间的关系，可分为三种情况。

（1）当 $\rho_{min} > r_T$ 时，$\rho' > 0$，实际轮廓为一光滑曲线（图 4-21b）。

（2）当 $\rho_{min} = r_T$ 时，$\rho' = 0$，在凸轮实际轮廓曲线上产生了一尖点（图 4-21c），这种尖点极易磨损，磨损后，从动件不能精确地按预期运动规律运动，产生“运动失真”。

（3）当 $\rho_{min} < r_T$ 时，$\rho' < 0$，实际轮廓曲线出现交叉（图 4-21d），图中交叉部分的轮廓曲线，在实际加工时将被切去，使这一部分运动规律无法实现，造成严重的“运动失真”。

为了使凸轮轮廓在任何位置既不变尖又不相交，应满足 $r_T < \rho_{min}$，通常取 $r_T \leqslant 0.8\rho_{min}$。如果 ρ_{min} 过小，按上述条件选择的滚子半径 r_T 太小，而不能满足安装和强度要求时，应增大基圆半径 r_b，重新设计凸轮轮廓曲线。

在实际设计凸轮机构时，一般可按基圆半径 r_b 来确定滚子半径 r_T，通常取 $r_T = (0.1 \sim 0.5) r_b$。

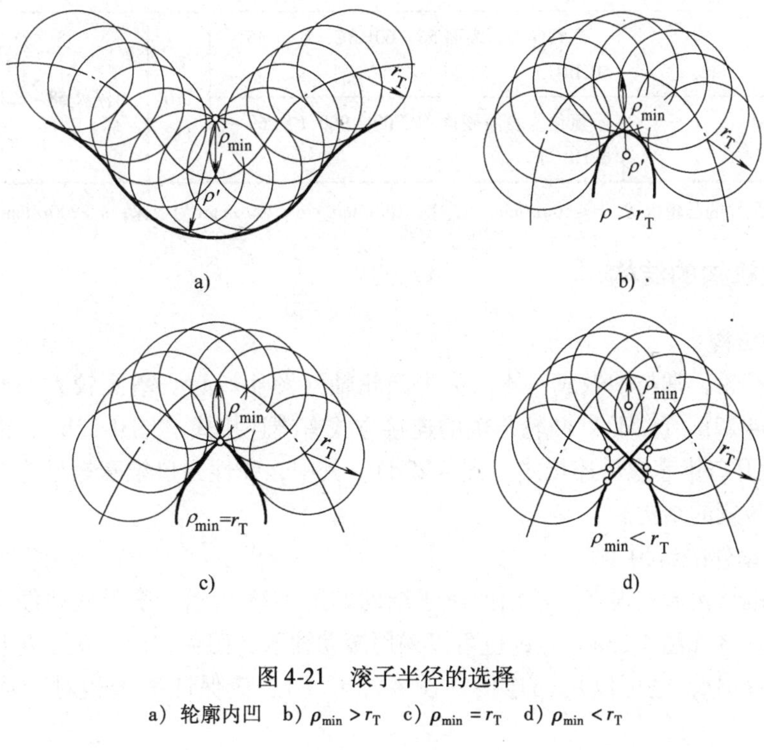

图 4-21　滚子半径的选择

a）轮廓内凹　b）$\rho_{min} > r_T$　c）$\rho_{min} = r_T$　d）$\rho_{min} < r_T$

4.5 凸轮常用材料和结构

4.5.1 凸轮机构常用材料及热处理

凸轮机构工作时，凸轮与从动件间的接触应力大，载荷往往有冲击，工作表面易于磨损，所以一般要求凸轮表面硬度高而心部有良好的韧性。表4-1列出凸轮和从动件常用材料及热处理方法，供选用时参考。

表4-1 凸轮和从动件常用材料及热处理

<table>
<tr><th rowspan="2">工作条件</th><th colspan="2">凸轮</th><th colspan="2">从动件接触端</th></tr>
<tr><th>材料</th><th>热处理</th><th>材料</th><th>热处理</th></tr>
<tr><td rowspan="3">低速轻载</td><td>40、45、50</td><td>调质220~260HBW</td><td rowspan="2">45</td><td rowspan="2">表面淬火40~45HRC</td></tr>
<tr><td>HT200、HT250
HT300</td><td>调质170~250HBW</td></tr>
<tr><td>QT500-1.5
QT600-2</td><td>调质190~270HBW</td><td rowspan="2">尼龙</td><td rowspan="2"></td></tr>
<tr><td rowspan="3">中速中载</td><td>45</td><td>表面淬火40~45HRC</td></tr>
<tr><td>45、40Cr</td><td>表面高频淬火52~58HRC</td><td rowspan="2">20Cr</td><td rowspan="2">渗碳淬火，渗碳层深0.8~1.5mm，56~62HRC</td></tr>
<tr><td>15、20、20Cr
20CrMn</td><td>渗碳淬火，渗碳层深0.8~1.5mm，56~62HRC</td></tr>
<tr><td rowspan="2">高速重载</td><td>40Cr</td><td>高频淬火，表面56~60HRC，心部45~50HRC</td><td rowspan="2">T8
T10
T12</td><td rowspan="2">淬火58~62HRC</td></tr>
<tr><td>38CrMoAl
35CrAl</td><td>氮化，表面硬度HV700~900（约60~67HRC）</td></tr>
</table>

注：一般中等尺寸的凸轮机构，$n \leq 100$r/min为低速；100r/min $< n <$ 200r/min为中速；$n >$ 200r/min为高速。

4.5.2 凸轮机构的结构

1. 凸轮的结构

基圆小的凸轮，常与轴做成一体，称为凸轮轴（图4-22a）。基圆较大的凸轮，常与轴分开制造（图4-22b、c、d）。凸轮与轴的连接方式有键连接式（图4-22b）、销连接式（图4-22c）和弹性开口锥套螺母连接式（图4-22d）。其中，弹性开口锥套螺母连接式是一种可调整凸轮起始位置的结构。

2. 滚子从动件的结构

从动件末端结构形式很多，常用的滚子结构如图4-23所示。滚子从动件的滚子可以是专门制造的圆柱体（图4-23a、b）；也可以采用滚动轴承（图4-23c）。滚子与从动件可用螺栓连接（图4-23a），也可以用轴连接（图4-23b、c），应保证滚子相对于从动件转动灵活。

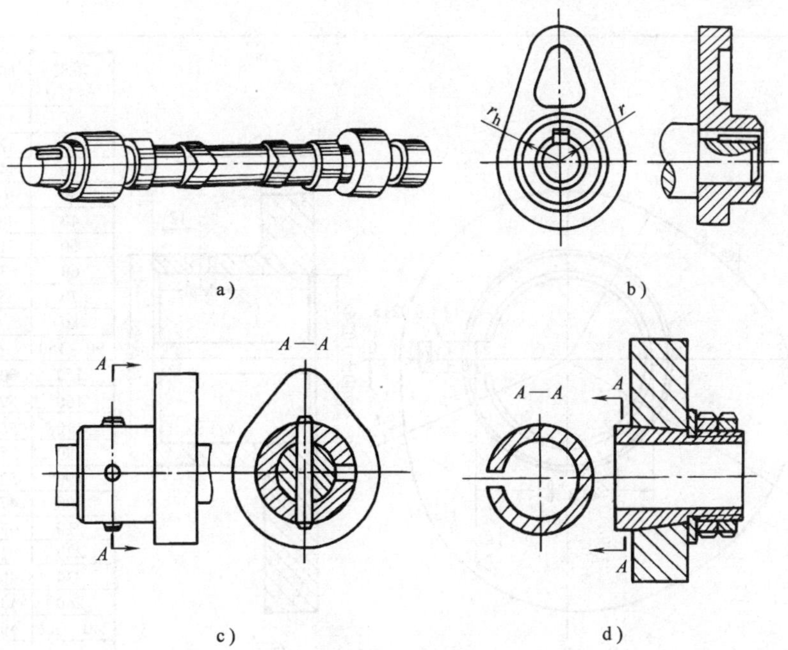

图4-22 凸轮的结构

a）凸轮轴 b）键连接式 c）销连接式 d）弹性开口锥套螺母连接式

4.5.3 凸轮的工作图

图4-24是凸轮的工作图，画图时要注意以下几点：

1）为便于凸轮的加工和检验，图中应列有凸轮每隔一定角度（分隔越小，精确度越高，一般为5°或10°）所对应工作轮廓的向径值。

2）凸轮的加工精度，主要是指凸轮工作轮廓的向径公差、表面粗糙度和基准孔偏差，画图时可参考表4-2选取。

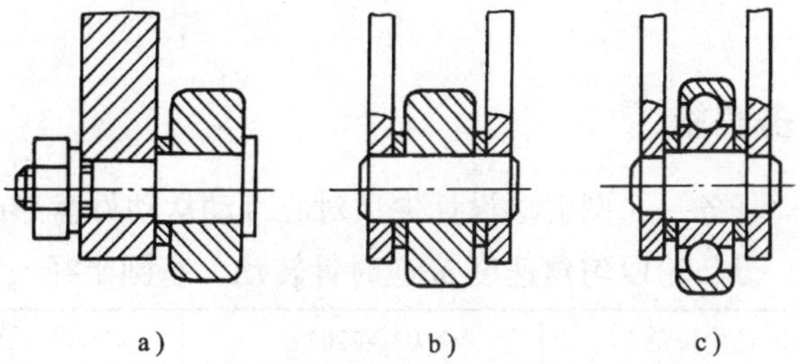

图4-23 滚子的结构

3）当对凸轮与其他零件间的相对位置有要求时，要根据设计要求，在凸轮上作一标记，如图4-24所示，在0°起始线处，打印有标记“0”。

表4-2 凸轮的公差及表面粗糙度

凸轮精度	公差等级或极限偏差/mm			表面粗糙度/μm	
	向径	基准孔	凸轮槽宽	盘形凸轮	凸轮槽
较高	±（0.05~0.1）	H7	H8（H7）	3.2 < Ra≤6.3	6.3 < Ra≤12.5
一般	±（0.1~0.2）	H7（H8）	H8	6.3 < Ra≤12.5	12.5 < Ra≤25
低	±（0.2~0.5）	H8	H9（H10）		

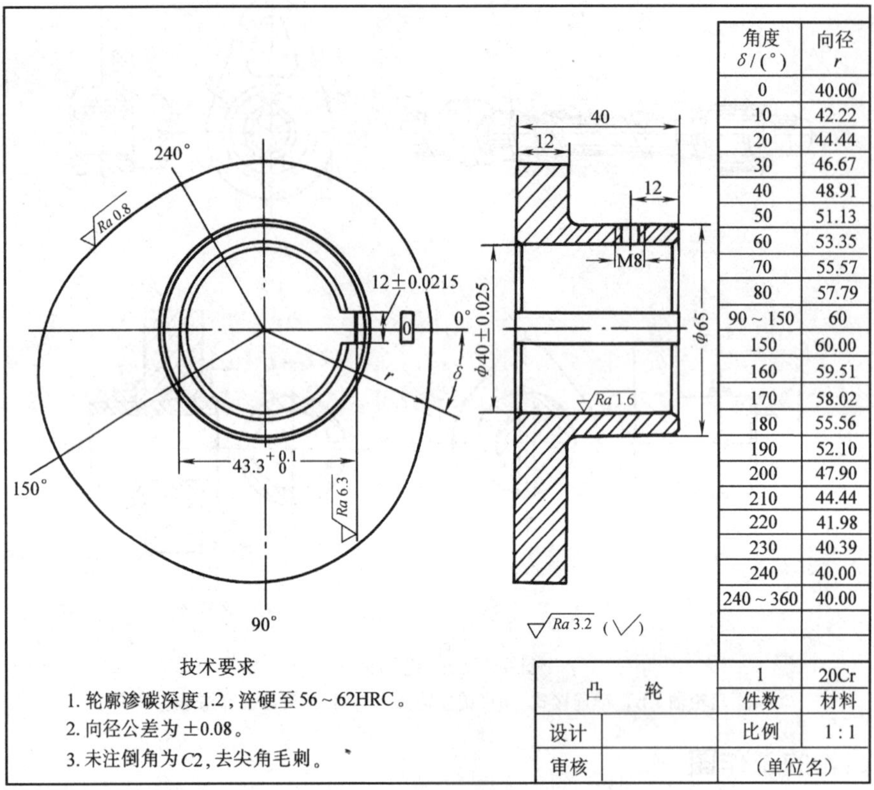

图 4-24 凸轮的工作图

任务实施

任务一：图解法设计尖顶对心直动从动件盘形凸轮轮廓曲线。

设凸轮以匀角速度 ω 逆时针转动，基圆半径 $r_b = 40$mm，从动件的运动规律如下：

凸轮转角 δ	0° ~ 120°	120° ~ 180°	180° ~ 300°	300° ~ 360°
从动件运动规律	简谐运动规律上升 20mm	停止不动	等加速等减速下降至原位	停止不动

设计步骤：

1）选取比例尺 $\mu_l = 2$，$\mu_\delta = 6°/\text{mm}$，作 $s-\delta$（t）曲线，如图 4-25b 所示。

在横坐标轴上，将凸轮的推程运动角 6 等分（每20°一等分），过各等分点作横坐标轴的垂线，得到与凸轮转角相对应的从动件位移 $\overline{11'}$、$\overline{22'}$、$\overline{33'}$…。

2）取与 $s-\delta$（t）曲线相同的比例尺，以 $r_b = 40\text{mm}/2 = 20\text{mm}$ 为半径作基圆，在基圆上任意选取点 A_0，即为从动件的初始位置。

3）在基圆上，从 OA_0 开始，沿“$-\omega$”方向确定推程运动角 δ_0、远休止角 δ_1、回程运动角 δ_2、近休止角 δ_3，并将其等分成与 $s-\delta$（t）曲线相同的等份，得到点 A_1、A_2、A_3…，自点 O 向各等分点作射线，便得到从动件导路在反转过程中的一系列位置线。

4）沿各位置线自基圆向外依次量取从动件的位移，即$\overline{A_1A_1'}=\overline{11'}$、$\overline{A_2A_2'}=\overline{22'}$、$\overline{A_3A_3'}=\overline{33'}$…，得点$A_1'$、$A_2'$、$A_3'$…。

5）将点A_0、A_1'、A_2'、A_3'…连成一光滑曲线，即为从动件在推程所对应凸轮轮廓曲线。同理，可作出从动件在回程和休止时所对应凸轮轮廓曲线，如图4-25a所示。

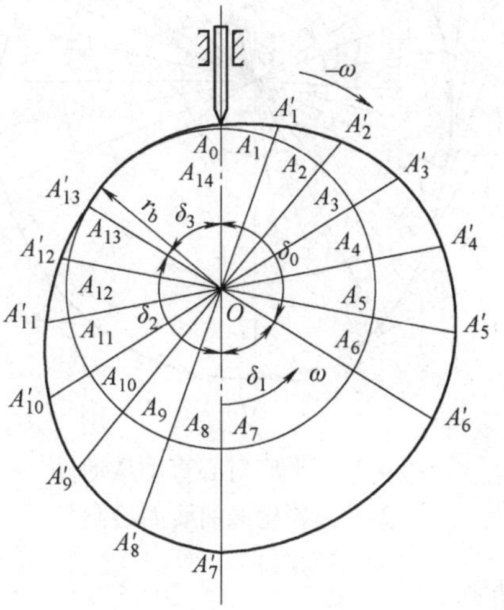

a)

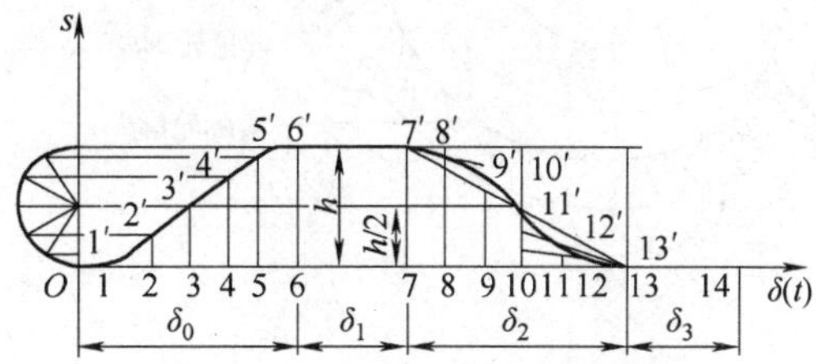

b)

图4-25 尖顶对心直动从动件凸轮轮廓的设计

a）凸轮轮廓曲线的设计 b）从动件的位移曲线

任务二：图解法设计滚子对心直动从动件盘形凸轮轮廓曲线，已知条件同上例，再给定滚子半径$r_T=10mm$。

设计步骤：

1. 绘制凸轮的理论轮廓曲线

将滚子中心视为尖顶从动件的尖顶，按照前述方法，画出滚子中心的轨迹，称为凸轮的理论轮廓曲线，用β_0表示，如图4-26所示。

2. 绘制凸轮的实际轮廓曲线

以凸轮理论轮廓曲线β_0上的点为圆心，以$r_T/\mu_l=10/2mm=5mm$为半径，画一系列滚子圆，然后作这些滚子圆的包络线（与这些圆相切的曲线），即为该凸轮的实际轮廓曲线β。

任务三：图解法设计平底对心直动从动件盘形凸轮轮廓曲线，已知条件同上例。

设计步骤：

1. 绘制凸轮的理论轮廓曲线

将平底与导路中心线的交点视为尖顶从动件的尖顶，按照尖顶直动从动件凸轮轮廓曲线的绘制方法，作出理论轮廓曲线上的点A_1'、A_2'、A_3'…，（图4-27中理论轮廓曲线未画出）。

2. 绘制凸轮的实际轮廓曲线

过理论轮廓曲线上点A_1'、A_2'、A_3'…，依次作出平底的位置线，并作这些平底位置线的包络线，即为凸轮的实际轮廓曲线β，如图4-27所示。

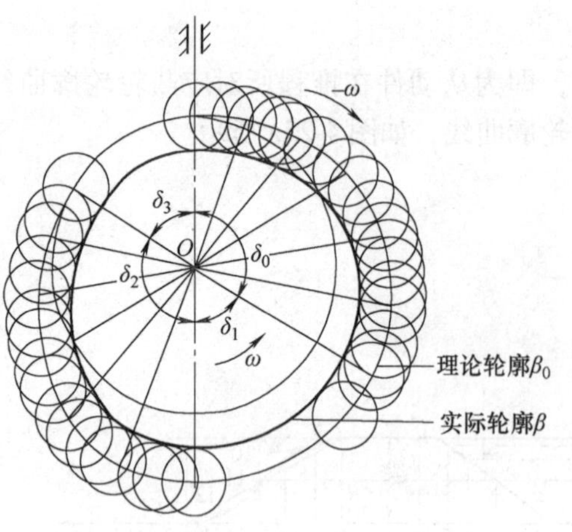

图 4-26　滚子对心直动从动件盘形凸轮轮廓曲线的绘制

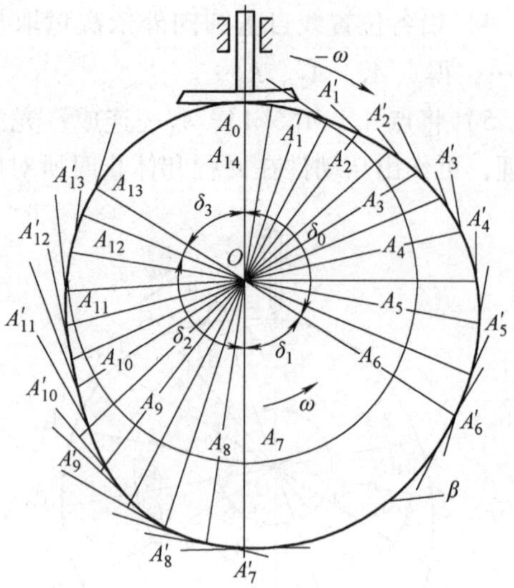

图 4-27　平底对心直动从动件盘形凸轮轮廓曲线的绘制

思　考　题

4-1　凸轮机构有什么特点？

4-2　从动件的端部结构有几种形式？其特点是什么？各应用在何种场合？

4-3　等速运动、等加速等减速运动、简谐运动及摆线运动规律各有什么特点？分别应用在什么场合？

4-4　在设计滚子从动件凸轮机构时，滚子半径的选择对设计的凸轮实际轮廓曲线有何影响？滚子半径的取值必须符合什么条件？

4-5　什么是凸轮机构的压力角？压力角的大小对凸轮机构的工作性能有何影响？

4-6　如何校核凸轮机构的压力角？在校核压力角时，若凸轮机构的最大压力角超过许用压力角时，可采取何种措施？

4-7　在确定凸轮的基圆半径时要考虑哪些因素的影响？如何确定？

4-8　在什么情况下采用偏置从动件凸轮机构？偏置凸轮机构从动件的偏置方向如何确定？

习　　题

4-1　试标出如图 4-28 所示位移曲线图中从动件的行程 h、推程运动角 δ_0、远休止角 δ_1、回程运动角 δ_2、近休止角 δ_3。

4-2　用图解法求出图示各凸轮机构从图 4-29 所示位置转过 45°时，机构的压力角 α 和从动件的位移 s。

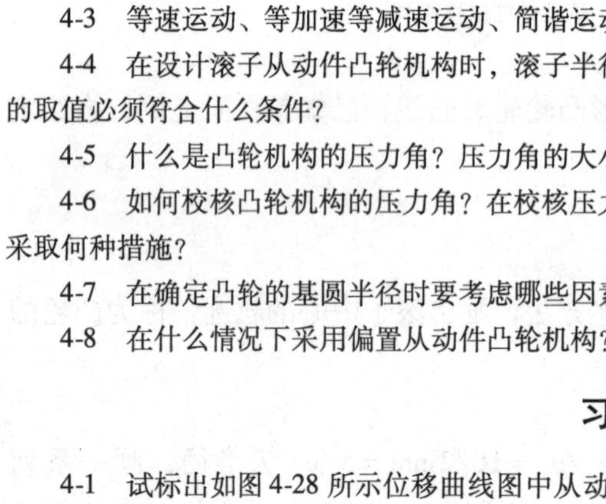

图 4-28　习题 4-1 图

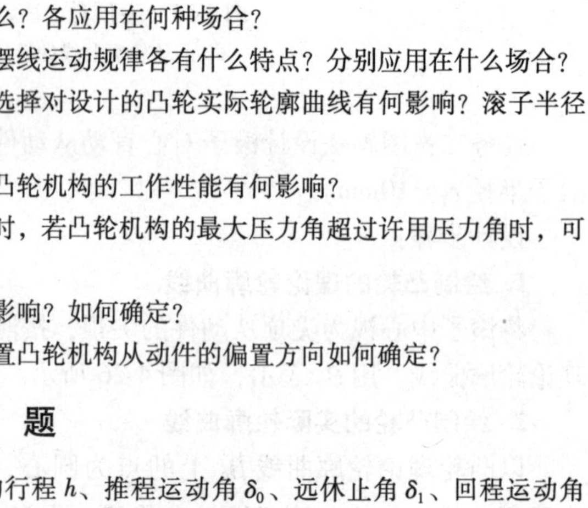

图 4-29　习题 4-2 图

4-3 一滚子对心直动从动件盘形凸轮机构，其运动规律如下：

凸轮转角 δ	0°~90°	90°~150°	150°~240°	240°~360°
从动件运动规律	等速上升40mm	静止	等加速等减速下降到原位	停止

试求：

1）作出从动件的位移曲线。

2）若基圆半径为 $r_a=60$mm，滚子半径 $r_T=15$mm，凸轮以匀角速度 ω 逆时针转动，作出凸轮的实际轮廓曲线。

4-4 试设计一偏置直动滚子从动件盘形凸轮机构，已知凸轮以匀角速度 ω 逆时针转动，从动件行程 $h=40$mm，偏距 $e=10$mm，凸轮的基圆半径 $r_a=50$mm，滚子半径 $r_T=15$mm，从动件的运动规律如下：

凸轮转角 δ	0°~90°	90°~150°	150°~240°	240°~360°
从动件运动规律	摆线运动规律上升40mm	静止	等加速等减速下降到原位	停止

4-5 试设计一平底从动件盘形凸轮机构。已知凸轮以匀角速度 ω 逆时针转动，凸轮的基圆半径 $r_a=50$mm，从动件的行程 $h=25$mm，从动件的运动规律如下：

凸轮转角 δ	0°~120°	120°~150°	150°~240°	240°~360°
从动件运动规律	按简谐运动上升25mm	静止	按简谐运动下降25mm	停止

第 5 章　间歇运动机构

任务描述

任务一：如图 5-1 所示牛头刨床进给机构中，试设计棘轮的最小转角 φ 和工作台的最小进给量 l。

任务二：在如图 5-2 所示六角车床的刀架转位机构中，试设计槽轮机构的运动系数 τ 和圆销数 k。

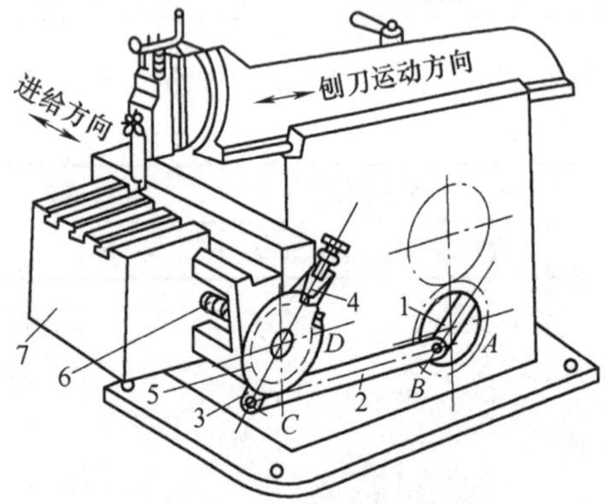

图 5-1　牛头刨床进给棘轮机构

1—曲柄　2—连杆　3—摇杆　4—棘爪　5—棘轮　6—丝杠　7—工作台（螺母）

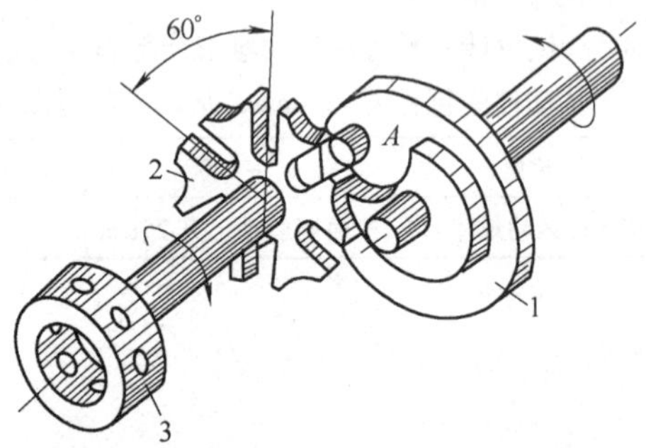

图 5-2　六角车床的刀架转位机构

1—拨盘　2—槽轮　3—刀架

任务分析

首先需要了解棘轮机构和槽轮机构的工作原理、类型、特点、应用、主要参数及几何尺寸计算，了解其他常用间歇运动机构，才能正确设计间歇运动机构。

相关知识

5.1　棘轮机构

在机械中经常会用到间歇运动机构，将原动件的连续运动转换成从动件周期性的运动和停歇的机构，称为间歇运动机构。

5.1.1　棘轮机构的工作原理

如图 5-3 所示，棘轮机构由棘轮 1、驱动棘爪 2、主动摇杆 3、止回棘爪 4 和机架 7 等组成。棘轮通过键与输出轴相联，驱动棘爪铰接在摇杆上，主动摇杆空套在棘轮轴上，可自由转动。当摇杆顺时针摆动时，驱动棘爪插入棘轮齿槽内，推动棘轮转过一定的角度，此时，止回棘爪在棘轮的齿背上滑动；当摇杆逆时针摆动时，止回棘爪阻止棘轮逆时针转动，而驱动棘爪在棘轮齿背上滑过，棘轮停止不动。因此，在摇杆作往复摆动时，棘轮作单向间歇运动。为了保证棘爪可靠工作，利用扭簧5使棘爪紧压棘轮齿面。

5.1.2　棘轮机构的类型

棘轮机构按结构形式分类，可分为齿式棘轮机构和摩擦式棘轮机构两大类。

1. 齿式棘轮机构

齿式棘轮机构是利用棘爪和棘轮齿啮合传动，结构简单、制造方便、转角准确、运动可靠。但棘轮转角只能有级调节，棘爪在棘轮齿背上滑行时易引起噪声、冲击和磨损，故只适用于低速和转角不大的场合。

齿式棘轮机构按啮合方式，可分为外啮合棘轮机构（图5-3）和内啮合棘轮机构（图5-4）两种形式。

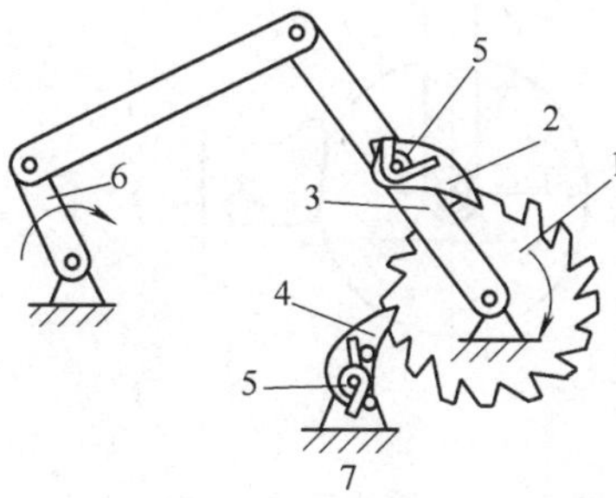

图5-3　外啮合棘轮机构

1—棘轮　2、4—棘爪　3—摇杆

5—扭簧　6—曲柄　7—机架

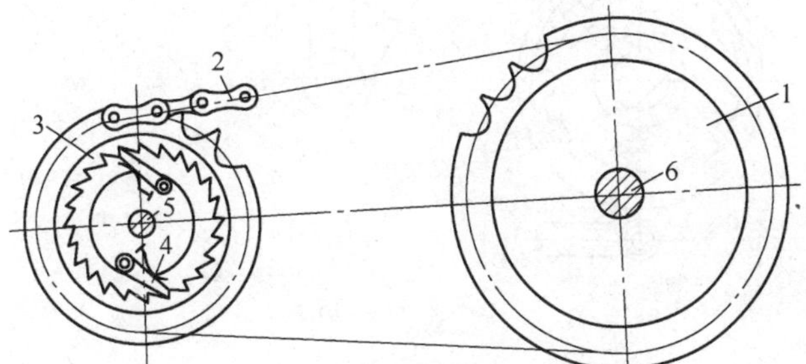

图5-4　内啮合棘轮机构

1—链轮　2—链条　3—链轮（棘轮）

4—棘爪　5—后轮轴

棘轮机构按从动件的运动形式分类，可分为单向式和双向式两种类型，单向式棘轮机构又分为单动式和双动式棘轮机构。

（1）单向式棘轮机构　单向式棘轮机构的棘轮只能作单向转动。

1）单动式棘轮机构。如图5-3所示，只有当主动摇杆顺时针摆动时，才能驱动棘轮沿同一转向转动。当摇杆逆时针摆动时，棘轮静止不动。

2）双动式棘轮机构。如图5-5所示，棘爪3可做成平头撑杆（图5-5a）或钩头拉杆（5-5b）。当主动摇杆1往复摆动一次时，通过两个棘爪驱使棘轮间歇转动两次。

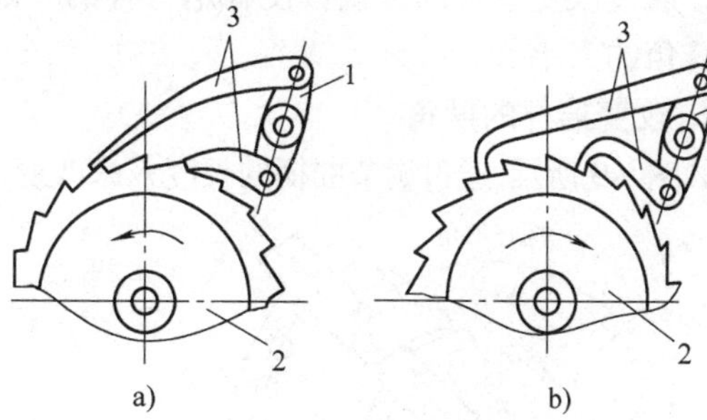

图5-5　双动式棘轮机构

a）平头棘爪　b）钩头棘爪

（2）双向式棘轮机构　上述两种棘轮机构，棘轮的齿形为锯齿形，只能单向转动。当需要棘轮改变转向时，可采用图5-6所示双向式棘轮机构。图5-6a所示为控制牛头刨床工作台进给的棘轮机构，棘轮2为矩形齿，可双向间歇转动，从而实现工作台的往复移动。当棘爪在图示位置时，棘轮将逆时针间歇转动，带动工作台前进；需要换向时，将棘爪1提起，并绕其轴转动180°后放下，则可实现棘轮顺时针间歇转动，即实现工作台的后退。若将棘爪1提起，并绕其轴转动90°，使棘爪放置在壳体的平台上，则棘爪与棘轮脱开，摇杆往复摆动，棘轮静止不动。棘轮换向也可以用图5-6b所示的转动棘爪机构来实现，棘爪1设有对称爪端，转动棘爪到双点画线位置，棘轮2可实现反向的间歇运动。双向式棘轮机构的棘轮齿形必须为对称形。

2. 摩擦式棘轮机构（图5-7）

摩擦式棘轮机构是靠棘爪1与棘轮2之间的摩擦力来传递运动。与齿式棘轮机构相比，摩擦式棘轮机构棘轮转角可作无级调节，且传动平稳、无噪声。因靠摩擦力传动，会出现打滑现象，虽然可起到安全保护作用，但是传动精度不高，仅适用于低速轻载的场合。

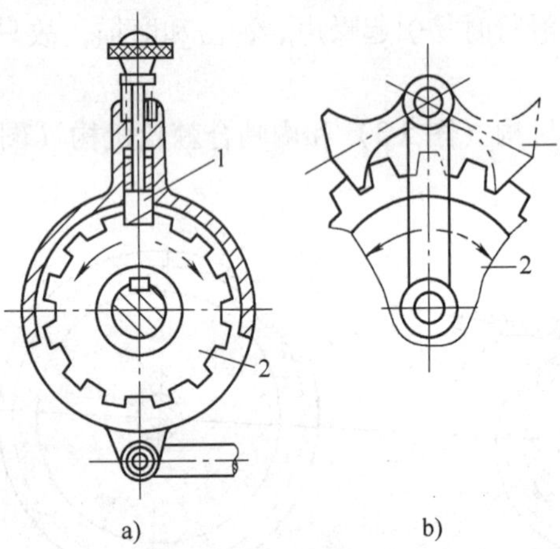

图5-6　双向式棘轮机构
1—棘爪　2—棘轮

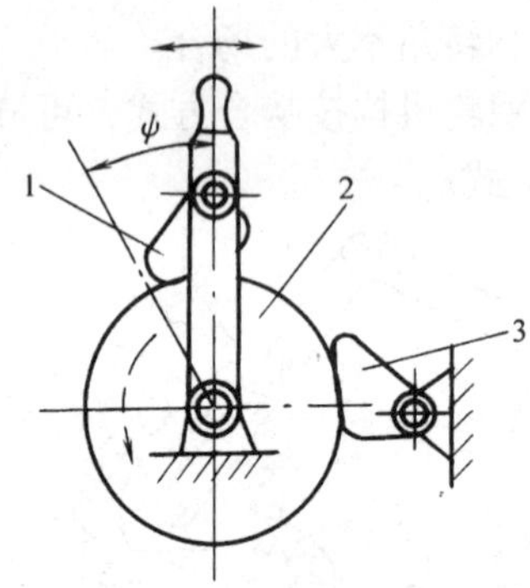

图5-7　摩擦式棘轮机构
1—驱动棘爪　2—棘轮　3—止回棘爪

5.1.3　棘轮转角的调节

在棘轮机构中，棘轮转角可以进行有级调节。常用的调节方法有以下两种。

1. 采用遮板调整棘轮转角

如图5-8所示，在棘轮外面罩一遮板（遮板不随棘轮一起转动）。在摇杆摆角不变的前提下，通过改变遮板的位置，使棘爪行程的一部分在遮板上滑过，不与棘齿接触，从而调整棘轮转角的大小。

2. 改变摇杆的摆角

如图5-9所示，通过调节曲柄的长度r，来改变摇杆摆角的大小，以实现棘轮转角大小的调整。

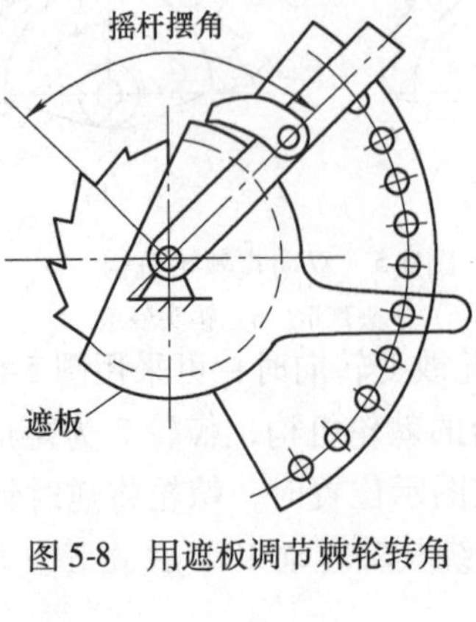

图5-8　用遮板调节棘轮转角

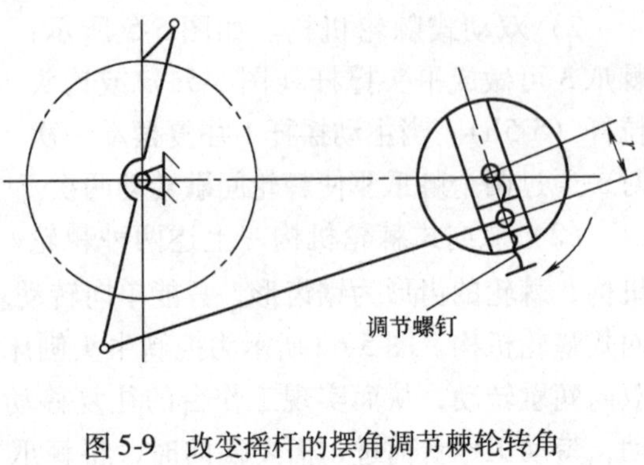

图5-9　改变摇杆的摆角调节棘轮转角

5.1.4　齿式棘轮机构的特点和应用

齿式棘轮机构具有结构简单，制造方便，运动可靠及棘轮转角可调等优点，在机械中应用广泛。其缺点是工作时冲击大，运动平稳性差。此外，棘爪在棘轮齿背上滑行时会产生噪声。因此，只适用于低速、轻载和棘轮转角不大的场合。棘轮机构常用来实现送进、输送、转位、分度、超越等工作要求。

1. 送进和输送

如图 5-1 所示牛头刨床工作台的横向进给机构，当摇杆摆动时，棘爪推动棘轮作间歇转动。此时，与棘轮固联的丝杠便带动工作台作进给运动。

如图 5-10 所示铸造浇注自动线上的砂型输送装置，也是利用棘轮机构的间歇运动特性，实现浇注（停止）和输送（运动）两个工作要求的。

2. 转位或分度

图 5-11 所示为冲床工作台的自动转位机构，转盘式工作台与棘轮固联，*ABCD* 为一空间四杆机构。当冲头 1（滑块 *D*）上升时，摇杆 3 顺时针摆动，通过棘爪 4 驱动棘轮 5 带动工作台顺时针转过一定角度，将工件送至冲压位置；当冲头 1 下降进行冲压时，摇杆 3 逆时针摆动，棘爪 4 在棘轮齿背上滑过，棘轮 5 和工作台静止不动。

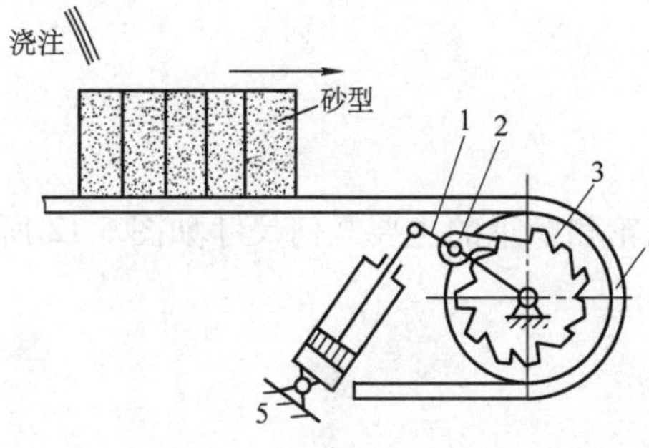

图 5-10　浇注自动线步进装置

1—摇杆　2—棘爪　3—棘轮　4—输送带　5—机架

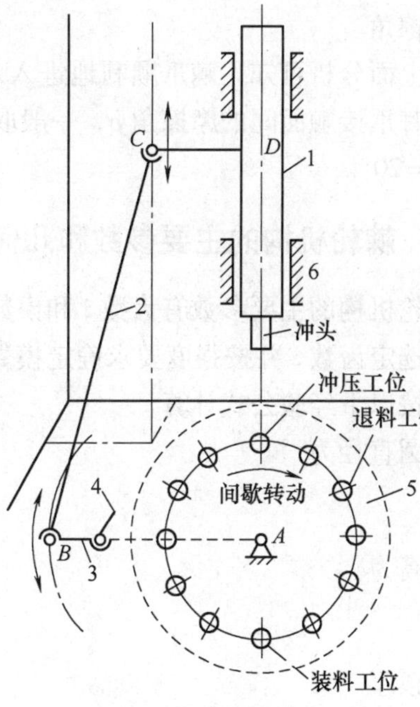

图 5-11　自动转位机构

1—冲头　2—连杆　3—摇杆　4—棘爪　5—棘轮　6—机架

3. 超越

图 5-4 所示为自行车后轮轴上的棘轮机构。当脚蹬踏板时，经链轮 1 和链条 2 带动内圈具有棘齿的链轮 3 顺时针转动，再通过棘爪 4 使后轮轴 5 顺时针转动，自行车前进。如果踏板不动，原动件链轮不转动，从动件后轮轴便会超越链轮而转动，这时棘爪在棘轮齿背上滑过，从而实现不蹬踏板的自由滑行。

5.1.5 棘爪的工作条件

如图 5-12 所示，棘轮齿面与径向线之间的夹角称为齿面倾角，用 φ 表示。在棘轮机构工作时，为了使棘爪受力最小，应使棘轮齿顶 A 和棘爪的转动中心 O_2 的连线 O_2A 垂直于棘轮半径 O_1A，即 $\angle O_1AO_2 = 90°$。轮齿对棘爪作用的力有正压力 F_n 和摩擦力 F_μ。力 F_n 有使棘爪逆时针转动落向齿槽底部的趋势，而力 F_μ 阻止棘爪落向齿槽。欲使棘爪顺利地进入棘轮齿槽底部，则必须使力 F_n 对棘爪轴心 O_2 的力矩大于力 F_μ 对棘爪轴心 O_2 的力矩，即

$$F_n L\sin\varphi > F_\mu L\cos\varphi$$

$F_\mu = \mu F_n$ 且 $\mu = \tan\rho$，代入上式得

$$\tan\varphi > \tan\rho$$

故

$$\varphi > \rho \tag{5-1}$$

式中，μ 和 ρ 分别为棘齿与棘爪接触面间的摩擦因数和摩擦角。

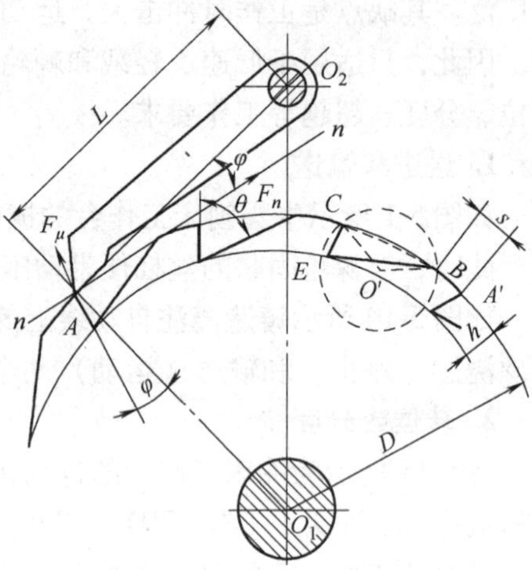

图 5-12 棘爪的受力分析

由上面分析可知，棘爪顺利地进入棘轮齿槽底部的条件为：棘轮齿面倾角 φ 必须大于棘齿与棘爪接触面间的摩擦角 ρ，一般取 $\mu = 0.15 \sim 0.2$，$\rho = 8.5° \sim 11.3°$。为可靠起见，通常取 $\varphi = 20°$。

5.1.6 棘轮机构的主要参数和几何尺寸

棘轮机构的主要参数有齿数 z 和模数 m。

当选定齿数 z 并按强度要求确定模数 m 之后，棘轮和棘爪的主要几何尺寸如图 5-12 所示，可按以下经验公式计算。

顶圆直径为

$$D = mz$$

齿高为

$$h = 0.75m$$

齿顶厚

$$s = m$$

齿槽夹角为

$$\theta = 60° 或 55°$$

棘爪长度为

$$L = 2\pi m$$

其他结构尺寸可参看机械零件设计手册。

5.2　槽轮机构

5.2.1　槽轮机构的工作原理

槽轮机构也是一种间歇运动机构。如图 5-13 所示，槽轮机构由带圆销 C 的主动拨盘 1，具有径向槽的从动槽轮 2 和机架组成。主动拨盘以匀角速度连续转动，当圆销未进入槽轮径向槽时，槽轮的内凹锁止弧被拨盘的外凸锁止弧锁住而静止；当圆销进入槽轮径向槽时，内外锁止弧脱开，槽轮在圆销的驱动下顺时针转动；当圆销开始脱离径向槽时，槽轮因另一锁止弧又被锁住而静止，直到圆销再次进入下一个径向槽时，锁止弧脱开，槽轮才能继续转动，从而实现从动槽轮的单向间歇转动。

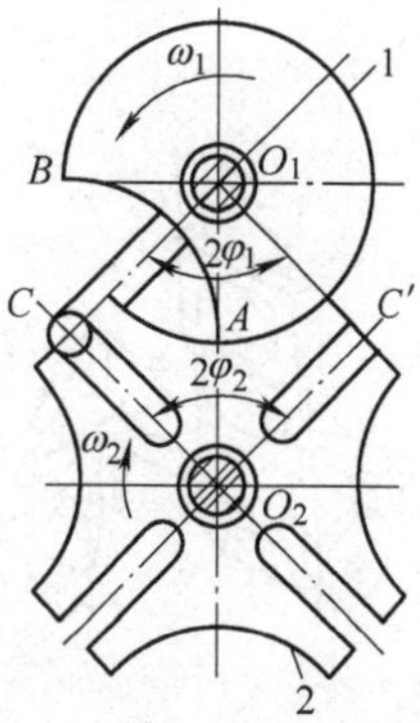

图 5-13　外槽轮机构

1—拨盘　2—槽轮

5.2.2　槽轮机构的类型、特点及应用

1. 槽轮机构的类型

槽轮机构按啮合方式，可分为外槽轮机构和内槽轮机构。如图 5-13 所示的外槽轮机构，拨盘 1 与槽轮 2 转向相反。如图 5-14 所示的内槽轮机构，拨盘与槽轮转向相同。

外槽轮机构按机构中圆销的数目可分为单圆销、双圆销和多圆销槽轮机构。图 5-13 所示为单圆销外槽轮机构，工作时，拨盘转动一周，槽轮转动一次。图 5-15 所示为双圆销外槽轮机构，工作时，拨盘转动一周，槽轮转动两次。

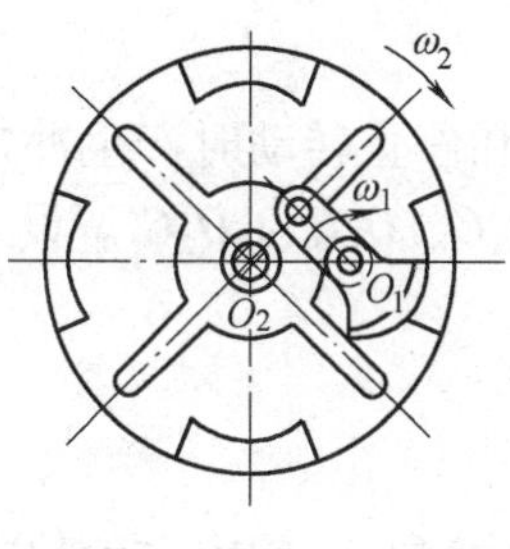

图 5-14　内槽轮机构

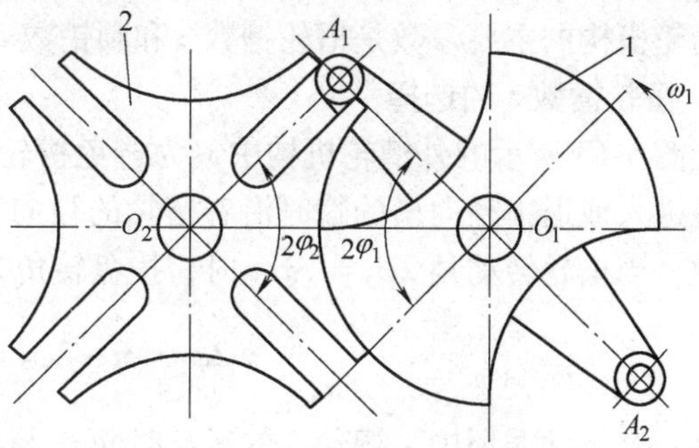

图 5-15　双圆销槽轮机构

1—拨盘　2—槽轮

2. 槽轮机构的特点及应用

槽轮机构的优点是结构简单，制造方便，工作可靠，转角准确，机械效率高。但是其转角不可调节且不能太小，因此槽轮在起、停时的加速度较大，有冲击，并随着转速的增加或槽轮槽数的减少而加剧，故不宜用于高速。一般用于转速不高的自动机械中作转位或分度机构。

图 5-2 所示为六角车床的刀架转位机构，刀架 3 上装有六种刀具，与刀架一体的槽轮 2 具有六个径向槽，当拨盘 1 每转动一周时，圆销将拨动槽轮转过 60°，刀架也随之转过 60°，

将下一工序所需刀具转换到工作位置。

图 5-16 所示为电影放映机的卷片机构，当拨盘 1 每转动一周时，圆销将拨动槽轮 2 转过 90°，卷过一张底片，并停留一定的时间，以适应人眼的视觉暂留要求。

图 5-17 所示为自动机中的自动传动链装置，当拨盘 1 连续转动时，槽轮 2 间歇转动，并通过齿轮 3、4 带动链轮 5，从而实现传动链 6 的间歇运动，以满足装配自动线上装配作业的要求。

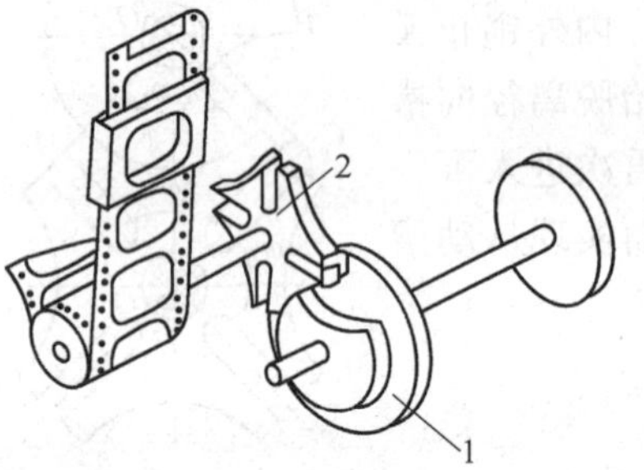

图 5-16　电影放映机的卷片机构

1—拨盘　2—槽轮

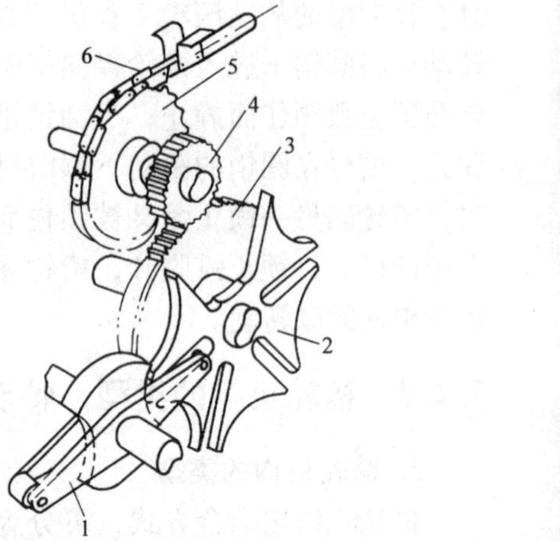

图 5-17　自动传动链装置

1—拨盘　2—槽轮　3、4—齿轮

5—链轮　6—传动链

5.2.3　槽轮机构的主要参数及几何尺寸

槽轮机构的主要参数是槽轮槽数 z 和圆销数 k。

1. 槽轮槽数 z 的选择

在图 5-13 所示的外槽轮机构中，为避免槽轮在开始转动和停止转动时产生冲击，应使圆销在进入或退出径向槽的瞬时沿着槽轮的径向，即 $O_1C \perp O_2C$、$O_1C' \perp O_2C'$。设 z 为槽轮的槽数，当槽轮转动角 $2\varphi_2 = 2\pi/z$ 时，拨盘转角 $2\varphi_1$ 为

$$2\varphi_1 = \pi - 2\varphi_2 = \pi - \frac{2\pi}{z} \tag{5-2}$$

在一个运动循环中，槽轮 2 的运动时间 t_2 与拨盘 1 的运动时间 t_1 之比，称为运动系数，用 τ 表示。由于拨盘作匀速转动，运动系数 τ 可用拨盘对应的转角比表示，对于单圆销槽轮机构，t_2 和 t_1 分别对应于拨盘转角 $2\varphi_1$ 和 2π，因此运动系数 τ 为

$$\tau = \frac{t_2}{t_1} = \frac{2\varphi_1}{2\pi} = \frac{\pi - \frac{2\pi}{z}}{2\pi} = \frac{1}{2} - \frac{1}{z} = \frac{z-2}{2z} \tag{5-3}$$

根据槽轮机构间歇运动的特点可知 $0<\tau<1$（当 $\tau=0$ 时，槽轮不动；当 $\tau=1$ 时，槽轮将连续转动，已不是间歇运动），所以由式（5-3）可得到槽轮的槽数 $z \geqslant 3$。

当 $z=3$ 时，槽轮转动时的角速度变化太大，易引起机构的冲击和振动；当 $z=9$ 时，z 对 τ 的影响很小，而且机构的尺寸也明显加大，故常取 $z=4\sim8$。

2. 圆销数 k 的确定

由式（5-3）可知，单圆销槽轮机构的 $\tau<0.5$，这说明槽轮的运动时间总小于静止时间。若需增大运动系数，可在拨盘上安装多个圆销，设圆销数为 k，则

$$\tau=\frac{t_2}{t_1}=k\frac{2\varphi_1}{2\pi}=k\left(\frac{z-2}{2z}\right) \tag{5-4}$$

因为 $\tau<1$，代入式（5-4）得

$$k<\frac{2z}{z-2} \tag{5-5}$$

圆销数 k 必须满足式（5-5），故 z 与 k 关系见表 5-1。

表 5-1　圆销数 k 与轮槽数 z 的关系

轮槽数 z	3	4 ~ 5	≥6
圆销数 k	1 ~ 5	1 ~ 3	1 ~ 2

3. 槽轮机构的几何尺寸计算

根据载荷和结构尺寸选定槽轮机构的中心距 a，按照工作要求确定轮槽数 z 和圆销数 k，外槽轮机构的几何尺寸如图 5-18 所示，可按表 5-2 所列公式计算。

表 5-2　单圆销外槽轮机构的计算公式

名　称	符　号	计 算 公 式
圆销回转半径	R_1	$R_1=a\sin\frac{\pi}{z}$
圆销半径	r	$r\approx\frac{R_1}{6}$
槽轮半径	R_2	$R_2=a\cos\frac{\pi}{z}$
槽底高	b	$b=a-(R_1+r)-(3\sim5)$ mm
槽深	h	$h=R_2-b$
锁住弧半径	R_x	$R_x=R_1-r-e$，e 为槽顶一侧壁厚，推荐 $e=(0.6\sim0.8)r$，但 e 必须大于 3 ~ 5mm
锁住弧张开角	γ	$\gamma=2\pi-2\varphi_1=\pi\left(1+\frac{2}{z}\right)$

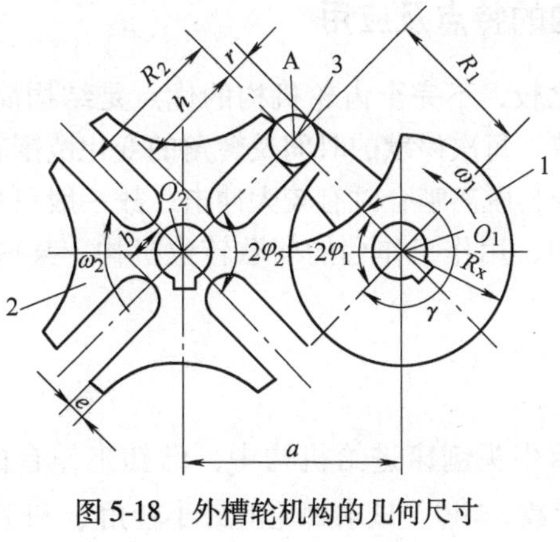

图 5-18　外槽轮机构的几何尺寸

5.3 不完全齿轮机构

5.3.1 不完全齿轮机构的工作原理和类型

不完全齿轮机构是由渐开线齿轮机构演变而成的一种间歇运动机构。图 5-19 为外啮合不完全齿轮机构，在主动轮 1 上只有一个或几个轮齿，其余部分为外凸锁止弧，从动轮由正常齿和带内凹锁止弧的厚齿彼此相间组成。当主动轮的有齿部分工作时，从动轮转动；当主动轮的外凸锁止弧部分工作时，从动轮停止不动。因此当主动轮连续转动时，从动轮作时动时停的间歇运动。锁止弧的作用是防止从动轮在停歇期间游动。

如图 5-19a 所示的不完全齿轮机构中，当主动轮 1 转动一周时，从动齿轮转 1/8 周。而如图 5-19b 所示的不完全齿轮机构中，主动轮 1 转动一周时，从动齿轮转 1/4 周。

不完全齿轮机构按啮合方式可分为外啮合和内啮合两种类型。图 5-19 为外啮合不完全齿轮机构，主动、从动齿轮转向相反；图 5-20 为内啮合不完全齿轮机构，主从动齿轮转向相同。

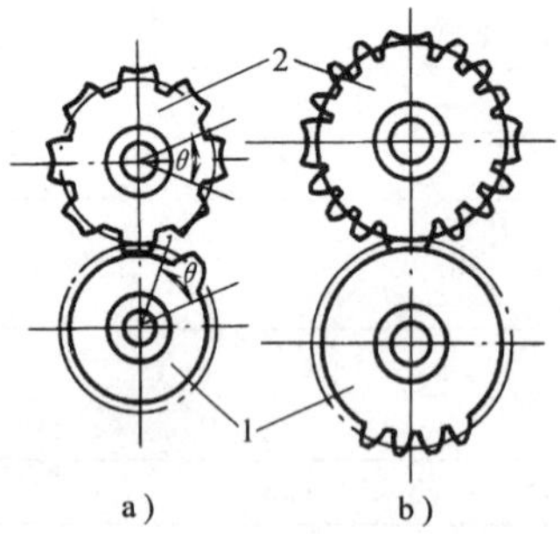

图 5-19 外啮合不完全齿轮机构
1—主动轮 2—从动轮

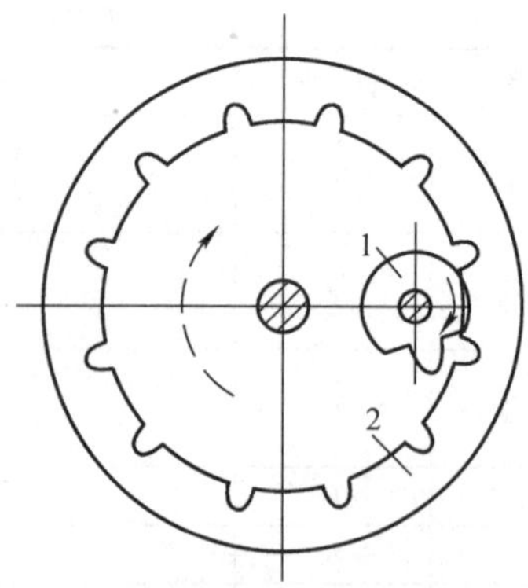

图 5-20 内啮合不完全齿轮机构
1—主动轮 2—从动轮

5.3.2 不完全齿轮机构的特点及应用

与其他间歇运动机构比较，不完全齿轮机构的优点是结构简单、工作可靠，传递的力大，而且从动轮停歇的次数、每次停歇的时间及转角的变化范围较大。缺点是加工工艺较复杂，从动轮在开始进入啮合与脱离啮合时有较大冲击，故一般只用于低速，轻载场合。如在多工位自动、半自动机械中，用作工作台的间歇转位机构、某些间歇进给机构、计数机构等。

任务实施

任务一：在图 5-1 所示牛头刨床进给机构中，已知工作台的横向进给丝杠导程 P_h = 5mm，与丝杠联动的棘轮齿数 z = 40。试求棘轮的最小转角 φ 和工作台的最小进给量 l。

设计步骤：

设棘爪每次拨过一个齿，则棘轮的最小转角为

$$\varphi=\frac{2\pi}{z}=\frac{360^\circ}{40}=9^\circ$$

工作台的最小进给量为

$$l=\frac{P_h}{z}=\frac{5}{40\text{mm}}=0.125\text{mm}$$

任务二：在六角车床的外槽轮机构中，已知槽轮的槽数 $z=6$，槽轮静止时间 t_1 为其运动时间 t_2 的两倍。试求该槽轮机构的运动系数 τ 和圆销数 k。

设计步骤：

槽轮机构的运动系数为

$$\tau=\frac{t_2}{t_1+t_2}=\frac{t_2}{2t_2+t_2}=\frac{1}{3}$$

由式（5-4）得

$$\tau=k\left(\frac{z-2}{2z}\right)$$

将 $\tau=\frac{1}{3}$，$z=6$ 代入上式得圆销数为

$$k=\frac{2z\tau}{z-2}=\frac{2\times6\times\frac{1}{3}}{6-2}=1$$

思　考　题

5-1　什么是间歇运动机构？常用的间歇运动机构有哪些？各有何特点？

5-2　棘轮机构有哪些类型？各有什么特点？

5-3　如何调整棘轮的转角？

5-4　棘爪顺利进入齿槽的条件是什么？

5-5　槽轮机构有哪些类型？各有什么特点？

习　　题

5-1　牛头刨床工作台横向进给丝杠的导程 $P_h=6$mm，若要求刨床的最小进给量 $l=0.2$mm，求与丝杠联动并作间歇运动的棘轮最小转角 φ 和齿数 z。

5-2　已知一进给机构棘轮的最小转角为 $\varphi=5^\circ$，棘轮的模数 $m=5$mm。试求棘轮的齿数和顶圆直径。

5-3　一多轴自动车床利用单圆销六槽外槽轮机构转位。若已知每个工位完成加工所需要的时间为 45s，求拨盘的转速 n_1、槽轮转位的时间 t_2 和机构的运动系数 τ。

5-4　已知中心距 $a=300$mm，轮槽数 $z=6$，圆销数 $k=1$，圆销半径 $r=10$mm。试计算此槽轮机构的主要几何尺寸。

第6章　带　传　动

任务描述

设计如图6-1所示带式输送机传动装置中的普通V带传动。

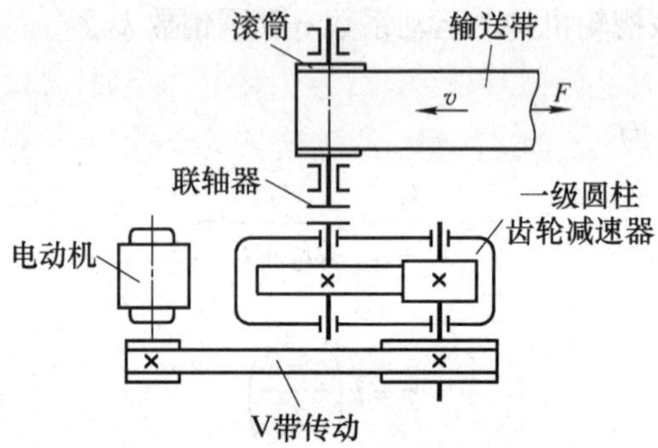

图6-1　带式输送机传动图

任务分析

首先需掌握带传动的类型和特点、带的结构、型号和长度、带轮的结构、材料、带传动的失效形式和设计准则、带传动的设计步骤、带传动的张紧安装和维护等知识，才能正确设计带传动。

相关知识

6.1　带传动的类型和特点

6.1.1　带传动的工作原理和主要类型

带传动是利用张紧在带轮上的挠性带作为中间传动元件，借助于带和带轮间的摩擦或啮合来传递运动和动力的。一般由主动带轮1、从动带轮2和传动带3组成，如图6-2所示。

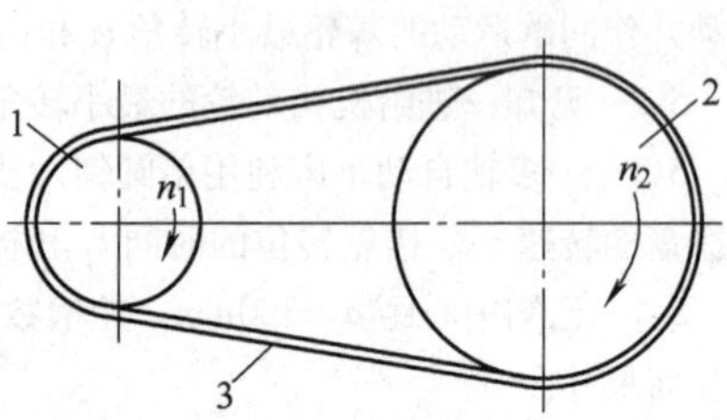

图6-2　带传动的组成

1—主动带轮　2—从动带轮　3—传动带

根据工作原理不同，带传动分摩擦型和啮合型两大类。

摩擦型带传动利用带和带轮接触面间的摩擦力进行传动，应用广泛。这类带传动按带截面形状的不同分为四种。分别是截面为扁平矩形的平带传动，如图6-3a所示；截面为梯形的V带传动，如图6-3b所示；

截面相当于一矩形与若干梯形组合而成的多楔带传动，如图6-3c 所示；截面为圆形的圆带传动，如图6-3d 所示。

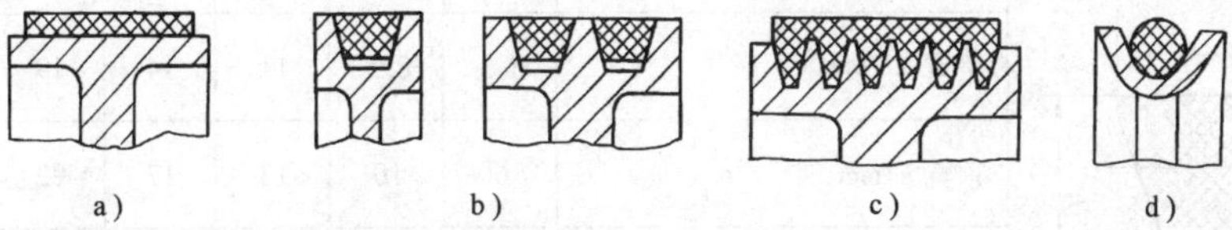

图6-3 带传动的主要类型
a）平带传动 b）V带传动 c）复楔带传动 d）圆带传动

啮合型带传动是利用带与带轮上齿的啮合作用进行传动的。目前应用较多的是同步带传动，如图6-4 所示。同步带传动除具有摩擦型带传动的部分优点外，还具有传动能力大，传动比恒定，效率较高等优点，常用于要求传动平稳，传动比准确的场合。

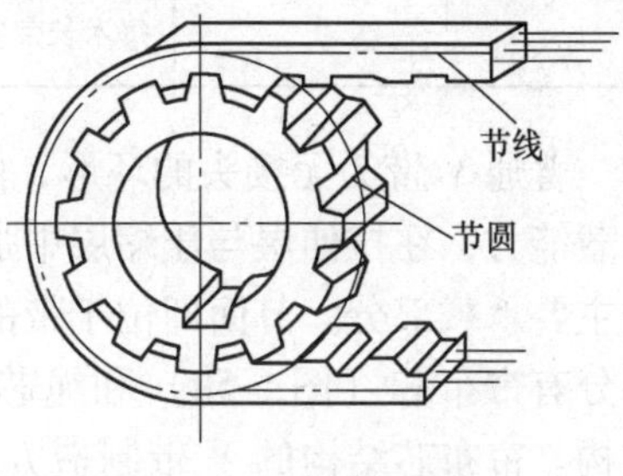

图6-4 同步带传动

6.1.2 摩擦型带传动的特点及应用

1. 摩擦型带传动的特点

与齿轮传动等啮合传动相比较，摩擦型带传动的优点为：

1）具有良好的弹性，能缓冲、吸振，因而传动平稳、噪声小。

2）结构简单，制造、安装、维护方便，成本低廉。

3）可适用于轴间距离较大的场合（可达15m）。

4）过载时，带将会在小带轮上打滑，保护其他元件不被破坏，即具有过载保护功能。

摩擦型带传动的缺点为：

1）由于带的弹性变形产生带在带轮上的弹性滑动，使传动比不准确，不恒定。

2）传动外廓尺寸大，传动效率较低。

3）对轴的压力较大。

4）带的寿命较短。

5）不宜在恶劣环境中（酸、碱，杂物多，曝晒等）使用。

2. 摩擦型带传动的应用

鉴于带传动具有以上特点，其主要用于传动要求平稳，传动比不要求准确，中心距较大的中、小功率传动。带传动适用的工作参数一般为：带速 $v=5\sim25\text{m/s}$；平带传动比 $i\leqslant5$，V带传动比 $i\leqslant7$；传递功率 $P\leqslant100\text{kW}$；效率 $\eta=0.94\sim0.96$。

6.2 V带和V带轮

6.2.1 普通V带

普通V带已标准化，标准普通V带按截面尺寸由小到大分为Y、Z、A、B、C、D、E七种型号，尺寸见表6-1。

表 6-1　普通 V 带的型号及其截面尺寸（GB/T 11544—2012）

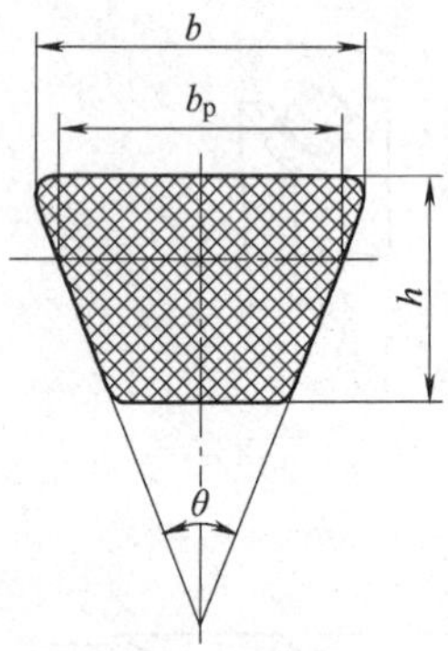

型号	Y	Z	A	B	C	D	E
节宽 b_p/mm	5.3	8.5	11	14	19	27	32
顶宽 b/mm	6	10	13	17	22	32	38
带高 h/mm	4.0	6.0	8.0	11.0	14.0	19.0	23.0
楔角 θ	40°						
每米长带质量 q/kg · m^{-1}	0.023	0.060	0.105	0.170	0.300	0.630	0.970

普通 V 带为无接头的环形，由包布层、拉伸层和压缩层组成，如图 6-5 所示。为了提高承载能力，在拉伸层与压缩层中加入强力层，是带的主要承载部分。节面即位于带的强力层部分。该部分有帘布芯（图 6-5a）和绳芯（图 6-5b）两种结构。帘布芯结构的 V 带制造方便，抗拉强度高，应用较广；绳芯结构的 V 带柔韧性好，抗弯强度高，用于带轮直径较小、转速较高时。

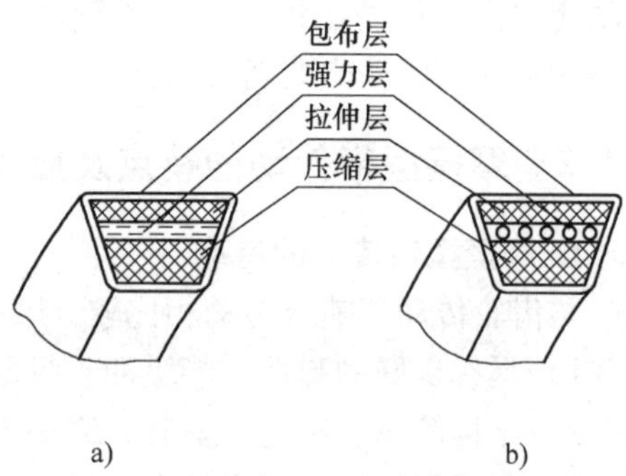

图 6-5　普通 V 带结构
a）帘布芯结构　b）绳芯结构

带由橡胶帆布制成。包布层是直接承受磨损部分，有保护带其他部分的作用。拉伸层和压缩层在带绕入带轮时，分别处于拉伸和压缩状态，带的宽度发生变化，拉伸层受拉宽度变小，压缩层受压宽度变大。而在带的截面上必有既不受拉也不受压、宽度不变的中性层，称为节面，其宽度称为节宽，用 b_p 表示。将带在一定的初拉力作用下，沿带的节面量得的周线长度，称为带的基准长度，是带的公称长度，用 L_d 表示。V 带在受到弯曲时，只有带的基准长度 L_d 不变。普通 V 带的基准长度见表 6-2。

表 6-2　普通 V 带基准长度（GB/T 13575.1—2008）

（单位：mm）

型号							型号							型号						
Y	Z	A	B	C	D	E	Y	Z	A	B	C	D	E	Y	Z	A	B	C	D	E
200	405	630	930	1565	2740	4660	450	1080	1430	1950	3080	6100	12230	—	—	2300	3600	7600	15200	—
224	475	700	1000	1760	3100	5040	500	1330	1550	2180	3520	6840	13750	—	—	2480	4060	9100	—	—
250	530	790	1100	1950	3330	5420	—	1420	1640	2300	4060	7620	15280	—	—	2700	4430	10700	—	—
280	625	890	1210	2195	3730	6100	—	1540	1750	2500	4600	9140	16800	—	—	—	4820	—	—	—
315	700	990	1370	2420	4080	6850	—	—	1940	2700	5380	10700	—	—	—	—	5370	—	—	—
355	780	1100	1560	2715	4620	7650	—	—	2050	2870	6100	12200	—	—	—	—	6070	—	—	—
400	820	1250	1760	2880	5400	9150	—	—	2200	3200	6815	13700	—							

标准普通V带的标记由型号、基准长度和标准代号三部分组成。如，C3080（GB/T 11544—2012）表示的是基准长度为3080mm的C型普通V带。

通常生产厂家都将带的标记、制造厂名和制造年月压印在带的顶面。

6.2.2　V带轮

带轮应具有足够的强度和刚度，又要重量轻，工艺性好，轮槽侧面表面粗糙度较低，以减轻对带的磨损。对转速较高的带轮，还要质量均匀，达到静、动平衡的要求。

带轮的常用材料为铸铁和铸钢，有时也采用铝合金或非金属材料（如工程塑料等）。铸铁带轮（如HT150、HT200）适用于带轮圆周速度$v \leqslant 25$m/s的场合；铸钢带轮适用于$v \leqslant 45$m/s的场合；高速、轻载时可采用铸造铝合金或工程塑料制造的带轮。

带轮一般由轮缘、轮辐和轮毂三部分组成。根据轮辐结构不同，带轮分为实心式、辐板式、孔板式、椭圆轮辐式四种。当带轮尺寸较小，$d_a \leqslant 200$mm时采用实心式（图6-6a）；尺寸中等，$d_a \leqslant 300$mm时采用辐板式（图6-6b）；尺寸偏大$d_a \leqslant 400$mm时采用孔板式（图6-6c）；尺寸较大$d_a > 400$mm时采用椭圆轮辐式结构（图6-6d）。

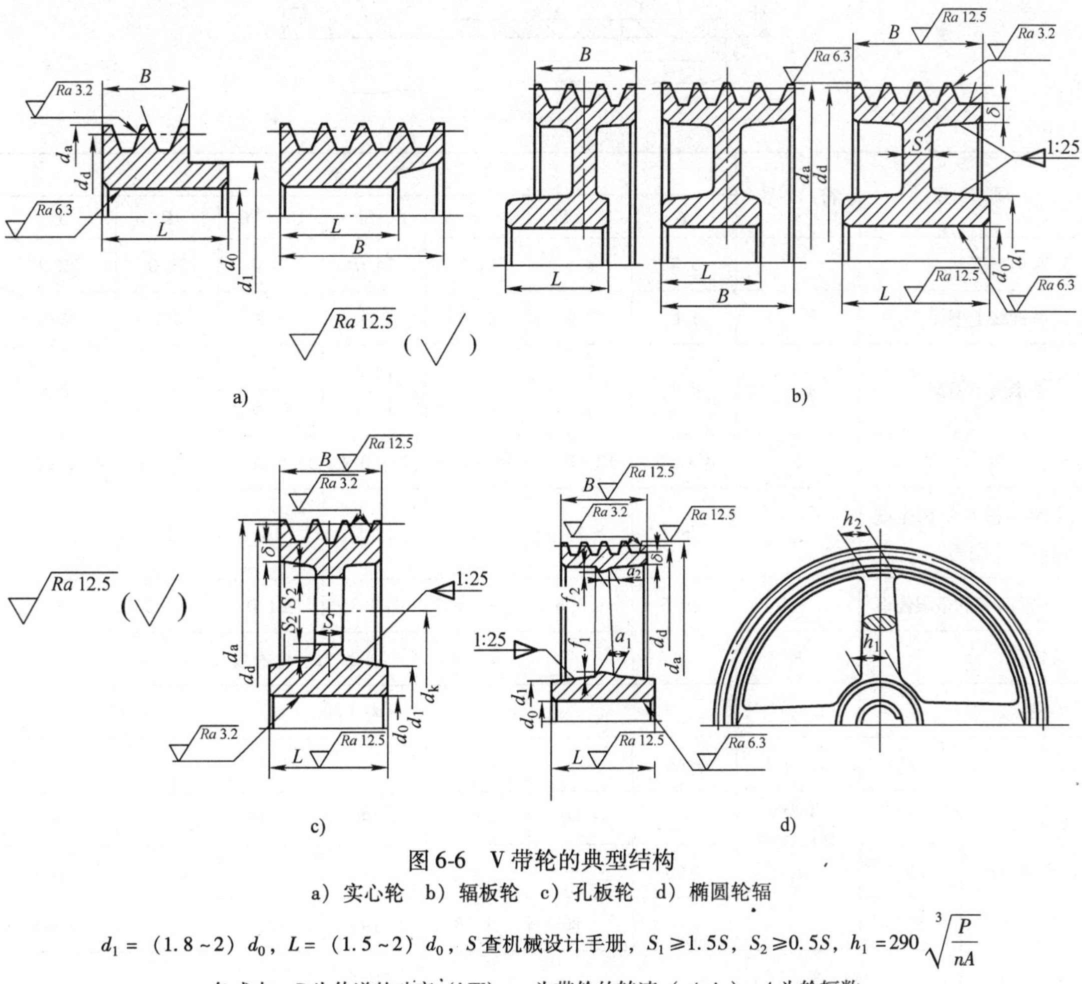

图6-6　V带轮的典型结构

a）实心轮　b）辐板轮　c）孔板轮　d）椭圆轮辐

$d_1 = (1.8 \sim 2)\ d_0$，$L = (1.5 \sim 2)\ d_0$，S查机械设计手册，$S_1 \geqslant 1.5S$，$S_2 \geqslant 0.5S$，$h_1 = 290\sqrt[3]{\dfrac{P}{nA}}$

各式中，P为传递的功率（kW）；n为带轮的转速（r/min）；A为轮辐数。

$h_2 = 0.8h_1$，$a_1 = 0.4h_1$，$a_2 = 0.8a_1$，$f_1 = 0.2h_1$，$f_2 = 0.2h_2$

普通V带轮轮缘部分尺寸见表6-3。其中，d_d 称为带轮基准直径，指的是带的节面和带轮接触部位所对应的带轮直径，是带轮的公称直径。φ 是轮槽角，由于V带绕于带轮上受到弯曲，其楔角 θ 变小，且带轮直径越小，带的弯曲程度越大，楔角变得越小，为保证带的两侧工作面和带轮槽两侧面充分接触，带轮槽角 φ 应小于40°，并按带轮基准直径 d_d 不同分别为32°、34°、36°和38°。另外，考虑带的磨损和带与轮槽接触处应有足够的摩擦系数，轮槽的两侧面应具有合理的粗糙度参数值。

表6-3　普通V带轮轮缘尺寸（摘自GB/T 13575.1—2008）　　（单位：mm）

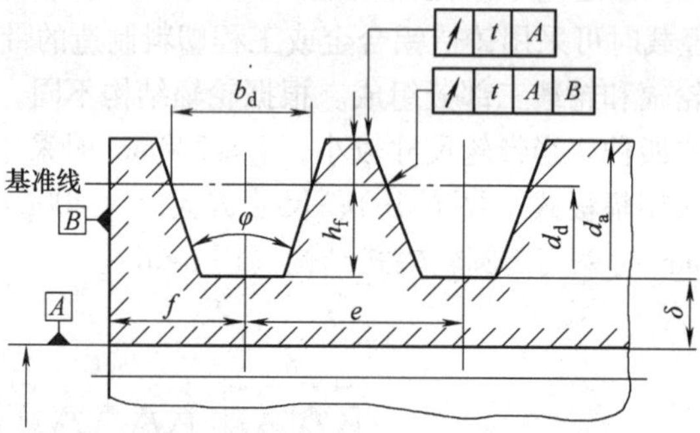

项目		符号	槽型						
			Y	Z、SPZ	A、SPA	B、SPB	C、SPC	D	E
基准宽度		b_d	5.3	8.5	11.0	14.0	19.0	27.0	32.0
基准线上槽深		h_{amin}	1.6	2.0	2.75	3.5	4.8	8.1	9.6
基准线下槽深		h_{fmin}	4.7	7.0 9.0	8.7 11.0	10.8 14.0	14.3 19.0	19.9	23.4
槽间距		e	8±0.3	12±0.3	15±0.3	19±0.4	25.5±0.5	37±0.6	44.5±0.7
第一槽对称面至端面的最小距离		f_{min}	6	7	9	11.5	16	23	28
槽间距累积极限偏差		—	±0.6	±0.6	±0.6	±0.8	±1.0	±1.2	±1.4
带轮宽		B	$B=(z-1)e+2f$　z—轮槽数						
外径		d_a	$d_a=d_d+2h_a$						
轮槽角 φ	32°	相应的基准直径 d_d	≤60	—	—	—	—	—	—
	34°		—	≤80	≤118	≤190	≤315	—	—
	36°		>60	—	—	—	—	≤475	≤600
	38°		—	>80	>118	>190	>315	>475	>600
	极限偏差		±0.5°						

6.3 带传动的受力分析和应力分析

6.3.1 带传动的受力分析

带传动在安装时，将带张紧套在两个带轮上。工作前（图6-7a），带的两边所受的初拉力相等，用 F_0 表示。工作时（图6-7b），主动带轮利用其与带间的摩擦力驱动带运动，又通过带与从动带轮间的摩擦力驱动从动带轮转动。传动中，由于摩擦力作用，使带进入主动带轮一侧所受拉力增大，由工作前的 F_0 增至 F_1，称为紧边；而带离开主动带轮一侧拉力减小，由工作前的 F_0 降至 F_2，称为松边。

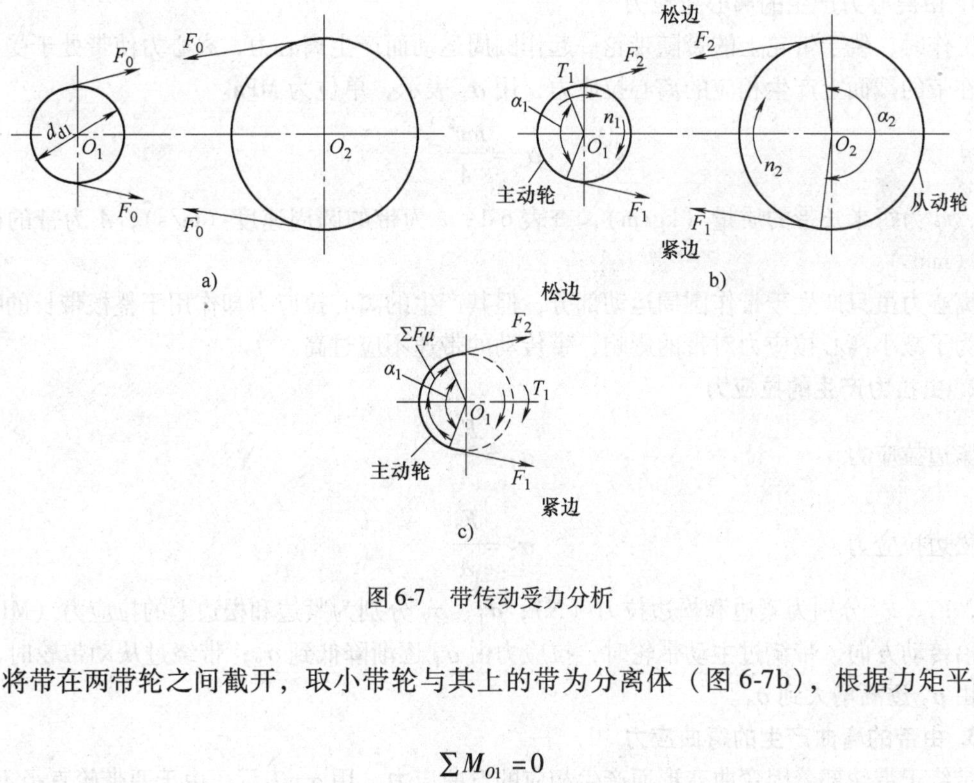

图6-7 带传动受力分析

将带在两带轮之间截开，取小带轮与其上的带为分离体（图6-7b），根据力矩平衡条件

$$\sum M_{O1} = 0$$

得

$$\frac{F_1 d_{d1}}{2} - \frac{F_2 d_{d1}}{2} - T_1 = 0$$

故

$$F_1 - F_2 = \frac{2T_1}{d_{d1}} = F_{t1} \tag{6-1}$$

式中，F_{t1}是小轮上的有效圆周力（N）；T_1 是为作用于小轮的驱动力矩（N · m）。

再取小轮上的带为分离体（图6-7c），根据力矩平衡条件$\sum M_{O1} = 0$，有

$$\frac{F_1 d_{d1}}{2}-\frac{F_2 d_{d1}}{2}-\frac{\sum F_\mu d_{d1}}{2}=0$$

故

$$F_1-F_2=\sum F_\mu \tag{6-2}$$

所以，由式（6-1）、（6-2）得

$$F_1-F_2=F_{t1}=\sum F_\mu \tag{6-3}$$

上式说明，带传动的有效圆周力等于紧边拉力和松边拉力之差。同时，轮与带之间的最大摩擦力应等于或大于有效圆周力。

6.3.2　带传动的应力分析

带传动工作时，带截面上产生的应力由以下三部分组成。

1. 由离心力产生的离心拉应力

工作时，绕于带轮上的带随带轮一起作圆周运动而产生离心力，离心力使带处于受拉状态，在带的截面上产生相应的离心拉应力，用 σ_c 表示，单位为 MPa。

$$\sigma_c=\frac{mv^2}{A}$$

式中，m 为每米长带的质量（kg/m），查表 6-1；v 为带的圆周速度（m/s）；A 为带的横截面积（mm^2）。

离心力虽只产生于带作圆周运动部分，但其产生的离心拉应力却作用于整根带长的截面上。为了减小离心拉应力对带的影响，带传动的带速不应过高。

2. 由拉力产生的拉应力

紧边拉应力

$$\sigma_1=\frac{F_1}{A}$$

松边拉应力

$$\sigma_2=\frac{F_2}{A}$$

式中，F_1、F_2 分别为紧边和松边拉力（N）；σ_1、σ_2 分别为紧边和松边上的拉应力（MPa）。

沿传动方向，带绕过主动带轮时，拉应力由 σ_1 逐渐降低到 σ_2；带绕过从动带轮时，拉应力由 σ_2 逐渐增大到 σ_1。

3. 由带的弯曲产生的弯曲应力

带绕于带轮部分因弯曲变形而产生相应的弯曲应力，用 σ_b 表示。由于两带轮直径不等，因而带绕过两带轮时产生的弯曲应力也不等。由材料力学可知，带的弯曲应力为

小轮的弯曲应力

$$\sigma_{b1}\approx\frac{Eh}{d_{d1}}$$

大轮的弯曲应力

$$\sigma_{b2}\approx\frac{Eh}{d_{d2}}$$

式中，E 为带材料的拉压弹性模量（MPa）；h 为带的高度（mm）；d_{d1}、d_{d2} 分别为小带轮和大带轮的基准直径（mm）；σ_{b1}、σ_{b2} 分别为小带轮和大带轮上带的弯曲应力（MPa）。

可见，带轮基准直径愈小，弯曲应力愈大，因此在设计时，应控制小带轮的最小基准直

径 d_{d1min}。

图 6-8 是以上三种应力在带的截面处于不同位置时的应力分布情况，应力的大小以带在该处引出的法线长度表示。由图可知，整根带上的应力是变化的，减速带传动最大应力在带由紧边进入小带轮处，其最大应力 σ_{max} 为

$$\sigma_{max}=\sigma_c+\sigma_1+\sigma_{b1}=\frac{mv^2}{A}+\frac{F_1}{A}+\frac{Eh}{d_{d1}} \tag{6-4}$$

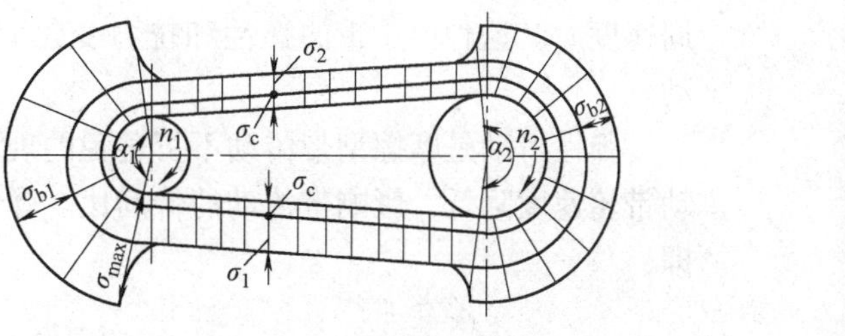

图 6-8 应力分布图

带工作时，带的任一截面受周期性变应力作用，当应力循环次数达到一定数值时，会导致疲劳断裂，造成传动失效。带的疲劳强度条件为

$$\sigma_{max}=\sigma_c+\sigma_1+\sigma_{b1}=\frac{mv^2}{A}+\frac{F_1}{A}+\frac{Eh}{d_{d1}}\leqslant[\sigma] \tag{6-5}$$

式中，[σ] 为一定实验条件下，由一定循环次数的疲劳极限决定的带的许用应力（MPa）。

6.4 带传动的打滑、弹性滑动和传动比

6.4.1 带传动的打滑

对于一个特定的带传动，带与带轮间的摩擦力总和必有一极限值 $\sum F_{\mu lim}$。当带传递的有效圆周力超过摩擦力的极限值时，带会在带轮上发生全面滑动，这种现象称为打滑。打滑使带传动失去传动能力，造成传动失效，应设法避免，增大带与带轮接触圆弧所对应的圆心角，即带轮包角 α_1，这是避免打滑的有效措施之一。由于带与小带轮间形成的极限摩擦力小于带与大带轮间的极限摩擦力，所以打滑一般都发生在小带轮上，带传动设计时须严格控制小带轮包角 α_1，使 α_1 不能过小，一般取 $\alpha_1\geqslant120°$。

6.4.2 带传动的弹性滑动和传动比

带属弹性体，受力后会发生弹性变形，且变形量随所受力的大小而变化。当带工作时，由于紧边拉力 F_1 大于松边拉力 F_2，使带在紧边产生的弹性伸长量大于松边的弹性伸长量。如图 6-9 所示，当带由紧边 a 点进入主动带轮 1 时，带速 v 与带轮 1 的圆周速度 v_1 相等，随传动的进行，在带与带轮的接触点由轮 1 上 a 点向 b 点运动的过程中，带所承受的拉力由紧边拉力 F_1 逐渐降至松边拉力 F_2，带的弹性伸长量也随之逐渐减小，从而使带速 v 滞后于

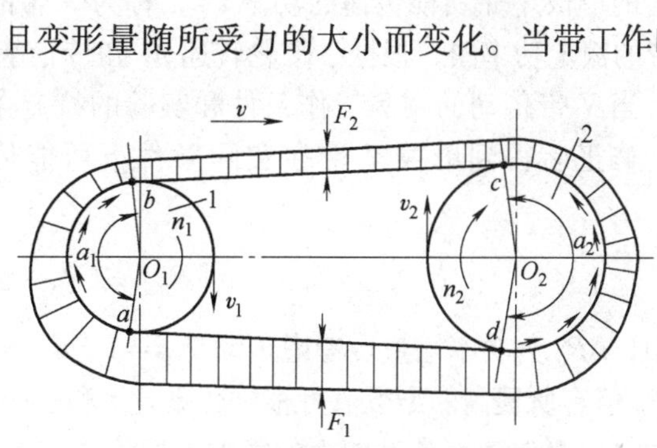

图 6-9 带传动弹性滑动

主动带轮圆周速度 v_1，造成带沿主动带轮 1 表面产生微小滞后滑动。同理，在带通过从动带轮 2 上 c 点向 d 点运动的过程中，也会出现带在轮 2 表面产生微小滑动的现象，带所受拉力由松边拉力 F_2 逐渐增至紧边拉力 F_1，带的弹性伸长量逐渐增大，带速 v 超前于从动带轮圆周速度 v_2。这种由于带的弹性和拉力变化而引起的带在带轮表面滑动的现象，称为弹性滑动。

弹性滑动是摩擦型带传动不可避免的现象，它会加剧带的磨损，降低带的寿命，并使从动带轮速度降低，影响带传动的传动比。弹性滑动对传动比的影响程度，用滑动率 ε 表示，即

$$\varepsilon=\frac{v_1-v_2}{v_1}=\frac{\pi d_{d1}n_1-\pi d_{d2}n_2}{\pi d_{d1}n_1} \tag{6-6}$$

由此得带传动传动比 i 和从动带轮转速 n_2 分别为

$$i=\frac{n_1}{n_2}=\frac{d_{d2}}{d_{d1}(1-\varepsilon)} \tag{6-7}$$

$$n_2=\frac{d_{d1}}{d_{d2}}(1-\varepsilon)n_1 \tag{6-8}$$

式中，n_1、n_2 分别为主、从动带轮转速（r/min）；v_1、v_2 分别为主、从动带轮圆周速度（m/s）；d_{d1}、d_{d2}分别为主、从带轮基准直径（mm）。

滑动率 ε 随带所受载荷大小而变化，使带传动的传动比不能保持恒定。一般 V 带传动的滑动率 $\varepsilon=0.01\sim0.02$，对传动影响不大，通常可忽略不计。

6.5 普通 V 带传动的设计

6.5.1 带传动的失效形式和设计准则

带传动的主要失效形式是带在小带轮上打滑和带的疲劳破坏。所以设计带传动应遵循的准则为：保证带传动不打滑，同时保证带具有一定的疲劳强度。

在载荷平稳、传动比 $i=1$、$d_{d1}=d_{d2}$、$\alpha_1=\alpha_2=180°$、带长为特定长度等特定条件下，测得的单根 V 带所能传递的功率 P_0，称为 V 带的额定功率。图 6-10 为几种常用型号的普通 V 带的额定功率图，根据小带轮转速 n_1 和带轮基准直径 d_{d1} 可查得 P_0 值。

当 V 带传动的实际工作条件和实验的特定条件不相符时，应对额定功率 P_0 值进行修正。修正后得到单根 V 带在实际条件下所能传递的功率，称为许用功率，用［P_0］表示。

$$[P_0]=(P_0+\Delta P_0)K_\alpha K_L \tag{6-9}$$

式中，ΔP_0 为功率增量。考虑传动比 $i\neq1$、$d_{d1}\neq d_{d2}$时，带在大带轮上的弯曲应力较小，而使 P_0 值有所提高。ΔP_0 值可根据传动比 i 和小带轮转速 n_1 查图 6-10；K_α 为包角修正系数，考虑 $\alpha_1\neq180°$时对传动能力的影响，数值查表 6-4；K_L 为带长修正系数，考虑带长不为特定长度时对传动能力的影响，数值查表 6-5。

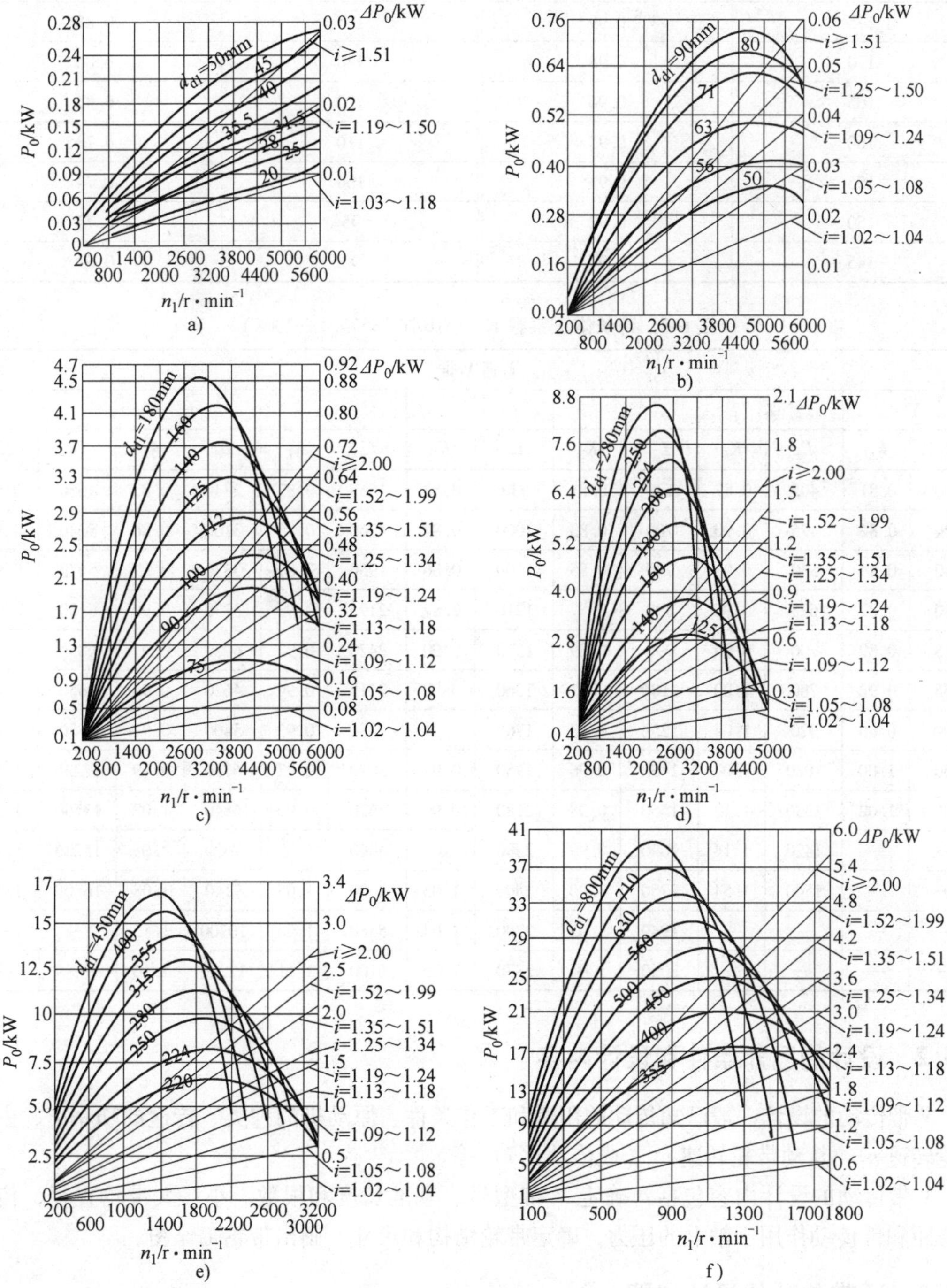

图6-10 普通V带的额定功率

a) Y型 b) Z型 c) A型 d) B型 e) C型 f) D型

表 6-4 包角修正系数 K_α（GB/T 13575.1—2008）

小带轮包角/（°）	K_α	小带轮包角/（°）	K_α
180	1	140	0.89
175	0.99	135	0.88
170	0.98	130	0.86
165	0.96	120	0.82
160	0.95	110	0.78
155	0.93	100	0.74
150	0.92	95	0.72
145	0.91	90	0.69

表 6-5 带长修正系数 K_L（GB/T 13575.1—2008）

普通 V 带													
Y		Z		A		B		C		D		E	
L_d	K_L	L_d	K_L	L_d	K_L	L_d	K_L	L_d	K_L	L_d	K_L	L_d	K_L
200	0.81	405	0.87	630	0.81	930	0.83	1565	0.82	2740	0.82	4660	0.91
224	0.82	475	0.90	700	0.83	1000	0.84	1760	0.85	3100	0.86	5040	0.92
250	0.84	530	0.93	790	0.85	1100	0.86	1950	0.87	3330	0.87	5420	0.94
280	0.87	625	0.96	890	0.87	1210	0.87	2195	0.90	3730	0.90	6100	0.96
315	0.89	700	0.99	990	0.89	1370	0.90	2420	0.92	4080	0.91	6850	0.99
355	0.92	780	1.00	1100	0.91	1560	0.92	2715	0.94	4620	0.94	7650	1.01
400	0.96	920	1.04	1250	0.93	1760	0.94	2880	0.95	5400	0.97	9150	1.05
450	1.00	1080	1.07	1430	0.96	1950	0.97	3080	0.97	6100	0.99	12230	1.11
500	1.02	1330	1.13	1550	0.98	2180	0.99	3520	0.99	6840	1.02	13750	1.15
—	—	1420	1.14	1640	0.99	2300	1.01	4060	1.02	7620	1.05	15280	1.17
—	—	1540	1.54	1750	1.00	2500	1.03	4600	1.05	9140	1.08	16800	1.19
—	—	—	—	1940	1.02	2700	1.04	5380	1.08	10700	1.13	—	—
—	—	—	—	2050	1.04	2870	1.05	6100	1.11	12200	1.16	—	—

6.5.2 设计的已知条件和设计内容

V 带传动的设计一般已知传动的用途和工作条件、原动机的种类、传递的功率 P、主动带轮转速 n_1、从动带轮转速 n_2（或传动比 i）等。

V 带传动的设计内容包括：确定 V 带型号、基准长度和根数，小、大带轮直径，传动中心距和带传动作用于轴上的压力，确定带轮结构和尺寸，画出带轮工作图。

6.5.3 V 带传动的设计步骤

1. 确定计算功率 P_d，选择 V 带型号

$$P_d = K_A P \tag{6-10}$$

式中，P 为理论功率，一般为原动机的额定功率（kW）；K_A 为工况系数，根据带的工作情况查表6-6。

表6-6 工作情况系数 K_A（GB/T 13575.1—2008）

工况		K_A					
		空、轻载起动			重载起动		
		每天工作时间/h					
		<10	10~16	>16	<10	10~16	>16
载荷变动量小	液体搅拌机、通风机和鼓风机（≤7.5kW）、离心式水泵和压缩机、轻载荷输送机	1.0	1.1	1.2	1.1	1.2	1.3
载荷变动小	带式输送机（不均匀负荷）、通风机（>7.5kW）、旋转式水泵和压缩机（非离心式）、发电机、金属切削机床、印刷机、旋转筛、锯木机和木工机械	1.1	1.2	1.3	1.2	1.3	1.4
载荷变动较大	制砖机、斗式提升机、往复式水泵和压缩机、起重机、磨粉机、冲剪机床、橡胶机械、振动筛、纺织机械、重载输送机	1.2	1.3	1.4	1.4	1.5	1.6
载荷变动很大	破碎机（旋转式、颚式等）、磨碎机（球磨、棒磨、管磨）	1.3	1.4	1.5	1.5	1.6	1.8

注：1. 空、轻载起动为电动机（交流起动、三角起动、直流并励）、四缸以上的内燃机、装有离心式离合器、液力联轴器的动力机。
2. 重载起动为电动机（联机交流起动、直流复励或串励）、四缸以下的内燃机。
3. 反复起动、正反转频繁、工作条件恶劣等场合，K_A 应乘以1.2，窄V带乘以1.1。
4. 增速传动时 K_A 应乘以下列系数：

增速比	1.25~1.74	1.75~2.49	2.5~3.49	≥3.5
系数	1.05	1.11	1.18	1.25

根据计算功率 P_d 和小带轮转速 n_1，由图6-11选择普通V带型号。

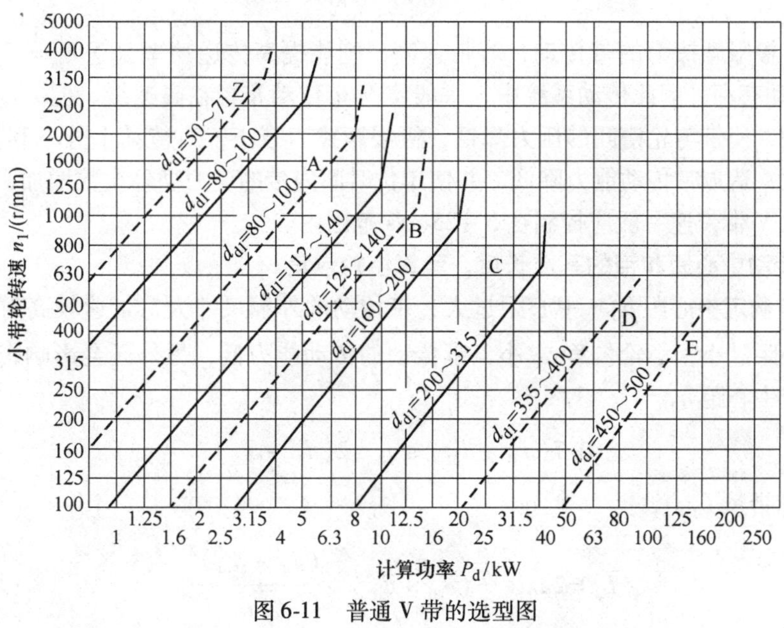

图6-11 普通V带的选型图

2. 确定带轮基准直径 d_{d1}、d_{d2}，验算带速 v

各型号普通 V 带轮的基准直径应按表 6-7 中所列直径系列取值。设计时，先按直径系列选取小带轮基准直径 d_{d1}，考虑到带轮直径过小会使带的弯曲应力过大，以及带轮直径增加会造成带传动的外廓尺寸增大，应合理地确定 d_{d1}，并必须满足 $d_{d1} \geqslant d_{dmin}$。

表 6-7　普通 V 带轮的最小基准直径及带轮直径系列　　（单位：mm）

<table>
<tr><td colspan="2">V 带型号</td><td>Y</td><td>Z</td><td>A</td><td>B</td><td>C</td><td>D</td><td>E</td></tr>
<tr><td colspan="2">d_{dmin}</td><td>20</td><td>50</td><td>75</td><td>125</td><td>200</td><td>355</td><td>500</td></tr>
<tr><td colspan="2">推荐直径</td><td>≥28</td><td>≥71</td><td>≥100</td><td>≥140</td><td>≥200</td><td>≥355</td><td>≥500</td></tr>
<tr><td rowspan="4">常用带轮直径系列</td><td>Z</td><td colspan="7">50，56，63，71，75，80，90，100，112，125，132，140，150，160，180，200，224，250，280，315，355，400，500，630</td></tr>
<tr><td>A</td><td colspan="7">75，80，85，90，95，100，106，112，118，125，132，140，150，160，180，200，224，250，280，315，355，400，450，500，560，630，710，800</td></tr>
<tr><td>B</td><td colspan="7">125，132，140，150，160，170，180，200，224，250，280，315，355，400，450，500，560，600，630，710，750，800，900，1000，1120</td></tr>
<tr><td>C</td><td colspan="7">200，212，224，236，250，265，280，300，315，335，355，400，450，500，560，600，630，710，750，800，900，1000，1120，1250，1400，1600，2000</td></tr>
</table>

再按下式计算大带轮基准直径 d_{d2}

$$d_{d2} = \frac{n_1}{n_2} d_{d1}(1-\varepsilon) = i d_{d1}(1-\varepsilon) \tag{6-11}$$

计算出 d_{d2} 后，按表 6-7 圆整。

验算带速 v

$$v = \frac{\pi d_{d1} n_1}{60 \times 1000} \tag{6-12}$$

具有一定极限摩擦力的带传动，若带速高，则能提高传递功率（$\sum F_\mu = F_{t1}$，$P = F_{t1} v/1000$），对传动有利。因此传动系统中，一般将 V 带传动布置在高速级。但 v 过大时，离心力也相应增大，使带与轮槽间的压力降低，极限摩擦力减小，对传动十分不利。且 v 过大，离心应力增大，造成带传动能力降低，并使单位时间内带的应力循环次数增加，带的使用寿命缩短。所以 V 带带速一般应控制在 5 ~ 25m/s 范围内。

3. 确定传动中心距和带的基准长度，验算小轮包角

（1）初步确定中心距 a_0　中心距过大，带传动的外廓尺寸大，带速较高时容易引起带的颤动；中心距过小，小轮包角 α_1 小，带传动的传动能力低，另外还会影响带的寿命。一般按下式初定中心距 a_0。

$$0.7(d_{d1} + d_{d2}) \leqslant a_0 \leqslant 2(d_{d1} + d_{d2}) \tag{6-13}$$

（2）初算带长 L_0

$$L_0 = 2a_0 + \frac{\pi}{2}(d_{d1} + d_{d2}) + \frac{(d_{d2} - d_{d1})^2}{4a_0} \tag{6-14}$$

查表6-2，取与 L_0 相近的带长作为带的基准长度 L_d。

（3）计算实际中心距 a

$$a \approx a_0 + \frac{L_d - L_0}{2} \tag{6-15}$$

考虑带的安装和张紧的需要，应给定中心距适当的调整范围

$$\begin{cases} a_{min} = a - 0.015L_d \\ a_{max} = a + 0.03L_d \end{cases} \tag{6-16}$$

（4）验算小轮包角 α_1

$$\alpha_1 = 180° - \frac{d_{d2} - d_{d1}}{a} \times 57.3° \tag{6-17}$$

小轮包角 α_1 过小，会使带传动的传动能力降低，因此要求 $\alpha_1 \geqslant 120°$。当 $\alpha_1 < 120°$时，可通过加大中心距或加张紧轮等措施进行改进。小轮包角 α_1 越大，接触弧上产生的摩擦力也越大，带传动的传载能力越强，但在中心距 a 不变（或传动比 i 不变）时，会使传动比 i 减小（或中心距 a 增大）。

4. 确定V带根数 z

$$z \geqslant \frac{P_d}{[P_0]} = \frac{P_d}{(P_0 + \Delta P_0)K_\alpha K_L} \tag{6-18}$$

z 应取整数。为避免载荷分布不均，带的根数不应过多，一般取 $z = 2 \sim 5$ 根为宜，最多不应超过8根，否则应改选较大型号的普通V带重新进行设计。

5. 计算初拉力 F_0

适当的初拉力是保证带传动正常工作的重要因素之一。初拉力不足，带与轮槽间摩擦力小，传动能力不足，易发生打滑现象；初拉力过大，会使带的寿命降低，并使轴和轴承工作压力增大。单根V带的初拉力 F_0 可按下式计算

$$F_0 = 500\frac{P_d}{vz}\left(\frac{2.5}{K_\alpha} - 1\right) + qv^2 \tag{6-19}$$

6. 计算带传动作用于轴上的压力 F_Q

计算该力是为了设计安装带轮的轴和轴承。为了简化计算，可不考虑带两侧的拉力差，近似按带两边初拉力 F_0 的合力来计算。由图6-12得

$$F_Q = 2zF_0 \sin\frac{\alpha_1}{2} \tag{6-20}$$

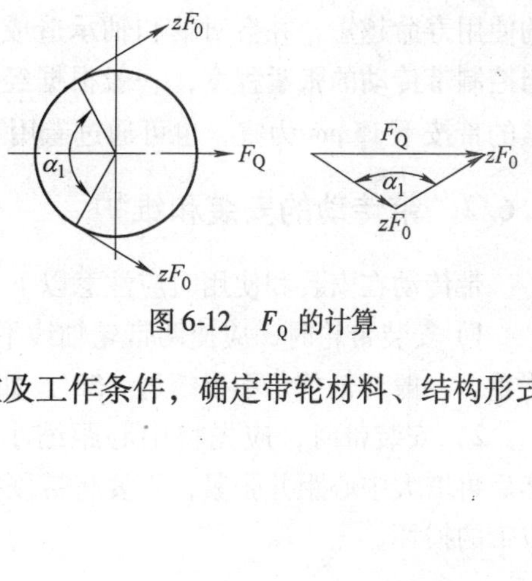

图6-12 F_Q 的计算

7. 设计V带轮，画出带轮工作图

根据前面所选带的型号、带轮基准直径、带根数及工作条件，确定带轮材料、结构形式和尺寸，画出带轮工作图。

6.6　带传动的张紧、安装和维护

6.6.1　带传动的张紧

1. 定期调整中心距张紧和自动张紧

如图6-13a所示，装有带轮的电动机可在滑轨上移动，旋转调节螺钉改变电动机位置，使带传动中心距加大，达到张紧目的。该方法适用于两轴水平或近似水平布置的带传动。

如图6-13b所示的张紧装置，装有带轮的电动机可随摆动架摆动，通过调节螺杆使摆动架摆动，增大中心距，达到张紧目的。该方法适用于两轴垂直或近似垂直布置的带传动。

如图6-13c所示，装有带轮的电动机安装在能绕固定轴摆动的摆动架上，利用电动机和摆动架的自重使带传动自动保持张紧状态。该方法常用于小功率带传动。

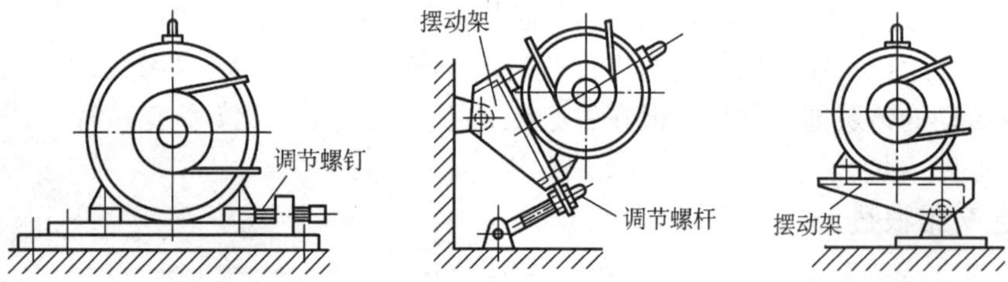

图6-13　张紧装置

a）定期张紧装置　b）定期张紧装置　c）自动张紧装置

2. 采用张紧轮张紧

当带传动的中心距不能调整时，可利用张紧轮进行张紧。如图6-14所示，张紧轮安装在带传动松边内侧，并尽量靠近大带轮，目的是使带只受单方向的弯曲，并使小带轮包角不至于减少过多。

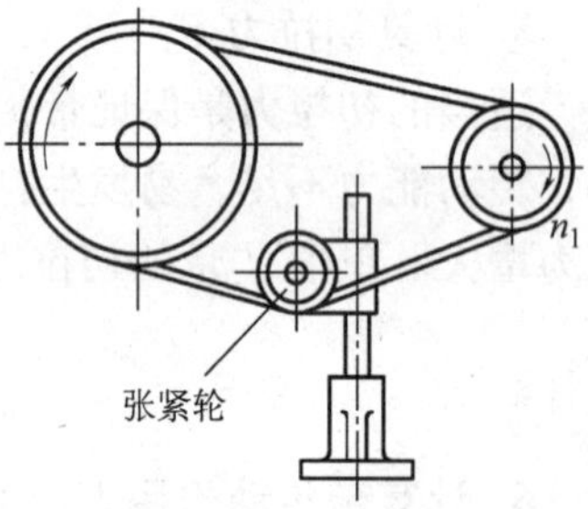

图6-14　利用张紧轮张紧

由于带传动张紧程度越大，带所承受的初拉力越大，带的使用寿命越短，并会对轴和轴承造成不良影响，所以要适当控制带传动的张紧程度，一般根据经验，以大拇指能将张紧的带按下15mm为宜，也可通过专用工具测定。

6.6.2　带传动的安装和维护

带传动在安装和使用时应注意以下几点。

1）安装带轮时，应使两带轮轴线平行，否则带单侧磨损严重，一般其偏差角不得超过±20′，如图6-15所示。

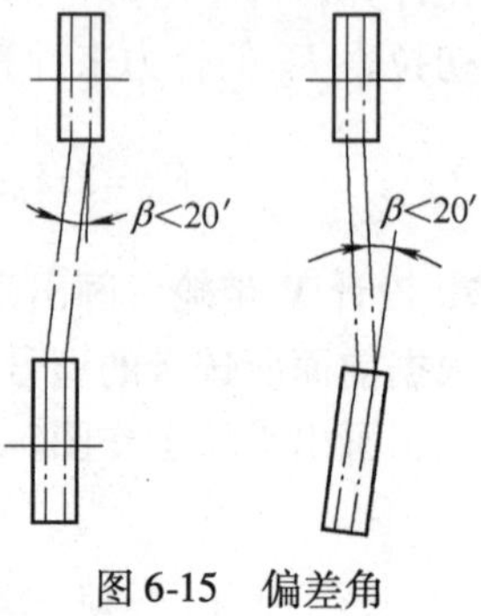

图6-15　偏差角

2）安装带时，应先将中心距缩小，将带套在带轮上，然后再增大中心距并张紧，不要将带硬撬到带轮上，以免造成带的损坏。

3）多根V带组成的带传动，为使各带受力均匀，每根V带代号、生产厂家、批号均应相同。

4）定期检查V带传动，若发现有一根带损坏，应全部更换新带，新旧V带不能混用。

5）带传动应加设防护罩。一方面是防止酸、碱、油等物质对带的腐蚀，并避免日光暴晒造成带的老化；另一方面也可保证操作人员的人身安全。

6.7 同步带传动

6.7.1 同步带传动的特点

同步带传动综合了带传动和链传动的特点。同步带的强力层为多股绕制的钢丝绳或玻璃纤维绳，基体为氯丁橡胶或聚氨酯橡胶，带内环表面成齿形，如图6-16所示。工作时，带内环面的凸齿与带轮外缘上的齿槽相啮合而进行传动。带的强力层承载后变形小，其周节保持不变，故带与带轮间没有相对滑动，保证了同步传动。

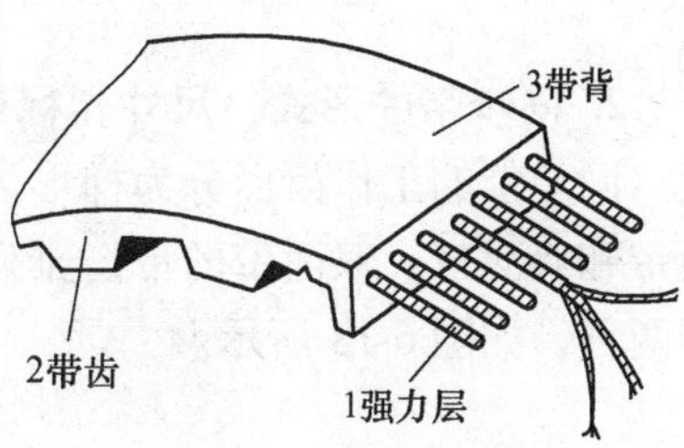

图6-16 同步带的结构

同步带传动的主要优点有：

1）由于带与带轮是靠啮合传递运动和动力，故带与带轮之间无相对滑动，带长不变，能保证较准确的传动比。

2）同步带通常以钢丝绳或玻璃纤维绳为抗拉体，氯丁橡胶或聚氨酯为基体，这种带薄而且轻，适用于高速传动，速度可达40m/s。

3）带柔性好，可用直径较小的带轮，结构紧凑，能获得较大的传动比，传动比可达10。

4）传动效率高，可达0.98。

5）初拉力较小，故轴和轴承上所受的载荷小。

6）噪声比V带传动、链传动和齿轮传动小，耐磨性好，不需润滑，寿命比摩擦带长。

主要缺点是制造、安装精度要求较高，成本高，中心距要求较严格。

6.7.2 同步带传动的应用

我国于20世纪引入同步带传动技术。近年来随着机械工业的发展和国外设备的引进，同步带传动的应用日益增多。根据统计，它在以下四个方面应用较多。

1）由于同步带传动具有节能、无润滑油污染、噪声小等特点，故在轻工机械上得到广泛使用，如纺织、印刷、造纸、食品、烟草及医疗机械中。

2）由于同步带传动具有精确同步传递运动的特点，故被广泛用于精密传动的各种设备上，如传真机、录音机、计算机及各种办公自动化机械中。

3）应用在高速大功率机械中，其传递功率可达数百千瓦，转速每分钟达数千转，如气垫船的推进器、潮汐发电机组上。

4）应用在具有特殊要求的机械中，如在汽车、摩托车上的应用。许多汽车发动机的配气机构均采用了同步带传动。

6.7.3 同步带的参数和形式

1. 同步带的参数

（1）节距 p_b 同步带中工作时保持原长度不变的周线称为节线，节线长 L_p 为公称长度。在规定的初拉力下，同步带纵截面上相邻两齿对称中心线间沿节线测量的距离，称为同步带的节距，是同步带最基本的参数，用符号 p_b 表示，如图 6-17 所示。

（2）模数 m 节距 p_b 与无理数 π 的比值，称为模数，用 m 表示。

$$m = \frac{p_b}{\pi}$$

2. 同步带的形式、尺寸和标记

同步带的工作齿面分为梯形齿和弧形齿两大类。按结构又分为单面齿和双面齿，称为单面带和双面带。双面带的带齿排列又分为两面齿对称排列的 DA 型和两面齿交错排列的 DB 型两种，如图 6-18 所示。

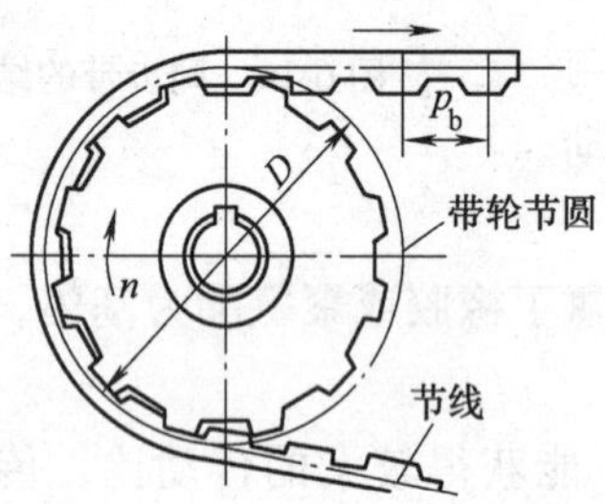

图 6-17 同步带传动

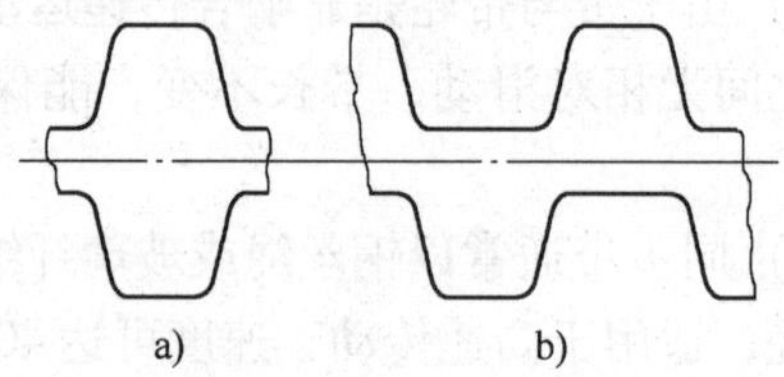

图 6-18 双面同步带

a）DA 型 b）DB 型

任务实施

任务：设计电动机与带式输送机间的普通 V 带传动。已知：电动机的额定功率 P = 4kW，转速 n_1 = 1440r/min，带式输送机轴转速 n_2 = 400r/min，两班制工作。

设计方案：

1. 确定设计功率 P_d，选择 V 带型号

1）确定设计功率 P_d。

查表 6-6 得 工况系数 $K_A = 1.2$

由式（6-10） $$P_d = K_A P$$

得 $$P_d = 1.2 \times 4\text{kW} = 4.8\text{kW}$$

2）选择 V 带型号。

根据设计功率 $P_d = 4.8\text{kW}$，小带轮转速 $n_1 = 1440\text{r/min}$，查图 6-11，选 A 型普通 V 带。

2. 确定带轮基准直径 d_{d1}、d_{d2}、验算带速 v

1）确定带轮基准直径 d_{d1}、d_{d2}。

据 A 型带查表 6-7，取小带轮基准直径 $d_{d1} = 100\text{mm}$。

带传动的传动比为

$$i_{12} = \frac{n_1}{n_2} = \frac{1440}{400} = 3.6$$

取滑动率 $\varepsilon = 0.01$，由式（6-11）得大带轮基准直径

$$d_{d2} = i_{12}(1-\varepsilon)d_{d1} = 3.6 \times (1-0.01) \times 100\text{mm} = 356.4\text{mm}$$

查表 6-7 取 $d_{d2} = 355\text{mm}$

带式输送机实际转速 n_2 为

$$n_2 = \frac{n_1 d_{d1}(1-\varepsilon)}{d_{d2}} = \frac{1440\text{r/min} \times 100\text{mm} \times (1-\varepsilon)}{355\text{mm}} = 401.6\text{r/min}$$

$$\Delta i = \left| \frac{400\text{r/min} - 401.6\text{r/min}}{400\text{r/min}} \right| \times 100\% = 0.4\% < 5\%$$

所以合适。

2）验算带速 v。

根据式（6-12）得

$$v = \frac{\pi d_{d1} n_1}{60 \times 1000} = \frac{\pi \times 100 \times 1440}{60 \times 1000}\text{m/s} = 7.54\text{m/s}$$

在 5～25m/s 范围内，故合适。

3. 确定中心距 a 和带的基准长度 L_d，验算小轮包角 α_1

1）初定中心距 a_0。

根据式(6-13)$0.7(d_{d1}+d_{d2}) \leqslant a_0 \leqslant 2(d_{d1}+d_{d2})$得

$$0.7(100+355)\text{mm} \leqslant a_0 \leqslant 2(100+355)\text{mm}$$

所以 $$318.5\text{mm} \leqslant a_0 \leqslant 910\text{mm}$$

取 $a_0 = 450\text{mm}$

2）初算带长 L_0，选择带基准长度 L_d。

由式（6-14）得

$$L_0 = 2a_0 + \frac{\pi}{2}(d_{d1}+d_{d2}) + \frac{(d_{d2}-d_{d1})^2}{4a_0}$$

$$= 2 \times 450\text{mm} + \frac{\pi}{2}(100+355)\text{mm} + \frac{(355-100)^2}{4 \times 450}\text{mm} = 1651\text{mm}$$

查表 6-2，取 $L_{\mathrm{d}}=1640\mathrm{mm}$

3）计算中心距 a。

由式（6-15）得

$$a\approx a_0+\frac{L_{\mathrm{d}}-L_0}{2}=450\mathrm{mm}+\frac{1640\mathrm{mm}-1651\mathrm{mm}}{2}=445\mathrm{mm}$$

考虑带的安装和张紧需要，由式（6-16）计算中心距的调整范围。

$$a_{\min}=a-0.015L_{\mathrm{d}}=445-0.015\times1640\mathrm{mm}=420\mathrm{mm}$$

$$a_{\max}=a+0.03L_{\mathrm{d}}=445+0.03\times1640\mathrm{mm}=494\mathrm{mm}$$

4）验算小轮包角 α_1。

由式（6-17）得

$$\alpha_1=180°-\frac{d_{\mathrm{d2}}-d_{\mathrm{d1}}}{445}\times57.3°=180°-\frac{355-100}{445}\times57.3°=147.2°>120°$$

所以小轮包角 α_1 合适。

4. 确定 V 带根数 z

根据 $d_{\mathrm{d1}}=100\mathrm{mm}$，$n_1=1440\mathrm{r/min}$，A 型普通 V 带，查图 6-10c 得 $P_0=1.32\mathrm{kW}$。

根据 $n_1=1440\mathrm{r/min}$，$i=3.6$，A 型普通 V 带，查图 6-10c 得 $\Delta P_0=0.17\mathrm{kW}$。

根据 $\alpha_1=147.2°$，查表 6-4 用插值法，得 $K_\alpha=0.92$。

根据 $L_{\mathrm{d}}=1640\mathrm{mm}$，A 型普通 V 带，查表 6-5 得 $K_L=0.99$。

由式（6-18）得

$$z\geqslant\frac{P_{\mathrm{c}}}{(P_0+\Delta P_0)K_\alpha K_L}=\frac{4.8}{(1.32+0.17)\times0.92\times0.99}=3.54$$

取 $z=4$ 根

5. 计算单根 V 带的初拉力 F_0

查表 6-1 得 A 型普通 V 带 $q=0.105\mathrm{kg/m}$。

由式（6-19）得

$$\begin{aligned}F_0&=500\frac{P_{\mathrm{c}}}{zv}\left(\frac{2.5}{K_\alpha}-1\right)+qv^2\\&=500\times\frac{4.8}{7.54\times4}\left(\frac{2.5}{0.92}-1\right)\mathrm{N}+0.105\times7.54^2\mathrm{N}=142.63\mathrm{N}\end{aligned}$$

6. 计算带传动作用于轴上的压力 F_{Q}

由式（6-20）得

$$F_{\mathrm{Q}}=2zF_0\sin\frac{\alpha_1}{2}=2\times4\times142.63\times\sin\frac{147.2}{2}\mathrm{N}=1095\mathrm{N}$$

7. 设计 V 带轮，画出带轮工作图（图 6-19）

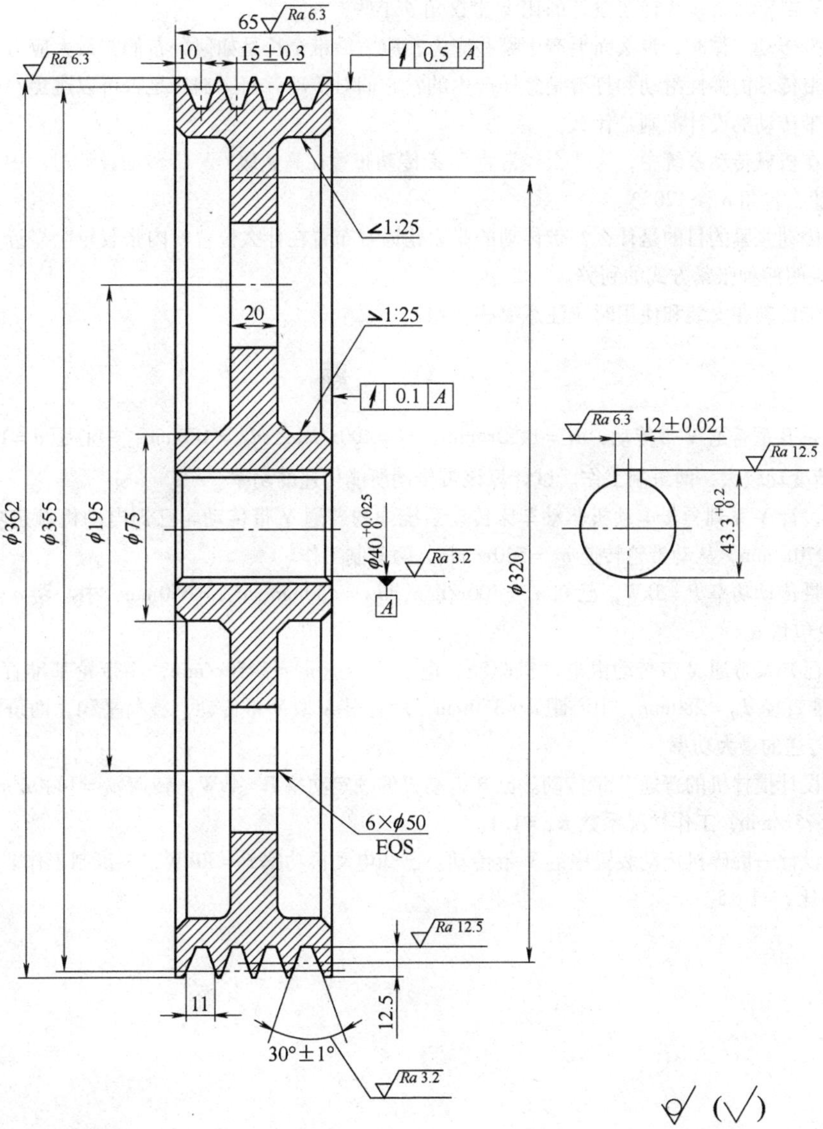

技术要求

1.槽轮工作面不应有砂眼、气孔。

2.各轮槽间距的积累误差不得超过±0.8mm，任意两槽的基准直径差不得大于0.4mm。

带轮			比例	数量	材料	图号
				1	HT150	
制图			单位名称			
审核						

图6-19　带轮工作图

思　考　题

6-1　试述带传动的类型有哪些？各有何特点？

6-2　在相同条件下，为何V带的传动能力要大于平带？

6-3　V带轮槽角 φ 为何要设计的比V带楔角 θ 小些？

6-4　带传动工作时，带截面上产生哪些应力？应力沿带全长是如何分布的？最大应力在何处？

6-5　带传动的弹性滑动和打滑是怎样产生的？它们对传动有何影响？是否可以避免？

6-6　带传动的设计准则是什么？

6-7　在机械传动系统中，为什么经常将V带传动布置在高速级？V带传动设计过程中，为什么要控制带速？为什么包角 $\alpha_1 \geqslant 120°$？

6-8　传动张紧的目的是什么？带传动的张紧轮通常布置在什么位置？内张紧轮应靠近大带轮还是小带轮？分析说明两种张紧方式的利弊。

6-9　带传动在安装和使用时应注意哪些问题？

习　　题

6-1　一B型普通V带传动，$n_1 = 1450\text{r/min}$，$n_2 = 400\text{r/min}$，$d_{d1} = 180\text{mm}$，中心距 $a = 1600\text{mm}$，带根数 $z = 2$，载荷变动较大，两班制工作。试计算该带传动所能传递的功率。

6-2　设计Y系列异步电动机驱动车床传动系统中的普通V带传动。已知电动机额定功率 $P = 7.5\text{kW}$，转速 $n_1 = 970\text{r/min}$，从动带轮转速 $n_2 = 540\text{r/min}$，两班制工作。

6-3　带传动功率 $P = 5\text{kW}$，已知 $n_1 = 400\text{r/min}$，$d_{d1} = 450\text{mm}$，$d_{d2} = 650\text{mm}$，中心距 $a = 1500\text{mm}$，求带速 v、小轮包角 α_1。

6-4　已知某普通V带传动由电动机驱动，电动机转速 $n_1 = 1450\text{r/min}$，小带轮基准直径 $d_{d1} = 100\text{mm}$，大带轮基准直径 $d_{d2} = 280\text{mm}$，中心距 $a \approx 350\text{mm}$，用2根A型V带传动，载荷平稳，两班制工作，试求此传动所能传递的最大功率。

6-5　设计搅拌机的普通V带传动。已知电动机的额定功率 $P = 4\text{kW}$，转速 $n_1 = 1440\text{r/min}$，要求从动轮转速 $n_2 = 575\text{r/min}$，工作情况系数 $K_A = 1.1$。

6-6　设计一磨碎机传动装置中的V带传动。已知电动机功率 $P = 30\text{kW}$，三班制工作。转速 $n_1 = 1470\text{r/min}$，传动比 $i \approx 1.15$。

第7章 链 传 动

任务描述

设计链式输送机的滚子链传动。

任务分析

首先需掌握链传动的类型和特点，链的结构、型号和长度，链轮的结构、材料，链传动的失效形式和设计准则，链传动的设计步骤，链传动的布置、张紧和润滑等知识，才能正确设计链传动。

相关知识

7.1 链传动的类型、特点和应用

7.1.1 链传动的工作原理和类型

如图7-1所示，链传动由主动链轮1、从动链轮2和绕在链轮上的链条3及机架组成。工作时，通过链条与链轮轮齿的啮合来传递运动和动力。

根据用途的不同，链传动分为传动链、起重链和牵引链。传动链用于传递运动和动力；起重链用于起重机械中提升重物；牵引链用于链式输送机中移动重物。传动链又分为齿形链（图7-2）和滚子链（图7-3）两种。齿形链运动较平稳，噪声小，但制造成本高、重量大，适用于高速、运动精度要求较高的传动中。滚子链成本低廉，应用广泛，一般的传动均采用滚子链传动。

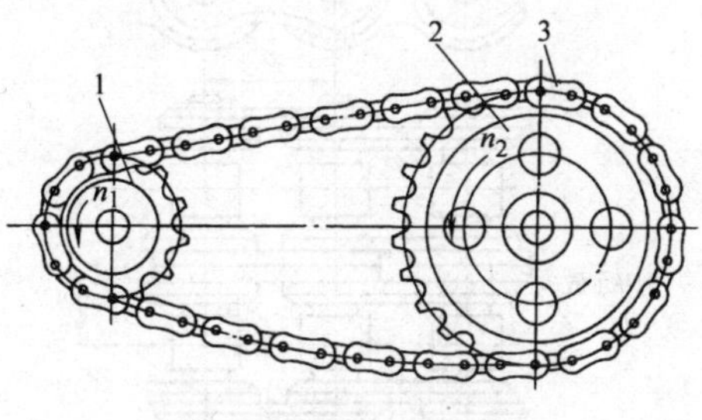

图7-1 链传动的工作原理

1—主动链轮 2—从动链轮 3—链条

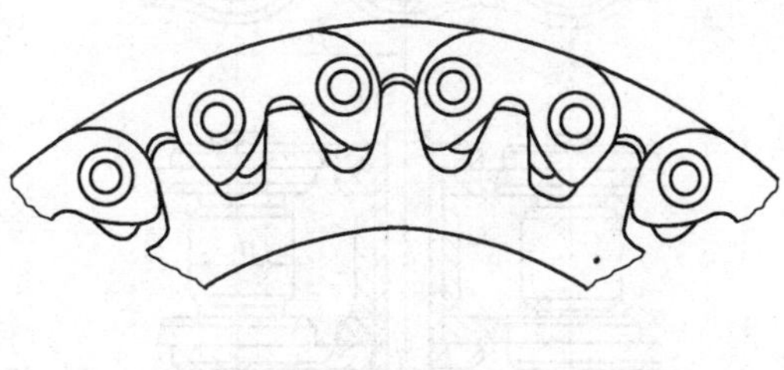
图7-2 齿形链

7.1.2 链传动的特点

与带传动相比，链传动主要有以下特点：

1）无弹性滑动和打滑现象，故平均传动比准确，传动效率较高。

2）传递功率较大，低速时能传递较大圆周力。

3）不需太大张紧力，对轴的压力较小。

4）可在恶劣环境中（如，温度较高、雨淋、日晒等）使用。

与齿轮传动相比，链传动的特点如下：

1）结构简单，加工成本低，安装精度要求低。

2）适用于较大中心距的传动。

3）能在高温、多尘、油污等恶劣的环境中工作。

但链传动瞬时传动比不恒定，传动时平稳性差，噪声较大，磨损后易发生跳齿，不宜用于高速和急速反向的场合。

7.1.3　链传动的应用

链传动适用于两轴线平行且距离较远，对瞬时传动比无严格要求以及工作环境恶劣的场合。目前在矿山机械、运输机械、石油化工机械及农用运输机械中得到广泛的应用。链传动适用的工作参数一般为：链速 $v \leqslant 15\text{m/s}$，传动比 $i \leqslant 7$，传递功率 $P \leqslant 100\text{kW}$，效率 $\eta = 0.92 \sim 0.97$。

7.2　滚子链和链轮

7.2.1　滚子链的组成

滚子链是由内链板 1、套筒 2、销轴 3、外链板 4 及滚子 5 组成，如图 7-3 所示。销轴与外链板、套筒与内链板均为过盈配合；套筒与销轴、滚子与套筒为间隙配合，可自由转动。链条与链轮啮合时，滚子沿链轮齿廓滚动，可减轻链与链轮轮齿的磨损。

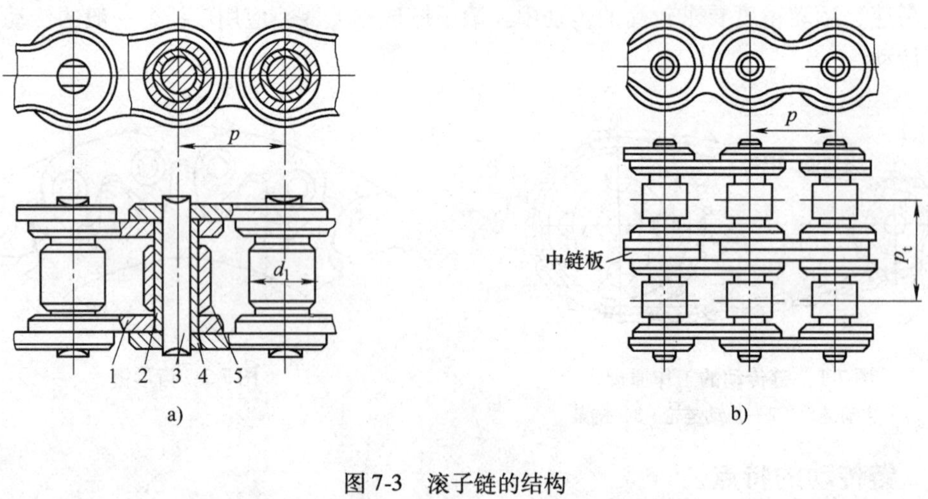

图 7-3　滚子链的结构

1—内链板　2—套筒　3—销轴　4—外链板　5—滚子

滚子链已经标准化，由专业工厂生产，滚子链主要参数如图7-3a所示。链条上相邻两销轴中心的距离p称为节距，它是链条的主要参数。链条长度常用节数表示。当传递较大的动力时，可采用双排链（图7-3b）或多排链。但多排链制造比较困难，装配产生的误差易产生受载不均现象。

滚子链使用时为封闭环形，链节数为偶数时，形成环状的接头处正好是内外链板相接，链节接头可用开口销或弹性锁片固定，如图7-4a所示；链节数为奇数时，需用过渡链节，才能构成环状，如图7-4b所示。过渡链节的弯链板工作时会受到附加弯曲应力，故应尽量不用。

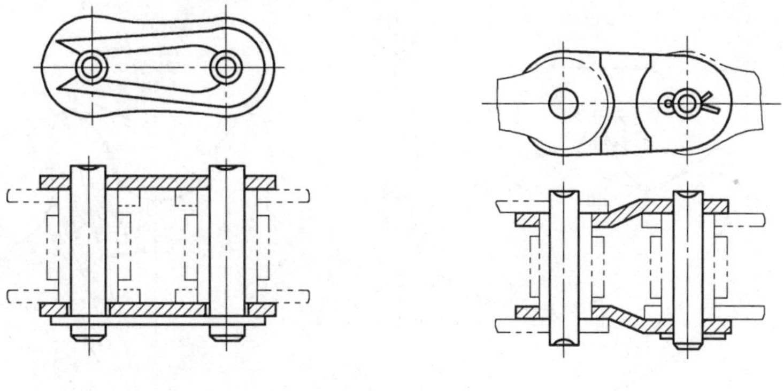

a) b)

图7-4 套筒滚子链的接头形式

7.2.2 滚子链的标准

我国使用的滚子链的标准为GB/T 1243—2006，分为A、B两个系列，其中A系列供设计用，主要参数见表7-1，B系列主要供维修用。

滚子链的标记为：链号—排数×链节数 国家标准号。如12A—1×124 GB/T 1243—2006，表示12A型链，节距19.05mm，单排，链节数124节。

表7-1 A系列滚子链的基本参数和尺寸（GB/T 1243—2006）

链号	节距p/mm	排距p_1/mm	滚子外径d_1'/mm	内链节内宽b_1/mm	销轴直径d_2/mm	内链板高度h_2/mm	极限拉伸载荷（单排）F_Q/N	每米质量（单排）q/（kg/m）
08A	12.70	14.38	7.95	7.85	3.96	12.07	13800	0.60
10A	15.875	18.11	10.16	9.40	5.08	15.09	21800	1.00
12A	19.05	22.78	11.91	12.57	5.94	18.08	31100	1.50
16A	25.40	29.29	15.88	15.75	7.92	24.13	55600	2.60
20A	31.75	35.76	19.05	18.90	9.53	30.18	86700	3.80
24A	38.10	45.44	22.23	25.22	11.10	36.20	124600	5.60
28A	44.45	48.87	25.40	25.22	12.70	42.24	169000	7.50
32A	50.80	58.55	28.58	31.55	14.27	48.26	222400	10.10
40A	63.50	71.55	39.68	37.85	19.84	60.33	347000	16.10
48A	76.20	87.83	47.63	47.35	23.80	72.39	500400	22.60

7.2.3 链轮齿形、结构和材料

1. 链轮的齿形

链轮的齿形应保证链轮与链条接触良好、受力均匀，链节能顺利地进入和退出与轮齿的啮合，不易脱链，且应该形状简单，便于加工。因此，国标中规定齿形有两种形式：二圆弧齿形，轮齿齿廓曲线由 r_i 和 r_e 两段圆弧组成，如图 7-5a 所示；三圆弧一直线齿形，轮齿齿廓曲线由 *aa*、*ab*、*cd* 和直线 *bc* 组成，*abcd* 为齿廓工作段，如图 7-5b 所示。常用的为三圆弧一直线齿形，齿槽各部分尺寸的计算公式见表 7-2。

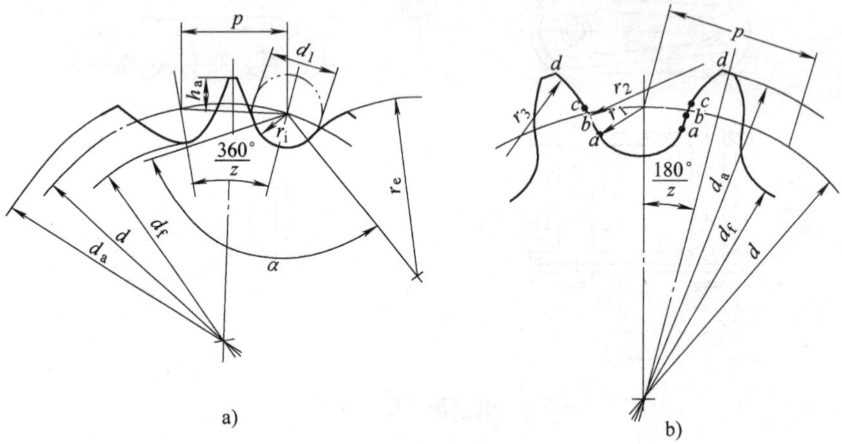

图 7-5 链轮的齿形

表 7-2 滚子链链轮的齿槽尺寸计算公式

名称	代 号	计算公式	
		最大齿槽形状	最小齿槽形状
齿面圆弧半径/mm	r_e	$r_{emin}=0.008d_1\ (z^2+180)$	$r_{emax}=0.12d_1\ (z+2)$
齿沟圆弧半径/mm	r_i	$r_{imax}=0.505d_1+0.069\sqrt[3]{d_1}$	$r_{imin}=0.505d_1$
齿沟角/°	α	$\alpha_{min}=120°-\dfrac{90°}{z}$	$\alpha_{max}=140°-\dfrac{90°}{z}$

链轮的主要参数为齿数 z、节距 p 和分度圆直径 d。链轮的分度圆是指链轮上销轴中心所处的被链条节距等分的圆周，其直径为

$$d=\frac{p}{\sin\dfrac{180°}{z}} \tag{7-1}$$

链轮的齿槽一般用标准刀具加工，所以在工作图上不必绘出链轮的端面齿形，只需注明按 GB/T 1243—2006 加工和检验即可。

表7-3 滚子链链轮的主要尺寸

名 称	代 号	计算公式	备 注
分度圆直径	d	$d=p/\sin\dfrac{180°}{z}$	
齿顶圆直径	d_a	$d_{amax}=d+1.25p-d_1$ $d_{amin}=d+\left(1-\dfrac{1.6}{z}\right)p-d_1$	可在 d_{amax}、d_{amin} 范围内任意选取，但选用 d_{amax} 时，应考虑采用展成法加工时有发生顶切的可能性
分度圆弦齿高	h_a	$h_{amax}=\left(0.625+\dfrac{0.8}{z}\right)p-0.5d_1$ $h_{amin}=0.5\ (p-d_1)$	h_a 是为简化放大齿形图的绘制而引入的辅助尺寸（图7-6） h_{amax} 相应于 d_{amax} h_{amin} 相应于 d_{amin}
齿根圆直径	d_f	$d_f=d-d_1$	

2. 链轮的结构

链轮的结构如图7-6所示，小直径链轮可制成实心式（图7-6a），中等直径可制成孔板式（图7-6b），直径较大时可用焊接结构（图7-6c）或组合式结构（图7-6d）。滚子链链轮的主要尺寸见表7-3。

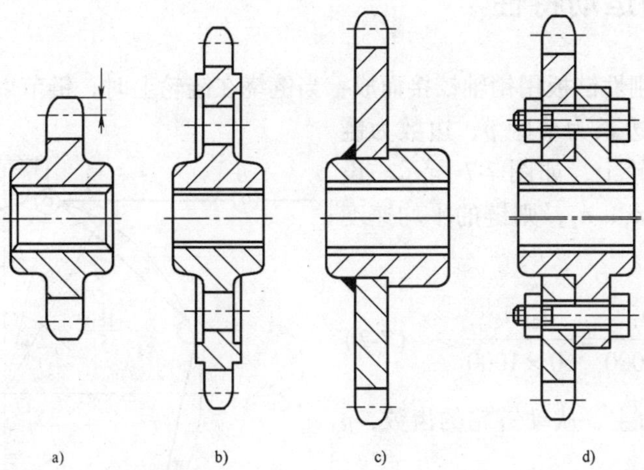

图7-6 链轮的结构

a）实心式 b）孔板式 c）焊接结构 d）组合式结构

3. 链轮的材料

链轮材料应有足够的疲劳强度、耐磨性、耐冲击性和耐蚀性，故链轮材料多采用中碳钢和中碳合金钢，如45、40Cr、35SiMn等，经淬火处理，硬度达到40～50HRC；高速、重载时采用低碳钢、低碳合金钢，如15、20、15Cr、20Cr，经表面渗碳淬火，其硬度达到55～60HRC；低速、轻载、齿数较多的从动轮也可采用铸铁制造。

工作时因小轮啮合次数远远多于大轮的啮合次数，易于损坏，故小轮的材料应比大轮的要好一些。

链轮常用材料和应用范围见表 7-4。

表 7-4　链轮常用材料和应用范围

材　料	热　处　理	热处理后硬度	应 用 范 围
15、20	渗碳、淬火、回火	50～60HRC	$z \leqslant 25$，有冲击载荷的主、从动链轮
35	正火	160～200HBW	在正常工作条件下，齿数较多（$z>25$）的不重要链轮
45、50、45Mn、ZG310—570	淬火、回火	40～50HRC	无剧烈冲击及振动、要求耐磨的链轮
15Cr、20Cr	渗碳、淬火、回火	55～60HRC	有动载荷及传递较大功率的重要链轮（$z<30$）
35SiMn、40Cr、35CrMo	淬火、回火	40～50HRC	要求强度较高和耐磨的重要链轮
Q235A、Q275	焊接后退火	140HBW	中、低速，传递载荷不大，尺寸较大的链轮
灰铸铁（不低于 HT200）	淬火、回火	260～280HBW	$z_2>60$ 的强度要求一般的从动链轮
夹布胶木	—	—	载荷不大，速度较高，要求传动平稳和噪声小的链轮

7.3　链传动的运动特性

由于链条是由刚性链板用销轴铰接而成，当链绕在链轮上时，链节以折线形状绕在链轮上，相当于链绕在边长为节距 p、边数为链轮齿数 z 的多边形轮上，如图 7-7 所示。设两轮的转速分别为 n_1、n_2，则链的平均速度为

$$v=\frac{z_1pn_1}{60\times1000}=\frac{z_2pn_2}{60\times1000} \tag{7-2}$$

式中，z_1、z_2 分别为主、从动链轮的齿数，p 为链节距。

由上式可得链传动的传动比为

$$i=\frac{n_1}{n_2}=\frac{z_2}{z_1}=\text{常数} \tag{7-3}$$

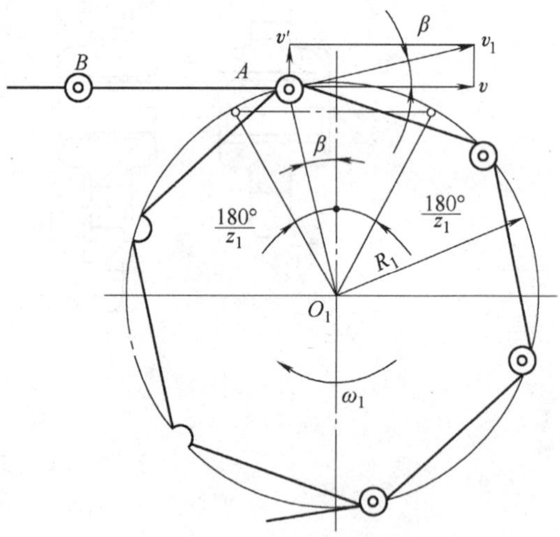

图 7-7　链传动的速度分析

由式（7-2）求得的链速是平均值，因此由式（7-3）求得的链传动比也是平均值。实际上链速和链传动比在每一瞬时都是变化的，而且是按每一链节的啮合作周期性变化。

如图 7-7 所示，设链条的上边始终处于水平位置，铰链 A 已进入啮合。主动轮以角速度 ω_1 回转，其圆周速度 $v_1=\dfrac{d_1\omega_1}{2}$，将其分解为沿链条前进方向的分速度 v 和垂直方向的分速

度 v'，则

$$\begin{cases} v = v_1\cos\beta = \dfrac{d_1\omega_1}{2}\cos\beta \\ v' = v_1\sin\beta = \dfrac{d_1\omega_1}{2}\sin\beta \end{cases} \tag{7-4}$$

式中，β 为主动轮上铰链 A 的圆周速度方向与链条前进方向所夹的锐角。每一链节啮入链轮后，在随链轮的转动沿圆周方向送进一个链节的过程中，每一铰链转过$\dfrac{360°}{z_1}$。当铰链中心转至链轮的竖直位置时，其链速达最大值

$$v_{\max} = v_1 = \frac{d_1\omega_1}{2}$$

当链板中点转至竖直位置时，链速为最小值

$$v_{\min} = v_1\cos\frac{180°}{z_1} = \frac{d_1\omega_1}{2}\cos\frac{180°}{z_1}$$

可见链轮每送进一个链节，其链速由最小到最大再到最小，作周期性变化。这种由于链条绕在链轮上形成多边形啮合传动而引起传动速度不均匀的现象，称为多边形效应。链轮的齿数越多，$\dfrac{180°}{z_1}$越小，$v_{\max}$、$v_{\min}$ 相差越少，多边形效应相应越弱。此外，链条在垂直方向上的分速度 v' 也作周期性变化，使链条上、下抖动。

同理，从动轮的角速度 ω_2 也是变化的，所以链速和链传动瞬时传动比也是变化的。链传动工作时会产生振动、冲击，引起附加动载荷，因此不宜用于高速传动。

7.4 滚子链传动的设计计算

7.4.1 链传动的失效形式

链传动的主要失效形式是链条失效，常见失效形式包括以下几种。

1. 链板疲劳破坏

由于链条紧边和松边拉力不等，工作时应力是循环的，所以链板常见的失效形式是疲劳破坏，所以链板的疲劳强度是决定链传动承载能力的主要因素。

2. 滚子和套筒的冲击疲劳破坏

链传动在反复起动、制动或反转时产生巨大的惯性冲击，会使滚子和套筒发生冲击疲劳破坏。

3. 链条铰链磨损

链的各元件在工作过程中都会有不同程度的磨损，但主要磨损发生在铰链的销轴与套筒的承压面上。磨损使链条的节距增加，容易产生跳齿和脱链。一般开式传动时极易产生磨损。

4. 链条铰链的胶合

当链轮转速达到一定值时，链节啮入时受到的冲击能量增大，工作表面的温度过高，销

轴和套筒间的润滑油膜被破坏而产生胶合。胶合限制了链传动的极限转速。

5. 静力拉断

在低速、重载或严重过载的场合，当载荷超过链条的静力强度时导致链条被拉断。

7.4.2　链传动的设计准则

中、低速链传动（$v>0.6\text{m/s}$）其主要失效形式是疲劳破坏，所以设计准则为链具有一定的疲劳强度。为了方便设计，假设实验测定满足：①两链轮轴水平安装，两链轮共面；②小轮齿数 $z_1=19$；③传动比 $i=3$；④中心距 $a_0=40p$；⑤载荷平稳；⑥单排链；⑦工作寿命为15000h；⑧按推荐的润滑方式润滑等条件下，不同规格链条所能传递的功率称为额定功率 P_0。常用几种型号链的额定功率如图 7-8 所示。

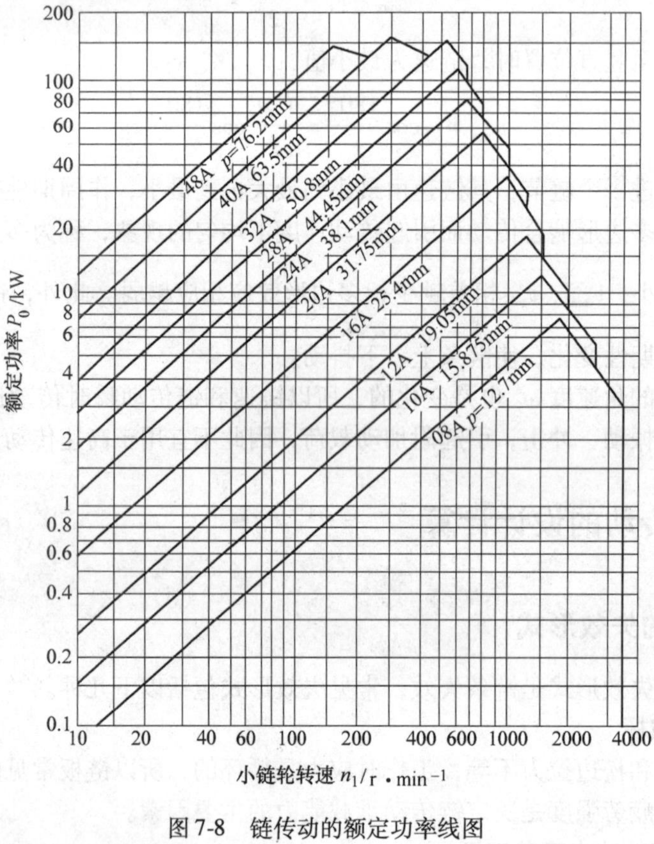

图 7-8　链传动的额定功率线图

当链传动的实际工作条件和实验的特定条件不相符时，应对额定功率 P_0 值进行修正。修正后得到链传动在实际条件下所能传递的功率，称为许用功率，用 $[P_0]$ 表示。

$$[P_0]=P_0K_zK_iK_aK_{pt} \tag{7-5}$$

式中，K_z 为链轮齿数系数，当小轮齿数 $z_1\neq19$ 时，应按表 7-5 进行修正。K_i 为传动比系数，当 $i\neq3$ 时，应按表 7-6 进行修正。K_a 为中心距系数，当 $a_0\neq40p$ 时，应按表 7-7 进行修正。K_{pt}为链排数系数，当排数不为单排时，应按表 7-8 进行修正。

表 7-5 小轮齿数系数

z_1	9	11	13	15	17	19	21	23	25	27	29	31	33	35	37
K_z	0.446	0.555	0.667	0.775	0.893	1.00	1.12	1.23	1.35	1.46	1.58	1.70	1.81	1.94	2.12

表 7-6 传动比系数

i	1	2	3	5	≥7
K_i	0.82	0.925	1.00	1.09	1.15

表 7-7 中心距系数

a	$20p$	$40p$	$80p$	$160p$
K_a	0.87	1.00	1.18	1.45

表 7-8 链排数系数

排数	1	2	3	4	5	6
K_{pt}	1.0	1.7	2.5	3.3	4.1	5.0

7.4.3 设计的已知条件和设计内容

链传动的设计一般已知传动的用途和工作条件、原动机的种类、传递的功率 P、主动链轮转速 n_1、从动链轮转速 n_2（或传动比 i）等。

链传动的设计内容包括：选择链轮的齿数，确定链节数、链型号，确定链轮的材料、结构，确定润滑方式，确定链轮轴的压力。

7.4.4 链传动的设计步骤

1. 选择链轮的齿数

为保证传动平稳，减少冲击和动载荷，小链轮齿数 z_1 不宜过小（一般应大于 17），通常可按表 7-9 选取。大链轮齿数 $z_2=z_1 i$，z_2 不宜过多，齿数过多除了会增大传动的尺寸和重量外，还会出现跳齿和脱链等现象，通常 $z_2<120$。

表 7-9 小链轮齿数

链速 v/（m/s）	0.6～3	3～8	>8
z_1	≥17	≥21	≥35

由于链节数常取偶数，为使链条与链轮的轮齿磨损均匀，链轮齿数一般应取与链节数互为质数的奇数。

滚子链的传动比 $i\left(i=\dfrac{z_2}{z_1}\right)$不宜大于 7，一般推荐 $i=2\sim3.5$，只有在低速时 i 才可取大些。i 过大，链条在小链轮上的包角减小，啮合的轮齿数减少，从而加速轮齿的磨损。

2. 确定链节数

如果中心距过小，则链条在小链轮上的包角较小，啮合的齿数少，会导致磨损加剧，且易产生跳齿和脱链等现象，而且链条绕转的次数多、疲劳磨损增加，链条寿命降低。中心距

过大，传动外廓尺寸大，链条松边的垂度大，易发生抖动。所以链传动的中心距一般为

$$a = 30 \sim 50p \tag{7-6}$$

链节数 L_p 按下式计算

$$L_p = \frac{L}{p} = 2\frac{a}{p} + \frac{z_1 + z_2}{2} + \left(\frac{z_2 - z_1}{2\pi}\right)^2 \frac{p}{a} \tag{7-7}$$

计算出的链节数应圆整为偶数。

实际中心距计算公式为

$$a = \frac{p}{4}\left[\left(L_p - \frac{z_1 + z_2}{2}\right) + \sqrt{\left(L_p - \frac{z_1 + z_2}{2}\right)^2 - 8\left(\frac{z_2 - z_1}{2\pi}\right)^2}\right] \tag{7-8}$$

3. 确定链的型号

链节距越大，则链的零件尺寸越大，承载能力越强，但传动时的不平稳性、动载荷和噪声也越大。链的排数越多，则其承载能力增强，传动的轴向尺寸也越大。因此，选择链条时应在满足承载能力要求的前提下，尽量选用较小节距的单排链，当在高速大功率时，可选用小节距的多排链。

特定条件下链传递的功率

$$P_0 \geqslant \frac{K_A P}{K_z K_i K_a K_{pt}} \tag{7-9}$$

式中，K_A 为工作情况系数，查表 7-10 取值。

表 7-10 链传动工作情况系数

载荷种类	原动机	
	电动机或汽轮机	内燃机
载荷平稳	1.0	1.2
中等冲击	1.3	1.4
较大冲击	1.5	1.7

按照 P_0 和小轮转速 n_1 查额定功率曲线（图 7-8），选择链型号。

4. 验算链速

按式（7-2）计算链速，查表 7-9，确定链速是否与估计相符。

5. 计算实际中心距

按式（7-8）计算实际中心距，若不必精确计算中心距，则 $a \approx 40p$。

6. 确定润滑方式

根据 p、v，查图 7-11 选择润滑方式。

7. 计算轴上的压力

链轮轴上压力计算公式为

$$F' = 1.25F = 1.25 \times \frac{1000P}{v} \tag{7-10}$$

8. 作链轮的工作图

7.5 链传动的布置、张紧和润滑

7.5.1 链传动的布置

链传动的布置、传动的工作状况对使用寿命有较大影响。通常情况下链传动的两轴线应平行，两链轮的回转平面应在同一平面内，否则易引起脱链和非正常磨损。链条应使主动边（紧边）在上，从动边（松边）在下，如图7-9a所示，以免松边垂度过大时链与轮齿相干涉或紧、松边相碰。如果两链轮中心的连线不能布置在水平面上，其与水平面的夹角 φ 应小于45°（见图7-9b）。应尽量避免中心线垂直布置，以防止下链轮啮合不良（图7-9c）。

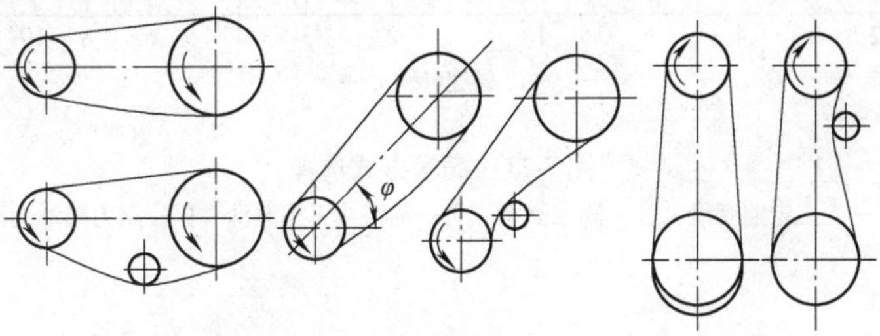

图7-9 链传动的布置
a）水平布置 b）倾斜布置 c）垂直布置

7.5.2 链传动的张紧

链条绕在链轮上应松紧适度。通常用测量松边垂度 f 的办法来控制链的松紧程度，如图7-10所示。

合适的松边垂度为 $f=(0.01\sim0.02)a$。式中，a 为中心距。对于重载、反复起动的链传动，松边垂度应适当减小。

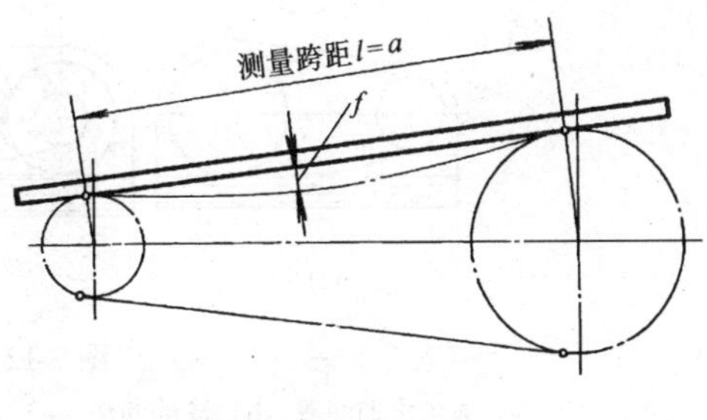

图7-10 垂度测量

传动中，当铰链磨损使长度增大而导致松边垂度过大时，可采取如下张紧措施，以免啮合不良。

1）通过调整中心距，使链张紧。

2）拆除1~2个链节，缩短链长，使链张紧。

3）加张紧轮，使链条张紧。张紧轮一般位于松边的外侧，靠近小链轮处，如图7-9b、c所示，也可以在松边内侧靠近大轮，如图7-9a所示。它可以是链轮，其齿数与小链轮相近，也可以是无齿的锟轮，锟轮直径稍小，并常用夹布胶木制造。

7.5.3 链传动的润滑

链传动的润滑是影响传动工作能力和寿命的重要因素之一，润滑良好可减少铰链磨损。润滑方式可根据链速和链节距的大小由图7-11选择。润滑装置如图7-12所示。润滑油应加于松边，以便润滑油渗入各运动接触面。润滑油一般可采用 L-AN3、L-N46、L-AN68 油等。

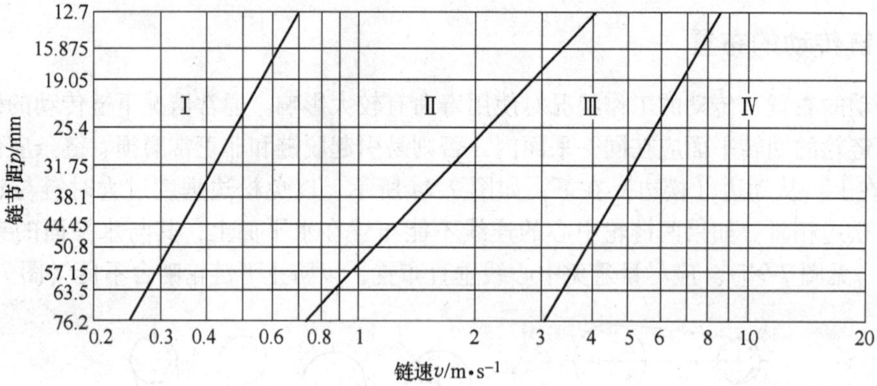

图 7-11　润滑方式选择

Ⅰ—人工定期润滑　Ⅱ—滴油润滑　Ⅲ—油浴或飞溅润滑　Ⅳ—压力喷油润滑

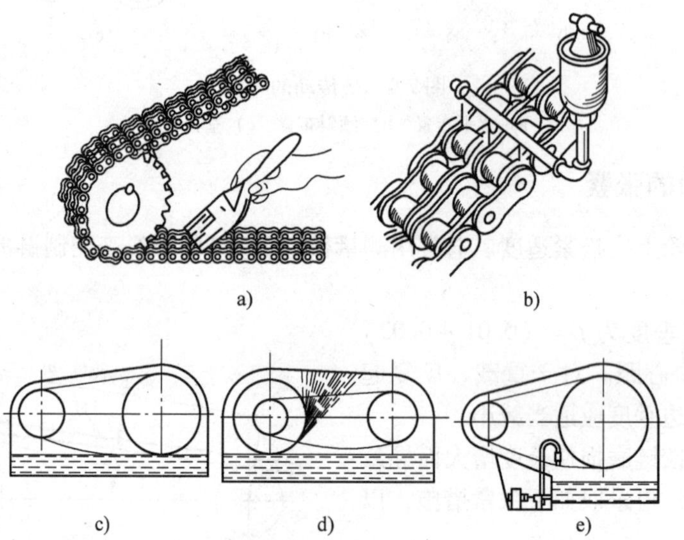

图 7-12　润滑装置

a）人工定期润滑　b）滴油润滑　c）油浴润滑　d）飞溅润滑　e）压力喷油润滑

任务实施

设计一链式输送机的滚子链传动，已知功率 $P=15\text{kW}$，$n_1=970\text{r/min}$，$i=3$，电动机驱动，中等冲击。

设计过程：

1. 选择链轮的齿数 z_1、z_2

假定链速 $v=3\sim8\text{m/s}$，由表 7-9 选择 $z_1=21$，从动链轮齿数 $z_2=z_1i=21\times3=63$。

2. 确定链节数

由式（7-6）

$$a=30\sim50p$$

初定中心距 $a_0=40p$，由式（7-7）得

$$L_{\rm p}=\frac{L}{p}=2\times\frac{a}{p}+\frac{z_1+z_2}{2}+\left(\frac{z_2-z_1}{2\pi}\right)^2\frac{p}{a}$$

$$=2\times\frac{40p}{p}+\frac{21+63}{2}+\left(\frac{63-21}{2\times3.14}\right)^2\frac{p}{40p}=123.12$$

取 $L_{\rm p}=124$

3. 确定链型号

查表7-10得，$K_{\rm A}=1.3$，查表7-5～表7-8得，$K_z=1.12$、$K_i=1$、$K_a=1$、$K_{\rm pt}=1$。

由式（7-9）得

$$P_0\geqslant=\frac{K_{\rm A}P}{K_zK_iK_aK_{\rm pt}}=\frac{1.3\times15{\rm kW}}{1.12\times1\times1\times1}=17.4{\rm kW}$$

根据 $P_0=17.4{\rm kW}$，$n_1=970{\rm r/min}$，查图7-8，选择12A型单排链，由表7-1查得 $p=19.05{\rm mm}$。

4. 验算链速

由式（7-2）得

$$v=\frac{z_1pn_1}{60\times1000}=\frac{21\times19.05\times970}{60\times1000}{\rm m/s}=6.467{\rm m/s}$$

在 $v=3\sim8{\rm m/s}$ 范围内，与估计相符。

5. 计算实际中心距

由式（7-8）得

$$a=\frac{p}{4}\left[\left(L_{\rm P}-\frac{z_1+z_2}{2}\right)+\sqrt{\left(L_{\rm P}-\frac{z_1+z_2}{2}\right)^2-8\left(\frac{z_2-z_1}{2\pi}\right)^2}\right]$$

$$=\frac{19.05}{4}\times\left[\left(124-\frac{21+63}{2}\right)+\sqrt{\left(124-\frac{21+63}{2}\right)^2-8\times\left(\frac{63-21}{2\times3.14}\right)^2}\right]{\rm mm}$$

$$=770{\rm mm}$$

若不必精确计算中心距，则 $a\approx40p=762{\rm mm}$

6. 确定润滑方式

根据 $p=19.05{\rm mm}$，$v=6.467{\rm m/s}$，查图7-11选择油浴或飞溅润滑。

7. 计算轴上的压力

由式（7-10）得

$$F'=1.25F=1.25\times\frac{1000P}{v}=1.25\times\frac{1000\times15}{6.467}{\rm N}=2899{\rm N}$$

8. 作链轮的工作图（图7-13）

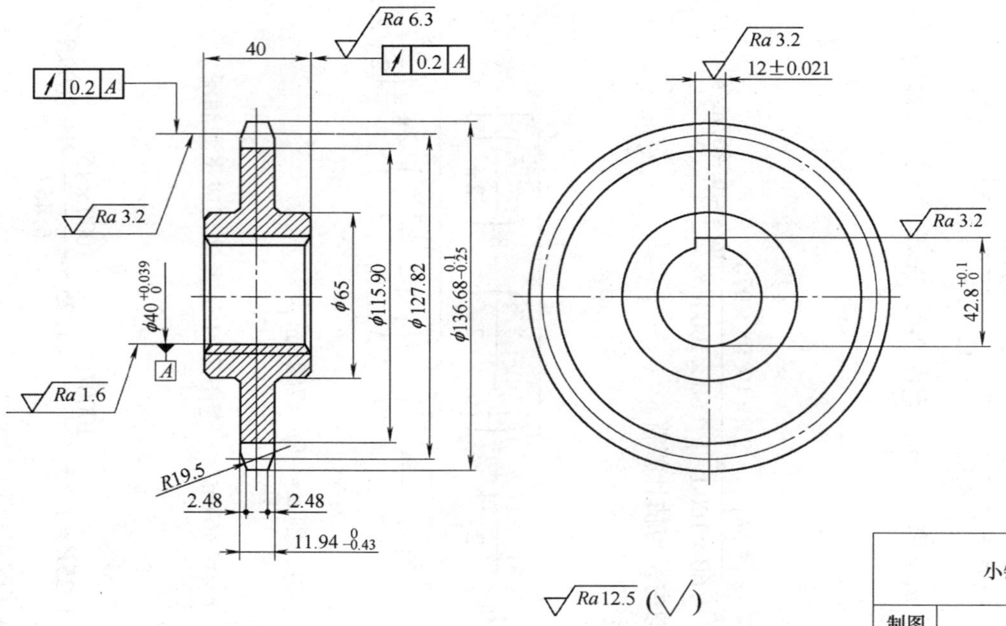

节距	p	19.05
滚子直径	d_1	11.91
齿数	Z	21
量柱测量距	M_R	$139.37^{0}_{-0.25}$
测量直径	d_R	$11.91^{+0.01}_{0}$
齿形		按GB/T 1243—1997 附录B规定的刀具切制

技术要求

1.齿面热处理硬度:45～50HRC。

2.未注圆角R2.5。

小链轮		比例	数量	材料	图号
				45	
制图		(单位名称)			
审核					

图7-13　链轮工作图

思 考 题

7-1 链传动和带传动相比有哪些优缺点？

7-2 当传递功率较大时，可用单排大节距链条，也可用多排小节距链条，这两者各有何特点，各适用于什么场合？

7-3 链传动中，节距 p 增大则传动能力也增大，所以在设计中应尽量取较大的 p 值，这种说法对吗？为什么？

7-4 水平安装的链传动中，紧边宜放在上面还是下面？为什么？

7-5 图7-9中，为什么图示的小链轮旋转方向较合理？

7-6 影响链传动速度不均匀性的主要参数是什么？为什么？

7-7 链传动的主要失效形式有哪几种？

7-8 链传动的设计准则是什么？

7-9 设计链传动时，为减少速度不均匀性，应从哪几个方面考虑？如何合理选择参数？

7-10 链传动的功率曲线是在什么条件下得到的？在实际使用中要进行哪些项目的修正？

习 题

7-1 试设计一链式输送机中的链传动。已知传递功率 $P=20\mathrm{kW}$，主动轮的转速 $n_1=230\mathrm{r/min}$，传动比 $i=3.5$，电动机驱动，三班制，有中等冲击，按推荐方式润滑。

7-2 设计一链传动，已知传递功率 $P=15\mathrm{kW}$，转速 $n_1=960\mathrm{r/min}$，传动比 $i=3.2$，冲击较大，电动机驱动，按推荐方式润滑。

第 8 章　齿 轮 传 动

任务描述

任务一：一对外啮合的标准渐开线直齿圆柱齿轮（正常齿），大齿轮丢失，根据结构和小齿轮尺寸，确定大齿轮尺寸。

任务二：一对外啮合标准渐开线直齿圆柱齿轮（正常齿），磨损严重，用变位齿轮修复。

任务三：设计如图 6-1 所示带式输送机传动装置中的直齿圆柱齿轮传动。

任务四：将图 6-1 中齿轮传动设计为斜齿圆柱齿轮传动。

任务五：设计用于螺旋输送机的直齿锥齿轮传动。

任务分析

首先需掌握齿轮传动的类型和特点、齿轮的齿廓、齿轮的基本参数和几何尺寸计算、齿轮的正确啮合条件、齿轮的加工和根切、变位齿轮传动、齿轮传动的失效形式和设计准则、齿轮传动的设计步骤、斜齿圆柱齿轮传动、直齿锥齿轮传动、齿轮的结构、齿轮传动的精度和效率等知识，才能正确设计齿轮传动。

相关知识

8.1　齿轮传动的类型和特点

8.1.1　齿轮传动的类型

齿轮传动的类型很多，按齿轮轴线的相互位置关系和齿轮形状，齿轮传动可分为图 8-1 所示的类型。

按工作条件，齿轮传动分为闭式齿轮传动和开式齿轮传动。闭式齿轮传动中，齿轮和轴等零件全部封闭于一个刚性箱体内，润滑条件好，重要传动大都采用这种方式，减速器是最常见的闭式齿轮传动；开式齿轮传动中，其轮齿外露，外界灰尘、杂质易进入啮合面间，润滑条件差，轮齿易磨损，只适用于简易机械设备及低速或不重要的工作场合。

按齿廓曲线形状，齿轮可分为渐开线齿轮、摆线齿轮和圆弧齿轮，渐开线齿廓齿轮因其传动的速度和功率范围大，传动效率高，对中心距的敏感性小，互换性好，装配和维修方便，可以进行变位切削，易于进行精密加工，所以应用较广。

8.1.2　齿轮传动的特点

齿轮传动有以下优点。

1）能保证两轮间瞬时传动比恒定，传动平稳，噪声小。

2）传递的圆周速度和功率范围广。

3）可实现两平行、相交和交错轴传动。

4）结构紧凑，传动效率高，寿命长。

同时，齿轮传动也存在一些缺点。

1）制造、安装精度要求较高，维护费用高，成本较高。

2）不宜用于远距离传动。

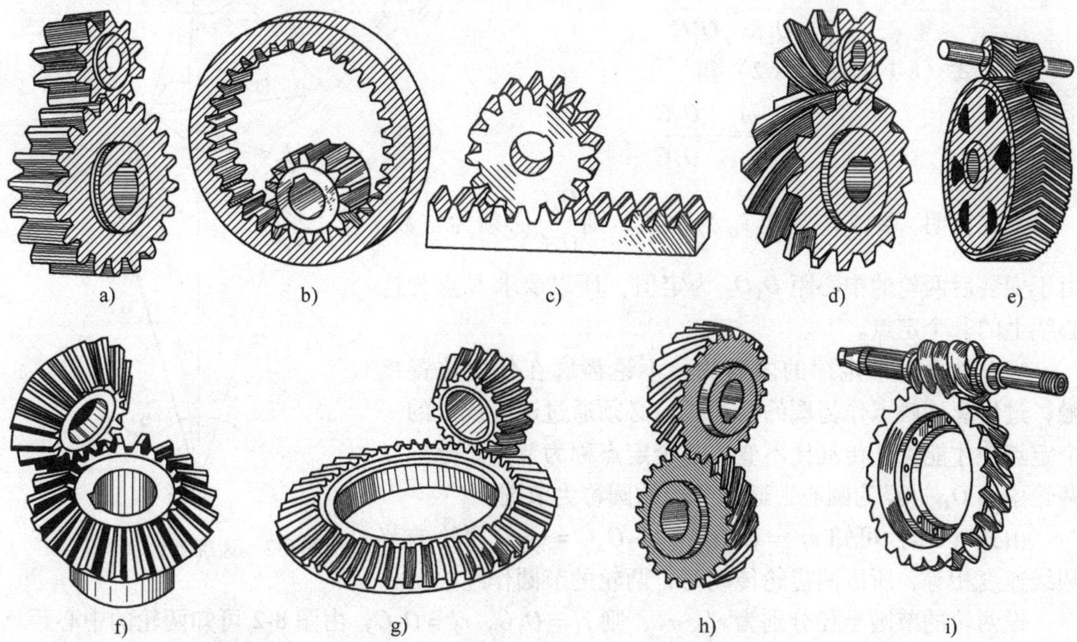

图 8-1　齿轮传动的分类

a）外啮合　b）内啮合　c）齿轮齿条　d）斜齿轮　e）人字齿轮　f）直齿锥齿轮　g）曲线齿锥齿轮　h）交错轴斜齿轮　i）蜗杆传动

8.2　齿廓啮合基本定律

为了保证机构的工作精度和寿命，避免产生惯性力、附加动载荷、振动和噪声，齿轮啮合时主动轮等角速转动，从动轮也应等角速度转动，即主动轮角速度 ω_1 与从动轮角速度 ω_2 的比值 i_{12} 为定值，该比值 $i_{12}=\dfrac{\omega_1}{\omega_2}$ 称为传动比。

如图 8-2 所示两齿廓 E_1、E_2 在任意点 K 相接触，E_1 齿廓上 K_1 点的线速度 $v_{K1}=\omega_1\times O_1K$，方向垂直于 O_1K，E_2 齿廓上 K_2 点的线速度 $v_{K2}=\omega_2\times O_2K$，方向垂直于 O_2K。

过接触点 K 作两齿廓公法线 n-n 与连心线 O_1O_2 交于 C 点。按刚体传动规律，两齿廓沿公法线方向的分速度必相等，否则两齿廓将相互嵌入或分离，故 v_{K1}、v_{K2} 端点 a、b 连线必垂直于两齿廓的公法线 n-n。

过 O_2 作 $O_2Z /\!/ nn$，与 O_1K 的延长线交于 Z 点，因 $ab\perp O_2Z$（$ab\perp nn$，$O_2Z /\!/ nn$），且 $Ka\perp O_2K$（$v_{K2}\perp O_2K$）、$Kb\perp KZ(v_{K1}\perp O_1K)$ 对应边相互垂直，所以 $\Delta abK \backsim \Delta KO_2Z$。

因此
$$\frac{KZ}{O_2K}=\frac{Kb}{Ka}=\frac{v_{K1}}{v_{K2}}=\frac{\omega_1 O_1K}{\omega_2 O_2K}$$

化简得
$$i_{12}=\frac{\omega_1}{\omega_2}=\frac{KZ}{O_1K} \tag{8-1}$$

又因为 $\Delta O_1CK \backsim \Delta O_2O_1Z$（$O_2Z/\!/nn$），所以
$$\frac{KZ}{O_1K}=\frac{O_2C}{O_1C} \tag{8-2}$$

综合式（8-1）、式（8-2）得
$$i_{12}=\frac{\omega_1}{\omega_2}=\frac{O_2C}{O_1C} \tag{8-3}$$

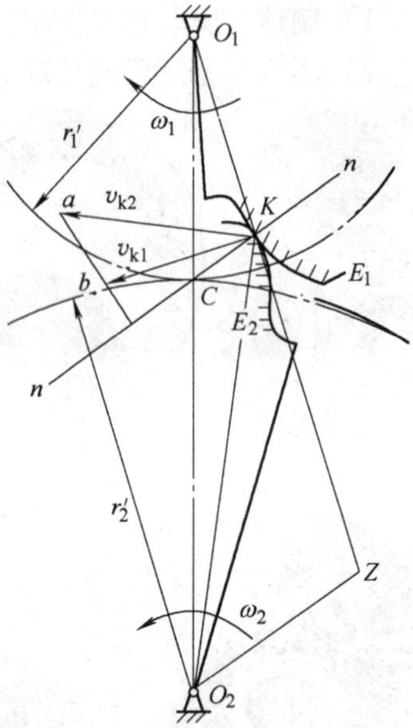

图 8-2 齿廓啮合基本定律

上式表明，要求传动比 i_{12} 为常数，则 $\frac{O_2C}{O_1C}$ 必须为常数，由于安装后两轮的中心距 O_1O_2 为定值，所以要求 C 点为连心线上的一个定点。

齿廓啮合基本定律的内容为：不论齿廓在任何位置接触，过齿廓接触点作齿廓的公法线，必须通过连心线上的一个定点，才能保证传动比不变。这个定点称为节点。分别以两轮中心 O_1、O_2 为圆心，通过节点的圆称为节圆。

由式（8-3）可知 $v_{C1}=\omega_1 O_1C=\omega_2 O_2C=v_{C2}$，两轮的节圆线速度相等，所以两齿轮传动时，两轮的节圆作纯滚动。

设两轮的节圆半径分别为 r_1'、r_2'，则 $r_1'=O_1C$，$r_2'=O_2C$，由图 8-2 可知两轮的中心距
$$a'=r_1'+r_2' \tag{8-4}$$

由于渐开线、摆线和圆弧等曲线能够满足齿廓啮合基本定律，且具有制造简单、安装方便、强度较高等优点，所以常用作齿轮的齿廓曲线，其中最常用的为渐开线齿廓。

8.3 渐开线的形成及其性质

8.3.1 渐开线的形成

如图 8-3 所示，当一直线 CD 在半径为 r_b 的圆周上作纯滚动时，直线上任一点 K 的轨迹 AK 称为该圆的渐开线。此圆称为基圆，r_b 为基圆半径。直线 CD 称为渐开线的发生线。渐开线齿轮的每个轮齿两侧齿廓都是由形状相同、方向相反的两段渐开线组成的。

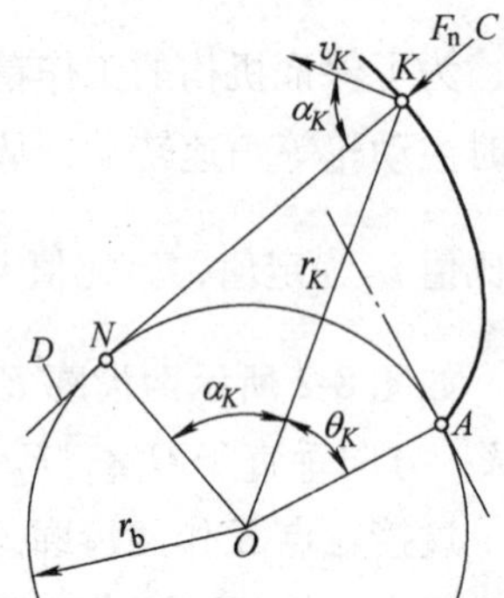

图 8-3 渐开线的形成

8.3.2 渐开线的性质

1）发生线在基圆上滚过的线段长度 $\overline{KN}$ 等于基圆上被滚过的弧长 $\overset{\frown}{AN}$，即 $\overline{KN}=\overset{\frown}{AN}$。

2）发生线在基圆上作纯滚动的瞬间，K 点的轨迹是以 N 为圆心，NK 为半径的极短的圆弧。所以 N 点为渐开线在 K 点的曲率中心，NK 为渐开线在 K 点的曲率半径和在 K 点的法线，同时又是基圆的切线。

3）渐开线的形状取决于基圆，基圆半径越大，渐开线越平直，当基圆半径趋于无穷大时，渐开线转化成一条直线，齿条的齿廓就是这样的特殊渐开线（直线）。

4）渐开线上任意点 K 所受载荷 F_n（方向沿法线 NK）与该点线速度 v_K（方向垂直于 OK）间所夹的锐角，称为渐开线在该点的压力角，用 α_K 表示。

5）基圆内无渐开线。

8.3.3 渐开线齿廓啮合特性

1. 渐开线齿廓满足齿廓啮合基本定律，能保证瞬时传动比恒定

如图 8-4 所示为一对外啮合的渐开线齿轮，当两齿廓在点 K 接触时，过点 K 作两齿廓的公法线，由渐开线的形成及其性质可知：该公法线必与两基圆相切，为两基圆的一条内公切线。同理，随齿轮转动，当齿廓在另一点 K' 接触时，过点 K' 所作的齿廓公法线也必为两基圆的一条内公切线。由此推知，两齿廓在任意点啮合时，其齿廓公法线必为两基圆的内公切线。由于两基圆大小及安装位置固定不变，其同侧内公切线只有一条，所以该公切线（即齿廓公法线）与两轮轴心连线 O_1O_2 的交点 C 必为一定点，即渐开线齿廓满足齿廓啮合基本定律。

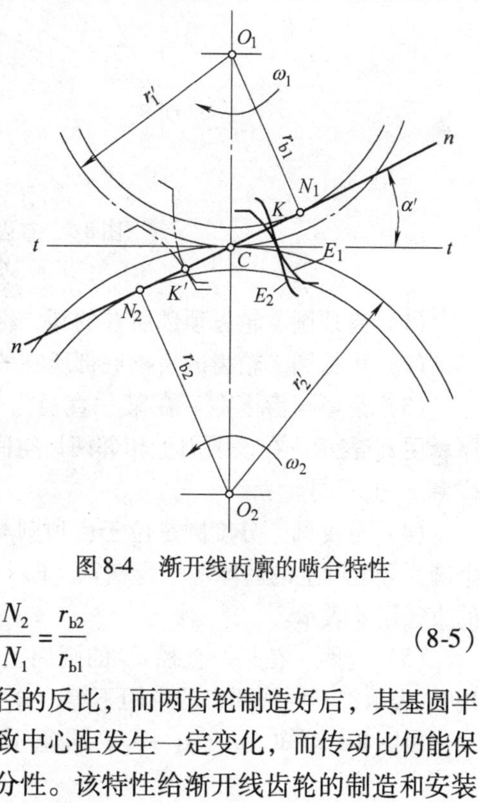

图 8-4 渐开线齿廓的啮合特性

2. 渐开线齿廓具有中心距可分性

如图 8-4 所示，两齿廓公法线 n-n 与两轮基圆切于点 N_1、N_2，由于 $\triangle O_1N_1C \backsim \triangle O_2N_2C$，故传动比

$$i_{12} = \frac{\omega_1}{\omega_2} = \frac{O_2C}{O_1C} = \frac{O_2N_2}{O_1N_1} = \frac{r_{b2}}{r_{b1}} \tag{8-5}$$

由于渐开线齿轮传动的传动比等于两轮基圆半径的反比，而两齿轮制造好后，其基圆半径则固定不变，所以，即使由于安装误差或磨损导致中心距发生一定变化，而传动比仍能保持恒定不变，这一特性称为渐开线齿轮中心距的可分性。该特性给渐开线齿轮的制造和安装带来很大方便。

3. 渐开线齿廓传递的压力方向不变

渐开线齿廓间传力的方向总是沿着两齿廓接触点（即啮合点）的公法线方向。而由渐开线的性质可知，过齿廓任一啮合点作的公法线必与两基圆相切，即为两基圆的内公切线 $\overline{N_1N_2}$。当两轮基圆一定，中心距一定时，两基圆的内公切线 $\overline{N_1N_2}$ 方向是一定的。因此，两渐开线齿廓无论其啮合点在何处，其传递的压力方向始终不变，这一特性使得齿轮传动较平稳。

8.4　渐开线齿轮各部分的名称和几何尺寸

8.4.1　齿轮的各部分的名称和符号

渐开线直齿圆柱齿轮各部位名称和符号如图 8-5 所示。

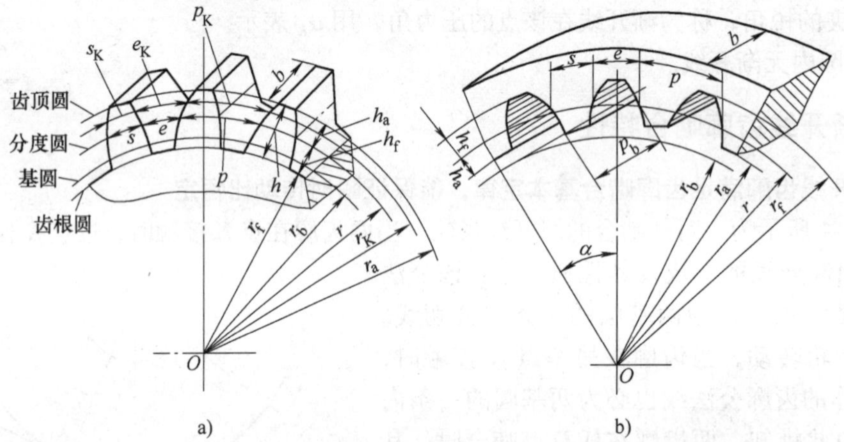

图 8-5　直齿轮各部分的名称和符号

a）外齿轮　b）内齿轮

（1）齿顶圆　轮齿顶部所在的圆，称为齿顶圆，直径用 d_a 表示。

（2）齿根圆　轮齿的齿槽底部所在的圆，称为齿根圆，直径用 d_f 表示。

（3）齿厚与齿槽宽　在某一直径为 d_K 的圆周上，某一轮齿两侧齿廓间的弧长称为齿厚，用 s_K 表示。在该圆周上相邻两齿空间部分的弧长称为齿槽宽，用 e_K 表示。d_K 不同时，s_K 和 e_K 也不同。

（4）分度圆　分度圆是位于齿顶圆与齿根圆之间，用于作为齿轮各部分尺寸基准的一个圆。分度圆上的齿厚等于齿槽宽，即 $s=e$。规定分度圆上的参数一律不加角标。分度圆上的直径用 d 表示。

（5）齿距　在某一直径 d_K 的圆周上，相邻两齿同侧齿廓间的弧长称为该圆上的齿距，用 p_K 表示，不同圆周上的齿距不等，分度圆上的齿距用 p 表示。

由图 8-5 可知，$p_K=s_K+e_K$，同理可知，分度圆上

$$p=s+e \tag{8-6}$$

（6）齿顶高、齿根高、全齿高　轮齿在分度圆与齿顶圆间的部分称为齿顶，其径向高度称为齿顶高，用 h_a 表示；轮齿在分度圆与齿根圆间的部分称为齿根，其径向高度称为齿根高，用 h_f 表示；轮齿在齿顶圆与齿根圆间的径向高度称为全齿高，用 h 表示，则

$$h=h_a+h_f \tag{8-7}$$

8.4.2　标准渐开线直齿圆柱齿轮的基本参数

（1）齿数 z　齿轮轮齿的数目，称为齿数，用 z 表示，其值一定为整数。

（2）模数 m　对于某一齿轮，其分度圆直径 d、齿距 p、齿数 z 间的几何关系为

$$\pi d = zp$$

所以

$$d = \frac{p}{\pi}z$$

于是上式可改写为

$$d = mz \tag{8-8}$$

式中，π 为无理数，为计算、测量方便，规定 p/π 为整数或较完整的有理数，称为模数，用 m 表示。我国规定的标准模数系列见表 8-1。

表 8-1 渐开线圆柱齿轮的标准模数（摘自 GB/T 1357—2008） （单位：mm）

第一系列	1	1.25	1.5	2	2.5	3	4	5	6	8	10	12	16	20	25	32	40	50	
第二系列	1.75	2.25	2.75	(3.25)	3.5	(3.75)	4.5	5.5	(6.5)	7	9	(11)	14	18	22	28	(30)	36	45

模数是反映轮齿形状的重要参数，齿数相同时，模数越大，轮齿越大，其承载能力越高，如图 8-6 所示。

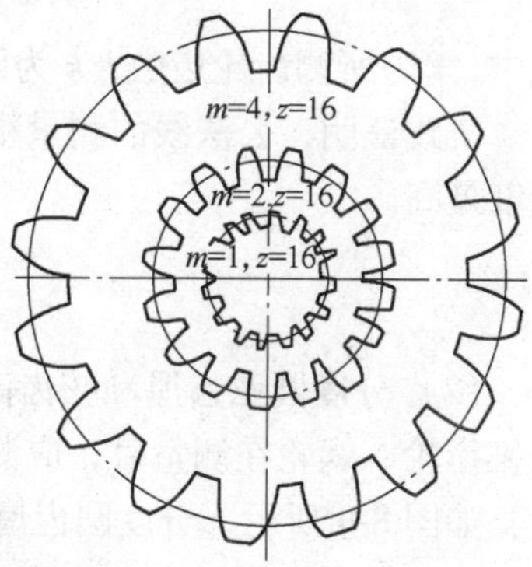

图 8-6 模数对齿轮尺寸的影响

（3）压力角 α 不同圆周上渐开线齿廓的压力角不等，我国规定分度圆的压力角 α 为标准值，$\alpha = 20°$。

（4）齿顶高系数 h_a^* 和顶隙系数 c^* 齿高和模数应成正比，即

$$\begin{cases} h_a = h_a^* m \\ h_f = (h_a^* + c^*)m \end{cases} \tag{8-9}$$

标准规定，正常齿制齿轮，$h_a^* = 1$，$c^* = 0.25$；短齿制齿轮，$h_a^* = 0.8$，$c^* = 0.3$。

8.4.3 标准直齿圆柱齿轮的几何尺寸计算

在分度圆上，m、α、h_a^*、c^* 为标准值，$s = e$ 的直齿圆柱齿轮称为标准直齿圆柱齿轮。其几何尺寸计算公式见表 8-2。

表 8-2 渐开线标准直齿圆柱齿轮几何尺寸计算公式

名 称	符号	外 齿 轮	内 齿 轮
顶隙	c	$c = c^* m$	
齿顶高	h_a	$h_a = h_a^* m$	
齿根高	h_f	$h_f = (h_a^* + c^*)m$	
全齿高	h	$h = h_a + h_f = h_a^* m + (h_a^* + c^*)m = 2h_a^* m + c^* m$	
齿距	p	$p = m\pi$	
齿厚	s	$s = m\pi/2$	
齿槽宽	e	$e = m\pi/2$	
分度圆直径	d	$d = mz$	
基圆直径	d_b	$d_b = d\cos\alpha = mz\cos\alpha$	
齿顶圆直径	d_a	$d_a = d + 2h_a = mz + 2h_a^* m$	$d_a = d - 2h_a = mz - 2h_a^* m$
齿根圆直径	d_f	$d_f = d - 2h_f = mz - 2h_a^* m - 2c^* m$	$d_f = d + 2h_f = mz + 2h_a^* m + 2c^* m$
中心距	a	$a = \frac{1}{2}(d_2 + d_1) = \frac{m}{2}(z_1 + z_2)$	$a = \frac{1}{2}(d_2 - d_1) = \frac{m}{2}(z_2 - z_1)$

齿条各圆均转化为直线，其中分度圆转化为分度线，也称齿条中线，齿条各高度上齿距相等，直线齿廓上各点的压力角均为20°，如图8-7所示。

齿条的几何尺寸包括 h_a、h_f、h、p、s 和 e，计算公式与外齿轮相同。

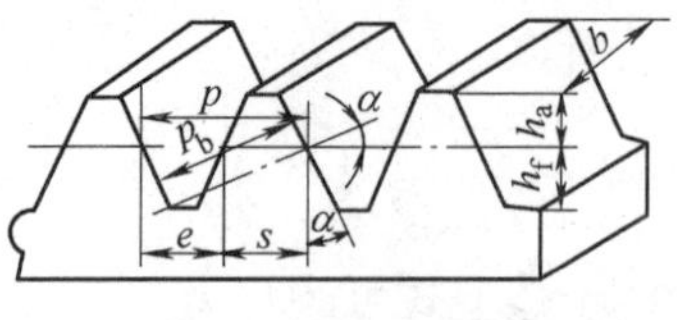

图8-7　齿条

8.4.4　公法线长度和分度圆弦齿厚

检验所加工齿轮尺寸精度时，通常要测量公法线长度和分度圆弦齿厚。

（1）公法线长度　卡尺跨过 k 个轮齿所量得齿廓间的法向距离，称为公法线长度，用 W_k 表示。

图8-8为卡尺跨三个齿测量时的情形，A、B 两点为卡脚与齿廓切点，线段$\overline{AB}$的长度即为该齿轮跨三个齿所测得的公法线长度。

标准直齿圆柱齿轮公法线长度计算公式为

$$W_k = m[2.9521(k-0.5)+0.014z] \tag{8-10}$$

式中，z 为所测齿轮齿数；k 为跨齿数。

实践证明，公法线的测量精度与跨齿数 k 有关，当跨齿数 k 按下式确定时，测量的尺寸精度最高。

$$k = \frac{z}{9}+0.5 \tag{8-11}$$

（2）分度圆弦齿厚和弦齿高　当直齿圆柱齿轮 $m>10\text{mm}$、或斜齿圆柱齿轮齿宽较窄以及锥齿轮、蜗轮在测量时，应测量分度圆弦齿厚和弦齿高来检测齿轮尺寸。

如图8-9所示，分度圆齿厚 s 为弧长，实际无法测量，通常测量齿厚圆弧所对应的分度圆弦长$\overline{AB}$，称为分度圆弦齿厚，用 $\bar{s}$ 表示，弦长$\overline{AB}$距离齿顶的径向距离称为分度圆弦齿高，用 $\bar{h}$ 表示。

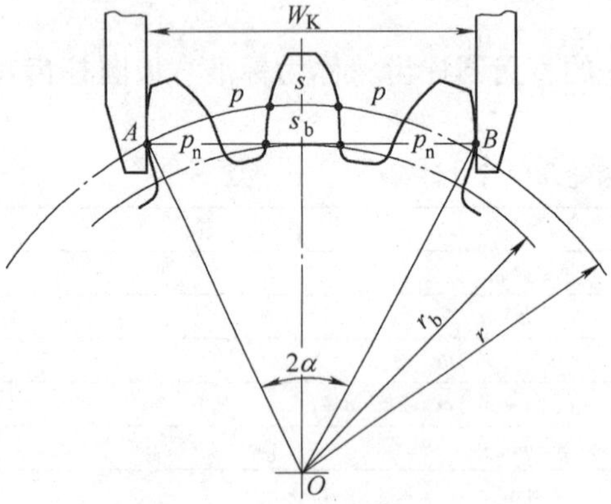

图8-8　齿轮公法线长度

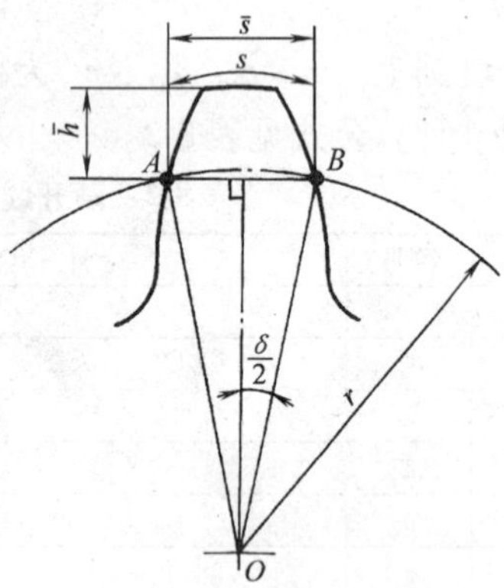

图8-9　分度圆弦齿厚的测量

标准齿轮分度圆弦齿厚 $\bar{s}$ 和弦齿高 $\bar{h}$ 的计算公式为

$$\bar{s} = mz\sin\frac{90°}{z} \tag{8-12}$$

$$\bar{h} = m\left[h_a^* + \frac{z}{2}\left(1-\cos\frac{90°}{z}\right)\right] \tag{8-13}$$

8.5 渐开线标准直齿圆柱齿轮的啮合传动

8.5.1 正确啮合条件

如图8-10所示，一对外啮合渐开线直齿圆柱齿轮传动，$\overline{N_1N_2}$为两齿轮的理论啮合线段，K、K'为相啮合的两对齿同侧齿廓上的啮合点。由图可知，要使两齿轮能正确啮合，则必须使其法向齿距相等，即$\overline{K_1K'_1}=\overline{K_2K'_2}$。

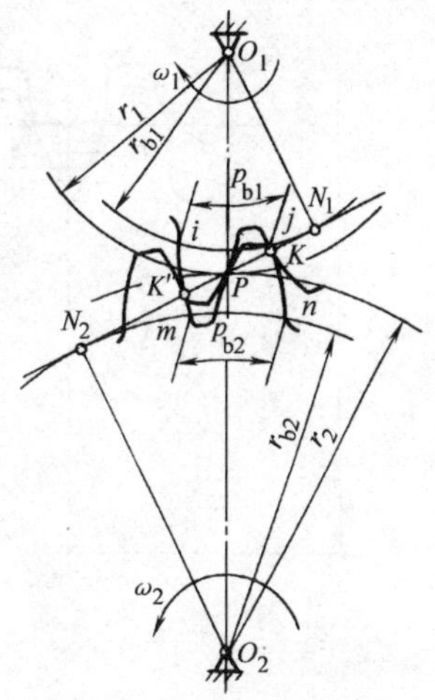

图8-10　齿轮正确啮合条件

由图中的几何关系及渐开线性质可知

$$\overline{K_1K_1'}=\overline{N_1K'}-\overline{N_1K}=\widehat{N_1i}-\widehat{N_1j}=\widehat{ij}=p_{b1}$$

$$\overline{K_2K_2'}=\overline{N_2K}-\overline{N_2K'}=\widehat{N_2n}-\widehat{N_2m}=\widehat{mn}=p_{b2}$$

则

$$p_{b1}=p_{b2}=p_b$$

式中，p_{b1}、p_{b2}分别为两齿轮的基圆齿距。

又因

$$p_b=\frac{\pi d_b}{z}=\frac{\pi d\cos\alpha}{z}=\frac{\pi mz\cos\alpha}{z}=\pi m\cos\alpha$$

则有

$$\pi m_1\cos\alpha_1=\pi m_2\cos\alpha_2$$

即

$$m_1\cos\alpha_1=m_2\cos\alpha_2$$

由于模数和压力角均已标准化，要满足上式关系，必须有

$$\begin{cases}m_1=m_2=m\\ \alpha_1=\alpha_2=\alpha\end{cases} \tag{8-14}$$

即两齿轮的模数和压力角必须分别相等。

根据正确啮合条件可进一步推导齿轮传动比的计算公式为

$$i_{12}=\frac{\omega_1}{\omega_2}=\frac{d_2'}{d_1'}=\frac{d_{b2}}{d_{b1}}=\frac{d_2}{d_1}=\frac{z_2m}{z_1m}=\frac{z_2}{z_1} \tag{8-15}$$

8.5.2 标准安装及标准中心距

如图8-11所示，一对齿轮传动，其中一个齿轮的齿厚位于另一个齿轮的齿槽内，齿厚与齿槽间的侧向间隙，称为侧隙。侧隙为零的安装，称为标准安装。实际工作中，考虑到轮齿热变形及保证齿轮运转正常和装配方便等因素，应保证有一定的侧隙，但由于一般侧隙的值很微小，所以在理论分析时，两齿轮的啮合仍看作是无侧隙啮合。

一对正确啮合的标准渐开线齿轮传动，在标准安装时，分度圆上的$s_1=e_1=s_2=e_2$，此时分度圆与节圆重合，啮合角等于分度圆上的压力角，即$d'=d$、$\alpha'=\alpha$，其中心距称为标准中心距，用a表示。

如图8-11a外啮合

$$a=r_1'+r_2'=r_1+r_2=\frac{1}{2}(z_1+z_2)m \tag{8-16}$$

如图8-11b内啮合

$$a = r_2' - r_1' = r_2 - r_1 = \frac{1}{2}(z_2 - z_1)m \tag{8-17}$$

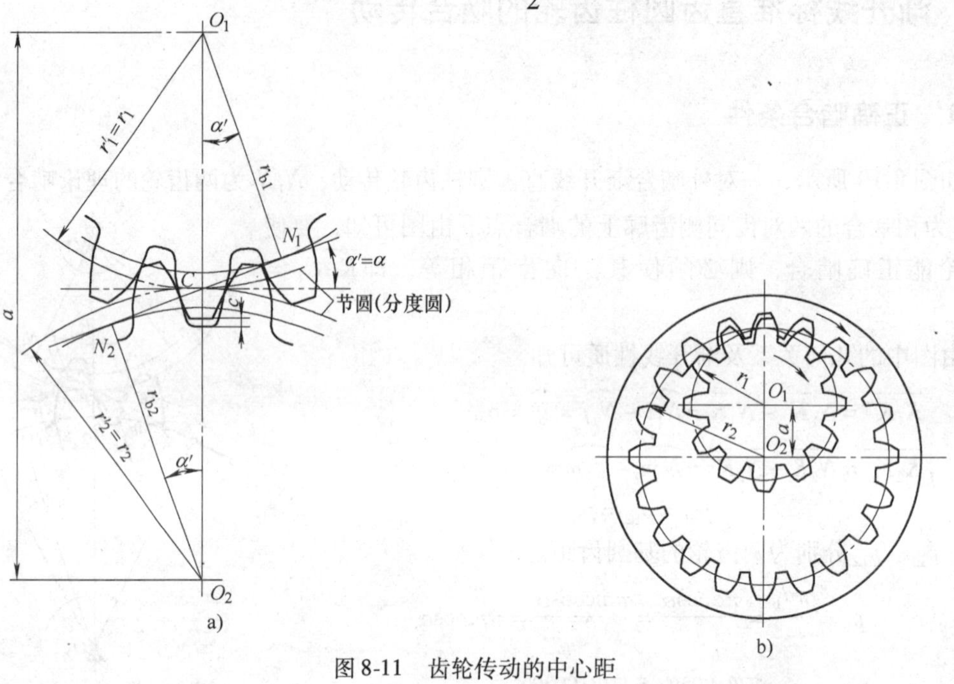

图 8-11　齿轮传动的中心距

a）外啮合　b）内啮合

8.5.3　连续传动条件

如图 8-12 所示，一对外啮合齿轮在传动中，任一对轮齿实际啮合过程为：首先主动轮 1 的齿根推动从动轮 2 的齿顶，开始啮合点为从动轮齿顶圆与啮合线 N_1N_2 的交点 B_2，随齿轮转动，啮合点沿啮合线移动，并由主动轮齿根移向齿顶，从动轮齿顶移向齿根，终止啮合点为主动轮齿顶圆与啮合线的交点 B_1，线段$\overline{B_1B_2}$称为实际啮合线段。

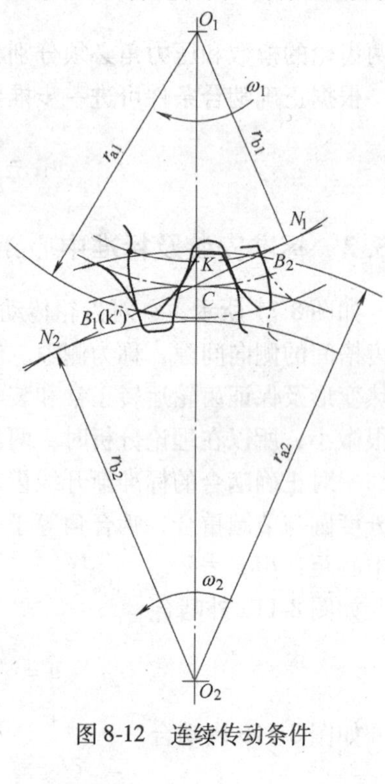

图 8-12　连续传动条件

两齿轮在啮合传动时，若前一对轮齿还未脱离啮合前，后一对轮齿就已进入啮合，则传动连续，这就要求实际啮合线段$\overline{B_1B_2}$必须大于或等于相邻两齿同侧齿廓在啮合线上的长度KK'。由前面分析知$KK' = p_b$，即要求$\overline{B_1B_2} \geqslant p_b$，令 $\varepsilon = \dfrac{\overline{B_1B_2}}{p_b}$，$\varepsilon$ 称为重合度，则齿轮连续传动条件为

$$\varepsilon = \frac{\overline{B_1B_2}}{p_b} \geqslant 1 \tag{8-18}$$

重合度 ε 表示在实际啮合区间，同时参加啮合的轮齿对数，ε 值越大，表示同时参与啮合的轮齿对数越多，传动越平稳，承载能力越高。一般机械传动，要

求 $\varepsilon \geqslant 1.1 \sim 1.4$。

8.6　渐开线齿轮的加工方法和根切现象

8.6.1　渐开线齿轮的加工方法

齿轮的加工方法很多，如铸造法、模锻法、热轧法、切削法等，其中切削法最常用。按加工原理不同，切削法包括仿形法和展成法。

1. 仿形法

仿形法是在铣床上采用与被加工齿轮齿廓形状相同的成形铣刀进行铣削加工的方法。成形铣刀有盘状铣刀（图8-13a）和指状铣刀（图8-13b）两种。加工时铣刀绕本身轴线旋转，同时沿齿轮轴线方向直线移动，每铣完一个齿槽，退刀，然后将轮坯转过 $360°/z$，再铣下一个齿槽，属间断切削。

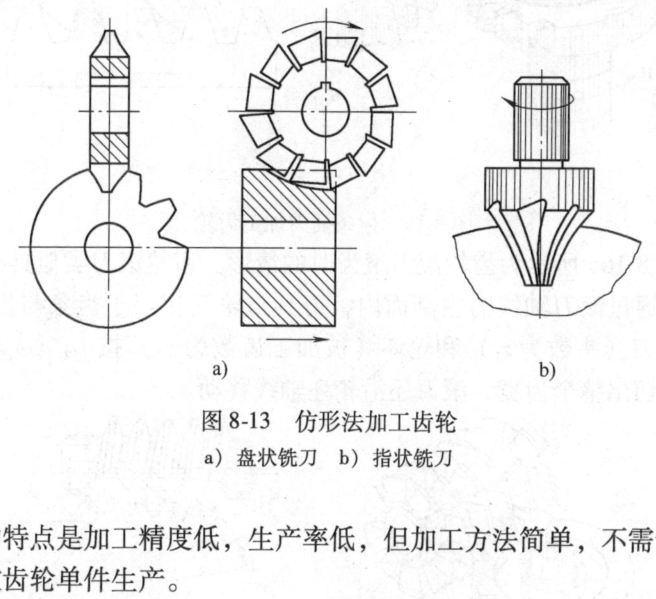

图8-13　仿形法加工齿轮
a）盘状铣刀　b）指状铣刀

仿形法铣齿的特点是加工精度低，生产率低，但加工方法简单，不需专用机床，适用于齿轮修配及大模数齿轮单件生产。

2. 展成法

展成法是利用轮齿啮合时其齿廓互为包络线的原理来进行切齿的，是采用带有渐开线齿廓的齿轮（或齿条）刀具和被加工轮坯按一定的啮合关系运动，同时切制出所加工齿轮齿形的方法。插齿和滚齿是展成法最常用的加工方法，剃齿和磨齿属于精加工方法。

（1）插齿　插齿所用刀具有齿轮插刀和齿条插刀。图8-14a 为齿轮插刀插齿时的情形，插刀（齿数 z_1）和轮坯（被加工齿轮齿数 z_2）按定传动比 $i_{12}=\omega_1/\omega_2=z_2/z_1$ 转动，同时插刀沿轮坯轴线方向作上下切削运动。图8-14b 为被切制出的轮齿齿廓。图8-15a 为齿条插刀插齿时的情形，插刀按轮坯分度圆的线速度 $v=\dfrac{mz_2}{2}\omega$（被加工齿轮齿数 z_2）移动，同时插刀沿轮坯轴线方向作上下切削运动。图8-15b 为被切制出的轮齿齿廓。

插齿的特点是所需刀具数量少，用一把插刀可加工出模数、压力角相同的所有齿数的齿轮，加工精度高，但由于含退刀过程，属间断切削，生产率较低，且必须在专用设备上加工。

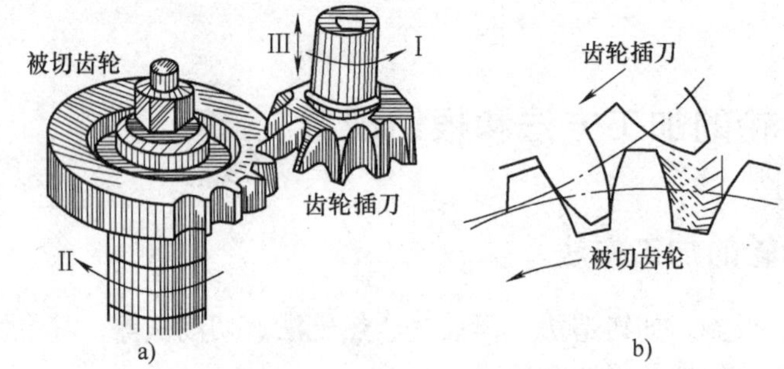

图 8-14　齿轮插刀加工齿轮

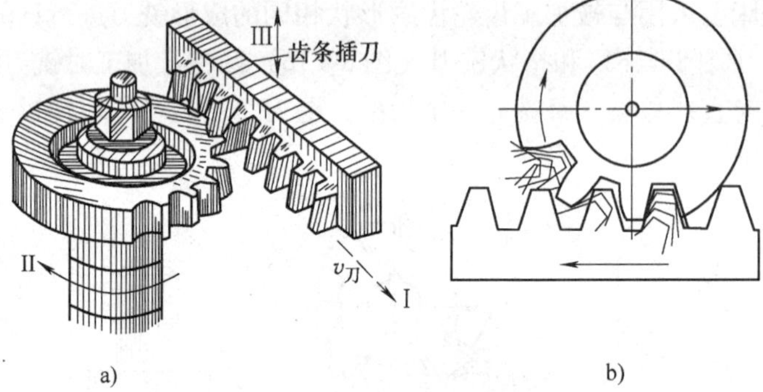

图 8-15　齿条插刀加工齿轮

（2）滚齿　图 8-16a 所示为齿轮滚刀滚齿时的情形。齿轮滚刀类似具有刀刃的螺旋，在垂直于轮坯轴线并通过滚刀轴线的主剖面内，刀具与轮坯相当于齿条与齿轮的啮合（图 8-16b）。加工时，滚刀（头数为 z_1）和轮坯（被加工齿数为 z_2）按 $i_{12}=\omega_1/\omega_2=z_2/z_1$ 的传动比转动。同时，为切出整个齿宽，滚刀还沿轮坯轴线移动。

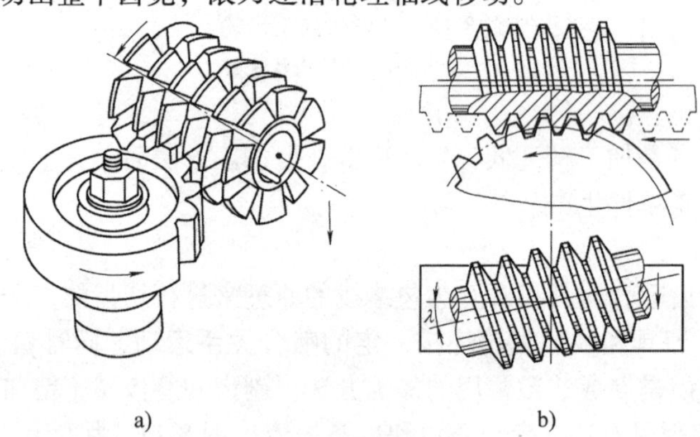

图 8-16　齿轮滚刀加工齿轮

滚齿的特点是所需刀具数量少，用一把滚刀可加工出模数、压力角相同的所有齿数的齿轮，加工精度高，属连续切削，生产率高，适于批量生产，但也必须在专用设备上切齿。

8.6.2　根切现象及避免根切的措施

1. 根切现象

用展成法加工齿轮时，如果被加工齿轮的齿数过少，如图 8-17a 所示，实际极限啮合点

B_2 会超过理论极限啮合点 N_1，此时加工出的轮齿根部将被刀具齿顶过多地切去一部分，这种现象称为根切。图 8-17b 为发生根切现象后的齿形。

轮齿根切以后，齿根部分的抗弯强度被削弱，使承载能力下降；且其齿根部分的渐开线被破坏，降低了齿轮传动的重合度，使传动的平稳性及承载能力下降。因此，应设法避免根切现象。

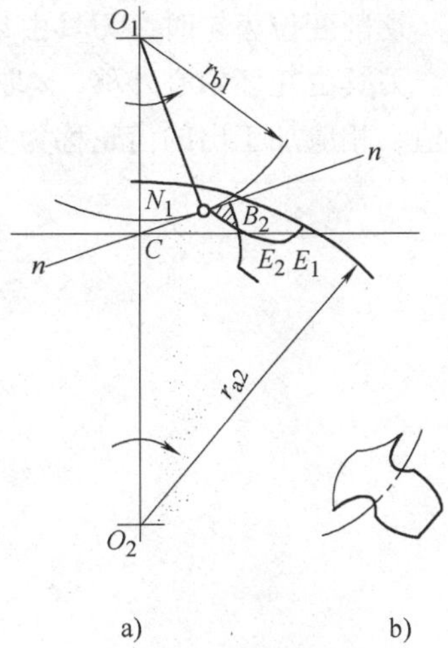

a) b)

图 8-17 根切

2. 避免根切的措施

如图 8-18a 所示，模数相同时所加工齿轮齿数越少，r_b 越小，CN_1 越短，越易出现 B_2 超过 N_1 的情况，要避免根切现象，则需增加被加工齿轮的齿数，保证

$$CB_2 \leqslant CN_1$$

由图 8-18b 得

$$CB_2 = \frac{h_a^* m}{\sin\alpha} \qquad CN_1 = \frac{mz\sin\alpha}{2}$$

所以

$$CB_2 = \frac{h_a^* m}{\sin\alpha} \leqslant CN_1 = \frac{mz\sin\alpha}{2}$$

整理得

$$z \geqslant \frac{2h_a^*}{\sin^2\alpha} \tag{8-19}$$

正常齿制标准直齿圆柱齿轮，$h_a^* = 1$，$\alpha = 20°$，代入上式，得其不发生根切的最少齿数为 $z_{min} \approx 17$。另外，通过展成法加工变位齿轮，也可以避免根切现象的发生。

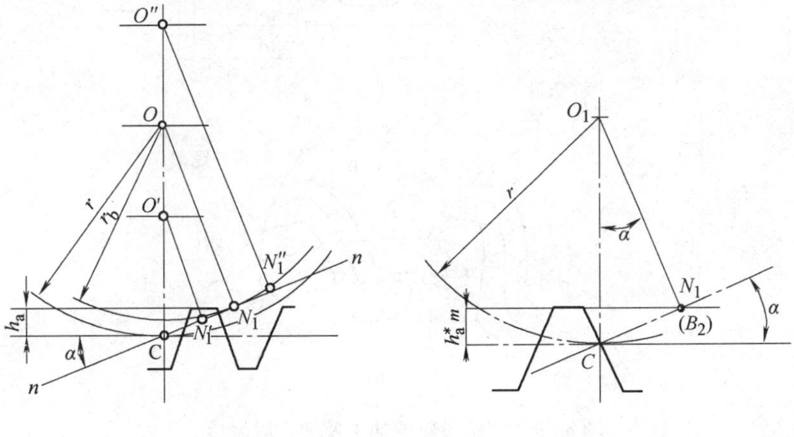

a) b)

图 8-18 齿轮齿数与根切的关系

8.7 变位齿轮传动

8.7.1 变位齿轮的概念

如图 8-19 所示为齿条刀具展成法加工齿轮时，刀具与轮坯的位置关系。当刀具位于虚线位置时，其齿顶线与啮合线的交点 B_2 超过了理论极限啮合点 N_1，此时加工出的齿轮发生

根切。若将刀具远离轮坯中心 O_1 外移至实线位置，刀具齿顶线与啮合线交点 B_2' 与 N_1 重合或在 N_1 以下，加工出的齿轮均不发生根切。这种通过改变刀具位置加工出来的齿轮，称为变位齿轮，由变位齿轮组成的齿轮传动称为变位齿轮传动。

切削变位齿轮时，刀具由切削标准齿轮位置移动的距离 xm 称为变位量，x 称为变位系数。刀具由轮坯中心外移，x 取正值，相应加工出的齿轮称为正变位齿轮；刀具内移，x 取负值，相应加工出的齿轮称为负变位齿轮。

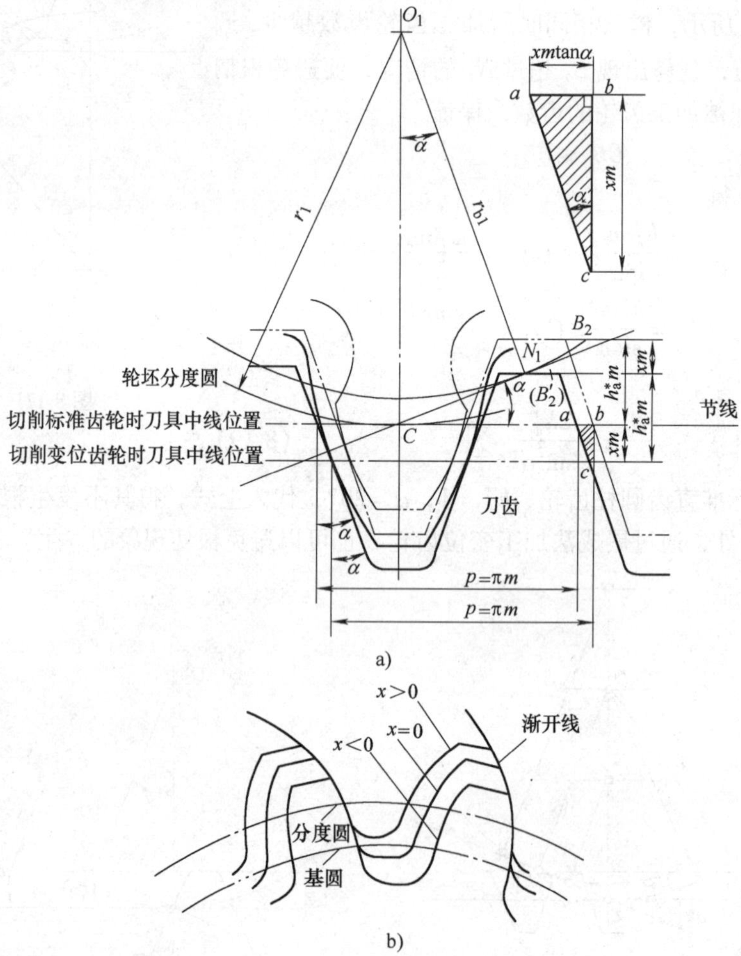

图 8-19　变位齿轮的加工及加工后齿形

a）变位加工　b）变位齿轮的齿形

8.7.2　变位齿轮的特点

变位齿轮的模数、压力角、分度圆直径、基圆直径均与标准齿轮相同，其齿廓曲线和标准齿轮齿廓曲线是同一基圆上形成的渐开线，只是所取部位不同，如图 8-19b 所示。与标准齿轮相比正变位齿轮的特点为：

1）刀具外移后，齿根圆和齿顶圆相应增大，又由于其节线上齿槽宽增大，齿厚减小，所以加工出的正变位齿轮分度圆齿厚增大，齿槽宽减小，但会出现齿顶厚 s_a 减小、齿顶变尖的不利情况。负变位齿轮变化情况与正变位齿轮相反。

2）由于刀具外移，刀具齿顶线也相应外移，齿顶线与啮合线的交点也外移，利用这一特点可避免根切。

3）可通过改变变位量的大小调整中心距，在实际中心距 a' 不等于标准中心距 a 的情况下，仍能实现正确啮合。但变位系数不是标准值，变位齿轮必须配对生产和使用，其通用性能不如标准齿轮。

8.7.3 变位齿轮的传动类型和几何尺寸

1. 变位齿轮传动的类型

根据变位系数之和的不同值，变位齿轮传动可分为三种类型，其性能特点见表8-3。

表8-3 变位齿轮传动的类型及性能比较

传动类型	高变位传动（又称零传动）	角度变位传动	
		正传动	负传动
齿数条件	$z_1+z_2 \geqslant 2z_{min}$	$z_1+z_2<2z_{min}$	$z_1+z_2>2z_{min}$
变位系数要求	$x_1=-x_2 \neq 0, x_1+x_2=0$	$x_1+x_2>0$	$x_1+x_2<0$
传动特点	$a'=a, \alpha'=\alpha$	$a'>a; \alpha'>\alpha$	$a'<a, \alpha'<\alpha$
主要优点	小齿轮取正变位，允许 $z_1<z_{min}$，减小传动尺寸。提高了小齿轮齿根强度，减小了小齿轮齿面磨损，可成对替换标准齿轮	传动机构更加紧凑，提高了抗弯强度和接触强度，提高了耐磨性能，可满足 $a'>a$ 的中心距要求	重合度略有提高，满足 $a'<a$ 的中心距要求
主要缺点	互换性差，小齿轮齿顶易变尖，重合度略有下降	互换性差，齿顶变尖，重合度下降较多	互换性差，抗弯强度和接触强度下降，轮齿磨损加剧

2. 变位齿轮的基本公式

（1）无侧隙啮合方程　按无侧隙啮合条件可知

$$inv\alpha' = inv\alpha + 2\tan\alpha\left(\frac{x_1+x_2}{z_1+z_2}\right) \tag{8-20}$$

（2）变位齿轮的中心距　按中心距条件可知

$$a' = a\frac{\cos\alpha}{\cos\alpha'} \tag{8-21}$$

式中，a 为标准安装的中心距；α 为标准安装啮合角；a' 为实际安装的中心距；α' 为实际安装的啮合角。

3. 变位齿轮的基本参数和几何尺寸

变位齿轮的基本参数有模数、齿数、压力角、齿顶高系数、顶隙系数和变位系数，其中模数、齿数、压力角、齿顶高系数、顶隙系数均和标准齿轮相同，所以变位齿轮分度圆直径、基圆直径、齿距和标准齿轮相同，但变位齿轮齿顶圆、齿根圆、齿厚、齿槽宽等与标准齿轮不同，具体尺寸计算公式见表8-4。

表8-4 变位齿轮几何尺寸计算公式

名称	符号	计算公式
分度圆直径	d	$d=mz$
齿厚	s	$s=\frac{m\pi}{2}\pm 2xm\tan\alpha$　+为正变位；-为负变位

（续）

名　称	符　号	计算公式
齿槽宽	e	$e=\frac{m\pi}{2}\pm 2xm\tan\alpha$　－为正变位；＋为负变位
齿根圆直径	d_f	$d_f=m(z-2h_a^*-2c^*+2x)$
齿顶圆直径	d_a	$d_{a1}=2a'-d_{f2}-2c^*m$ $d_{a2}=2a'-d_{f1}-2c^*m$

8.7.4　变位齿轮的设计

根据不同的已知条件，变位齿轮有不同的设计步骤。

1. 已知：z_1、z_2、m、α、h_a^*、c^*、a'

设计步骤：

1）按式（8-21）求出 α'。

2）由式（8-20）计算两轮变位系数和。

3）按图 8-20 选择两齿轮的变位系数。

变位系数可从变位系数极限曲线图（图 8-20）查取。横坐标代表齿数 z，纵坐标代表变位系数 x，左上角是齿顶厚 s_a 分别为 0、0.1m、0.2m 和 0.3m 的极限曲线（m 为模数），左下角曲线 A 是根切的极限曲线，曲线 B 是允许微小根切的极限曲线。

4）按表 8-4 计算两齿轮的几何尺寸。

2. 已知：x_1、x_2、z_1、z_2、m、α、h_a^*、c^*

设计步骤：

1）按式（8-20）计算啮合角 α'。

2）按式（8-21）计算两齿轮的中心距。

3）按表 8-4 计算两齿轮的几何尺寸。

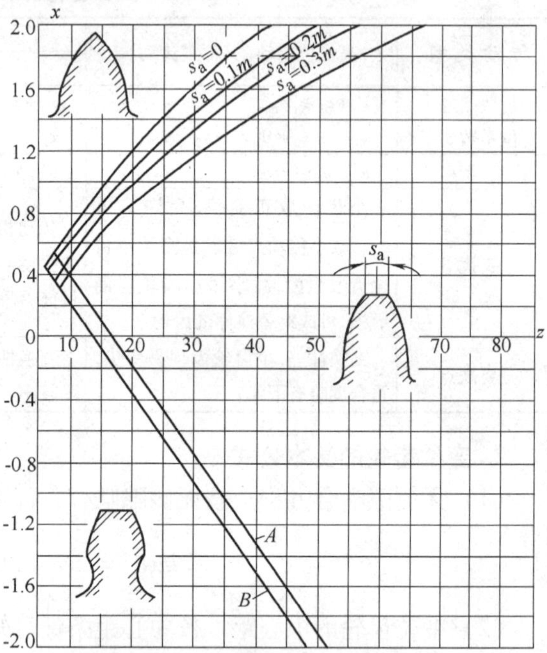

图 8-20　变位系数极限曲线图

8.8　轮齿的失效形式、设计准则、选材及热处理

8.8.1　齿轮的失效形式

齿轮的失效主要为轮齿失效，其他部分失效较少，轮齿的常见失效形式有以下几种。

1. 轮齿折断

在工作中，轮齿的根部承受着较大的交变弯曲应力的作用，且由于截面变化，应力集中较大，因此易在齿根部分产生疲劳裂纹，又由于传动的继续，使疲劳裂纹不断扩展，最终导致轮齿折断，如图 8-21a 所示。

轮齿折断是危害最大的一种失效形式，一般可通过提高材料的弯曲疲劳强度和轮齿心部的韧性，加大齿根圆角半径，增大模数和齿宽等措施，提高轮齿的抗折断能力。

2. 齿面点蚀

齿轮工作时，齿面相互接触，产生交变的接触应力，当齿面接触应力的重复次数超过一定限度时，会使表层金属微粒剥落，形成一系列麻点，这种现象称为齿面点蚀，如图8-21b所示。

齿面点蚀常出现在润滑良好的闭式软齿面（≤350HBW）齿轮传动中，当齿面点蚀达到一定程度时，会使传动产生较大的振动和噪声，最终导致传动失效。通过提高齿面硬度，增大齿轮直径，增加润滑油黏度，降低齿面粗糙度等措施，可防止齿面点蚀的过早出现。

3. 齿面磨损

轮齿接触面间由于有相对滑动而引起齿面间的摩擦磨损，特别是对于开式齿轮传动，由于工作条件差，外界杂物易进入啮合面间使磨损速度加快。磨损降低了传动的平稳性，并使齿厚变薄而最终导致轮齿弯曲折断，如图8-21c所示。

磨损是开式传动最常见的失效形式。通过提高齿面硬度，降低齿面粗糙度，改善润滑条件等措施，可减轻齿面磨损。

4. 齿面胶合

在高速或低速重载的齿轮传动中，由于滑动速度过高，啮合区因摩擦发热造成局部温升过高，致使两接触齿面间金属互相粘合，当两齿面脱离时，较软齿面金属沿滑动方向被撕脱，从而在齿面留下沟痕，这种现象称为齿面胶合，如图8-21d所示。

齿面胶合造成啮合不良。采用润滑和冷却效果好的润滑方式，使用含抗胶合添加剂的合成润滑油，提高齿面硬度，降低齿面粗糙度等措施，可防止胶合现象的发生。

5. 齿面塑性变形

如图8-21e所示，采用较软材料制造的齿轮，重载下可能产生局部的金属流动现象，即齿面塑性变形。由于摩擦力的作用，齿面塑性变形将沿着摩擦力的方向发生。最后在主动轮的齿面节线附近形成凹沟，在从动轮的齿面节线附近产生凸起的棱脊。此时轮齿失去正确的形状而失效。材料较软的轮齿，受大冲击载荷作用时，还会使轮齿的整体产生塑性变形。

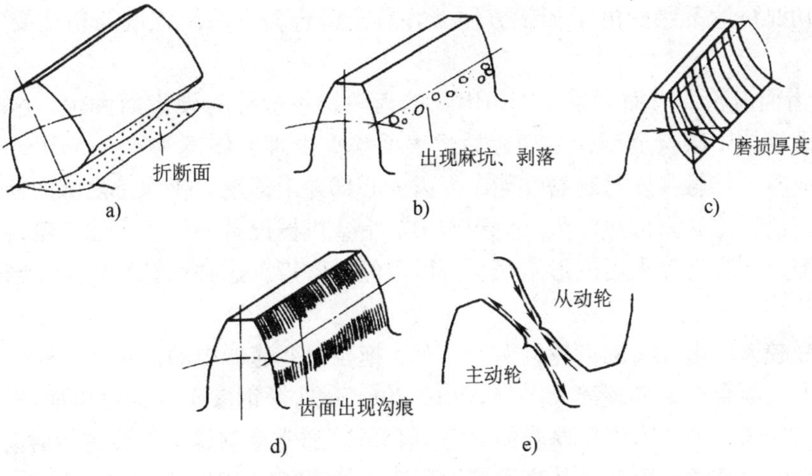

图8-21　轮齿的失效形式

a）轮齿折断　b）齿面点蚀　c）齿面磨损　d）齿面胶合　e）齿面塑性变形

8.8.2 设计准则

对于闭式软齿面（≤350HBW）传动，其主要失效形式是齿面点蚀，通常按齿面接触强度设计，然后验算其齿根弯曲强度。

对于闭式硬齿面（>350HBW）和铸铁齿轮传动，其主要失效形式是轮齿折断，应按齿根弯曲强度设计，然后验算其齿面接触强度。

对于开式齿轮传动，其主要失效形式是齿面磨损，但最终的失效形式是轮齿折断，所以按齿根弯曲强度设计，然后将设计出的模数加大10%～20%，再圆整为标准模数。

8.8.3 齿轮的选材及热处理

针对齿轮的各种失效形式，齿轮在选材及热处理时，应保证齿面具有较高的抗点蚀、抗胶合、抗磨损和抗塑性变形的能力，并保证齿根具有较高的抗疲劳折断能力。最理想的齿轮材料性能是齿面硬、齿心韧。这种要求可以通过热处理方式来满足。其次，小齿轮的受载次数比大齿轮多，为使小齿轮和大齿轮的使用寿命接近，通常软齿面齿轮传动中，小齿轮的齿面硬度比大齿轮齿面硬度高30～50HBW。

常用于制造齿轮的材料是锻钢；对于形状复杂、直径较大（d≥500mm）的齿轮，可采用铸钢或球墨铸铁；对于低速、轻载、无冲击及开式传动中的齿轮，可采用灰铸铁；对于有特殊要求（如防磁）的齿轮，可采用有色金属。齿轮常见的热处理方式有正火、调质和淬火。

1. 锻钢

钢材锻造后，改善了内部纤维组织，提高了强度，所以大多数齿轮采用锻钢制造，并通过热处理改善钢的性能。齿轮按照锻钢热处理后的硬度不同，可分为以下两类：

（1）轮齿面齿轮　齿面硬度≤350HBW的齿轮为软齿面齿轮。这类齿轮的常用材料为中碳钢或中碳合金钢。例如45，40Cr，35SiMn等经过正火或调质处理，其硬度在170～260HBW之间，因硬度不高，可在热处理后再切齿。这类齿轮在切制后即为成品，精度一般为8级，精切时可达7级。由于加工方便，并易于磨合，常用于强度与精度要求不高的场合。

（2）硬齿面齿轮　齿面硬度>350HBW的齿轮，一般称为硬齿面齿轮。这类齿轮的常用材料为中碳钢或中碳合金钢，在切齿后经表面淬火处理，硬度为43～56HRC。因表面硬度提高，故改善了接触强度与耐磨性能，而齿的心部并未淬硬，仍保持足够的韧性。对于小尺寸的齿轮广泛采用高频加热淬火。对于矿山、冶金机械设备中的大尺寸齿轮，一般采用乙炔火焰加热淬火，表面淬火后变形不大，可以不经过磨齿。这种齿轮常用于无剧烈冲击的齿轮传动中。

对于承受较大冲击载荷的齿轮，例如汽车、拖拉机变速器中的齿轮，一般采用机械强度高、韧性好的低碳合金钢渗碳淬火。如20Cr、20CrMnTi等钢渗碳淬火后齿面硬度可达56～62HRC。渗碳层的厚度约为齿根厚度的10%～15%。通常渗碳淬火后要进行磨齿。

轮齿采用氮化方法也可获得较高的表面硬度，如渗氮钢38CrMoAIA。经氮化后，齿面硬度可达60HRC。表面氮化是一种化学处理方法，氮化后不再进行其他热处理，因氮化时温度不高，故轮齿变形小，适用于不能磨削的内齿圈。由于硬化层很薄（0.1～0.3mm），其承载能力不及渗碳齿轮，不宜用于承受冲击载荷或有严重磨损的场合。

2. 铸钢

当齿轮较大，一般直径大于500mm时，轮坯不便锻造，可采用铸钢齿轮。铸钢的强度与耐磨性均较好，但由于铸钢件在铸造时收缩性大，内应力大，所以在加工前应进行正火处理，以消除其内应力及硬度的不均匀。

常用的铸钢材料为ZG310-570、ZG340-640等。

3. 铸铁

铸铁齿轮的抗弯强度和抗冲击性能较差，但价格低廉，浇注简单，加工方便。一般用于低速和受力不大的场合。在润滑不良的情况下，灰铸铁材质较硬，且本身所含的石墨能起润滑作用，所以在开式齿轮传动中常采用铸铁齿轮。

常用的铸铁牌号有HT200、HT300、QT600-3等。

球墨铸铁有时可代替铸钢。

4. 非金属材料

对高速、轻载及精度不高的齿轮传动，为了减少噪声，可用非金属材料（如尼龙、夹布胶木）做小齿轮，而大齿轮仍用钢或铸铁制造。

表8-5列出了齿轮常用材料牌号及进行相应热处理后的主要力学性能，供设计时参考。

表8-5 常用齿轮材料及其力学性能

类型	牌号	热处理	硬度
优质碳素钢	45	正火	162~217HBW
		调质	217~255HBW
		表面淬火	40~50HRC
合金结构钢	40Cr	调质	241~286HBW
		表面淬火	48~55HRC
	35SiMn	调质	217~269HBW
	20Cr	渗碳、淬火、回火	56~62HRC
	20CrMnTi	渗碳、淬火、回火	56~62HRC
铸钢	ZG310-570	正火	163~197HBW
	ZG35SiMn	正火	163~217HBW
		调质	197~248HBW
铸铁	HT300		187~255HBW
	QT600-3		190~270HBW

8.9 直齿圆柱齿轮的强度计算

8.9.1 轮齿受力分析及计算载荷的确定

1. 受力分析

图8-22a为一标准直齿圆柱齿轮的主动轮在分度圆柱上的受力情况。轮齿间的相互作用

力沿齿廓公法线方向（即啮合线方向），称为法向力，用 F_n 表示。将法向力 F_n 分解为相互垂直的两个分力，即圆周力 F_t 和径向力 F_r。主动轮上的圆周力 F_{t1} 方向与力的作用点圆周速度方向相反，从动轮上圆周力 F_{t2} 方向与力的作用点圆周速度方向相同。主、从动轮上径向力 F_{r1}、F_{r2} 的方向分别指向各自的回转轴线，如图 8-22b 所示。作用于从动轮上的圆周力 F_{t2} 和径向力 F_{r2} 分别与主动轮上的圆周力 F_{t1} 和径向力 F_{r1} 大小相等，方向相反，互为作用力与反作用力。

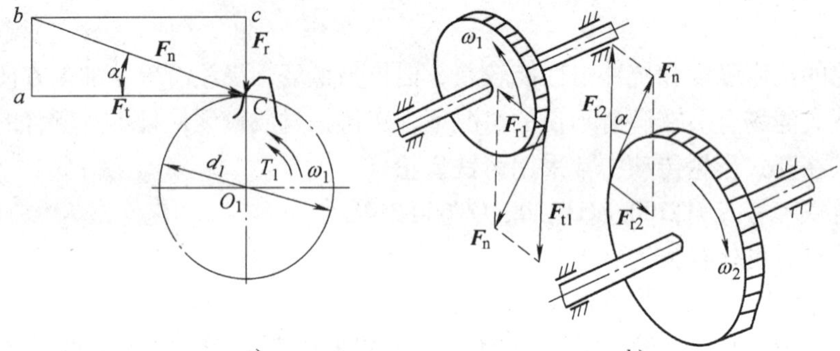

图 8-22　直齿圆柱齿轮的受力分析

如图 8-22a 所示，根据力矩平衡　$\sum M_{O1}=0$ 得

$$T_1-\frac{d_1}{2}\times F_{t1}=0$$

即圆周力
$$F_{t1}=F_{t2}=\frac{2T_1}{d_1} \tag{8-22}$$

径向力
$$F_{r1}=F_{r2}=F_{t1}\tan\alpha \tag{8-23}$$

法向力
$$F_n=\frac{2T_1}{d_1\cos\alpha} \tag{8-24}$$

式中，T_1 为主动轮的理论转矩（N · mm），$T_1=9.55\times10^6\dfrac{P_1}{n_1}$；$P_1$ 为主动轮传递的功率（kW）。

2. 计算载荷的确定

上述法向力 F_n 是在理想的平稳工作条件下求出的理论载荷，实际计算中考虑到原动机、工作机的载荷特性及齿轮相对于轴承布置情况对载荷的影响，应采用计算载荷 F_{nc}，即

$$F_{nc}=KF_n \tag{8-25}$$

式中，K 为考虑了实际传动中各种影响载荷因素的载荷系数，查表 8-6 取值。

表 8-6　载荷系数 K

原动机工作情况	工作机载荷特性		
	平稳和比较平稳	中等冲击	严重冲击
工作平稳（如电动机、汽轮机等）	1 ~ 1.2	1.2 ~ 1.6	1.6 ~ 1.8
轻度冲击（如多缸内燃机）	1.2 ~ 1.6	1.6 ~ 1.8	1.9 ~ 2.1
中等冲击（如单缸内燃机）	1.6 ~ 1.8	1.8 ~ 2.0	2.2 ~ 2.4

注：斜齿圆柱齿轮、圆周速度较低、精度高、齿宽较小、齿轮在轴承之间对称布置时，取小值，反之取大值。

8.9.2 齿面接触疲劳强度计算

1. 计算公式

经推导可得一对钢制直齿圆柱齿轮传动保证齿面满足接触强度，不发生点蚀时的接触强度计算公式为

$$\sigma_H = 668\sqrt{\frac{KT_1(u \pm 1)}{bd_1^2 u}} \leqslant [\sigma_H] \tag{8-26}$$

上式中，令 $\phi_d = b/d_1$，以 $b = \phi_d d_1$ 代入整理得按齿面接触强度设计的设计公式，为

$$d_1 \geqslant \sqrt[3]{\left(\frac{668}{[\sigma_H]}\right)^2 \frac{KT_1(u \pm 1)}{\Phi_d u}} \tag{8-27}$$

式中，σ_H 为实际接触应力（MPa）；$[\sigma_H]$ 为许用接触应力（MPa）；d_1 为主动齿轮分度圆直径（mm）；b 为齿宽（mm）；T_1 为主动齿轮的理论转矩（N·mm）。

2. 有关参数选择及公式说明

1）齿数比 $u = z_2/z_1$，对于一般闭式齿轮传动，单级齿数比取 $u \leqslant 8$，否则会使传动外廓尺寸过大；开式传动或手动传动，u 可达 8~12。减速 $u = i$，增速 $u = \frac{1}{i}$。

2）式中（$u \pm 1$）项中，“+”号用于外啮合传动，“-”号用于内啮合传动。

3）齿宽系数 ϕ_d 一般取 $\phi_d = 0.2 \sim 2.4$。对于闭式传动，当硬度小于 350HBW，齿轮对称于轴承布置并靠近轴承时，取 $\phi_d = 0.8 \sim 1.4$；齿轮不对称于轴承布置或悬臂布置，且结构刚性较大时，取 $\phi_d = 0.6 \sim 1.2$；结构刚性较小时，取 $\phi_d = 0.4 \sim 0.9$。对于硬度大于 350HBW 的闭式传动，ϕ_d 的数值应在上述各种情况下降低一倍。对于开式齿轮传动，$\phi_d = 0.3 \sim 0.5$。

4）许用接触应力 $[\sigma_H]$

$$[\sigma_H] = \frac{\sigma_{Hlim}}{S_H} \tag{8-28}$$

式中，σ_{Hlim} 为试验齿轮的接触疲劳极限（MPa），该参数可根据齿轮的材料、热处理方式和齿面硬度及质量等级要求，由图 8-23 查取；S_H 为接触强度计算的安全系数，$S_H = 1.1 \sim 1.35$，一般传动 S_H 取偏小值，重要传动取偏大值。

5）两齿轮啮合时，实际接触应力 $\sigma_{H1} = \sigma_{H2}$，由于两齿轮材料和热处理不同，$[\sigma_{H1}] \neq [\sigma_{H2}]$，所以计算时应以 $[\sigma_{H1}]$ 和 $[\sigma_{H2}]$ 中数值小者代入式（8-26）或式（8-27）。

6）式（8-26）和式（8-27）适用于两齿轮均为钢制的传动。当两齿轮并非钢对钢时，应将式中的 668 修正为 $668 \times Z_E/189.8$，Z_E 为材料弹性系数，可查有关手册确定。

8.9.3 齿根弯曲疲劳强度计算

弯曲疲劳强度计算主要是针对轮齿疲劳折断为主要失效形式的齿轮传动。在分析齿根弯曲应力时，按法向载荷作用于齿顶，并假设载荷全部由一对轮齿承担，此时齿根所产生的弯曲应力最大。如图 8-24 所示，将受载轮齿看作一悬臂梁，齿根危险截面处齿厚为 S_F，距 F_n 和轮齿对称线交点距离为 h_F。

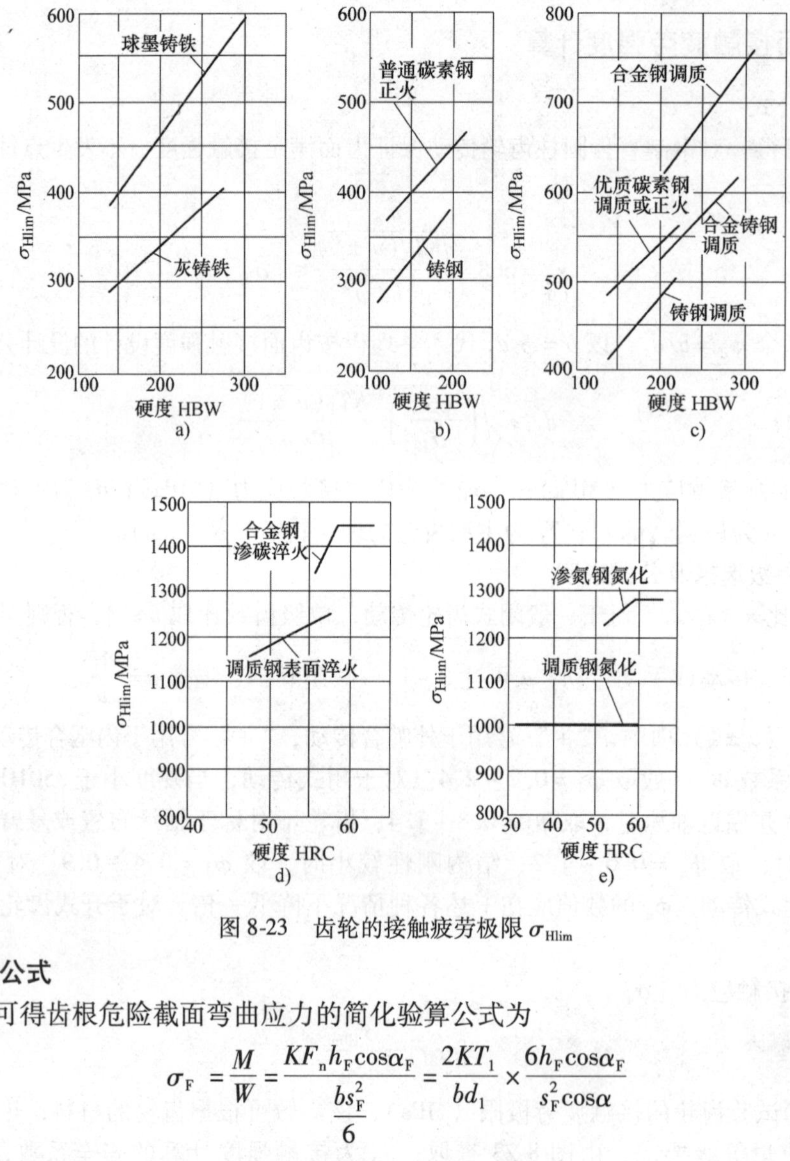

图 8-23　齿轮的接触疲劳极限 σ_{Hlim}

1. 计算公式

经推导可得齿根危险截面弯曲应力的简化验算公式为

$$\sigma_F = \frac{M}{W} = \frac{KF_n h_F \cos\alpha_F}{\frac{bs_F^2}{6}} = \frac{2KT_1}{bd_1} \times \frac{6h_F\cos\alpha_F}{s_F^2\cos\alpha}$$

$$= \frac{2KT_1}{bd_1 m} \times \left(\frac{6\frac{h_F}{m}\cos\alpha_F}{\left(\frac{s_F}{m}\right)^2 \cos\alpha} \right)$$

设 $Y_{FS} = \frac{6\frac{h_F}{m}\cos\alpha_F}{\left(\frac{s_F}{m}\right)^2\cos\alpha}$，由式可知 Y_{FS} 只与齿数有关，而与模数无关。

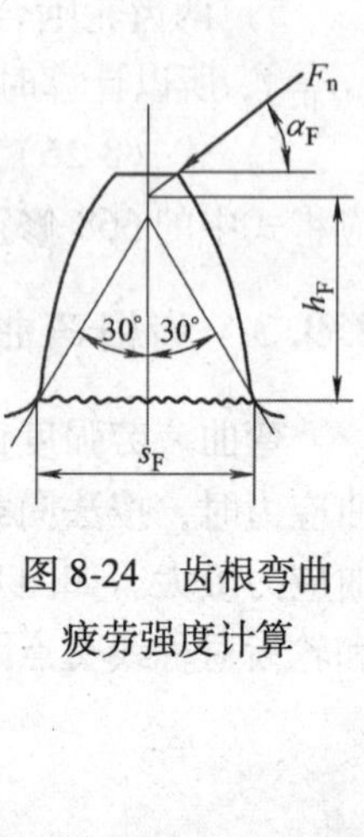

图 8-24　齿根弯曲疲劳强度计算

则齿根弯曲强度计算公式为

$$\sigma_F = \frac{2KT_1 Y_{FS}}{bd_1 m} \leqslant [\sigma_F] \tag{8-29}$$

上式中，令 $\phi_d = b/d_1$，以 $b = \phi_d d_1$ 代入并整理可得齿根弯曲强度的

简化设计公式为

$$m \geqslant \sqrt[3]{\frac{2KT_1 Y_{FS}}{\phi_d z_1^2 [\sigma_F]}} \tag{8-30}$$

式中，σ_F 为实际弯曲应力（MPa）；Y_{FS}为复合齿形系数，根据齿数查表8-7取值；$[\sigma_F]$ 为许用弯曲应力（MPa）；其他参数含义同前。

表8-7　复合齿形系数 Y_{FS}

$z(z_v)$	17	18	19	20	21	22	23	24	25	26	27	28	29
Y_{FS}	4.51	4.45	4.41	4.36	4.33	4.30	4.27	4.24	4.21	4.19	4.17	4.15	4.13
$z(z_v)$	30	35	40	45	50	60	70	80	90	100	150	200	∞
Y_{FS}	4.12	4.06	4.04	4.02	4.01	4.00	3.99	3.98	3.97	3.96	4.00	4.03	4.06

2. 参数选择及公式说明

1）对于软齿面闭式传动（硬度≤350HBW），其主要失效形式是齿面点蚀。因此，在中心距不变的情况下，增加齿数，减小模数，能加大重合度，避免点蚀，且使传动平稳。同时，齿数多则模数小（但对于传递动力的齿轮，模数不宜小于1.5~2mm），齿顶圆直径小，可使滑动比减小，磨损小、胶合的危险性也小；并且又能减少金属切削量，节省材料、减少加工工时，降低加工成本。所以，在满足弯曲强度的条件下，宜取较多的齿数。一般推荐 $z_1=20\sim40$。

对于硬齿面闭式传动（硬度>350HBW）或铸铁齿轮闭式传动，以及开式齿轮传动，其主要失效形式是轮齿折断。因此，在中心距不变的情况下，适当减小齿数，增大模数，可抗轮齿折断，所以宜取较少齿数。但为了避免根切，对于标准齿轮一般不少于17齿。

2）齿宽系数 ϕ_d 的取值和接触强度计算公式中的相同。

3）许用弯曲应力 $[\sigma_F]$

$$[\sigma_F] = \frac{\sigma_{Flim}}{S_F} \tag{8-31}$$

式中，σ_{Flim}为齿轮的抗弯疲劳极限（MPa）。可根据材料、热处理及齿面硬度查图8-25取值。该图数据适合单向工作的齿轮传动，对于长期双向（正、反转）工作的齿轮传动，应将图中所查得的数值乘以0.7；S_F 为抗弯强度计算的安全系数。$S_F=1.3\sim2.2$，一般传动取小值，重要传动取大值。

4）由于两轮齿数和齿面硬度不同，则 $\sigma_{F1}\neq\sigma_{F2}$、$[\sigma_{F1}]\neq[\sigma_{F2}]$，因此在应用式（8-29）验算弯曲强度时，应分别对两齿轮进行验算，即要求满足 $\sigma_{F1}\leqslant[\sigma_{F1}]$，$\sigma_{F2}\leqslant[\sigma_{F2}]$。

由于$\frac{2KT_1}{bd_1m}=\frac{2KT_2}{bd_2m}$，所以 $\sigma_{F2}=\sigma_{F1}\frac{Y_{FS2}}{Y_{FS1}}$。

5）应用式（8-30）求齿轮模数 m 时，由于$\frac{Y_{F1}}{[\sigma_{F1}]}\neq\frac{Y_{F2}}{[\sigma_{F2}]}$，应取两比值中数值大者代入求 m。

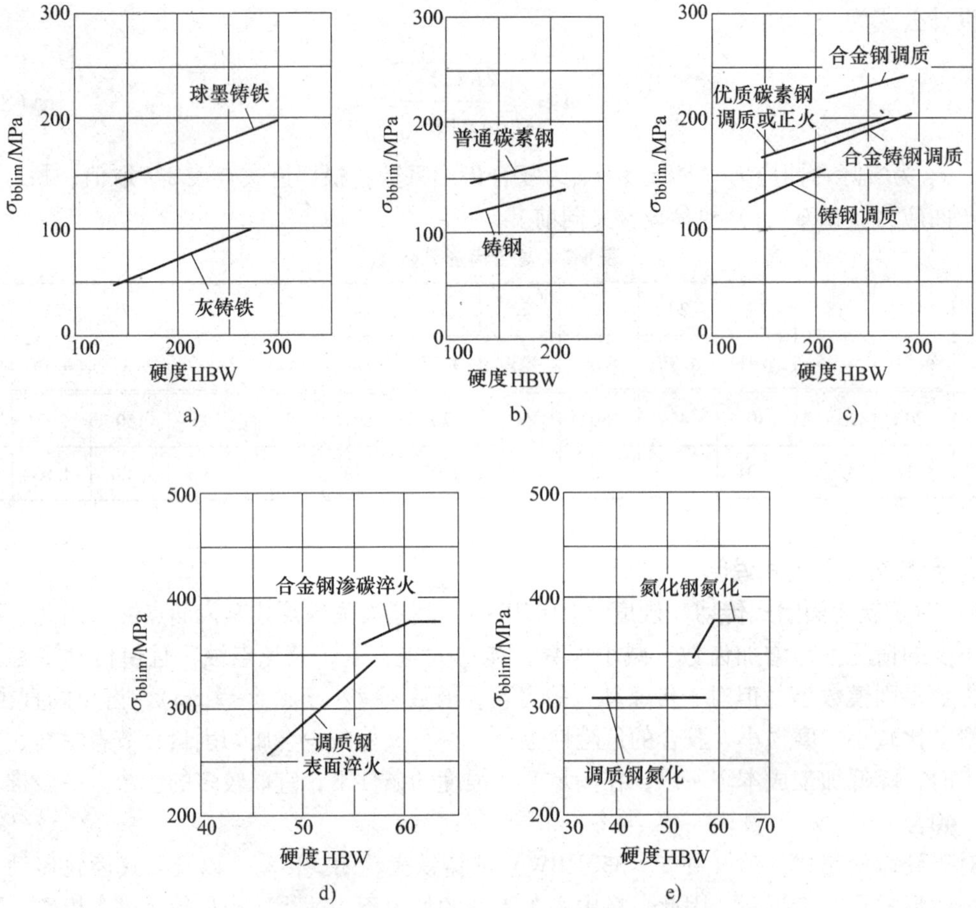

图 8-25　齿轮的弯曲疲劳极限 σ_{Flim}

8.10　斜齿圆柱齿轮传动

8.10.1　斜齿圆柱齿轮齿廓曲面的形成及啮合特点

1. 斜齿圆柱齿轮齿廓曲面的形成

如图 8-26a 所示，当发生面 S 在基圆柱上作纯滚动时，发生面上一条与基圆柱母线 NN' 平行的直线 KK' 在空间上形成的渐开线曲面，为直齿圆柱齿轮齿廓曲面，如图 8-26b。如图 8-27a 所示，斜齿圆柱齿轮的齿廓曲面的形成与其相似，所不同的是发生面上的 KK' 直线与 NN' 成一交角 β_b，β_b 称为基圆柱上的螺旋角。当发生面 S 在基圆柱作纯滚动时直线 KK' 所形成的是一渐开螺旋面。斜齿圆柱齿轮的齿廓曲面就是这种渐开螺旋面，如图 8-27b 所示。

2. 斜齿圆柱齿轮传动特点

斜齿轮传动与直齿轮传动比较有如下特点：

（1）斜齿轮传动平稳　直齿轮的轮齿进入啮合或脱开啮合时均为全齿宽接触，斜齿轮啮合或脱开啮合时则为从一点开始逐渐到全齿宽接触或分离，所以传动平稳。

（2）斜齿轮承载能力大　斜齿轮重合度大，同时参加啮合的齿数多，承载能力大。

（3）斜齿轮在传动中产生轴向力　由于斜齿轮齿的倾斜，工作时产生轴向力 F_a，对工作不利，所以螺旋角 β 不能过大。若需大的螺旋角时可采用人字齿轮。

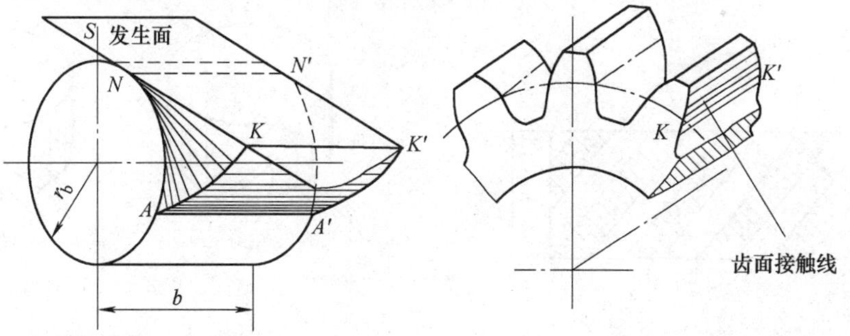

图 8-26　直齿圆柱齿轮齿廓曲面的形成

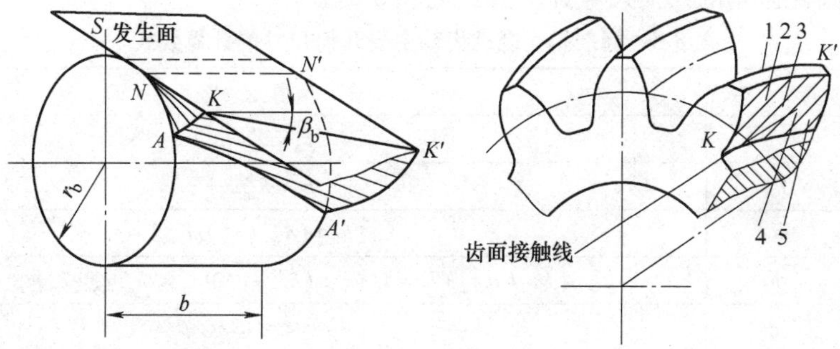

图 8-27　斜齿圆柱齿轮齿廓曲面的形成

8.10.2　斜齿圆柱齿轮的基本参数及几何尺寸计算

（1）螺旋角　如图 8-28 所示，将斜齿圆柱齿轮沿分度圆柱面展开，分度圆柱面与齿廓曲面的交线，称为齿线，齿线与齿轮轴线的夹角称为分度圆螺旋角，用 β 表示。一般斜齿轮 $\beta=8°\sim20°$，人字齿轮 $\beta=25°\sim45°$。

斜齿轮按轮齿的旋向分为左旋和右旋两种。将齿轮轴线垂直放置，螺旋线左高右低为左旋，右高左低为右旋，如图 8-29 所示。

（2）模数和压力角　斜齿圆柱齿轮的主要参数分端面参数（加角标 t）和法面参数（加角标 n）两种。如图 8-28 所示，垂直于齿轮轴线的平面称为端面，其上的参数称为端面参数；垂直于齿线的平面称为法面，其上参数称为法向参数。从图中几何关系可知端面齿距 p_t 与法向齿距 p_n 间关系为

$$p_n = p_t\cos\beta \tag{8-32}$$

因为端面模数 $m_t = P_t/\pi$ 法向模数 $m_n = P_n/\pi$，则

$$m_n = m_t\cos\beta \tag{8-33}$$

端面压力角 α_t 与法向压力角 α_n 间关系为

$$\tan\alpha_n = \tan\alpha_t\cos\beta \tag{8-34}$$

切制斜齿轮时，刀具沿齿线方向进刀。因此，斜齿轮以法向参数为标准值，即法向模数

m_n、法向压力角 α_n、法向齿顶高系数 h_{an}^* 和法向顶隙系数 c_n^* 均为标准值，采用与直齿轮相同的标准值和齿制。

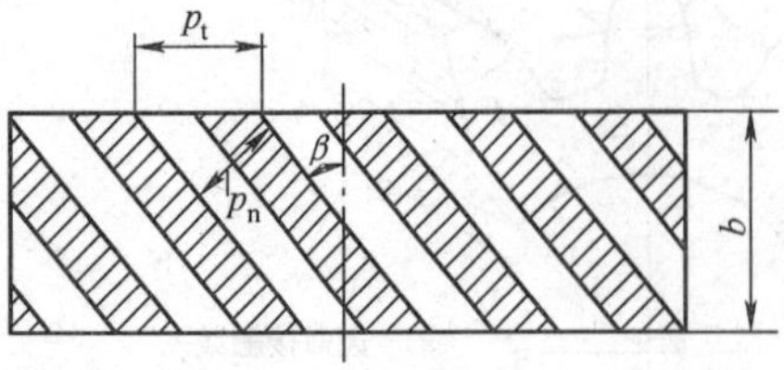

图 8-28　斜齿轮法面齿距与端面齿距的关系

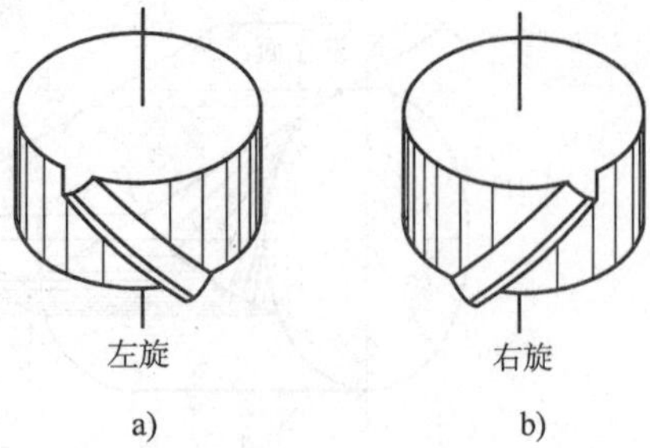

图 8-29　斜齿轮的旋向
a）左旋　b）右旋

2. 斜齿圆柱齿轮的几何尺寸计算

标准斜齿圆柱齿轮的几何尺寸计算公式见表 8-8。

表 8-8　标准斜齿圆柱齿轮主要几何尺寸的计算公式

名　称	符　号	计 算 公 式
顶隙	c_n	$c_n = c_n^* m_n$
齿顶高	h_a	$h_a = h_{an}^* m_n$
齿根高	h_f	$h_f = (h_{an}^* + c_n^*) m_n$
全齿高	h	$h = h_a + h_f = h_a^* m_n + (h_a^* + c^*) m_n = 2h_a^* m_n + c^* m_n$
分度圆直径	d	$d = m_t z = m_n z/\cos\beta$
齿顶圆直径	d_a	$d_a = d + 2h_a = m_n\left(\dfrac{z}{\cos\beta} + 2h_{an}^*\right)$
齿根圆直径	d_f	$d_f = d - 2h_f = m_n\left(\dfrac{z}{\cos\beta} - 2h_{an}^* - 2c_n^*\right)$
中心距	a	$a = \dfrac{1}{2}(d_1 + d_2) = \dfrac{m_n}{2\cos\beta}(z_1 + z_2)$

8.10.3　斜齿圆柱齿轮的正确啮合条件

一对斜齿圆柱齿轮的正确啮合条件为：两齿轮的法向模数和法向压力角分别相等，两齿轮分度圆上的螺旋角大小相等，外啮合时旋向相反、内啮合时旋向相同。即

$$\begin{cases} m_{n1} = m_{n2} = m \\ \alpha_{n1} = \alpha_{n2} = \alpha \\ \beta_1 = \pm\beta_2 \text{（外啮合时取“-”，内啮合时取“+”）} \end{cases} \tag{8-35}$$

8.10.4　当量齿轮和当量齿数

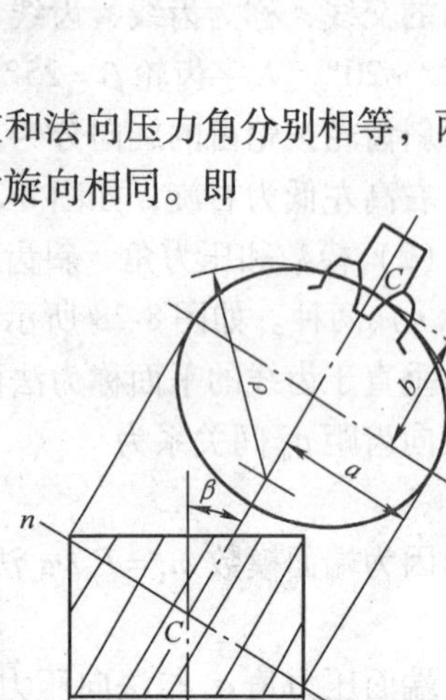

图 8-30　斜齿轮的当量齿数

斜齿轮在进行强度计算和采用仿形法加工选择铣刀时，必须要知道其法面齿廓。如图 8-30 所示，过分度圆柱面上点 C 作斜齿轮法面 n-n，截面为一椭圆，以椭圆在 C 点曲率半径 ρ 为分度圆半径，以斜齿轮法面模数 m_n 为模数，取标准

压力角 α_n，作一直齿圆柱齿轮，此直齿圆柱齿轮称为原斜齿轮的当量齿轮，其齿数称为当量齿数，用 z_v 表示。由高等数学知 $\rho=\dfrac{a^2}{b}$，其中 $a\left(=\dfrac{d}{2\cos\beta}\right)$为椭圆长半轴，$b\left(=\dfrac{d}{2}\right)$为椭圆短半轴，得

$$\rho=\frac{d}{2\cos^2\beta}=\frac{m_t z}{2\cos^2\beta}=\frac{m_n z}{2\cos^2\beta} \tag{a}$$

当量齿轮分度圆半径为

$$\rho=\frac{m_n z_v}{2} \tag{b}$$

联立两式得

$$z_v=\frac{z}{\cos^3\beta} \tag{8-36}$$

式中，z 为斜齿轮的实际齿数。

由上式可知，斜齿轮不发生根切的最少齿数为 $z_{min}=17\cos^3\beta<17$。

8.10.5　斜齿圆柱齿轮的强度计算

1. 斜齿圆柱齿轮轮齿上的作用力

(1) 力的方向　图8-31所示为一受载斜齿轮，在通过节点 C 的法向剖面 n-n 内，先将法向力 F_n 分解为径向力 F_r 和 F'，然后将 F' 分解为圆周力 F_t 和轴向力 F_a，这样就将法向力 F_n 分解为三个互相垂直的分力 F_t、F_r 和 F_a。

主、从动轮上的各对分力互为作用力与反作用力。主动轮上的圆周力 F_{t1} 方向与力的作用点圆周速度方向相反，从动轮上圆周力 F_{t2} 方向与力的作用点圆周速度方向相同；主从动轮上径向力 F_{r1}、F_{r2} 的方向分别指向各自的回转轴线；主动轮轴向力 F_{a1} 可通过主动轮左、右手定则判定，即主动轮左旋用左手、右旋用右手，以四指弯曲方向代表齿轮回转方向，则大拇指指向就是主动轮轴向力 F_{a1} 的方向，如图8-32所示。从动轮轴向力 F_{a2} 方向与 F_{a1} 相反。图8-32中标明了一对斜齿轮传动中，主、从动齿轮上各力的方向。

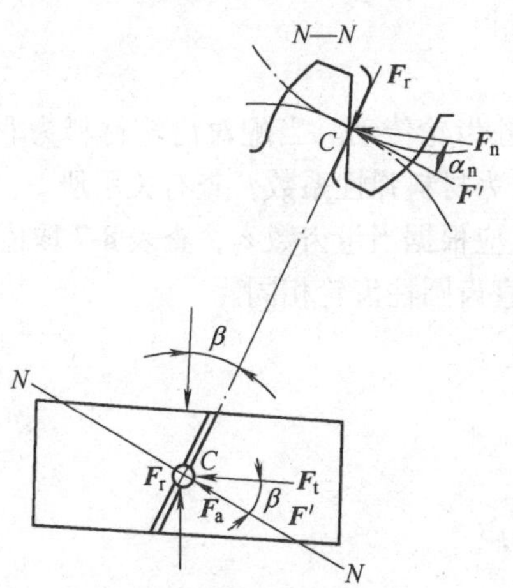

图8-31　斜齿轮受力简图

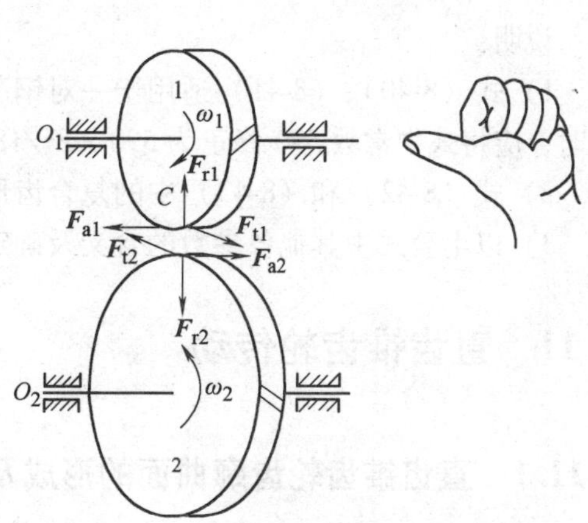

图8-32　主、从动斜齿轮各分力关系

（2）力大小的计算　图 8-33 是斜齿轮受力分析的立体图。指向工作面的法向力 F_n 可分解为互成直角的三个分力。

三对分力互为作用力与反作用力，由图 8-32 和图 8-33 可得各分力大小的计算公式为

圆周力
$$F_{t1}=F_{t2}=\frac{2T_1}{d_1}\tag{8-37}$$

径向力
$$F_{r1}=F_{r2}=F'\tan\alpha_n=\frac{F_{t1}\tan\alpha_n}{\cos\beta}\tag{8-38}$$

轴向力
$$F_{a1}=F_{a2}=F_{t1}\tan\beta\tag{8-39}$$

式中，T_1 为主动齿轮上的理论转矩（N · mm）；d_1 为主动齿轮分度圆直径（mm）；β 为螺旋角（°）；α_n 为法向压力角，标准斜齿轮 $\alpha_n=20°$。

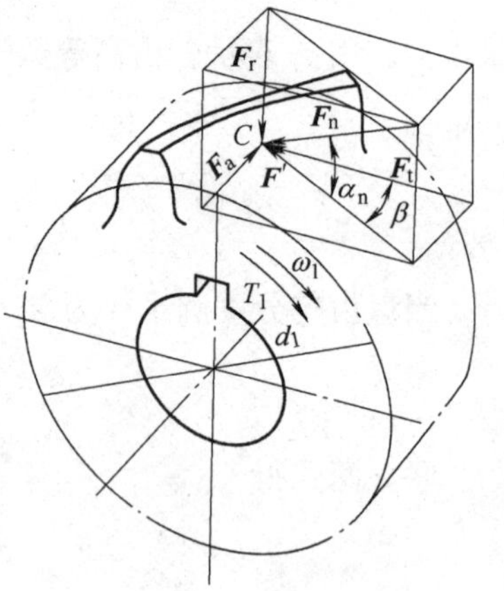

图 8-33　斜齿轮受力分析的立体图

2. 轮齿的强度计算

经理论推导可得各简化计算公式如下：

齿面接触强度验算公式为

$$\sigma_H=590\sqrt{\frac{KT_1(u\pm1)}{bd_1^2u}}\leqslant[\sigma_H]\tag{8-40}$$

齿面接触强度设计公式为

$$d_1\geqslant\sqrt[3]{\left(\frac{590}{[\sigma_H]}\right)^2\frac{KT_1(u\pm1)}{\Phi_d u}}\tag{8-41}$$

齿根弯曲强度验算公式为

$$\sigma_F=\frac{1.6KT_1Y_{FS}\cos\beta}{bm_n^2z_1}\leqslant[\sigma_F]\tag{8-42}$$

齿根弯曲强度设计公式为

$$m_n\geqslant\sqrt[3]{\frac{1.6KT_1Y_{FS}\cos^2\beta}{\Phi_d z_1^2[\sigma_F]}}\tag{8-43}$$

说明：

1）式（8-40）、（8-41）适用于一对钢制斜齿圆柱齿轮传动。当配对齿轮材料为非钢对钢时，应将式中常数 590 修正为 $590\times Z_E/189.8$，Z_E 为材料弹性系数，查有关手册。

2）式（8-42）和（8-43）中的复合齿形系数 Y_{FS} 应根据当量齿数 z_v，查表 8-7 取值。

3）以上公式中其他各参数的含义及确定方法与直齿圆柱齿轮相同。

8.11　直齿锥齿轮传动

8.11.1　直齿锥齿轮齿廓曲面的形成及啮合特点

1. 直齿锥齿轮齿廓曲面的形成

如图 8-34 所示，当扇形发生平面 S 在基圆锥上作纯滚动时，平面 S 上任一径向直线 $K'K$

在空间形成球面渐开线曲面（因为直线上 K'、…、K 等各点与锥顶 O 点之间的距离不变，故 K'、…、K 等各点轨迹都是不同球面半径 OK'、…、OK 的球面上的渐开线 AK、…、$A'K'$，这些球面渐开线组成球面渐开线曲面）。用该曲面作直齿锥齿轮的齿廓曲面，能保证瞬时传动比恒定。

2. 直齿锥齿轮的啮合特点

锥齿轮传动用来实现两相交轴之间的传动，两轴线之间的夹角 Σ 称为轴交角，其值可根据传动需要确定，一般 $\Sigma=90°$。锥齿轮的轮齿排列在截圆锥体上，轮齿由齿轮的大端到小端逐渐收缩，如图 8-35 所示。由于这一特点，对应于圆柱齿轮中的各有关“圆柱”在锥齿轮中就变成了“圆锥”，如分度圆锥、节圆锥、基圆锥、齿顶圆锥等。锥齿轮的轮齿有直齿、斜齿和曲线齿等形式。直齿和斜齿锥齿轮设计、制造及安装均较简单，但噪声较大，用于低速传动（<5m/s）；曲线齿锥齿轮具有传动平稳、噪声小及承载能力大等特点，用于高速重载的场合。

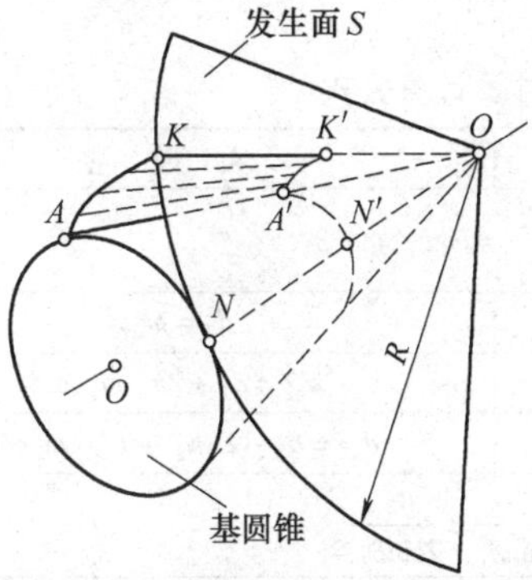

图 8-34　直齿锥齿轮齿廓曲面的形成

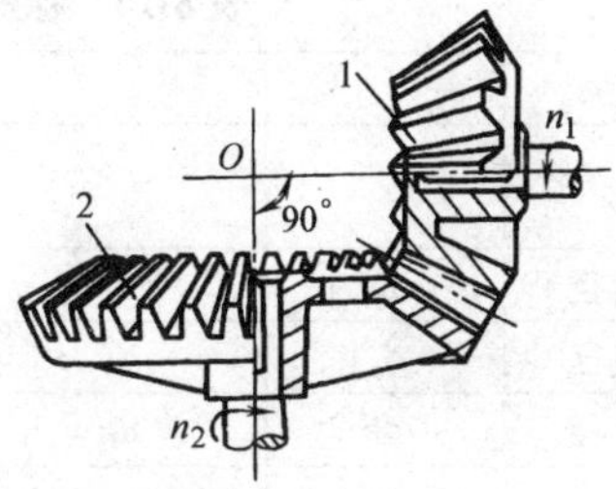

图 8-35　锥齿轮传动

8.11.2　直齿锥齿轮的基本参数和几何尺寸

一对标准直齿锥齿轮传动，其节圆锥与分度圆锥重合，如图 8-35 所示，由于锥齿轮大端轮齿尺寸大，计算和测量时的相对误差小，同时也便于确定齿轮外部尺寸，所以规定大端参数为标准值。锥齿轮的基本参数有 m_e、z、α、h_a^*、c^* 和 δ。我国规定正常齿制锥齿轮 $h_a^*=1$，$c^*=0.2$，$\alpha=20°$，模数 m_e 取表 8-9 所列系列数值。

表 8-9　锥齿轮标准模数（摘自 GB/T 12368——1990）　　（单位：mm）

0.1	0.12	0.15	0.2	0.25	0.3	0.35	0.4	0.5
0.6	0.7	0.8	0.9	1	1.125	1.25	1.375	1.5
1.75	2	2.25	2.5	2.75	3	3.25	3.5	3.75
4	4.5	5	5.5	6	6.5	7	8	9
10	11	12	14	16	18	20	22	25
28	30	32	36	40	45	50		

注：表中值适用于直齿、斜齿及曲线齿锥齿轮。

轴交角 $\Sigma=90°$的标准直齿锥齿轮传动的几何尺寸（图 8-36）及其计算公式见表 8-10。

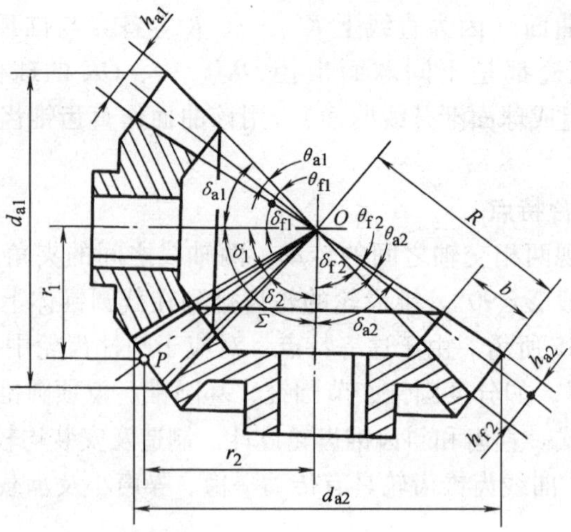

图 8-36　锥齿轮的几何尺寸

表 8-10　标准直齿锥齿轮的几何尺寸及计算公式

名　　称	符　　号	小　齿　轮	大　齿　轮
传动比	i	$i=\dfrac{z_2}{z_1}=\dfrac{r_2}{r_1}=\cot\delta_1=\tan\delta_2$	
分度圆直径	d	$d_1=m_e z_1$	$d_2=m_e z_2$
齿顶圆直径	d_a	$d_{a1}=d_1+2h_a^* m_e\cos\delta_1$	$d_{a2}=d_2+2h_a^* m_e\cos\delta_2$
齿根圆直径	d_f	$d_{f1}=d_1-2(h_a^*+c^*)m_e\cos\delta_1$	$d_{a2}=d_2-2(h_a^*+c^*)m_e\cos\delta_2$
锥距	R	$R=\dfrac{d_1}{2\sin\delta_1}=\dfrac{d_2}{2\sin\delta_2}$	
齿宽	b	$b\leqslant\dfrac{R}{3}$	
分度圆锥角	δ	$\delta_1=\arctan\dfrac{z_1}{z_2}$	$\delta_2=\arctan\dfrac{z_2}{z_1}$
齿顶圆锥角	δ_a	$\delta_{a1}=\delta_1+\arctan\dfrac{h_a^* m_e}{R}$	$\delta_{a2}=\delta_2+\arctan\dfrac{h_a^* m_e}{R}$
齿根圆锥角	δ_f	$\delta_{f1}=\delta_1-\arctan\dfrac{(h_a^*+c^*)m_e}{R}$	$\delta_{f2}=\delta_2-\arctan\dfrac{(h_a^*+c^*)m_e}{R}$

8.11.3　直齿锥齿轮的正确啮合条件

一对直齿锥齿轮的正确啮合条件为：两齿轮的大端模数和大端压力角分别相等，即

$$\begin{cases}m_{e1}=m_{e2}=m_e\\ \alpha_1=\alpha_2=\alpha\end{cases}\qquad(8\text{-}44)$$

8.11.4　直齿锥齿轮的传动比

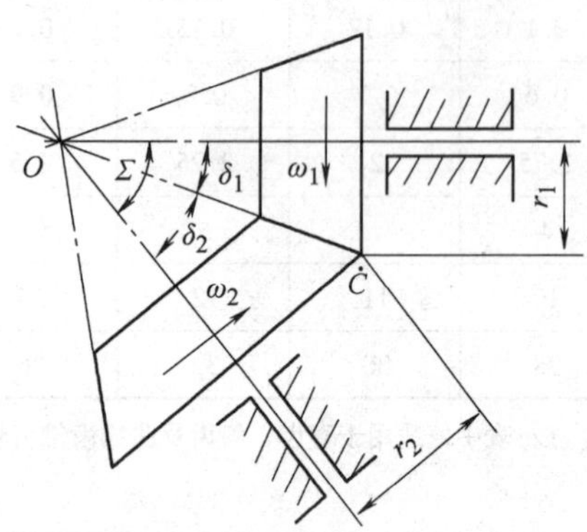

图 8-37　锥齿轮传动的传动比

直齿锥齿轮用于相交两轴之间的传动，正确安装的标准锥齿轮节圆锥与分度圆锥重合，相当于一对节圆锥的纯滚动，如图 8-37 所示。

设 δ_1、δ_2 分别为两齿轮的分度圆锥角，轴交角

$\Sigma=\delta_1+\delta_2$，因为

$$r_2=OC\sin\delta_2,\ r_1=OC\sin\delta_1$$

所以传动比

$$i=\frac{n_1}{n_2}=\frac{\omega_1}{\omega_2}=\frac{z_2}{z_1}=\frac{r_2}{r_1}=\frac{OC\sin\delta_2}{OC\sin\delta_1}=\frac{\sin\delta_2}{\sin\delta_1} \tag{8-45}$$

当轴交角 $\Sigma=\delta_1+\delta_2=90°$时

$$i=\frac{\sin\delta_2}{\sin\delta_1}=\frac{\sin\delta_2}{\cos\delta_2}=\tan\delta_2=\cot\delta_1 \tag{8-46}$$

8.11.5　直齿锥齿轮的背锥和当量齿数

因为直齿锥齿轮齿廓是球面渐开线，而球面无法展开为平面，因此以既能与圆球面渐开线齿廓接近又能展为平面的齿轮作为直齿锥齿轮的当量齿轮。

如图 8-38 所示为锥齿轮的轴向剖视图，大端齿廓球面与轴向剖面的交线为圆弧$\overset{\frown}{aCb}$，与在 C 点相切的直线$\overline{a'Cb'}$相似。以$\overline{a'Cb'}$的延长线 CO'为母线，绕轴线 OO'旋转，得一与大端齿廓球面相切的锥面，称为背锥。大端球面渐开线齿廓以近似的背锥上的渐开线齿廓代替。将背锥展成为平面，并补为整个圆周，这样所得的平面齿轮称为直齿锥齿轮的当量齿轮，该齿轮以 r_v 为分度圆半径，以大端模数 m_e 为模数，压力角取标准值，所得的齿数 z_v 称为锥齿轮的当量齿数。由图 8-38 可知

$$r_v=\frac{r}{\cos\delta} \tag{8-47}$$

式中，r 为直齿锥齿轮的大端分度圆的半径（mm）。

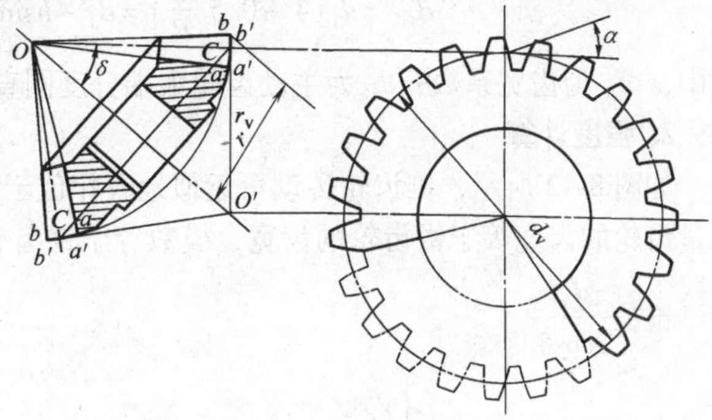

图 8-38　背锥和当量齿数

即

$$\frac{m_e z_v}{2}=\frac{m_e z}{2\cos\delta}$$

得

$$z_v=\frac{z}{\cos\delta} \tag{8-48}$$

8.11.6　直齿锥齿轮的强度计算

1. 受力分析

（1）力的方向　由于锥齿轮各剖面轮齿尺寸的大小与到锥顶的距离成正比，齿轮大端刚度大，小端刚度小，所以锥齿轮的载荷沿齿宽方向分布是不均匀的。为了简化计算，假设沿齿宽方向分布载荷的合力作用在齿宽中点的法向啮合平面内（图 8-39），略去摩擦力不计，法向力 F_n 可分解为圆周力 F_t 与 F'，再将 F'分解为径向力 F_r 和轴向力 F_a。

图 8-40 所示为主、从动齿轮上各分力的方向示意图。从图中可知，主动齿轮圆周力 F_{t1}与主动轮在啮合点的圆周速度方向相反，从动齿轮圆周力 F_{t2}与从动轮在啮合点的圆周速度方向相同；主、从动齿轮径向力 F_{r1}，F_{r2}指向各自回转轴线；主、从动齿轮轴向力 F_{a1}、F_{a2}由各自的小端指向大端。由图可知，F_{t1}与 F_{t2}，F_{r1}与 F_{a2}，F_{a1}与 F_{r2}互为作用力与反作用力。

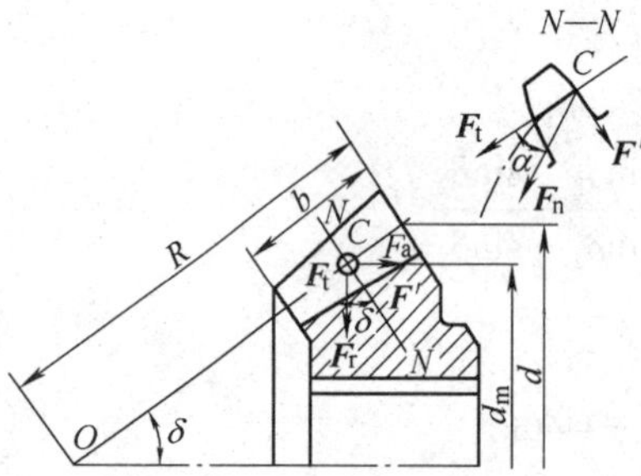

图 8-39　锥齿轮受力简图

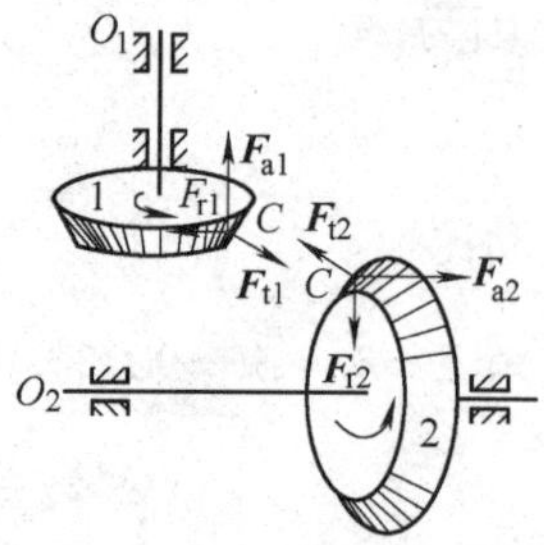

图 8-40　主、从动圆锥齿轮各力关系

（2）力大小的计算　由图 8-41 可知

$$F_{t1}=F_{t2}=\frac{2T_1}{d_{m1}} \tag{8-49}$$

$$F_{r1}=F_{a2}=F'\cos\delta_1=F_{t1}\tan\alpha\cos\delta_1 \tag{8-50}$$

$$F_{a1}=F_{r2}=F'\sin\delta_1=F_{t1}\tan\alpha\sin\delta_1 \tag{8-51}$$

式中，d_{m1} 为主动齿轮平均分度圆直径，由图 8-42 得

$$d_{m1}=d_1\left(1-0.5\frac{b}{R}\right)=d_1-b\sin\delta_1=d_1(1-0.5\Phi_R) \tag{8-52}$$

式中，Φ_R 为齿宽系数；d_1 为主动齿轮大端分度圆直径（mm）。

2. 强度计算

如图 8-42 所示，锥齿轮传动可近似地看作位于齿宽中点的一对当量直齿圆柱齿轮传动。当量齿轮的齿宽等于锥齿轮的齿宽，模数等于锥齿轮的平均模数 m_m，半径等于齿宽中点的背锥锥长$\dfrac{d_{m1}}{2\cos\delta_1}$。

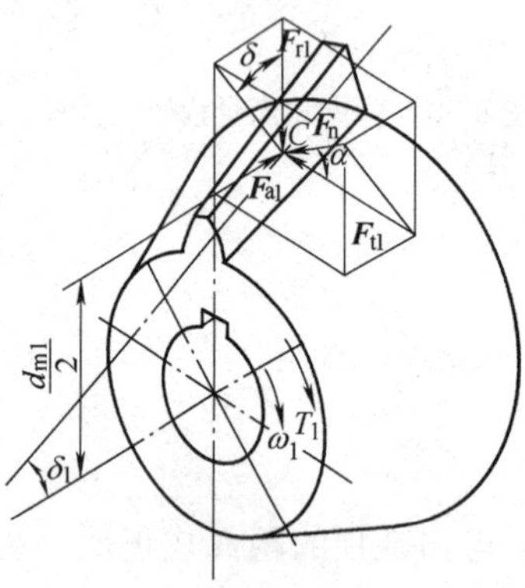

图 8-41　直齿圆锥齿轮受力分析立体图

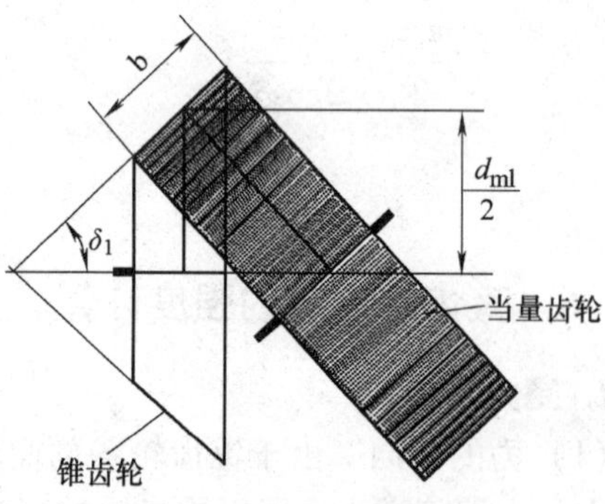

图 8-42　锥齿轮平均分度圆直径

经推导得一对轴交角 $\Sigma=90°$的钢制直齿锥齿轮强度的简化计算公式如下：

齿面接触强度验算公式

$$\sigma_H=\frac{336}{R-0.5b}\sqrt{\frac{\sqrt{(i^2+1)^3}KT_1}{ib}}\leqslant[\sigma_H] \tag{8-53}$$

引入齿宽系数 $\Phi_R=\dfrac{b}{R}$，由上式得出齿面接触强度设计公式

$$R \geqslant \sqrt{i^2+1}\sqrt[3]{\left[\frac{336}{(1-0.5\phi_R)[\sigma_H]}\right]^2 \frac{KT_1}{\phi_R i}} \tag{8-54}$$

式中，K 为载荷系数，查表 8-6；b 为齿宽（mm）；R 为锥距（mm）；Φ_R 为齿宽系数，一般取 $\Phi_R=0.25 \sim 0.3$。

按式（8-54）计算出锥距 R 后，由

$$R = \frac{m_e}{2}\sqrt{z_1^2+z_2^2} = \frac{m_e z_1}{2}\sqrt{i^2+1} \tag{8-55}$$

计算大端模数

$$m_e = \frac{2R}{z_1 \sqrt{i^2+1}} \tag{8-56}$$

求出模数后按表 8-9 圆整为标准值。

齿根弯曲强度验算公式

$$\sigma_F = \frac{2KT_1 Y_{FS}}{bd_m m_m} = \frac{2KT_1 Y_{FS}}{bm_m^2 z_1} \leqslant [\sigma_F] \tag{8-57}$$

由图 8-42 可知，平均模数与大端模数之间的关系为

$$\frac{d_1}{d_{m1}} = \frac{R}{R-0.5b} = \frac{m_e}{m_m},\ m_e = \frac{m_m}{1-0.5\Phi_R} \tag{8-58}$$

将上式代入式（8-57）得

$$\left.\begin{aligned} \sigma_{F1} &= \frac{2KT_1 Y_{FS1}}{bd_1 m_e (1-0.5\Phi_R)^2} \leqslant [\sigma_{F1}] \\ \sigma_{F2} &= \sigma_{F1}\frac{Y_{FS2}}{Y_{FS1}} \leqslant [\sigma_{F2}] \end{aligned}\right\} \tag{8-59}$$

由上式得

$$m_m \geqslant \sqrt[3]{\frac{4KT_1 Y_{FS}(1-0.5\Phi_R)}{\Phi_R z_1^2 [\sigma_F] \sqrt{u^2+1}}}$$

整理得齿根弯曲强度设计公式

$$m_e \geqslant \sqrt[3]{\frac{4KT_1 Y_{FS}}{\Phi_R {z_1}^2 [\sigma_F] \sqrt{u^2+1} (1-0.5\Phi_R)^2}} \tag{8-60}$$

式中，Y_{FS} 为复合齿形系数，按当量齿数 $z_v = \frac{z}{\cos\delta}$ 查表 8-7 取值。

8.12 齿轮的结构

8.12.1 圆柱齿轮的结构

根据强度条件可确定齿轮的主要参数及尺寸，如模数、分度圆直径、齿宽等。但要制造齿轮还必须进行相应的结构设计，以确定出齿轮的结构形状及其他相关尺寸。齿轮的结构形状与齿轮的材料、外部尺寸和制造方法等因素有关。

1. 齿轮轴

对于齿顶圆直径较小的钢齿轮或齿根圆直径与相配轴径相差不大的钢制齿轮，可将齿轮和轴制成一体，称为齿轮轴，如图 8-43a 所示。一般当 $d_a < 2d_0$（d_0 为轴的直径）或 $\delta < 2.5m$ 时，应将齿轮作成齿轮轴。齿轮轴易于装配，并增加了刚性，但制造工艺复杂，齿轮与轴同时报废，不经济，在齿轮直径稍大时应采用齿轮与轴分开制造的形式。

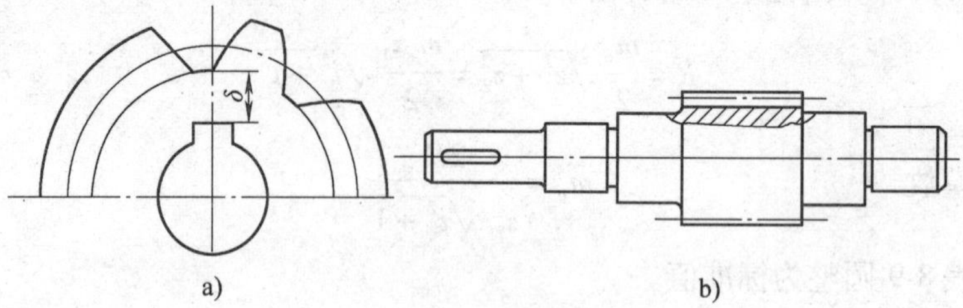

图 8-43 齿轮轴

2. 实心式齿轮

当 $d_a \leqslant 100$mm 时，可由轧制圆钢制造齿轮毛坯；对于齿顶圆直径 $d_a \leqslant 200$mm 的钢制齿轮，一般采用图 8-44 所示的锻造毛坯实心式齿轮，可单件或小批量生产。

3. 辐板式齿轮

对于齿顶圆直径 $d_a = 200 \sim 500$mm 的齿轮，为了减轻重量和节约材料，可采用图 8-45 所示锻造毛坯。一些不重要的齿轮可采用铸造毛坯。

4. 轮辐式齿轮

对于齿顶圆直径 $d_a = 400 \sim 1000$mm，齿宽 $b \leqslant 200$mm 的齿轮，齿轮毛坯因受锻造设备的限制，通常采用图 8-46 所示的铸铁或铸钢浇注的轮辐式结构。

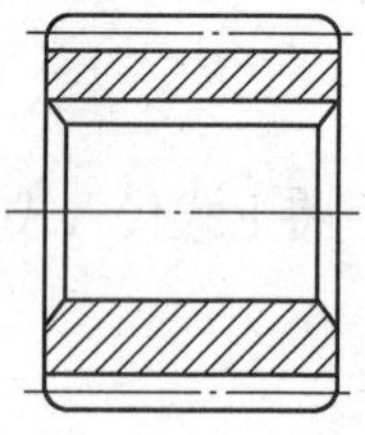

图 8-44 实心式齿轮

除以上四种结构形式外，圆柱齿轮还有镶套式、焊接式、剖分式等结构形式。

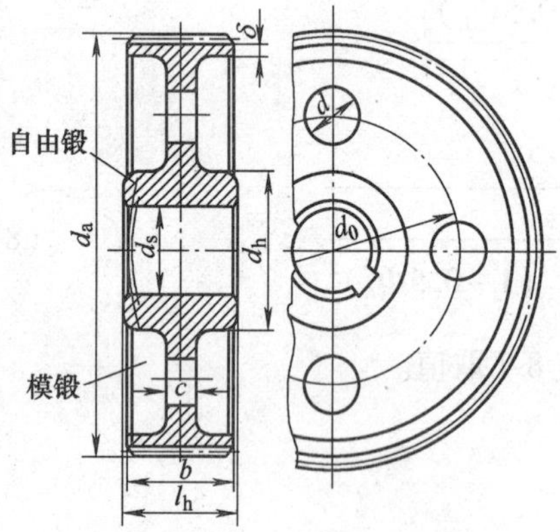

图 8-45 辐板式齿轮

$d_h = 1.6d_s$，$l_h = (1.2 \sim 1.5)d_s$，并使 $l_h \geqslant b$；模锻 $c = 0.2b$，自由锻 $c = 0.3b$；$\delta = (2.5 \sim 4)m_n$，但不小于 8mm；d_0 和 d 按结构取值，当 d 较小时可不开孔

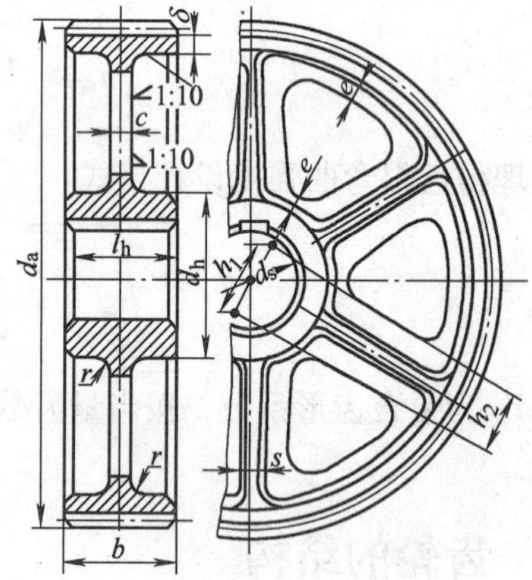

图 8-46 轮辐式齿轮

$d_h = 1.6d_s$（铸钢）；$d_h = 1.8d_s$（铸铁）；$l_h = (1.2 \sim 1.5)d_s$，$l_h > b$；$\delta_0 = (2.5 \sim 4)m_n$，但不小于 8mm；$s = 0.75h_1$，但不小于 10mm；$c = 0.2b$，但不小于 10mm；$e = 0.8\delta$；$h_1 = 0.8d_3$，$h_2 = 0.8h_1$

8.12.2　锥齿轮的结构

1. 锥齿轮轴

如图8-47所示，当$\delta < 1.6\mathrm{m}$时，应考虑采用图8-48所示的锥齿轮轴。

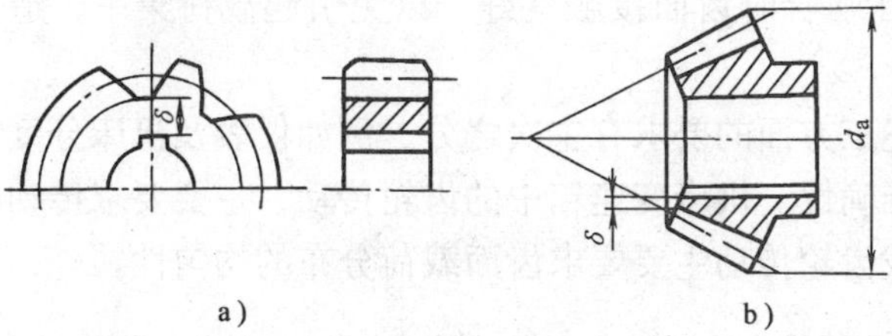

图8-47　实心式锥齿轮

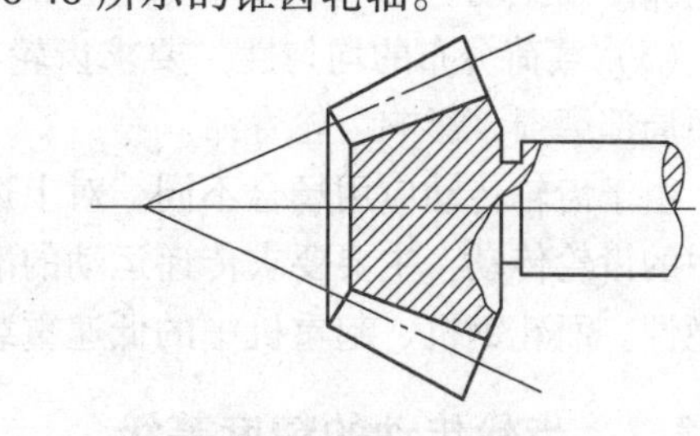

图8-48　锥齿轮轴

2. 实心式锥齿轮

当$\delta \geqslant 1.6m$，且齿顶圆直径$d_a \leqslant 200\mathrm{mm}$时，应将锥齿轮与轴分开制造，采用图8-47所示的实心式结构。

3. 辐板式锥齿轮

对于齿顶圆直径$d_a = 200 \sim 500\mathrm{mm}$的较大尺寸的齿轮，应采用辐板式结构。图8-49所示为锻造毛坯的辐板式锥齿轮。图8-50所示为铸造毛坯的辐板式锥齿轮，辐板上设置的加强肋板可提高轮坯强度，一般$d_a \geqslant 500\mathrm{mm}$时适用于这种结构形式。

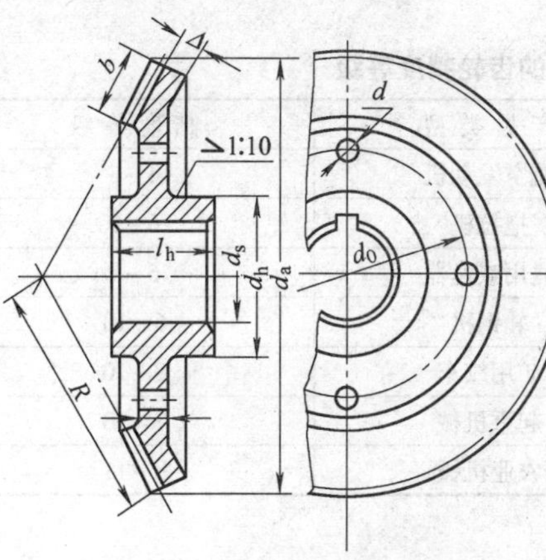

图8-49　辐板式锥齿轮
$d_h = 1.6d_s$；$l_h = (1.2 \sim 1.5)d_s$；
$c = (0.2 \sim 0.3)b$；
$\Delta = (2.5 \sim 4)m_e$，但不小于10mm；
d_0和d按结构取定

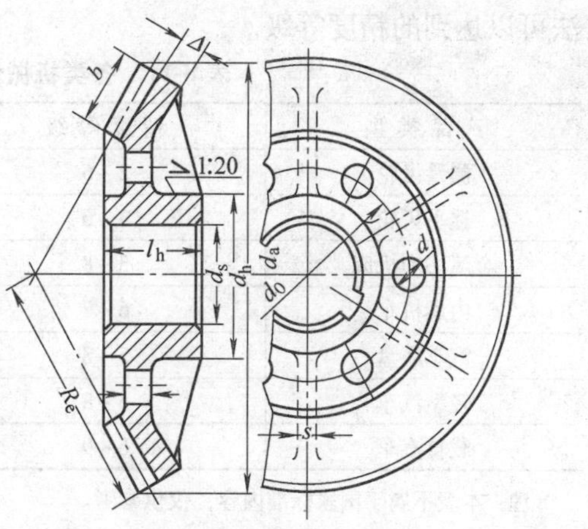

图8-50　带加强肋的辐板式锥齿轮
$d_h = (1.6 \sim 1.8)d_s$；$l_h = (1.2 \sim 1.5)d_s$；
$c = (0.2 \sim 0.3)b$；$s = 0.8c$；
$\Delta = (2.5 \sim 4)m$，但不小于10mm；
d_0和d按结构取定

8.13　齿轮传动的精度和效率

8.13.1　齿轮传动精度要求

根据齿轮传动的使用要求，对齿轮制造精度提出以下三方面的要求。

（1）传递运动的准确性　要求齿轮在一转范围内，最大的转角误差不超过允许的限度，以保证传递运动的准确。

（2）传动的平稳性　要求齿轮在一转内瞬时传动比的变化不能过大，以免引起冲击，产生噪声和振动。

（3）载荷分布的均匀性　要求齿轮在啮合时齿面接触良好，以免引起载荷集中，造成齿面局部磨损，影响齿轮寿命。

由于齿轮传动应用场合不同，对上述三方面的要求有主次之分。例如仪表及机床分度机构中的齿轮传动，主要要求传递运动的准确性。机床变速箱中的齿轮传动，主要要求传动的平稳性。而轧钢机、起重机中的低速重载齿轮传动主要要求齿面载荷分布的均匀性。

8.13.2　齿轮传动的精度等级

1. 精度等级

GB/T 10095.1—2008 对轮齿同侧齿面公差规定了 13 个精度等级，从 0 级到 12 级，精度依次降低，通常应用最多的为 6～9 级。如果要求的齿轮精度等级为 GB/T 10095.1—2008 的某一等级，而无其他规定时，则齿距、齿廓、螺旋线等各项偏差的允许值均按该精度等级确定。也可以按协议对工作齿面和非工作齿面规定不同的精度等级，或对不同偏差项目规定不同的精度等级。另外，也可仅对工作齿面规定要求的精度等级。

齿轮的精度等级应根据传动的用途、使用条件、传递功率和圆周速度及其他经济、技术条件来确定。表 8-11 为各类机械传动中所应用的齿轮精度等级，表 8-12 给出了各种加工方法可以达到的精度等级。

表 8-11　各类机械传动中所应用的齿轮精度等级

产品类型	精度等级	产品类型	精度等级
测量齿轮	2～5	航空发动机	4～8
透平齿轮	3～6	拖拉机	6～9
金属切削机床	3～8	通用减速器	6～9
内燃机车	6～7	轧钢机	6～10
汽车底盘	5～8	矿用绞车	8～10
轻型汽车	5～8	起重机械	7～10
载重汽车	6～9	农业机械	8～11

注：本表不属于国家标准内容，仅供参考。

表 8-12　圆柱齿轮各种加工方法的精度等级

<table>
<tr><th rowspan="2">要素</th><th colspan="6">精度等级</th></tr>
<tr><th>4</th><th>5</th><th>6</th><th>7</th><th>8</th><th>9</th></tr>
<tr><td>切齿方法</td><td>在周期误差很小的精密机床上用展成法加工</td><td>在周期误差小的精密机床上用展成法加工</td><td>在精密机床上用展成法加工</td><td>在较精密机床上用展成法加工</td><td>用展成法加工</td><td>用展成法加工或分度法精细加工</td></tr>
<tr><td>齿面最后加工</td><td colspan="2">精密磨齿；对软或中硬齿面的大齿轮，精密滚齿后研齿或剃齿</td><td>磨齿、精密滚齿或剃齿</td><td>高精度滚齿、插齿和剃齿，对渗碳淬火齿轮必须作最后加工（磨齿、精刮齿、有修正能力的珩齿等）</td><td>滚齿、插齿必要时剃齿或刮齿或珩齿</td><td>一般滚、插齿工艺</td></tr>
</table>

2. 公差组

按齿轮各项误差对齿轮传动使用性能的主要影响，将齿轮误差划分为三组。影响传递运动准确性的误差为第Ⅰ组，影响传动平稳性的误差为第Ⅱ组，影响载荷分布均匀性的误差为第Ⅲ组。控制这些误差的公差，也相应地分为第Ⅰ、第Ⅱ、第Ⅲ公差组，见表8-13。

表8-13 齿轮公差分组表

公差组	公差与极限偏差	对性能的主要影响
Ⅰ	F_i'、F_i''、F_p、F_r、F_w	传递运动的准确性
Ⅱ	f_i'、f_i''、f_t、f_{pt}、f_{pb}、$f_{t\beta}$	传动的平稳性
Ⅲ	接触斑点、F_β、F_{px}	载荷分布的均匀性

注：表中公差与极限偏差的代号说明，请参阅有关书籍。

3. 精度等级选择

精度等级的选择应考虑传动的用途、使用条件、传动功率、圆周速度以及其他技术要求。齿轮第Ⅱ公差组的精度主要根据圆周速度而定。它们的关系见表8-14。

根据使用要求不同，允许对三个公差组选用不同的精度等级。但在同一个公差组内，各项公差与极限偏差应保持相同的精度等级。

表8-14 圆柱齿轮第Ⅱ公差组的精度选择

轮齿的形式	硬度 HBW	第Ⅱ公差组精度等级					
		5	6	7	8	9	10
		圆周速度/m·s^{-1}					
直齿	≤350	>15	18	12	6	4	1
	>350		15	10	5	3	1
非直齿	≤350	>30	36	25	12	8	2
	>350		30	20	9	6	1.5

8.13.3 齿轮传动的效率

闭式齿轮传动的功率损耗主要包括啮合损耗、轴承中的摩擦损耗及齿轮搅油损耗；开式齿轮传动的功率损耗主要包括啮合损耗和轴承中的摩擦损耗。齿轮传动采用滚动轴承时的平均效率见表8-15。

表8-15 齿轮传动的平均效率

传动装置	结构形式		
	6级或7级精度的闭式传动	8级精度的闭式传动	开式传动
圆柱齿轮	0.98	0.97	0.95
锥齿轮	0.97	0.96	0.93

8.14 齿轮副的装配和调整

8.14.1 圆柱齿轮副的装配和调整

1. 齿轮装配

一般齿轮传动，为保证齿轮和轴的同轴度，齿轮与轴的配合多采用过盈配合或过渡配合。过盈量较大的采用热装，过盈量较小的采用冷装。

2. 装配后检查

齿轮装配后应检查，检查的主要项目有齿圈径向圆跳动和轴向圆跳动等。常出现的误差有如下两种。

（1）齿轮在轴上的偏摆　主要原因是齿轮内孔与齿轮端面的垂直度误差较大，或因齿轮内孔在与轴径装配时产生了较大的变形。

（2）齿圈径向圆跳动误差　主要原因是滚齿加工时的加工误差或因齿轮分度圆轴线与轴径轴线之间的同轴度误差。

3. 齿侧间隙的检查

齿侧间隙指齿轮副啮合轮齿非工作面间法线间的空隙。齿侧间隙的作用在于补偿加工误差和安装误差、补偿热变形，避免运转时发生卡死现象，保证齿轮自由回转，储存润滑油，有良好的润滑和散热条件，不引起大的冲击。齿侧间隙大小与齿轮模数、精度等级和中心距有关。若齿侧间隙超过规定，可通过变动齿轮轴向位置和刮研齿面进行调整。

齿侧间隙的检查方法常用压铅法和千分表法。

（1）压铅法　在两齿轮的齿间放入一些铅丝，其直径根据间隙大小选定，长度以压上三个齿为宜，然后均匀转动齿轮，使铅丝通过啮合而被压扁。厚度小的是工作侧隙，厚度较大的是非工作侧隙，厚度最大的是齿顶间隙。工作侧隙和非工作侧隙之和为齿侧间隙。该方法准确，应用较多。

（2）千分表法　将其中一个齿轮固定，另一个齿轮相对晃动，用千分表测出此晃动量，即为齿侧间隙。此法用于较精确的啮合。

4. 齿轮接触精度的检查

对于传递动力的齿轮，要求齿面接触面积大而均匀，避免发生载荷集中，保证齿轮的承载能力。齿轮的接触精度用接触斑点范围的大小来表示，通常用着色法检查。步骤如下：

1）在小齿轮齿面上涂色。

2）将与之啮合的大齿轮与小齿轮对滚 3～4 圈。

3）检查两齿轮的接触面积及位置。

正常接触痕迹应在齿轮分度圆附近并有一定的接触面积，装配后出现的接触误差，可经过研齿、修刮及磨合等措施来消除。

8.14.2　锥齿轮副的装配和调整

圆锥齿轮副装配后是否具有良好的啮合特性，主要取决于两齿轮在空间的相对位置。通常采用接触斑点法来进行检验。同时还要注意调整向心推力轴承的游隙、预紧度。步骤如下：

1）将两齿轮清理干净。

2）在主动齿轮的齿面上（不少于 1/3 轮齿）均匀涂上一层显示剂（如铅油或红粉）。

3）来回转动主动轴（不得转过一转），使齿轮副相互啮合，直到着色痕迹在从动轮的齿面上被充分的地呈现出来。

4）确定从动轮轮齿上着色痕迹的分布情况和尺寸。

如果着色区域偏于从动轮的小端，应使主动齿轮后退，从动齿轮前进；如果着色区域偏于从动轮的大端，应使主动齿轮前进，从动齿轮后退；如果着色区域沿齿向分布均匀但偏于轮齿的齿顶，应使两个齿轮同时前进；如果着色区域沿齿向分布均匀但偏于轮齿的齿根，应使两个齿轮同时后退；如果着色区域沿齿向分布均匀且位于轮齿的中间部位，说明装配位置已调整正确。

8.15 齿轮的修复

因磨损或其他故障而失效的齿轮需要进行修复。齿轮常见的失效形式、损伤特征、产生原因和维修方法见表8-16。

表8-16 齿轮常见的失效形式和维修方法

失效形式	损伤特征	产生原因	维修方法
轮齿折断	整体折断一般发生在齿根,局部折断一般发生在轮齿一端	齿根处弯曲应力集中且最大,载荷过分集中,多次重复作用、短期过载	堆焊、局部更换、栽齿、镶齿
疲劳点蚀	在节线附近的下齿面上出现疲劳点蚀并扩展,呈贝壳状,可遍及整个齿面,噪声、磨损、动载增大,在闭式齿轮中经常发生	长期受交变接触应力作用,齿面接触强度和硬度不高,表面粗糙度大、润滑不良	堆焊、更换齿轮、变位切削
齿面剥落	脆性材料、硬齿面齿轮在表层或次表层产生裂纹,然后扩展,材料成片状剥离,形成剥落坑	齿面受大的交变接触应力,局部过载、材料缺陷、热处理不当、润滑油黏度过低、轮齿表面质量差	堆焊、更换齿轮、变位切削
齿面胶合	齿面金属在一定压力下直接接触发生粘合,并随相对运动从齿面上撕落,按形成条件分为热胶合和冷胶合	热胶合产生高速重载,引起局部瞬时高温,导致油膜破裂,使齿面局部粘焊;冷胶合发生于低速重载、局部压力过高和油膜压溃等场合下	更换齿轮、变位切削、加强润滑
齿面磨损	轮齿接触表面沿滑动方向有均匀重叠条痕,多见于开式齿轮,导致失去齿形、齿厚减薄而折断	铁屑或尘粒等进入轮齿的啮合部位,引起磨粒磨损	堆焊、调整换位、更换齿轮、换向、塑性变形、变位切削、加强润滑
塑性变形	齿面产生塑性流动、破坏了正常的齿形曲线	齿轮材料较软、承受载荷较大、齿面间摩擦力较大	更换齿轮、变位切削、加强润滑

任务实施

任务一：一对外啮合的标准渐开线直齿圆柱齿轮（正常齿），大齿轮丢失。已知小齿轮的齿数 $z_1=38$，现测得小齿轮的顶圆直径 $d_{a1}=100\text{mm}$，两轴孔的中心距 $a=112.5\text{mm}$，试确定大齿轮的主要尺寸。

设计过程：

1. 求模数 m

由表8-2可知

$$d_a=d+2h_a=mz+2h_a^*m$$

所以

$$m=\frac{d_{a1}}{z_1+2h_a^*}=\frac{100}{38+2\times1}\text{mm}=2.5\text{mm}$$

查表8-1，$m=2.5\text{mm}$ 符合标准系列。

2. 求齿数

$$z_2=\frac{2a}{m}-z_1=\frac{2\times112.5}{2.5}-38=52$$

3. 求大齿轮主要几何尺寸

$$d_2 = mz_2 = 2.5 \times 52\text{mm} = 130\text{mm}$$

$$d_{a2} = m(z_2 + 2h_a^*) = 2.5 \times (52 + 2 \times 1)\text{mm} = 135\text{mm}$$

$$d_{f2} = m(z_2 - 2h_a^* - c^*) = 2.5 \times (52 - 2 \times 1 - 2 \times 0.25)\text{mm} = 123.75\text{mm}$$

$$d_{b2} = mz_2\cos\alpha = 2.5 \times 52\cos20^\circ\text{mm} = 122.16\text{mm}$$

任务二：一对外啮合的标准渐开线直齿圆柱齿轮（正常齿），磨损严重，小齿轮报废，重新加工变位小齿轮，将大齿轮修复为变位齿轮。已知：齿数 $z_1 = 24$、$z_2 = 96$，模数 $m = 4\text{mm}$，测出大齿轮齿厚最大磨损量 $\Delta s_{2\max} = 2.9\text{mm}$。

设计过程：

1. 计算啮合角

按题目要求，中心距不变 $a' = a$

由式（8-21）　$$a' = a\frac{\cos\alpha}{\cos\alpha'}$$

得　$$\alpha' = \alpha$$

2. 两齿轮的变位系数

由式（8-20）　$$inv\alpha' = inv\alpha + 2\tan\alpha\left(\frac{x_1 + x_2}{z_1 + z_2}\right)$$

得　$$2\tan\alpha\left(\frac{x_1 + x_2}{z_1 + z_2}\right) = 0$$

则　$$x_1 + x_2 = 0 \tag{8-61}$$

3. 计算大齿轮所需变位系数

由齿厚公式得

$$\Delta s_{2\max} = 2x_2 m\tan\alpha = -2.9\text{mm}$$

所以 $x_2 = \dfrac{\Delta s_{2\max}}{2m\tan\alpha} = -\dfrac{2.9}{2 \times 4\tan20^\circ} = -0.996$，取 $x_2 = -1$。

代入式（8-61）得　$$x_1 = 1$$

4. 计算两齿轮几何尺寸

$$a = \frac{m}{2}(z_2 + z_1) = \frac{4}{2}(96 + 24)\text{mm} = 240\text{mm}$$

$$d_1 = mz_1 = 4 \times 24\text{mm} = 96\text{mm} \qquad d_2 = mz_2 = 4 \times 96\text{mm} = 384\text{mm}$$

$$d_{f1} = m(z_2 - 2h_a^* - 2c^* + 2x_1) = 4(24 - 2 \times 1 - 2 \times 0.25 + 2 \times 1)\text{mm} = 94\text{mm}$$

$$d_{f2} = m(z_2 - 2h_a^* - 2c^* + 2x_2) = 4(96 - 2 \times 1 - 2 \times 0.25 - 2 \times 1)\text{mm} = 366\text{mm}$$

$$d_{a1} = 2a' - d_{f2} - 2c^* m = (2 \times 240 - 366 - 2 \times 0.25 \times 4)\text{mm} = 112\text{mm}$$

$$d_{a2} = 2a' - d_{f1} - 2c^* m = (2 \times 240 - 94 - 2 \times 0.25 \times 4)\text{mm} = 384\text{mm}$$

$$s_1 = \frac{m\pi}{2} + 2x_1 m\tan\alpha = \left(\frac{4\pi}{2} + 2 \times 1 \times 4\tan20^\circ\right)\text{mm} = 9.19\text{mm}$$

$$s_2 = \frac{m\pi}{2} + 2x_2 m\tan\alpha = \left(\frac{4\pi}{2} - 2 \times 1 \times 4\tan20^\circ\right)\text{mm} = 3.37\text{mm}$$

$$e_1 = \frac{m\pi}{2} - 2x_1 m\tan\alpha = 3.37\text{mm}$$

$$e_2 = \frac{m\pi}{2} - 2x_2 m\tan\alpha = 9.19\text{mm}$$

任务三：设计如图6-1所示电动机与带式输送机间的齿轮传动，要求设计为直齿圆柱齿轮。已知：电动机驱动，中等冲击，单向运转，齿轮相对轴承对称布置，传递功率 $P=12\text{kW}$，主动齿轮转速 $n_1=707\text{r/min}$，传动比 $i=3.5$。

设计过程：

1. 选择齿轮材料及热处理方式，确定许用应力

根据表8-5，小齿轮采用45钢调质，硬度为217~255HBW，取中间值236HBW；大齿轮采用45钢正火，硬度为162~217HBW，取中间值190HBW。

查图8-23c得 $$\sigma_{\text{Hlim1}}=580\text{MPa},\ \sigma_{\text{Hlim2}}=540\text{MPa}$$

取 $S_{\text{H}}=1.1$，则由式（8-28）$[\sigma_{\text{H}}]=\dfrac{\sigma_{\text{Hlim}}}{S_{\text{H}}}$得

$$[\sigma_{\text{H1}}]=\frac{\sigma_{\text{Hlim1}}}{S_{\text{H}}}=\frac{580}{1.1}\text{MPa}=527.3\text{MPa}$$

$$[\sigma_{\text{H2}}]=\frac{\sigma_{\text{Hlim2}}}{S_{\text{H}}}=\frac{540}{1.1}\text{MPa}=490.9\text{MPa}$$

查图8-25c得 $$\sigma_{\text{Flim1}}=185\text{MPa},\ \sigma_{\text{Flim2}}=175\text{MPa}$$

取，$S_{\text{F}}=1.4$，则由式（8-31）$[\sigma_{\text{F}}]=\dfrac{\sigma_{\text{Flim}}}{S_{\text{F}}}$得

$$[\sigma_{\text{F1}}]=\frac{\sigma_{\text{F1lim}}}{S_{\text{F}}}=\frac{185}{1.4}\text{MPa}=132.1\text{MPa}$$

$$[\sigma_{\text{F2}}]=\frac{\sigma_{\text{F2lim}}}{S_{\text{F}}}=\frac{175}{1.4}\text{MPa}=125\text{MPa}$$

2. 按齿面接触强度设计计算

查表8-6取载荷系数 $K=1.5$；取齿宽系数 $\Phi_{\text{d}}=0.9$；$[\sigma_{\text{H}}]=[\sigma_{\text{H2}}]=490.9\text{MPa}$，齿数比 $u=i=3.5$。

$$T_1=9.55\times10^6\frac{P}{n_1}=9.55\times10^6\times\frac{12}{707}\text{N}\cdot\text{mm}=162093.4\text{N}\cdot\text{mm}$$

将以上数值代入式（8-27）得

$$d_1\geqslant\sqrt[3]{\left(\frac{668}{[\sigma_{\text{H}}]}\right)^2\frac{KT_1(u\pm1)}{\Phi_{\text{d}}u}}=\sqrt[3]{\left(\frac{668}{490.9}\right)^2\frac{1.5\times162093.4\times(3.5+1)}{0.9\times3.5}}\text{mm}=86.3\text{mm}$$

3. 确定两齿轮的基本参数及尺寸

1）齿数取 $z_1=20$，

则 $$z_2=z_1\times i=20\times3.5=70$$

2）模数

$$m=\frac{d_1}{z_1}=\frac{86.3}{20}\text{mm}=4.32\text{mm}$$

查表8-1，取 $m=5\text{mm}$。

3）中心距 a

$$a=\frac{m(z_1+z_2)}{2}=\frac{5\times(20+70)}{2}\text{mm}=225\text{mm}$$

4）计算主要几何尺寸

$$d_1=mz_1=5\times20\text{mm}=100\text{mm}$$
$$d_2=mz_2=5\times70\text{mm}=350\text{mm}$$
$$b=\Phi_d d_1=0.9\times100\text{mm}=90\text{mm}$$

取 $b_2=90\text{mm}$，则

$$b_1=b_2+5\text{mm}=90\text{mm}+5\text{mm}=95\text{mm}$$

4. 验算齿根弯曲强度

查表 8-7，根据 $z_1=20$，$z_2=70$ 得，$Y_{FS1}=4.36$，$Y_{FS2}=3.99$。

由式（8-29）得

$$\sigma_{F1}=\frac{2KT_1Y_{FS1}}{d_1bm}=\frac{2\times1.5\times162093.4\times4.36}{100\times90\times5}\text{MPa}=47.1\text{MPa}<[\sigma_{F1}]$$

$$\sigma_{F2}=\sigma_{F1}\frac{Y_{FS2}}{Y_{FS1}}=47.1\times\frac{3.99}{4.36}\text{MPa}=43.1\text{MPa}<[\sigma_{F2}]$$

所以两轮齿根弯曲强度足够。

5. 计算圆周速度，选择齿轮精度

由于 $v=\frac{\pi d_1n_1}{60\times1000}=\frac{\pi\times100\times707}{60\times1000}\text{m/s}=3.7\text{m/s}$，查表 8-14，选 8 级精度。

6. 作大齿轮工作图（图 8-51）

任务四：按任务三的已知条件，设计一对斜齿圆柱齿轮。

设计过程：

1. 选择齿轮材料及热处理方式，确定许用应力

选择和任务三相同的材料，所以

$$[\sigma_{H1}]=527.3\text{MPa},\ [\sigma_{H2}]=490.9\text{MPa}$$
$$[\sigma_{F1}]=132.1\text{MPa},\ [\sigma_{F2}]=125\text{MPa}$$

2. 按齿面接触强度设计计算

和任务三相同，齿数比 $u=i=3.5$，取载荷系数 $K=1.5$，齿宽系数 $\Phi_d=0.9$，$[\sigma_H]=[\sigma_{H2}]=490.9\text{MPa}$，$T_1=162093.4\text{N}\cdot\text{mm}$。

将以上数值代入式（8-41）得

$$d_1\geqslant\sqrt[3]{\left(\frac{590}{[\sigma_H]}\right)^2\frac{KT_1(\mu\pm1)}{\Phi_d\mu}}=\sqrt[3]{\left(\frac{590}{490.9}\right)^2\frac{1.5\times162093.4\times(3.5+1)}{0.9\times3.5}}\text{mm}=79.5\text{mm}$$

3. 确定两齿轮的基本参数及尺寸

1）齿数取 $z_1=21$，则 $z_2=z_1\times u=21\times3.5=73.5$，取 $z_2=74$。

$$\Delta i=\left|\frac{\frac{z_2}{z_1}-i}{i}\right|\times100\%=\left|\frac{\frac{74}{21}-3.5}{3.5}\right|\times100\%=0.7\%<5\%$$，满足要求。

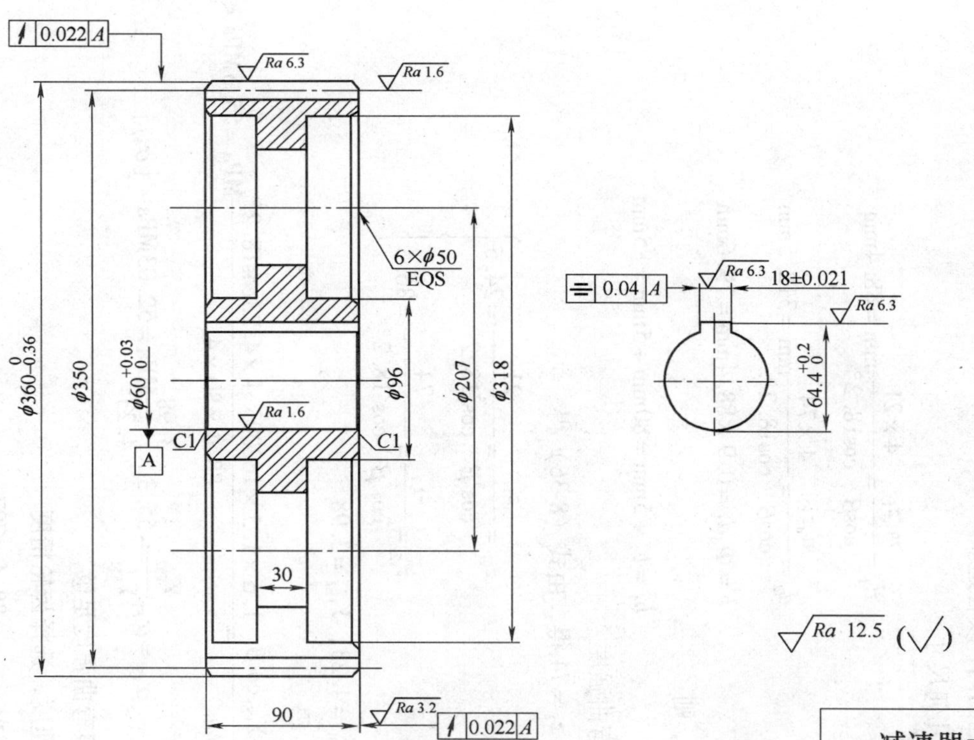

齿数	z	70
模数	m	5
压力角	α	20°
全齿高	h	11.25
精度等级	8 GB/T 10095-2008	
公法线平均长度	W	$115.5^{-0.064}_{-0.176}$
跨齿数	k	8
齿轮副中心距极限偏差	$a \pm f_a$	225±0.036
配对齿轮	图号	
	齿数	20
公差组	检验项目	公差值
Ⅰ	F_r	0.071
	F_w	0.05
Ⅱ	f_{pt}	±0.028
	f_{pb}	±0.025
Ⅱ	接触斑点	高度不小于40%
		长度不小于50%

技术要求

1.正火后齿面硬度为190HBW。

2.未注圆角R5mm。

3.未注侧角C2。

减速器大齿轮		比例	数量	材 料	图号
				45	
制图		(单位名称)			
审核					

图8-51 齿轮工作图

2）初定螺旋角 β_0，取 $\beta_0 = 15°$。

3）计算模数

$$m_n = \frac{d_1 \cos\beta}{z_1} = \frac{79.5\cos15°}{21}\text{mm} = 3.66\text{mm}$$

查表 8-1，取 $m = 4\text{mm}$。

4）计算中心距 a

$$a_0 = \frac{m_n(z_1 + z_2)}{2\cos\beta} = \frac{4 \times (21 + 74)}{2\cos15°}\text{mm} = 196.7\text{mm}$$

取 $a = 200\text{mm}$。

5）计算实际螺旋角 β

$$\beta = \arccos\frac{m_n(z_1 + z_2)}{2a} = \frac{4 \times (21 + 74)}{2 \times 200} = 18.195°\text{，即 } \beta = 18°11'42''\text{。}$$

β 在 $8° \sim 20°$ 范围内，故合适。

6）计算两轮几何尺寸

$$d_1 = \frac{m_n z_1}{\cos\beta} = \frac{4 \times 21}{\cos18.2°}\text{mm} = 88.4\text{mm}$$

$$d_2 = \frac{m_n z_2}{\cos\beta} = \frac{4 \times 74}{\cos18.2°}\text{mm} = 312.5\text{mm}$$

$$b = \Phi_d d_1 = 0.9 \times 88.4\text{mm} = 79.6\text{mm}$$

取 $b_2 = 80\text{mm}$，则

$$b_1 = b_2 + 5\text{mm} = 80\text{mm} + 5\text{mm} = 85\text{mm}$$

4. 验算齿根弯曲强度

根据 $z_1 = 21$，$z_2 = 74$ 得，由式（8-36）得

$$\left.\begin{aligned} z_{v1} &= \frac{z_1}{\cos^3\beta} = \frac{21}{\cos^3 18.2°} = 24.5 \\ z_{v2} &= \frac{z_2}{\cos^3\beta} = \frac{74}{\cos^3 18.2°} = 86.3 \end{aligned}\right\}$$

查表 8-7，$Y_{FS1} = 4.23$，$Y_{FS2} = 3.98$

由式（8-42）得

$$\sigma_{F1} = \frac{1.6KT_1 Y_{FS1}\cos\beta}{d_1 b m_n} = \frac{1.6 \times 1.5 \times 162093.4 \times 4.23\cos18.2°}{88.4 \times 80 \times 4}\text{MPa} = 55.3\text{MPa} < [\sigma_{F1}]$$

$$\sigma_{F2} = \sigma_{F1}\frac{Y_{FS2}}{Y_{FS1}} = 55.3 \times \frac{3.98}{4.23}\text{MPa} = 52.03\text{MPa} < [\sigma_{F2}]$$

所以两轮齿根弯曲强度足够。

5. 计算圆周速度，选择齿轮精度

由于 $v = \frac{\pi d_1 n_1}{60 \times 1000} = \frac{\pi \times 88.4 \times 707}{60 \times 1000}\text{m/s} = 3.3\text{m/s}$，查表 8-14，选 8 级精度。

6. 作齿轮工作图（略）

任务五：设计一用于螺旋输送机的直齿锥齿轮传动。已知：电动机驱动，载荷平稳，单

向运转，小齿轮悬臂布置，传递功率 $P=4\text{kW}$，主动齿轮转速 $n_1=960\text{r/min}$，传动比 $i=2.5$。

设计过程：

1. 选择齿轮材料及热处理方式，确定许用应力

根据表8-5，小齿轮采用40Cr调质，硬度为241～286HBW，取中间值264HBW；大齿轮采用45钢调质，硬度为217～255HBW，取中间值236HBW；

查图8-23c得　　$\sigma_{\text{Hlim1}}=700\text{MPa}$，$\sigma_{\text{Hlim2}}=580\text{MPa}$

取 $S_{\text{H}}=1.1$，则由式（8-28）$[\sigma_{\text{H}}]=\dfrac{\sigma_{\text{Hlim}}}{S_{\text{H}}}$得

$$[\sigma_{\text{H1}}]=\frac{\sigma_{\text{Hlim1}}}{S_{\text{H}}}=\frac{700}{1.1}\text{MPa}=636.4\text{MPa}$$

$$[\sigma_{\text{H2}}]=\frac{\sigma_{\text{Hlim2}}}{S_{\text{H}}}=\frac{580}{1.1}\text{MPa}=527.3\text{MPa}$$

查图8-25c得　　$\sigma_{\text{Flim1}}=240\text{MPa}$，$\sigma_{\text{Flim2}}=185\text{MPa}$

取 $S_F=1.4$，则由式（8-31）$[\sigma_{\text{F}}]=\dfrac{\sigma_{\text{Flim}}}{S_{\text{F}}}$得

$$[\sigma_{\text{F1}}]=\frac{\sigma_{\text{F1lim}}}{S_{\text{F}}}=\frac{240}{1.4}\text{MPa}=171.4\text{MPa}$$

$$[\sigma_{\text{F2}}]=\frac{\sigma_{\text{F2lim}}}{S_{\text{F}}}=\frac{185}{1.4}\text{MPa}=132.1\text{MPa}$$

2. 按齿面接触强度设计计算

查表8-6取载荷系数 $K=1.2$，齿宽系数 $\Phi_{\text{R}}=0.3$，$[\sigma_{\text{H}}]=[\sigma_{\text{H2}}]=527.3\text{MPa}$，齿数比 $u=i=2.5$，

则
$$T_1=9.55\times10^6\frac{P_1}{n_1}=9.55\times10^6\times\frac{4}{960}\text{N}\cdot\text{mm}=39791.7\text{N}\cdot\text{mm}$$

将以上数值代入式（8-54）得

$$R_{\text{c}}\geqslant\sqrt{i^2+1}\sqrt[3]{\left[\frac{336}{(1-0.5\Phi_{\text{R}})\ [\sigma_{\text{H}}]}\right]^2\frac{KT_1}{\Phi_{\text{R}}i}}$$
$$=\sqrt{2.5^2+1}\sqrt[3]{\left[\frac{336}{(1-0.5\times0.3)\ \times527.3}\right]^2\frac{1.2\times39791.7}{0.3\times2.5}}\text{mm}=88.73\text{mm}$$

3. 确定两齿轮的基本参数及尺寸

1）齿数取 $z_1=26$，则

$$z_2=z_1\times u=26\times2.5=65$$

2）模数

按式（8-56）计算大端模数

$$m_{\text{e}}=\frac{2R}{z_1\sqrt{i^2+1}}=\frac{2\times88.73}{26\sqrt{2.5^2+1}}\text{mm}=2.53\text{mm}$$

查表8-9，取 $m_{\text{e}}=3\text{mm}$。

3）根据式（8-46）得

$$\delta_2 = \arctan i = 68.2°,\ \delta_1 = 90° - \delta_2 = 21.8°$$

4）计算主要几何尺寸。按式（8-55）计算实际锥距，则

$$R = \frac{m_e}{2}\sqrt{z_1^2 + z_2^2} = \frac{m_e z_1}{2}\sqrt{i^2 + 1} = \frac{3 \times 26}{2}\sqrt{2.5^2 + 1}\text{mm} = 105\text{mm}$$

$$b = \Phi_R R = 0.3 \times 105\text{mm} = 31.5\text{mm}$$

取 $b = 32\text{mm}$

$$d_1 = m_e z_1 = 3 \times 26\text{mm} = 78\text{mm}$$

$$d_2 = m_e z_2 = 3 \times 65\text{mm} = 195\text{mm}$$

4. 验算齿根弯曲强度

根据式（8-48）得

$$z_{v1} = \frac{z_1}{\cos\delta_1} = 53.9,\ z_{v2} = \frac{z_2}{\cos\delta_2} = 70$$

查表 8-7 得

$$Y_{FS1} = 4.01, Y_{FS2} = 3.99$$

由式（8-59）得

$$\begin{cases} \sigma_{F1} = \dfrac{2KT_1 Y_{FS1}}{bd_1 m_e(1-0.5\Phi_R)^2} = \dfrac{2 \times 1.2 \times 39791.7 \times 4.01}{32 \times 78 \times 3(1-0.5 \times 0.3)}\text{MPa} = 60.2\text{MPa} \leqslant [\sigma_{F1}] \\ \sigma_{F2} = \sigma_{F1}\dfrac{Y_{FS2}}{Y_{FS1}} = 60.2 \times \dfrac{3.99}{4.01}\text{MPa} = 59.9\text{MPa} \leqslant [\sigma_{F2}] \end{cases}$$

所以两轮齿根弯曲强度足够。

5. 作齿轮工作图（略）

思 考 题

8-1 齿轮传动有哪些优缺点？

8-2 标准直齿圆柱齿轮的基本参数是哪些？模数在尺寸计算中起什么作用？

8-3 基圆是否一定比齿根圆小？压力角 $\alpha = 20°$、齿顶高系数 $h_a^* = 1$ 的直齿圆柱齿轮，其齿数在什么范围时，基圆比齿根圆大？

8-4 分度圆具有什么特点，分度圆与节圆有什么不同，在什么条件下重合？

8-5 仿形法铣齿、展成法插齿和滚齿各有何特点？各适用于何种场合？直齿圆柱齿轮不发生根切的最少齿数是多少？

8-6 以直齿圆柱齿轮为基础，试比较斜齿圆柱齿轮、直齿锥齿轮的正确啮合条件及不根切的最少齿数。

8-7 什么是变位齿轮？与相应标准齿轮相比其参数、齿形及几何尺寸有何变化？

8-8 齿轮常见的失效形式有哪些？

8-9 一对直齿圆柱齿轮传动，两轮的材料和热处理方法已定，传动比不变，在满足下列条件下，如何调整齿轮的参数和几何尺寸？

1）主要提高齿面接触强度，不降低齿根弯曲强度。

2）主要提高齿根弯曲强度，基本上不增加结构尺寸。

8-10 一对圆柱齿轮传动，其两齿轮的材料与热处理情况均相同，试问两齿轮在啮合处的接触应力是

否相等？其许用接触应力是否相等？其接触强度是否相等？两齿轮在齿根处的弯曲应力是否相等？其许用弯曲应力是否相等？

8-11 降低齿轮最大接触应力的最有效的措施是什么？降低齿轮最大弯曲应力的最有效的措施是什么？

习 题

8-1 已知一对标准安装的外啮合直齿圆柱齿轮，采用正常齿制，$m=3.5\text{mm}$，齿数 $z_1=21$，$z_2=64$，求：（1）中心距 a 和传动比 i_{12}。

（2）分度圆直径、节圆直径、齿顶圆直径、齿根圆直径、基圆直径、齿距、齿厚和齿槽宽。

8-2 上题中若安装中心距 $a'=132\text{mm}$，能否保证传动比恒定？计算此时的两节圆直径。

8-3 某车床主轴箱内有一对标准安装标准直齿圆柱齿轮，其模数 $m=3\text{mm}$，齿数 $z_1=21$，$z_2=66$，正常齿制。试计算传动的中心距。

8-4 已知一对正常齿制的标准直齿圆柱外齿轮，$m=10\text{mm}$，$z_1=17$，$z_2=22$，中心距 $a=200\text{mm}$，要求：

（1）计算两轮的齿顶圆、分度圆、节圆、齿根圆、和基圆。

（2）作出理论啮合线、实际啮合线和啮合角。

（3）检查是否满足传动连续性条件。

8-5 某变速箱中，原设计一对直齿轮，其参数为 $z_1=15$，$z_2=38$，$m=2.5\text{mm}$。由于两轮轴孔中心距为70mm，试改变该设计，以适应轴孔中心距。提示：（1）采用变位齿轮；（2）采用斜齿轮。

8-6 已知一对正常齿制的标准斜圆柱外齿轮，$m_n=4\text{mm}$，$z_1=23$，$z_2=98$，中心距为250mm，试求：两轮的分度圆螺旋角、端面模数、端面压力角、分度圆直径、齿顶圆直径、齿根圆直径和当量齿数。

8-7 已知一对正常齿制渐开线标准直齿锥齿轮，轴交角 $\Sigma=90°$，齿数 $z_1=17$，$z_2=43$，模数 $m=3\text{mm}$，试求两轮分度圆锥角、分度圆直径、齿顶圆直径、齿根圆直径、锥距、齿顶圆锥角、齿根圆锥角和当量齿数。

8-8 有两对闭式直齿圆柱齿轮传动，已知：材料相同，工况相同，尺寸如下：

（1）齿轮对Ⅰ $z_1=18$，$z_2=41$，$m=4\text{mm}$，$b=50\text{mm}$。

（2）齿轮对Ⅱ $z_1=36$，$z_2=82$，$m=2\text{mm}$，$b=50\text{mm}$。

分别按接触强度和弯曲强度求两对齿轮传动所能传递的转矩比值。

8-9 单级直齿圆柱齿轮减速器，齿数 $z_1=12$，$z_2=38$，模数 $m=4\text{mm}$，$\alpha=20°$，两轮中心距 $a'=100\text{mm}$，采用正常齿制，设计两齿轮尺寸。

8-10 某车床主轴箱齿轮传动，齿数 $z_1=31$，$z_2=50$，模数 $m=3\text{mm}$，$\alpha=20°$，为使两轮强度增加，都采用正变位齿轮，$x_1=0.6882$，$x_2=0.6$，设计两齿轮。

8-11 设两级斜齿圆柱齿轮减速器的已知条件如图8-52所示。求：（1）低速级斜齿轮的螺旋线方向应如何选择才能使中间轴轴向力最小？（2）低速级斜齿轮的螺旋角 β 应取何值才能使中间轴的轴向力互相抵消？

8-12 如图8-53所示，一直齿圆锥—斜齿圆柱齿轮减速器，主动轴转向如图8-53a所示，一锥齿轮模数 $m=5\text{mm}$，齿宽 $b=50\text{mm}$，齿数 $z_1=20$，$z_2=60$，斜齿圆柱齿轮模数 $m_n=6\text{mm}$，齿数 $z_1=20$，$z_2=80$。求：（1）当斜齿轮螺旋角旋向如何、角度为多大时，中间轴上的轴向力才能恰好为零？（2）在图8-53b上标出中间轴上两齿轮的受力方向。

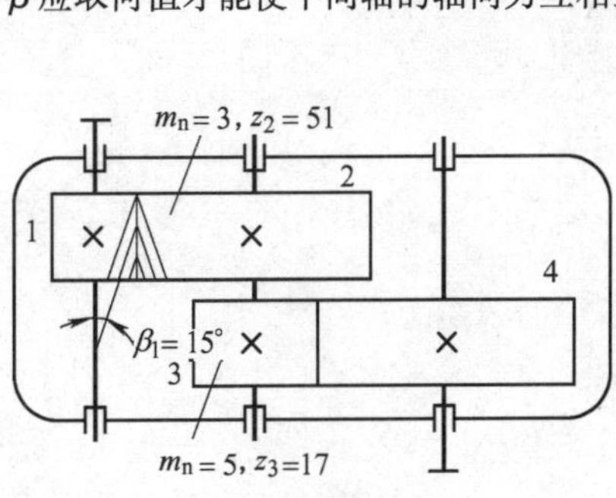

图8-52 习题8-9图

8-13 设计一电动机驱动的闭式直齿圆柱齿轮传动。要求材料热处理后硬度 <350HBW，已知小齿轮传递功率 $p=$

7.5kW，转速 $n_1=1440\mathrm{r/min}$，$n_2=700\mathrm{r/min}$，齿轮在轴承间相对轴承不对称布置，载荷平衡，单向运转。画出大齿轮结构草图。

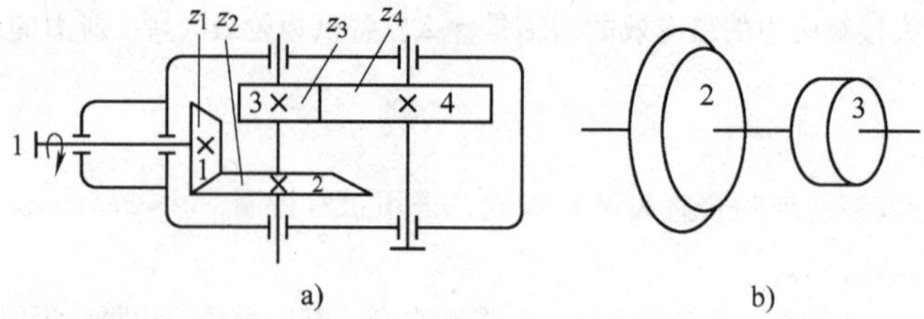

图 8-53　习题 8-10 图

8-14　将上题改为硬齿面，设计闭式直齿圆柱齿轮传动。

8-15　按照上题的已知条件，设计闭式软齿面、硬齿面斜齿圆柱齿轮传动。

8-16　设计一电动机驱动的闭式直齿锥齿轮传动。要求材料热处理后硬度 <350HBW，已知小齿轮传递功率 $p=6\mathrm{kW}$，转速 $n_1=1000\mathrm{r/min}$，$n_2=350\mathrm{r/min}$，小齿轮悬臂布置，载荷平衡，单向运转。

8-17　将上题改为硬齿面，设计闭式直齿锥齿轮传动。

第9章 蜗杆传动

任务描述

设计驱动运输机的蜗杆蜗轮传动。

任务分析

首先需掌握蜗杆蜗轮的类型和特点、蜗杆蜗轮的基本参数和几何尺寸计算、蜗杆蜗轮的材料和结构、蜗杆蜗轮的的失效形式和设计准则、蜗杆蜗轮传动的设计步骤、蜗杆蜗轮的热平衡计算等知识，才能正确设计蜗杆蜗轮传动。

相关知识

9.1 蜗杆传动的类型和特点

蜗杆传动由蜗杆、蜗轮和机架组成，蜗杆与蜗轮的轴线在空间成90°交错，用于传递空间两垂直交错轴之间的运动和动力（图9-1）。一般蜗杆为主动件，蜗轮为从动件。

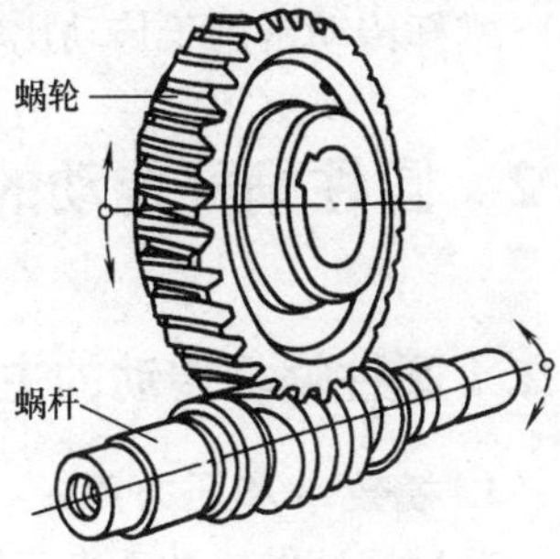

图9-1 蜗杆传动

9.1.1 蜗杆传动的类型

蜗杆传动类型很多，按蜗杆分度曲面形状不同，分为圆柱蜗杆传动（图9-2a）、弧面蜗杆传动（图9-2b）。圆柱蜗杆传动最常用。弧面蜗杆传动因啮合情况改善，故承载能力高，但加工复杂。圆柱蜗杆按其螺旋面的形状不同，分为阿基米德蜗杆（图9-3）和渐开线蜗杆等。

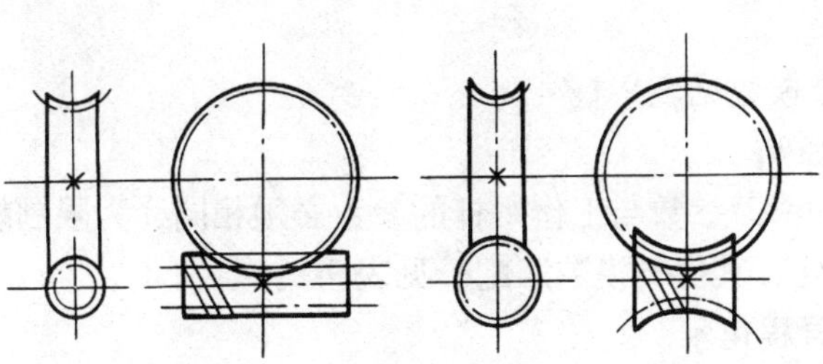

a） b）

图9-2 蜗杆传动类型

a）圆柱蜗杆传动 b）弧面蜗杆传动

阿基米德蜗杆如同一个梯形螺杆，可用直刃梯形车刀在车床上加工。车刀切削刃夹角$2\alpha_0 = 40°$，加工时切削刃的平面通过蜗杆轴线。这样加工出的蜗杆，轴向剖面齿廓为直线，端面齿廓为阿基米德螺旋线，故称为阿基米德蜗杆。阿基米德蜗杆加工方便，应用较广泛。但导程角较大（>15°）时，加工困难，且难以磨齿，不便采用硬齿面，精度较低。一般用于头数较少，载荷较小，低速或不太重要的传动。

蜗杆有左、右旋之分，常用的是右旋蜗杆，如图9-2a、b所示均为右旋。按螺旋线数目又可分为单头、双头和多头蜗杆。

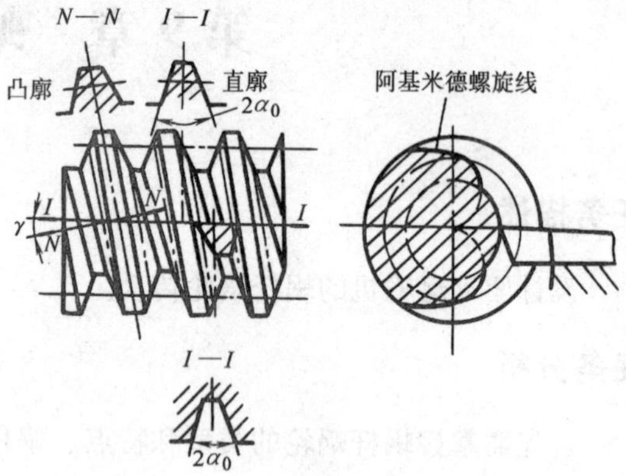

图9-3　阿基米德蜗杆

9.1.2　蜗杆传动的特点

与齿轮传动相比较，蜗杆传动具有下述特点。

（1）传动比大，结构紧凑　传递动力时，单级传动比可达5～80，分度机构中可达1000。

（2）传动平稳，无噪声　蜗杆传动如同螺旋传动，故传动平稳，无噪声。

（3）具有自锁性　当蜗杆的导程角γ很小时，蜗杆传动具有自锁性。

（4）传动效率较低　蜗杆传动齿面间滑动速度大，齿面易磨损，发热量高，效率低。一般传动效率$\eta=0.7\sim0.8$，具有自锁性时，传动效率$\eta=0.4\sim0.5$。

（5）成本较高　为了减摩耐磨，蜗轮齿圈常用贵重的铜合金制造，成本较高。

蜗杆传动常用于传动比较大，结构要求紧凑，传动功率不大的场合。

9.2　圆柱蜗杆传动的主要参数和几何尺寸计算

9.2.1 圆柱蜗杆传动的主要参数

1. 模数m和压力角α

通过蜗杆轴线并垂直于蜗轮轴线的平面，称为基准平面。该平面既为蜗杆的轴向剖面又为蜗轮的中间截面。在此平面内蜗轮与蜗杆的啮合相当于齿轮与齿条的啮合，规定在基准平面内的参数为标准值。

蜗杆、蜗轮的标准模数见表9-1。

2. 蜗杆分度圆直径d_1

由于加工蜗轮齿的滚刀参数与工作蜗杆的参数必须相同，为限制蜗轮滚刀的数目，将蜗杆分度圆直径d_1标准化，其值与模数匹配，见表9-1。

3. 蜗杆分度圆柱导程角γ

将蜗杆沿分度圆柱展开（图9-4），蜗杆分度圆导程角γ为

$$\tan\gamma=\frac{z_1 p_{a1}}{\pi d_1}=\frac{z_1 m}{d_1} \tag{9-1}$$

式中，p_{a1}——蜗杆的轴向齿距（mm），$p_{a1}=m\pi$；z_1为蜗杆的头数。

由式（9-1）可知，d_1越小，导程角γ越大，传动效率也越高，但蜗杆的刚度和强度越

小。通常，转速高的蜗杆可取较小的 d_1 值，蜗轮齿数 z_2 较多时可取较大的 d_1 值。

表 9-1 圆柱蜗杆的模数 m 和分度圆直径 d_1 的搭配值

模数 m /mm	分度圆直径 d_1/mm	蜗杆头数 z_1	m^2d_1/mm³	模数 m /mm	分度圆直径 d_1/mm	蜗杆头数 z_1	m^2d_1/mm³
1	18	1（自锁）	18	6.3	(80)	1，2，4	3175
1.25	20	1	31.25		112	1（自锁）	4445
	22.4	1（自锁）	35	8	(63)	1，2，4	4032
1.6	20	1，2，4	51.2		80	1，2，4，6	5120
	28	1（自锁）	71.68		(100)	1，2，4	6400
2	(18)	1，2，4	72		140	1（自锁）	8960
	22.4	1，2，4	89.6	10	(71)	1，2，4	7100
	(28)	1，2，4	112		90	1，2，4，6	9000
	35.5	1（自锁）	142		(112)	1	11200
2.5	(22.4)	1，2，4	140		160	1（自锁）	16000
	28	1，2，4，6	175	12.5	(90)	1，2，4	14062
	(35.5)	1，2，4	221.9		112	1，2，4	17500
	45	1（自锁）	281		(140)	1，2，4	21875
3.15	(28)	1，2，4	277.8		200	1（自锁）	31250
	35.5	1，2，4，6	352.2	16	(112)	1，2，4	28672
	(45)	1，2，4	446.5		140	1，2，4	35840
	56	1（自锁）	556		(180)	1，2，4	46080
4	(31.5)	1，2，4	504		250	1（自锁）	64000
	40	1，2，4，6	640	20	(140)	1，2，4	56000
	(50)	1，2，4	800		160	1，2，4	64000
	71	1（自锁）	1136		(224)	1，2，4	896000
5	(40)	1，2，4	1000		315	1（自锁）	126000
	50	1，2，4，6	1250	25	(180)	1，2，4	112500
	(63)	1，2，4	1575		200	1，2，4	125000
	90	1（自锁）	2250		(280)	1，2，4	175000
6.3	(50)	1，2，4	1985		400	1（自锁）	250000
	63	1，2，4，6	2500				

注：括号中的数字尽可能不采用。

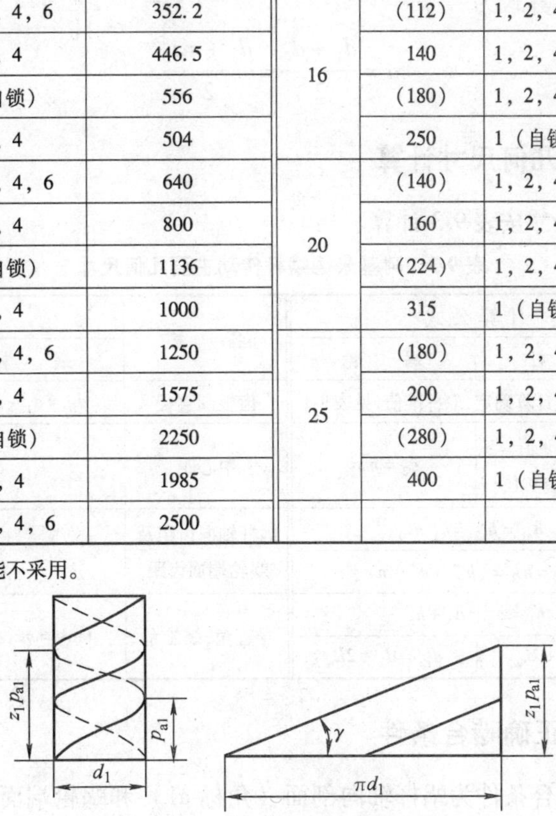

图 9-4 蜗杆分度圆柱导程角 γ

对于普通蜗杆传动，除模数和压力角应分别相等外，蜗杆的导程角 γ 应等于蜗轮的螺旋角 β，且旋向相同。

4. 传动比 i、蜗杆头数 z_1 和蜗轮齿数 z_2

$$i=\frac{n_1}{n_2}=\frac{z_2}{z_1}=\frac{d_2}{d_1\tan\gamma} \tag{9-2}$$

式中，n_1、n_2 为分别为蜗杆和蜗轮的转速（r/min）；d_2 为蜗轮的分度圆直径（mm）。

通常蜗杆头数 $z_1=1$、2、4、6。传动比大时，取 $z_1=1$，但传动效率较低；要求传动自锁时，必须 $z_1=1$，且 $\gamma\leqslant3.5°$。传递功率较大时，为提高效率可采用多头蜗杆，取 $z_1=2\sim6$。

蜗轮齿数 $z_2=z_1 i$。为了避免蜗轮轮齿产生根切，应使 $z_2\geqslant27$。一般 $z_2\leqslant83$，否则蜗杆过长刚度和啮合精度下降。z_1、z_2 及 i 的推荐值见表 9-2。

表 9-2　常用传动比时 z_1、z_2 的荐用值

i	5～6	7～8	9～13	14～24	25～27	28～40	>40
z_1	6	4	3～4	2～3	2～3	1～2	1
z_2	29～36	28～32	27～52	28～72	50～80	28～80	>40

5. 齿顶高系数 h_a^* 和顶隙系数 c^*

国家标准规定 $h_a^*=1$，$c^*=0.2$。

6. 中心距

蜗杆传动中心距计算式为

$$a=\frac{d_1+d_2}{2}=\frac{d_1+mz_2}{2} \tag{9-3}$$

9.2.2　蜗杆传动的几何尺寸计算

蜗杆蜗轮的几何尺寸按表 9-3 计算。

表 9-3　阿基米德蜗杆传动主要几何尺寸

<table>
<tr><th rowspan="2">名　称</th><th colspan="2">计 算 公 式</th><th rowspan="2">名　称</th><th colspan="2">计 算 公 式</th></tr>
<tr><th>蜗　杆</th><th>蜗　轮</th><th>蜗　杆</th><th>蜗　轮</th></tr>
<tr><td>模数</td><td colspan="2">m 由强度计算确定，取标准值，见表 9-1</td><td>齿根圆直径</td><td>$d_{f1}=d_1-2h_f$</td><td>$d_{f2}=d_2-2h_f$</td></tr>
<tr><td>分度圆直径</td><td>d_1 取标准值，与 m 匹配，见表 9-1</td><td>$d_2=mz_2$</td><td>中心距</td><td colspan="2">$a=\frac{1}{2}(d_1+d_2)$</td></tr>
<tr><td>齿顶高</td><td colspan="2">$h_{a1}=h_{a2}=h_a^* m$</td><td rowspan="2">蜗杆轴向齿距及蜗轮端面齿距</td><td colspan="2" rowspan="2">$p_{a1}=p_{a2}=\pi m$</td></tr>
<tr><td>齿根高</td><td colspan="2">$h_{f1}=h_{f2}=(h_a^*+c^*)m$</td></tr>
<tr><td>全齿高</td><td colspan="2">$h_1=h_2=h_a+h_f$</td><td rowspan="2">导程角，螺旋角</td><td rowspan="2">$\tan\gamma=mz_1/d_1$</td><td rowspan="2">$\beta_2=\gamma_1$</td></tr>
<tr><td>齿顶圆直径</td><td>$d_{a1}=d_1+2h_a$</td><td>$d_{a2}=d_2+2h_a$</td></tr>
</table>

9.2.3　蜗杆传动的正确啮合条件

蜗杆传动的正确啮合条件为蜗杆轴向剖面（角标 a1）和蜗轮端面（角标 t2）上的模数和压力角分别相等，且蜗杆的导程角 γ 与蜗轮的螺旋角 β，大小相等、旋向相同，即

$$\left.\begin{aligned}m_{a1}&=m_{t2}=m\\ \alpha_{a1}&=\alpha_{t2}=\alpha\\ \gamma_1&=\beta_2\end{aligned}\right\}\tag{9-4}$$

9.3　蜗杆传动的失效形式和计算准则

9.3.1　蜗杆传动的失效形式

蜗杆传动的失效形式和齿轮类似，也有磨损、疲劳点蚀、轮齿折断和胶合等。但由于蜗杆的螺旋线沿蜗杆表面是连续的，且蜗轮齿根有较大的过渡圆角，所以蜗杆、蜗轮折断的可能性很小。而由于蜗杆传动的齿面相对滑动速度较大，故较易发生磨损和胶合，所以在闭式传动中，蜗轮失效形式主要是胶合和点蚀；在开式传动中，主要形式是磨损。

9.3.2　蜗杆传动的计算准则

由于目前对于胶合和磨损尚无较好的计算方法，但考虑到有关失效形式之间有较密切的联系，所以仍像齿轮那样，对蜗杆传动仅进行齿面接触疲劳强度计算。因为蜗杆、蜗轮轮齿折断的可能性很小，所以必要时才进行弯曲强度的校核。因为蜗杆、蜗轮传动效率低、发热量大，所以需进行热平衡计算。与蜗杆相比蜗轮轮齿较薄弱，故一般只对蜗轮轮齿进行计算。

因此蜗杆传动的计算准则是：对闭式蜗杆传动，一般按齿面接触疲劳强度设计，再进行热平衡校核。若蜗杆刚性差，弯曲变形过大会造成齿面啮合不良，还应进行蜗杆轴的刚度校核。

9.4　蜗杆传动的材料和结构

9.4.1　蜗杆传动的常用材料

由蜗杆传动的失效形式可知，用于制造蜗杆蜗轮的材料应有足够的强度，良好的耐磨性、减摩性和抗胶合能力。

蜗杆的硬度越高，表面粗糙度值越低，耐磨性和抗胶合能力越好。蜗杆一般用碳钢和合金钢制成，常用材料为40、45钢或40Cr、20CrMnTi并经淬火或调质。蜗轮材料常用铸锡青铜、铸铝铁青铜或灰铸铁。常用蜗杆、蜗轮材料见表9-4。

表9-4　蜗杆、蜗轮的材料

相对滑动速度 v_s/m·s^{-1}	蜗轮材料	蜗杆材料
≤25	ZCuSn10Pb1	20CrMnTi　渗碳淬火,56~62HRC 20Cr
≤12	ZCuSn5Pb5Zn5	45　高频淬火,40~50HRC 40Cr　50~55HRC

（续）

相对滑动速度 v_s/m · s^{-1}	蜗 轮 材 料	蜗 杆 材 料
≤10	ZCuAl9Fe4Ni4Mn2 ZCuAl9Mn2	45　高频淬火,45 ~ 50HRC 40Cr　50 ~ 55HRC
≤2	HT150 HT200	45　调质 220 ~ 250HBW

选择蜗轮材料时，常采用青铜作蜗轮的齿圈，与淬硬磨削的钢制蜗杆相配。可根据传动功率 P 和蜗杆转速 n_1，先初估滑动速度 v_s，然后选择材料。滑动速度大小，对材料的选择、齿面破坏形式、润滑情况以及传动效率等都产生很大的影响。

9.4.2　蜗杆、蜗轮的许用应力

1. 蜗轮的许用接触应力 $[\sigma_H]$

当蜗轮的材料为铸造锡青铜时，蜗轮的损坏形式主要是疲劳点蚀，蜗杆蜗轮的许用应力为

$$[\sigma_H] = K_{HN}[\sigma_{OH}] \tag{9-5}$$

式中，$[\sigma_{OH}]$ 为基本许用接触应力（MPa），按表 9-5 选取；K_{HN} 为寿命系数，$K_{HN}=\sqrt[8]{\dfrac{10^7}{N}}$，$N$ 为应力循环次数，$N=60n_2jL_h$，此外 j 为蜗轮每转一转每齿单侧啮合的次数；L_h 为工作寿命（h）。当 $N=10^7$ 时，$K_{HN}=1$；当 $N>25\times10^7$ 时，取 $N=25\times10^7$；当 $N<2.6\times10^5$ 时，取 $N=2.6\times10^5$。

当蜗轮的材料为铸造铝青铜或铸铁时，蜗轮的损坏形式主要是胶合。这时接触强度计算是条件性计算，故许用应力应根据材料组合和滑动速度来确定，$[\sigma_H]$ 按表 9-6 选取。

表 9-5　青铜蜗轮的基本许用接触应力 $[\sigma_{OH}]$　（单位：MPa）

蜗 轮 材 料	铸 造 方 法	适用的滑动速度 v_s/m · s^{-1}	蜗杆齿面硬度	
			≤350HBW	>45HRC
ZCuSn10Pb1	砂型	≤12	180	200
	金属型	≤25	200	220
ZCuSn5Pb5Zn5	砂型	≤10	110	125
	金属型	≤12	135	150

表 9-6　铸造铝青铜及铸铁蜗轮的基本许用接触应力 $[\sigma_H]$　（单位：MPa）

蜗 轮 材 料	蜗 杆 材 料	滑动速度 v_s/m · s^{-1}						
		0.5	1	2	3	4	6	8
ZCuAl10Fe3	淬火钢①	250	230	210	180	160	120	90
HT150、HT250	渗碳钢	130	115	90	—	—	—	—
HT150	调质钢	110	90	70	—	—	—	—

① 蜗杆未经淬火时，需将表中 $[\sigma_H]$ 值降低 20%。

2. 蜗轮的许用弯曲应力 $[\sigma_F]$

蜗轮的轮齿在受强烈冲击等特殊情况下，需计算弯曲强度，其许用弯曲应力为

$$[\sigma_F]=K_{FN}[\sigma_{OF}] \tag{9-6}$$

式中，$[\sigma_{OF}]$ 为基本许用弯曲应力（MPa），按表9-7选取；K_{FN}为寿命系数，$K_{FN}=\sqrt[9]{\frac{10^6}{N}}$，其中应力循环次数$N$，计算方法同前，当$N>25\times10^7$时，取$N=25\times10^7$；当$N<10^5$时，取$N=10^5$。

表9-7　蜗轮材料的基本许用弯曲应力 $[\sigma_{OF}]$　　（单位：MPa）

蜗轮材料及铸造方法	与硬度≤45HRC的蜗杆相配对	与硬度>45HRC,并经磨光或抛光的蜗杆相配时
铸造锡青铜(ZCuSn10Pb1),砂型铸造	46(32)	58(40)
铸造锡青铜(ZCuSn10Pb1),金属型铸造	58(42)	73(52)
铸造锡青铜(ZCuSn10Pb1),离心铸造	66(46)	83(58)
铸造锡青铜(ZCuSn5Pb5Zn5),砂型铸造	32(24)	40(30)
铸造锡青铜(ZCuSn5Pb5Zn5),金属型铸造	41(32)	51(40)
铸造铝青铜(ZCuAl10Fe3),砂型铸造	112(91)	140(116)
灰铸铁(HT150),砂型铸造	40	50

注：表中括号内的值系用于双向传动的场合。

9.4.3　蜗杆、蜗轮的结构

1. 蜗杆的结构

蜗杆的直径较小，常和轴制成一个整体，如图9-5所示。螺旋部分常用车削和铣削加工。

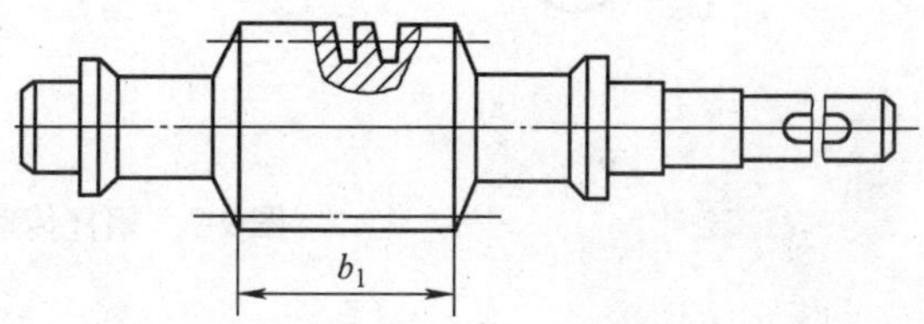

图9-5　蜗杆轴

2. 蜗轮的结构

按材料和尺寸的不同，蜗轮分为整体式图（9-6a）和组合式，组合式又有齿圈式（图9-6b）、螺栓连接式（图9-6c），对于批量生产的蜗轮，可以采用浇注式图9-6d。

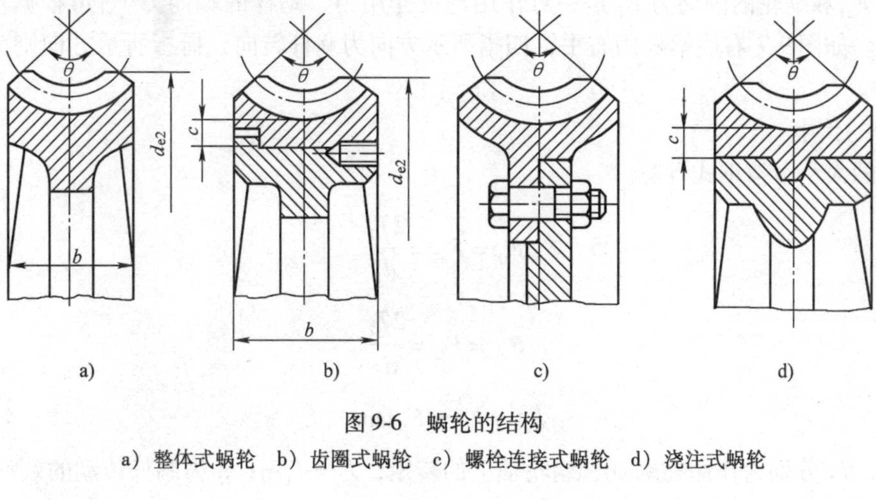

图9-6　蜗轮的结构

a）整体式蜗轮　b）齿圈式蜗轮　c）螺栓连接式蜗轮　d）浇注式蜗轮

9.5　蜗杆传动的受力分析和强度计算

9.5.1　蜗杆传动的受力分析

1. 力的方向

蜗轮齿形如斜齿轮，其受力分析与斜齿圆柱齿轮相似。如图 9-7 所示，右旋蜗杆为主动件并按图示方向转动。在啮合点处作用的法向力 F_n 可正交分解为三个分力：圆周力 F_t、径向力 F_r、轴向力 F_a。

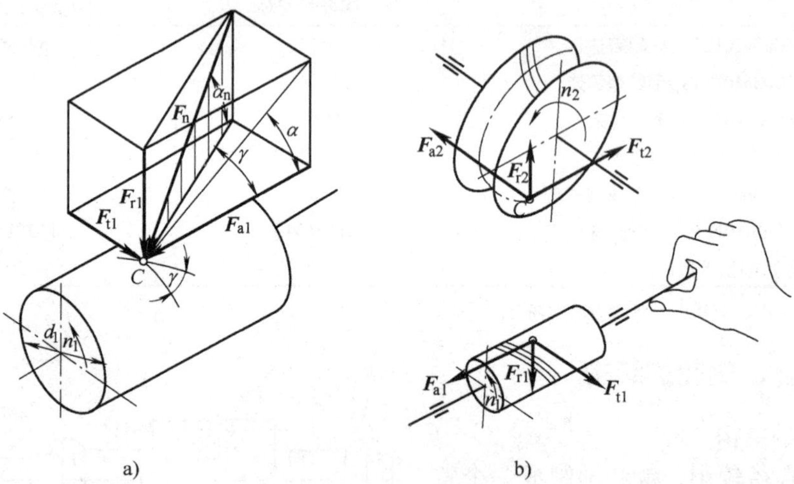

图 9-7　蜗杆传动的受力分析

各力的方向按下列原则确定。

蜗杆的径向力 F_{r1} 与蜗轮的径向力 F_{r2} 是一对作用与反作用力，分别指向各自的轴线；蜗杆圆周力 F_{t1} 与蜗轮的轴向力 F_{a2} 是一对作用与反作用力，F_{t1} 与主动蜗杆的转向相反；蜗杆的轴向力 F_{a1} 和蜗轮的圆周力 F_{t2} 是一对作用与反作用力，蜗杆的轴向力 F_{a1} 可根据左、右手定则来定。如图 9-7 右旋蜗杆用右手，四指所示方向为蜗杆转向，拇指所示方向则为轴向力 F_{a1} 的方向。

2. 力的大小

各力的大小可按下式计算

$$F_{t1} = F_{a2} = \frac{2T_1}{d_1} \tag{9-7}$$

$$F_{a1} = F_{t2} = \frac{2T_2}{d_2} \tag{9-8}$$

$$F_{r1} = F_{r2} = F_{t2}\tan\alpha \tag{9-9}$$

式中，T_1、T_2 分别为作用在蜗杆、蜗轮轴上的转矩，$T_2 = T_1 i\eta$；η 为蜗杆传动的效率。

9.5.2 蜗杆传动的强度计算

1. 齿面接触强度计算

经推导可得一对蜗杆蜗轮传动保证齿面满足接触强度的计算公式为

$$\sigma_{\mathrm{H}}=480\sqrt{\frac{KT_2}{d_1d_2^2}}=480\sqrt{\frac{KT_2}{m^2d_1z_2^2}}\leqslant[\sigma_{\mathrm{H}}] \tag{9-10}$$

由上式可得设计式

$$m^2d_1\geqslant\left(\frac{480}{z_2[\sigma_{\mathrm{H}}]}\right)^2KT_2 \tag{9-11}$$

式中，m、d_1 和 d_2 分别为模数、蜗杆、蜗轮的分度圆直径（mm），设计计算时可按 m^2d_1 值由表9-1确定模数 m 和蜗杆分度圆直径 d_1；K 为载荷系数，可取 $K=1.1\sim1.4$；T_2 为蜗轮轴的转矩（N·mm）；$[\sigma_{\mathrm{H}}]$ 为蜗轮的许用应力（MPa）。

2. 齿根弯曲疲劳强度计算

蜗轮轮齿形状复杂，很难精确计算齿根弯曲应力。因其与斜齿圆柱齿轮类似，其抗弯能力又高于斜齿圆柱齿轮，所以将斜齿圆柱齿轮弯曲强度计算公式进行修正，得蜗轮弯曲强度计算式为

$$\sigma_{\mathrm{F}}=\frac{1.53KT_2\cos\gamma}{d_1d_2m}Y_{\mathrm{F2}}=\frac{1.53KT_2\cos\gamma}{d_1z_2m^2}Y_{\mathrm{F2}}\leqslant[\sigma_{\mathrm{F}}] \tag{9-12}$$

将上式改为设计式，即

$$m^2d_1\geqslant\frac{1.53KT_2\cos\gamma}{z_2[\sigma_{\mathrm{F}}]}Y_{\mathrm{F2}} \tag{9-13}$$

式中，Y_{F2}为蜗轮的齿形系数，查表9-8取值。

表9-8 蜗轮的齿形系数

z_2	10	11	12	13	14	15	16	17	18	19	20	22	24	26
Y_{F2}	4.55	4.14	3.70	3.55	3.34	3.22	3.07	2.96	2.89	2.82	2.76	2.66	2.57	2.51
z_2	28	30	35	40	45	50	60	70	80	90	100	150	200	300
Y_{F2}	2.48	2.44	2.36	2.32	2.27	2.24	2.20	2.17	2.14	2.12	2.10	2.07	2.04	2.04

9.6 蜗杆传动的效率和热平衡计算

9.6.1 蜗杆传动的滑动速度

蜗杆传动时，即使在节点 C 处啮合，由于在 C 点蜗杆速度 v_1 与蜗轮速度 v_2 方向不同，大小不等，因此在啮合齿面间也会产生很大的滑动速度 v_{s}。滑动速度沿着螺旋线方向，由图9-8可知

$$v_{\mathrm{s}}=\frac{v_1}{\cos\gamma}=\frac{\pi d_1n_1}{60\times1000\cos\gamma} \tag{9-14}$$

式中，v_{s}、v_1 单位为m/s，d_1 单位为mm，n_1 单位为r·min^{-1}。

滑动速度 v_{s} 对蜗杆传动影响很大，当润滑条件差，滑动速度大时，会促使齿面磨损和

胶合；当润滑条件良好时，滑动速度增大，能在蜗杆副表面间形成油膜，反而使摩擦系数下降，改善摩擦磨损，从而提高传动效率和抗胶合的承载能力。

9.6.2　蜗杆传动的效率

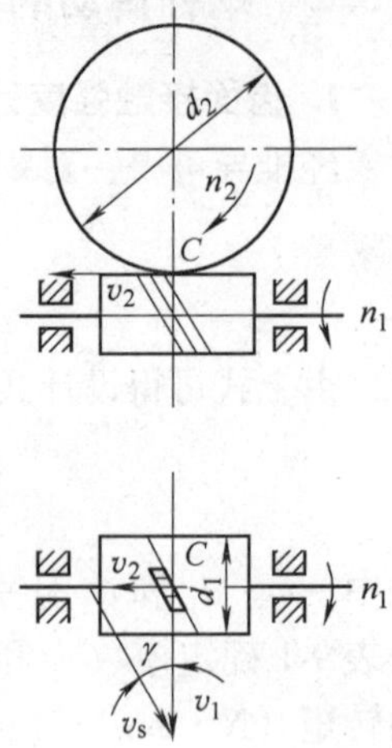

图 9-8　蜗杆传动的滑动速度

蜗杆传动一般为闭式传动，其功率损耗包括三部分，即齿面间的啮合损耗、轴承摩擦损耗和零件在油池中搅油损耗，因此总效率为

$$\eta = \eta_1 \eta_2 \eta_3 \tag{9-15}$$

式中，η_2、η_3 为轴承摩擦效率和零件在油池中搅油效率，一般可取 $\eta_2\eta_3 = 0.95 \sim 0.97$，该部分在粗略计算中可不考虑。因此，总效率主要取决于啮合效率 η_1。η_1 按下式计算

$$\eta_1 = \frac{\tan\gamma}{\tan(\gamma + \rho_V)} \tag{9-16}$$

式中，γ 为蜗杆分度圆导程角；ρ_v 为当量摩擦角，查表 9-9 取值。

式（9-16）说明，增大导程角 γ 可提高效率，但当 $\gamma > 28°$ 时效率提高缓慢，反而会引起蜗杆加工困难。所以在标准中规定最大导程角为 26°33′54″。

表 9-9　蜗杆传动的当量摩擦角 ρ_v

蜗轮齿圈材料	锡青铜		铝铁青铜	灰铸铁	
蜗杆齿面硬度	≥45HRC	<45HRC	≥45HRC	≥45HRC	<45HRC
滑动速度 v_s/m·s^{-1}	ρ_v				
0.25	3°43′	4°17′	5°43′	5°43′	6°51′
0.50	3°09′	3°43′	5°09′	5°09′	5°43′
1.0	2°35′	3°09′	4°00′	4°00′	5°09′
1.5	2°17′	2°52′	3°43′	3°43′	4°43′
2.0	2°00′	2°35′	3°09′	3°09′	4°00′
2.5	1°43′	2°17′	2°52′		
3.0	1°36′	2°00′	2°35′		
4	1°22′	1°47′	2°00′		
5	1°10′	1°40′	1°43′		
8	1°02′	1°29′			
10	0°55′	1°22′			
15	0°48′	1°09′			
24	0°45′				

当 $\gamma < \rho_v$ 时，蜗杆传动具有自锁性，这时效率很低，一般小于 50%。

在粗略计算时，传动效率可按表 9-10 近似地取值。

表 9-10　蜗杆传动效率表

蜗 杆 头 数	z_1	1	2	3	4
总效率	η	0.70	0.80	0.85	0.90

9.6.3　蜗杆传动的热平衡计算

蜗杆传动工作时，齿面间相对滑动速度大，滑动摩擦发热量大。如果散热条件差，工作温度过高，将使润滑油黏度降低，油膜破坏，引起润滑失效，导致齿面胶合，并加剧磨损。

所以，对闭式蜗杆传动应进行热平衡计算。

传动由于表面的相对滑动发出的热量为

$$Q_1 = 1000P_1(1-\eta)$$

经箱体表面散发的热量为

$$Q_2 = k_s A(t_1 - t_0)$$

蜗杆传动的热平衡条件为

$$1000P_1(1-\eta) \leqslant k_s A(t_1 - t_0) \tag{9-17}$$

式中，P_1 为蜗杆的输入功率（kW）；η 为蜗杆传动效率；t_0 为箱体周围空气的温度（℃），通常取20℃；t_1 为润滑油的工作温度（℃），$t_1 \leqslant 70 \sim 90$℃；k_s 为箱体传热系数，一般取 $k_s = 10 \sim 17\text{W}/(\text{m}^2 \cdot ^\circ\text{C})$，通风良好时取大值，反之取小值；$A$ 为箱体散热面积（m^2），指内壁被油浸溅，而外壳与空气接触的箱壳外表面积，箱体上的散热片及凸缘的表面积，可近似按50%计算。设计时，其散热面积可按下式初估

$$A = 0.33(a/100)^{1.75} \tag{9-18}$$

式中，a 为中心距（mm）。

如果工作温度超过允许的范围，可采取下列措施：

1）在箱体外表面设置散热片以增加散面积 A。

2）在蜗杆轴上安装风扇，如图9-9a所示，以提高箱体传热系数。

3）在箱体油池内装蛇形冷却水管，以加快散热如图9-9b所示。

4）用循环油冷却，如图9-9c所示。

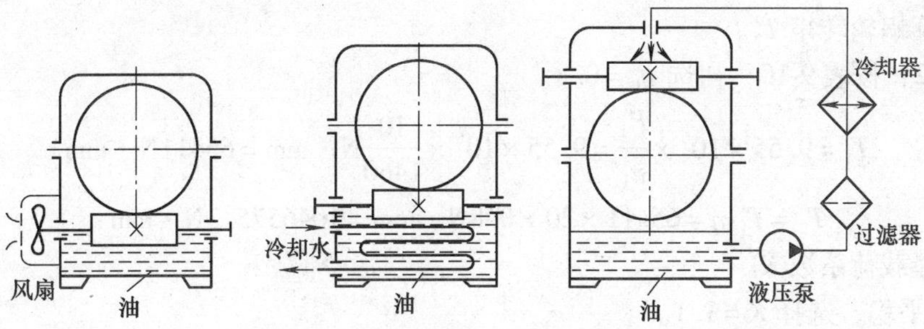

图9-9 蜗杆传动的散热方法

a）风扇冷却 b）冷却水管冷却 c）压力喷油润滑

9.7 蜗杆传动的装配和调整

蜗杆蜗轮副装配后是否具有良好的啮合特性，主要取决于蜗杆蜗轮在空间的相对位置。与锥齿轮副的装配相似，也可采用接触斑点法来进行检验，具体方法如下：

1）将蜗杆蜗轮清理干净。

2）在蜗杆的齿面上均匀地涂上一层显示剂（如铅油或红粉）。

3）转动蜗杆轴，直到蜗轮上呈现出着色痕迹。

如果着色区域偏于蜗轮轮齿的左端，则应调整使蜗轮沿其轴线向左移动；如果着色区域偏于蜗轮轮齿的右端，则应调整使蜗轮沿其轴线向右移动；如果着色区域沿蜗轮轮齿分布均

匀，说明装配位置已调整正确。

蜗杆蜗轮的维修方法可参考齿轮的修复方法。

任务实施

任务：设计驱动运输机的蜗杆蜗轮传动。已知：蜗杆输入功率 $P_1=10\text{kW}$，转速 $n_1=1460\text{r/min}$，蜗轮的转速 $n_2=73\text{r/min}$，载荷平稳，要求使用寿命5年，单班制，通风良好。

设计方案：

1. 选择材料，确定许用应力

查表9-4蜗轮采用ZCuSn10Pb1、蜗杆材料选择40Cr，高频淬火，滑动速度 $v_s\leqslant 12\text{m/s}$。查表9-5，选砂型铸造，得 $[\sigma_{OH}]=200\text{MPa}$；查表9-7得 $[\sigma_{OF}]=58\text{MPa}$。

由 $$N=60n_2jL_h=60\times 73\times 1\times 8\times 300\times 5=5.3\times 10^7$$

得 $$K_{HN}=\sqrt[8]{\frac{10^7}{N}}=\sqrt[8]{\frac{10^7}{5.3\times 10^7}}=0.81,K_{FN}=\sqrt[9]{\frac{10^6}{N}}=\sqrt[9]{\frac{10^6}{5.3\times 10^7}}=0.64$$

由式（9-5）得 $$[\sigma_H]=K_{HN}[\sigma_{OH}]=0.81\times 200\text{MPa}=162\text{MPa}$$

由式（9-6）得 $$[\sigma_F]=K_{FN}[\sigma_{OF}]=0.64\times 58\text{MPa}=37.3\text{MPa}$$

2. 按接触强度设计

1）选择蜗杆头数 z_1，蜗轮齿数 z_2。

由 $i_{12}=\dfrac{n_1}{n_2}=\dfrac{z_2}{z_1}=\dfrac{1460}{73}=20$，按表9-2选择 $z_1=2$，$z_2=z_1i=20\times 2=40$。

2）计算蜗轮转矩 T_2。

由 $z_1=2$，按表9-10，初选 $\eta_0=0.8$。

$$T_1=9.55\times 10^6\times\frac{P_1}{n_1}=9.55\times 10^6\times\frac{10}{1460}\text{N}\cdot\text{mm}=65411\text{N}\cdot\text{mm}$$

所以 $$T_2=T_1i\eta=65411\times 20\times 0.8\text{N}\cdot\text{mm}=1046575.3\text{N}\cdot\text{mm}$$

3）选择载荷系数 K。

由载荷平稳，选择 $K=1.1$。

由式（9-11）得

$$m^2d_1\geqslant\left(\frac{480}{z_2[\sigma_H]}\right)^2KT_2=\left(\frac{480}{40\times 162}\right)^2\times 1.1\times 1046575.3\text{mm}^3=6316.8\text{mm}^3$$

3. 确定参数

查表9-1取 $m^2d_1=6400\text{mm}^3,m=8\text{mm},d_1=100\text{mm}$。

由式(9-1)得

$$\tan\gamma_1=\frac{z_1m}{d_1}=\frac{2\times 8}{100}=0.16$$

所以 $\gamma_1=\beta_2=9.09°=9°05'24''$

4. 验算传动效率

由式（9-14）得

$$v_s=\frac{v_1}{\cos\gamma}=\frac{\pi d_1n_1}{60\times 1000\cos\gamma}=\frac{\pi\times 100\times 1460}{60\times 1000\times\cos 9.09°}\text{m/s}=7.74\text{m/s}<12\text{m/s}$$，故合适。

查表（9-9）得

$$\rho_v = 1°03' = 1.05°$$

由式（9-16）得

$$\eta_1 = \frac{\tan\gamma}{\tan(\gamma+\rho_v)} = \frac{\tan 9.09°}{\tan(9.09°+1.05°)} = 89.5\%$$

由式（9-15）得

$$\eta = \eta_1\eta_2\eta_3 = 0.895\times 0.96 = 0.86 > 0.8$$

大于初估值，所以合适

5. 校核蜗轮的齿根弯曲强度

查表9-8，根据 $z_2 = 40$，得 $Y_{F2} = 2.32$。

由式（9-12）得

$$\sigma_F = \frac{1.53KT_2\cos\gamma}{d_1d_2m}Y_{F2} = \frac{1.53\times 1.1\times 1046575.3\times\cos 9.09°}{100\times 40\times 8^2}\times 2.32\text{MPa} = 31.5\text{MPa} \leqslant [\sigma_F]$$

所以弯曲强度足够。

6. 热平衡计算

由式（9-17）得 $1000P_1(1-\eta) \leqslant k_sA(t_1-t_0)$

$$A \geqslant \frac{1000P_1(1-\eta)}{k_s(t_1-t_0)} = \frac{1000\times 10\times(1-0.86)}{15\times(85-20)}\text{m}^2 = 1.44\text{m}^2$$

由式（9-3）得

$$a = \frac{d_1+d_2}{2} = \frac{100+8\times 40}{2}\text{mm} = 210\text{mm}$$

由式（9-18）得 $A = 0.33(a/100)^{1.75} = 0.33(210/100)^{1.75}\text{m}^2 = 1.21\text{m}^2$

计算出的散热面积小于要求值，所以需采用加装散热片等其他散热措施。

7. 计算蜗杆蜗轮的几何尺寸

按表9-3计算几何尺寸。

蜗杆几何尺寸：

分度圆直径 $d_1 = 100\text{mm}$

齿顶圆直径 $d_{a1} = d_1 + 2h_a^* m = 116\text{mm}$

齿根圆直径 $d_{f1} = d_1 - 2(h_a^* + c^*)m = 100\text{mm} - 19.2\text{mm} = 80.8\text{mm}$

轴向齿距 $p_{a1} = m\pi = 8\times 3.14\text{mm} = 25.13\text{mm}$

螺纹部分的长度 $b_1 \geqslant (11+0.06z_2)m = (11+0.06\times 40)\times 8\text{mm} = 107.2\text{mm}$

取 $b_1 = 125\text{mm}$。

蜗轮的尺寸：

分度圆直径 $d_2 = mz_2 = 8\times 40\text{mm} = 320\text{mm}$

齿顶圆直径 $d_{a2} = mz_2 + 2h_a^* m = 8\times 40\text{mm} + 2\times 1\times 8\text{mm} = 336\text{mm}$

齿根圆直径 $d_{f2} = mz_2 - 2(h_a^* + c^*)m = 8\times 40\text{mm} - 2(1+0.2)\times 8\text{mm} = 300.8\text{mm}$

蜗轮外圆直径 $d_{e2} \leqslant d_{a2} + \dfrac{6m}{z_1+2} = 336\text{mm} + \dfrac{6\times 8}{2+2}\text{mm} = 348\text{mm}$

蜗轮宽度　　　　　　$b_2 \leqslant 0.75d_{a1} = 0.75 \times 116\text{mm} = 87\text{mm}$

取 $b_2 = 85\text{mm}$。

8. 作蜗轮工作图（图 9-10）

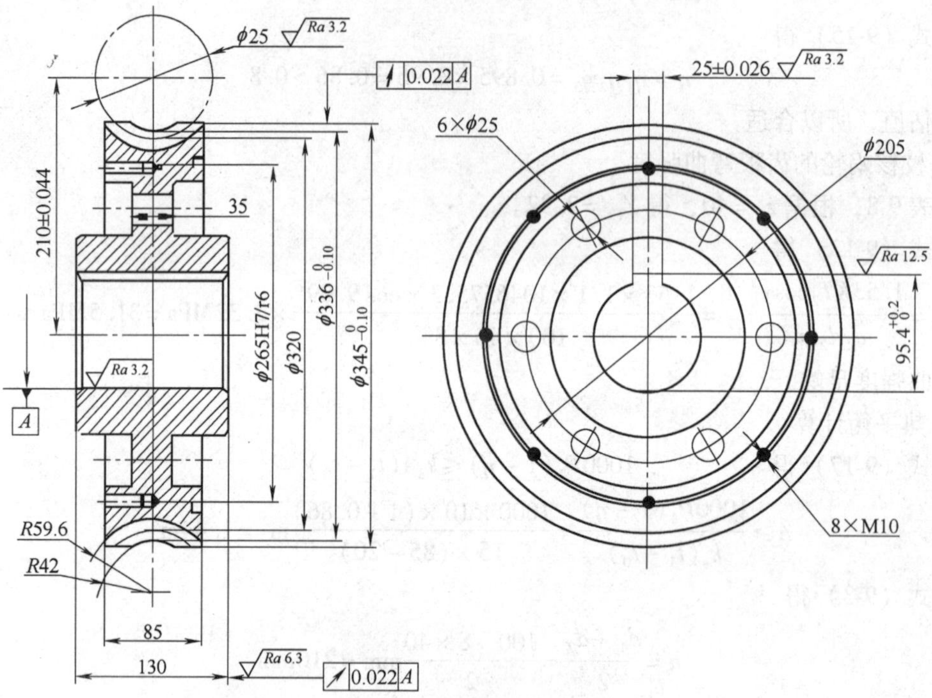

传动类型	ZA型蜗杆副	
蜗轮端面模数	m_r	8
蜗杆头数	z_1	2
螺旋升角	δ	9°05′24″
螺旋线方向	右旋	
蜗杆轴向剖面内的齿形角	a	20°
蜗轮齿数	z_2	40
变位系数	x	0
精度等级	蜗轮8cGB 10089	
中心距	a	240
配对蜗杆图号		
蜗轮齿距累积公差	f_p	0.125
齿距极限偏差	$\pm f_{pt}$	±0.036
蜗轮齿厚	S_2	$12.57_{-0.16}^{0}$

(√)

技术要求

1.轮缘和轮芯装配好后再精切和切制齿轮。

2.未注圆角$R5$。

3.未注侧角$C3$。

蜗轮		比例	数量	材　料	图号
制图			(单位名称)		
审核					

图 9-10　蜗轮工作图

思 考 题

9-1　试述蜗杆传动的优缺点和应用场合。

9-2　蜗杆传动的基准平面指的是哪个面？蜗杆传动的主要参数有哪些？

9-3　蜗杆传动的正确啮合条件是什么？

9-4　蜗杆传动的传动比如何计算？能否用 $i_{12}=\dfrac{d_2}{d_1}$ 表示传动比？为什么？

9-5　蜗杆传动的主要失效形式有哪些？与齿轮传动相比较，蜗杆传动的失效形式有何特点？为什么？计算准则是什么？

9-6　常用的蜗杆和蜗轮材料是什么？

9-7　蜗杆与蜗轮转向之间的关系如何确定？

9-8　为什么要对蜗杆传动进行热平衡计算？若热平衡计算不满足要求，可采取哪些措施？

9-9　何谓蜗杆传动的相对滑动速度？它对蜗杆传动有何影响？

9-10　蜗杆的头数 z_1 及分度圆导程角 γ 对啮合效率各有何影响？

9-11　常用的蜗轮、蜗杆的材料组合有哪些？

习 题

9-1　标出图9-11中未注明的蜗轮或蜗杆的螺旋方向或转动方向，画出蜗轮和蜗杆的受力作用点和相应的各力方向（均系蜗杆为主动件）。

9-2　图9-12所示为蜗杆-斜齿轮传动，为使轴Ⅱ上的轴向力抵消一部分，斜齿轮3的旋向应如何？画出蜗轮及斜齿轮3上轴向力的方向。

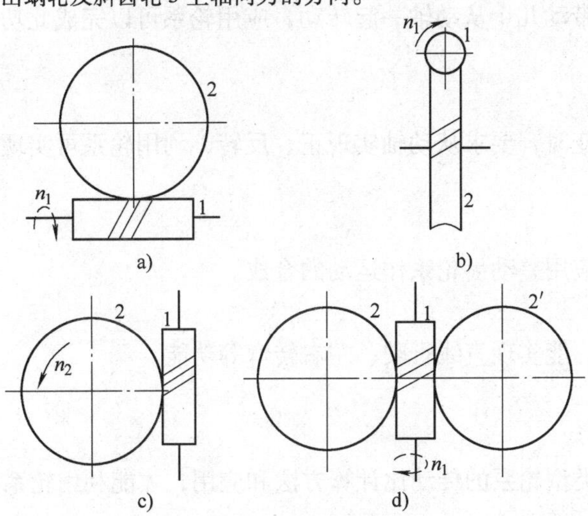

图9-11　习题9-1图

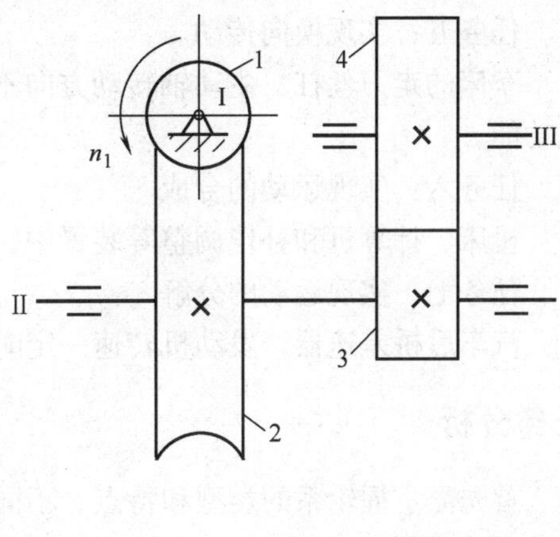

图9-12　习题9-2图

9-3　设计一个带式输送机中的蜗杆传动。闭式蜗杆传动由电动机驱动，载荷平稳，单向传动，每日单班工作，预期寿命为10年。电动机功率 $P=5.5\text{kW}$，转速 $n_1=1450\text{r/min}$，要求蜗杆传动的输出转速 $n_2=50\text{r/min}$。

9-4　设计运输机的闭式蜗杆传动。已知：电动机功率 $P=3\text{kW}$，转速 $n_1=960\text{r/min}$，传动比 $i_{12}=21$，工作载荷平稳，单向连续运转，每天工作8h，要求使用寿命为5年。

9-5　设计起重设备用闭式蜗杆传动。蜗杆轴的输入功率 $P=10\text{kW}$，蜗杆转速 $n_1=960\text{ r/min}$，蜗轮转速 $n_2=48\text{r/min}$，间歇工作，每天工作4h，预定寿命10年。

第 10 章　轮　　系

任务描述

任务一：传递相距较远的两轴间的运动和动力。

当两轴的中心距较大，又要求传动比恒定时，则不宜采用带传动或链传动。如果只用一对齿轮传动，则两轮的尺寸必然很大，不仅传动机构过于庞大，而且浪费材料，在这种情况下采用轮系可以解决上述问题。

任务二：实现变速传动。

实现汽车变速器的多档传动，当发动机主动轴为一种转速时，从动轴需要有多种转速这时则需采用轮系。

任务三：获得大的传动比。

要求获得大传动比。因一对齿轮传动比一般为 3 ~ 5，带传动的传动比为 2 ~ 4，链传动的传动比 2 ~ 5。蜗杆蜗轮传动虽然传动比较大，但为交错轴传动，且传动效率低，所以采用轮系解决上述问题。

任务四：实现分路传动。

实际机械中，有时需要由一个主动轴带动几个从动轴一起转动，应用轮系可以完成此功能。

任务五：实现换向传动。

车床的走刀丝杠，主动轴转动方向不变时，要求从动轴实现正、反转，利用轮系可实现此功能。

任务六：实现运动的合成

机床、计算机和补偿调整等装置中，应用差动齿轮系作运动的合成。

任务七：实现运动的分解

汽车后桥差速器，发动机转速一定时，能实现直线行驶、左右转弯等功能。

任务分析

首先需掌握轮系的类型和特点、不同类型轮系的传动比计算方法和应用，才能利用轮系完成上述任务。

相关知识

10.1　轮系的分类

前面介绍了一对齿轮（或蜗杆蜗轮）的啮合原理。由一对齿轮组成的机构是最简单的齿轮机构。实际应用中，一对齿轮传动往往不能满足要求，因此常将多对齿轮组合在一起进行传动。这种由若干对齿轮组成的齿轮机构，称为轮系。

轮系可以由各种类型的齿轮或蜗杆、蜗轮等组成。在轮系的传动中，根据各轮的几何轴线位置是否固定，分为定轴轮系、行星轮系和组合轮系。

10.1.1 定轴轮系

在传动中，轮系各个齿轮的几何轴线位置均固定不动，这种轮系称为定轴轮系，如图10-1 所示。

10.1.2 行星轮系

轮系在传动中，至少有一个齿轮的几何轴线是绕位置固定的另一齿轮的几何轴线转动。这种轮系，称之为行星轮系。

图 10-2 所示的轮系，由外齿轮 1、2，内齿轮 3 和构件 H 组成。其中，齿轮 1、3 和构件 H 均绕固定轴线 O_1 转动。但齿轮 2 除绕自身的几何轴线 O_2 转动（自转）外，同时又随轴线 O_2 绕轴线 O_1 周转（公转），这样就构成了行星轮系。

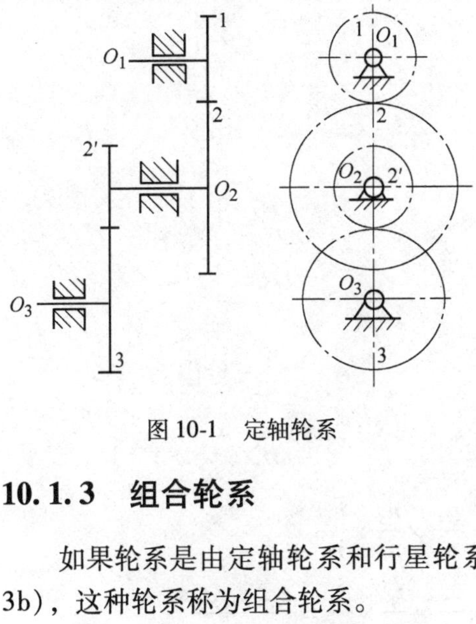

图 10-1 定轴轮系

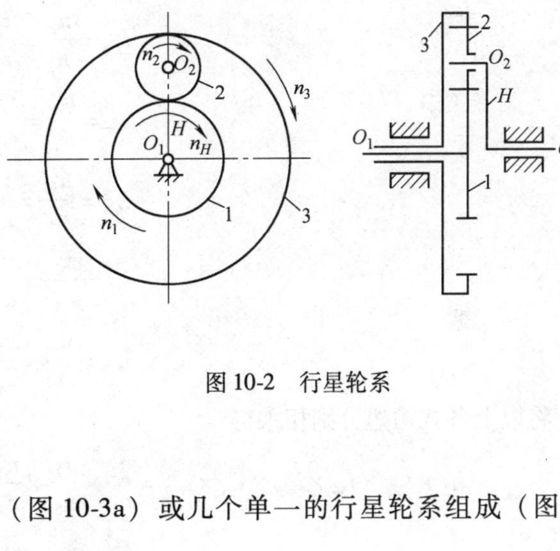

图 10-2 行星轮系

10.1.3 组合轮系

如果轮系是由定轴轮系和行星轮系（图 10-3a）或几个单一的行星轮系组成（图 10-3b)，这种轮系称为组合轮系。

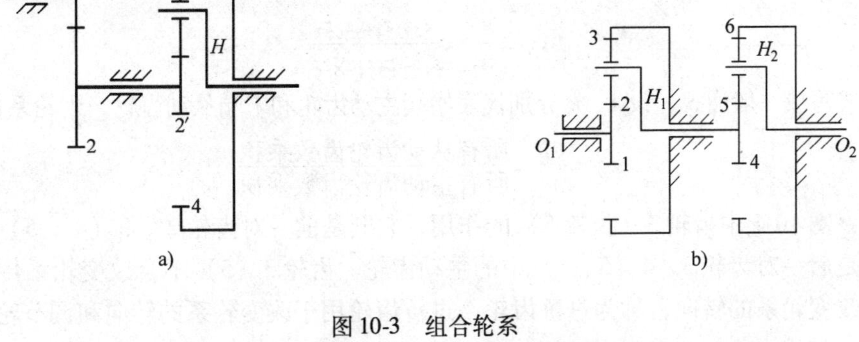

图 10-3 组合轮系

a）定轴轮系、行星轮系组合 b）行星轮系、行星轮系组合

10.2 定轴轮系传动比的计算

10.2.1 传动比大小的确定

轮系中，首轮 1 与末轮 k 的角速度（或转速）之比，称为轮系的传动比，用 i_{1k} 表示，$i_{1k}=\dfrac{\omega_1}{\omega_k}=\dfrac{n_1}{n_k}$。

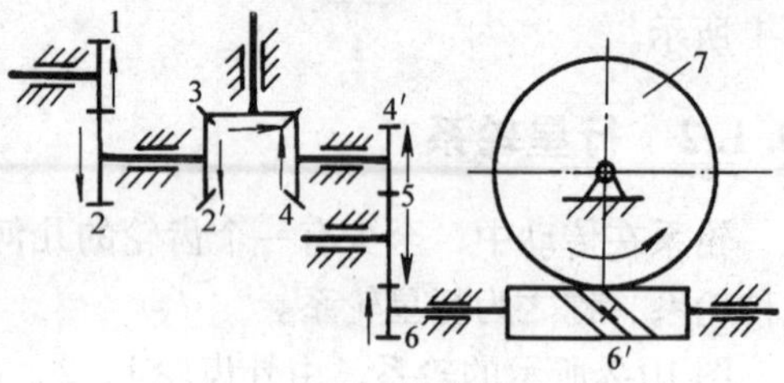

图 10-4　定轴轮系传动比分析

如图 10-4 所示定轴轮系，各齿轮的齿数分别为：z_1、z_2、$z_{2'}$、z_3、z_4、$z_{4'}$、z_5、z_6、$z_{6'}$、z_7，各齿轮的转速分别为：n_1、n_2、$n_{2'}$、n_3、n_4、$n_{4'}$、n_5、n_6、$n_{6'}$、、n_7。轮系中各对齿轮的传动比为

$$i_{12}=\frac{n_1}{n_2}=\frac{z_2}{z_1}$$

$$i_{2'3}=\frac{n_{2'}}{n_3}=\frac{z_3}{z_2'}$$

$$i_{34}=\frac{n_3}{n_4}=\frac{z_4}{z_3}$$

$$i_{4'5}=\frac{n_{4'}}{n_5}=\frac{z_5}{z_{4'}}$$

$$i_{56}=\frac{n_5}{n_6}=\frac{z_6}{z_5}$$

$$i_{6'7}=\frac{n_{6'}}{n_7}=\frac{z_7}{z_{6'}}$$

将以上各式两边分别相乘得

$$i_{12}\times i_{2'3}\times i_{34}\times i_{4'5}\times i_{56}\times i_{6'7}=\frac{n_1}{n_2}\times\frac{n_{2'}}{n_3}\times\frac{n_3}{n_4}\times\frac{n_{4'}}{n_5}\times\frac{n_5}{n_6}\times\frac{n_{6'}}{n_7}$$

$$=\frac{z_2}{z_1}\times\frac{z_3}{z_{2'}}\times\frac{z_4}{z_3}\times\frac{z_5}{z_{4'}}\times\frac{z_6}{z_5}\times\frac{z_7}{z_{6'}}=\frac{z_2z_3z_4z_5z_6z_7}{z_1z_{2'}z_3z_{4'}z_5z_{6'}}$$

因为 $n_2=n_{2'}$、$n_4=n_{4'}$、$n_6=n_{6'}$，于是化简后得

$$i_{17}=\frac{n_1}{n_7}=\frac{z_2z_3z_4z_5z_6z_7}{z_1z_{2'}z_3z_{4'}z_5z_{6'}}$$

将上式写成一般通式，设 1、k 分别代表始端主动齿轮和末端从动齿轮，则轮系传动比为

$$i_{1k}=\frac{n_1}{n_k}=\frac{\text{所有从动齿轮齿数乘积}}{\text{所有主动齿轮齿数乘积}}\tag{10-1}$$

注意：图 10-4 中齿轮 3（齿轮 5）的作用，它既是前一对齿轮 2′、3（4′、5）中的从动齿轮，又是后一对齿轮 3、4（5、6）中的主动齿轮。齿轮 3（5）不会改变轮系传动比的比值，但会改变轮系的转向，称为过桥齿轮。过桥齿轮用于改变轮系的转向和调节轮轴间的距离。

10.2.2 各轮转向的确定

1. 首、末轮轴线不平行的定轴轮系

这类定轴轮系首轮的 n_1 与末轮的 n_k 的方向既不相同又不相反，所以传动比前不加正、负号，但要用逐对标出转向的方法确定 n_1、n_k 的转向关系。

外啮合齿轮传动两轮转向相反，标注箭头的方法如图 10-5 所示；内啮合齿轮传动两轮转向相同，标注箭头的方法如图 10-6 所示。

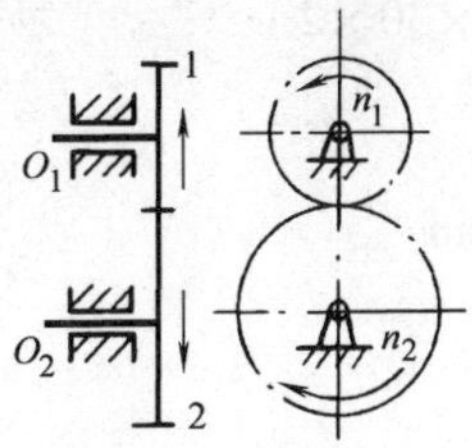

图 10-5 外啮合圆柱齿轮传动

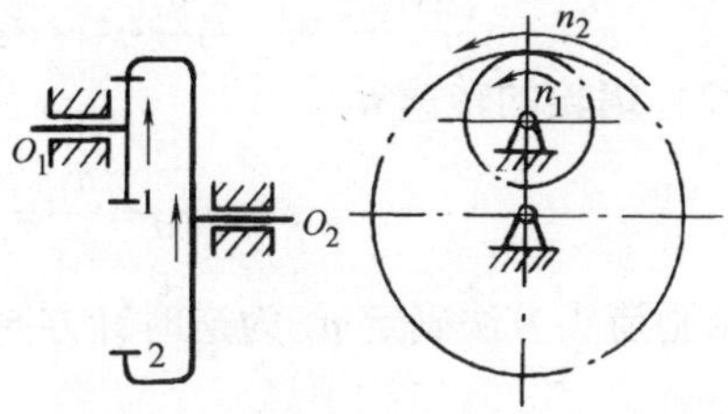

图 10-6 内啮合圆柱齿轮传动

锥齿轮转向判断方法如图 10-7 所示。两轮转向若指向节点，则都指向节点；两轮转向若背离节点，则都背离节点。

蜗杆蜗轮转向用左、右手定则判断，蜗杆左旋用左手，右旋用右手，握住蜗杆轴线，四指弯曲方向代表蜗杆转动方向，拇指方向的反方向为蜗轮圆周速度的方向，以此来确定蜗轮转向，如图 10-8 所示。

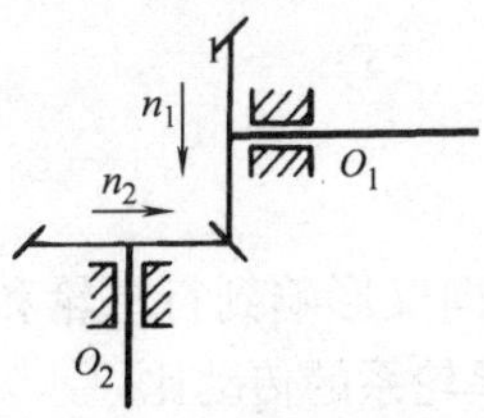

图 10-7 锥齿轮传动

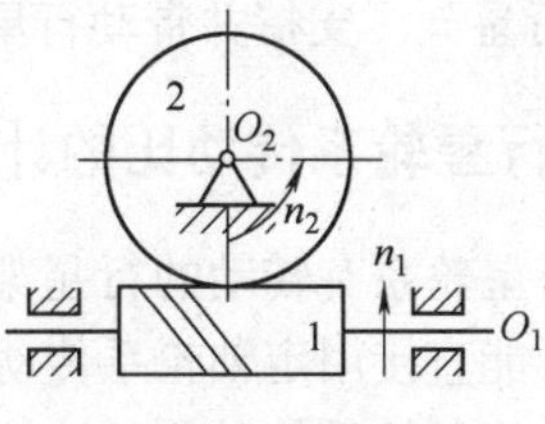

图 10-8 蜗杆蜗轮传动

2. 首、末轮轴线平行的定轴轮系

因为首、末两轮轴线平行，所以首、末两轮的转向或是相同，或是相反。因此确定传动比符号时，应逐对标出各齿轮转向。若首末两轮转向相同，齿数比应加正号；首、末两轮转向相反，齿数比应加负号。

3. 各齿轮轴线都平行的定轴轮系

这类轮系只能由若干对外啮合、内啮合圆柱齿轮组成。在图 10-5 所示的外啮合齿轮传动中，两轮转向相反，所以 $i_{12}=\dfrac{n_1}{n_2}=-\dfrac{z_2}{z_1}$；图 10-6 所示的内啮合齿轮传动中，两轮转向相同，所以 $i_{12}=\dfrac{n_1}{n_2}=\dfrac{z_2}{z_1}$。

n_1 和 n_k 的转向关系可由 $(-1)^m$ 确定，m 为外啮合齿轮对数。

若 m 为偶数，则 $(-1)^m$ 为正，因此 n_1 和 n_k 转向相同；若 m 为奇数，则 $(-1)^m$ 为

负，因此 n_1 和 n_k 转向相反。

例 10-1 一定轴轮系如图 10-4 所示。已知 $z_1=20$、$z_2=30$、$z_{2'}=40$、$z_3=20$、$z_4=60$、$z_{4'}=40$、$z_5=30$、$z_6=40$、$z_{6'}=2$、$z_7=40$，又知齿轮 1 的转速 $n_1=2400\text{r/min}$（转向如图示），求：（1）传动比 i_{17}；（2）蜗轮 7 的转速 n_7 和转向。

解：（1）传动比 i_{17}

由式（10-1）得

$$i_{17}=\frac{n_1}{n_7}=\frac{z_2z_3z_4z_5z_6z_7}{z_1z_{2'}z_3z_{4'}z_5z_{6'}}=\frac{30\times20\times60\times30\times40\times40}{20\times40\times20\times40\times30\times2}=45$$

（2）蜗轮的转速 n_7

$$n_7=\frac{n_1}{i_{17}}=\frac{2400}{45}\text{r/min}=53.3\text{r/min}$$

由画箭头方法确定 n_7 为逆时针方向旋转。

10.3 行星轮系传动比的计算

10.3.1 行星轮系的组成

每一个简单的行星轮系都由三种构件组成（如图 10-2 所示）。

（1）行星轮 既自转又公转的齿轮 2。

（2）中心轮 与行星轮相啮合且轴线固定的齿轮 1、3。

（3）行星架 支持并带动行星轮转动的构件 H。

10.3.2 行星轮系传动比的计算

因为行星轮系有转动的行星架，而行星架的转速和转向又影响到行星轮和中心轮的运动，所以不能直接用定轴轮系传动比的计算方法来计算行星轮系的传动比。

要解决行星轮系传动比的计算问题，则应将其转化成假想的定轴轮系。图 10-2 所示的行星轮系，其中各构件的转速及转向如图所示。根据相对运动的原理可知，当对某一机构的整体，加上某一种公共转速时，其各构件间的相对运动关系仍保持不变。所以给整个行星轮系加上一个与行星架 H 的转速 n_H 大小相等、方向相反的公共转速（$-n_H$），如图 10-9 所示。此时，行星架 H 的转速为零（$n_H-n_H=0$），即静止不动。于是该轮系中，所有齿轮的几何

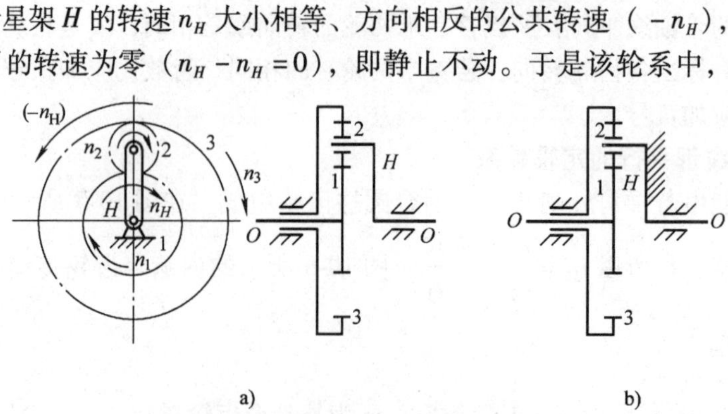

图 10-9 行星轮系的传动比分析

轴线位置全部固定，转化成了假想的定轴轮系。这种经过转化后得到的定轴轮系，称之为原行星轮系的转化轮系。

因为行星轮系的转化轮系是一定轴轮系。所以可引用计算定轴轮系传动比的计算方法来计算转化轮系的传动比。前面所说是对机构整体加上了一个（$-n_H$）转速，实际上就等于给机构中每一构件都加上了一个（$-n_H$）转速。各构件转化前、后的转速见表 10-1。

表 10-1　行星轮系及其转化轮系各构件转速表

构件代号	转化前的转速	转化轮系中的转速	构件代号	转化前的转速	转化轮系中的转速
1	n_1	$n_1^H = n_1 - n_H$	3	n_3	$n_3^H = n_3 - n_H$
2	n_2	$n_2^H = n_2 - n_H$	H	n_H	$n_H^H = n_H - n_H = 0$

表中的 n_1、n_2、n_3、n_H 是各构件在行星齿轮系中的转速（或称绝对转速），n_1^H、n_2^H、n_3^H、n_H^H 是各构件在转化轮系中的转速（或称相对转速）。

将行星轮系转化成定轴轮系后，即可应用求解定轴轮系传动比的方法，求出其中任意两轮间的传动比。如求转化轮系中齿轮 1 对齿轮 3 的传动比时，可写成

$$i_{13}^H = \frac{n_1^H}{n_3^H} = \frac{n_1 - n_H}{n_3 - n_H} = (-1)^1 \frac{z_2 z_3}{z_1 z_2} = -\frac{z_3}{z_1}$$

式中，齿数比前面的“－”号，表示在转化轮系中 1、3 两轮的转向相反。

公式中共有 3 个未知转速（n_1、n_3、n_H），只要给定其中的两个，即可求出第三个。

由以上结论，写出行星轮系传动比计算的通用公式

$$i_{1k}^H = \frac{n_1^H}{n_k^H} = \frac{n_1 - n_H}{n_k - n_H} = (-1)^m \frac{\text{所有从动齿轮齿数乘积}}{\text{所有主动齿轮齿数乘积}} \tag{10-2}$$

应用上面公式时，应注意以下几点。

1）$i_{1k}^H = \dfrac{n_1^H}{n_k^H} = \dfrac{n_1 - n_H}{n_k - n_H}$ 表示转化轮系中，1、k 两轮的相对速比，$i_{1k} = \dfrac{n_1}{n_k}$ 表示实际轮系中，1、k 两轮的绝对速比，$i_{1k}^H \neq i_{1k}$。

2）当所有齿轮几何轴线都平行时，公式中齿数比前的（$-1)^m$ 表示在转化轮系中 1 和 k 二轮的相对转向，而不是绝对转向，其确定方法与定轴轮系相同；当不是所有齿轮几何轴线都平行时，转化轮系的转向可按定轴轮系的方法逐对标注。

3）公式中共有（n_1、n_k、n_H）三个未知转速，当给定其中两个，要往公式中代入具体数值时，则必须规定转向（当规定某一转向为“＋”时，则相反的转向为“－”）。而公式中未知转速的真正转向，由计算结果中的符号决定。

4）公式只适用首末二轮轴线平行的情况，而对于首末二轮轴线不平行的情况不适用。如图 10-10 所示，因为 $n_2^H \neq n_2 - n_H$，所以 $i_{12}^H \neq \dfrac{n_1 - n_H}{n_2 - n_H}$。

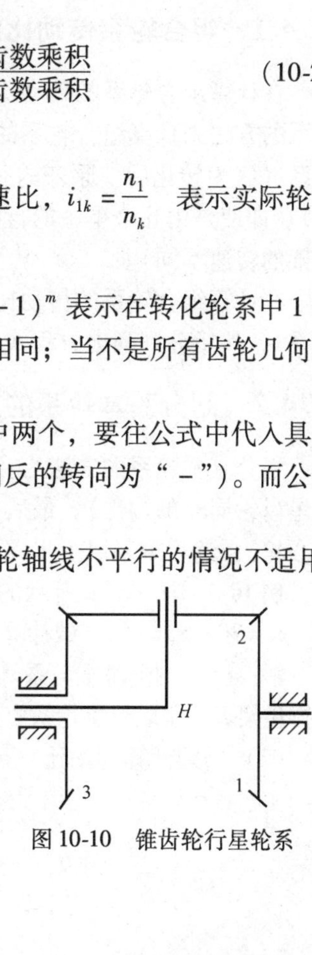

图 10-10　锥齿轮行星轮系

例 10-2　如图 10-2 所示的行星轮系，已知 $z_1 = 32$、$z_2 = 16$、$z_3 = 64$，求下列三种情况下，齿轮 3 的转速 n_3 及其转向。（1）$n_1 = 20\text{r/min}$，$n_H = 10\text{r/min}$，转向相同；（2）$n_1 = 40\text{r/min}$，$n_H = 10\text{r/min}$，转向相同；（3）$n_1 = 20\text{r/min}$，$n_H = 10\text{r/min}$，转向相反。

解：由式（10-2）得

$$i_{13}^H=\frac{n_1-n_H}{n_3-n_H}=-\frac{z_3}{z_1}=-\frac{64}{32}=-2$$

化简后得

$$n_3=\frac{3n_H-n_1}{2} \tag{a}$$

（1）因 n_1、n_H 转向相同，则可在式（a）中均代入正值，得

$n_3=\frac{3n_H-n_1}{2}=\frac{3\times10-20}{2}\text{r/min}=5\text{r/min}$（$n_3$ 为正值，所以与 n_1、n_H 转向相同）

（2）因 n_1、n_H 转向相同，则可在式（a）中均代入正值，得

$n_3=\frac{3n_H-n_1}{2}=\frac{3\times10-40}{2}\text{r/min}=-5\text{r/min}$（$n_3$ 为负值，所以与 n_1、n_H 转向相反）

（3）因 n_1、n_H 转向相反，则可在式（10-3）中代入相反符号，设 n_H 为正，得

$n_3=\frac{3n_H-n_1}{2}=\frac{3\times10-(-20)}{2}\text{r/min}=25\text{r/min}$（$n_3$ 为正值，所以与 n_H 转向相同）。

10.4 组合轮系传动比的计算和划分基本轮系的方法

组合轮系由定轴轮系和行星轮系（图 10-3a）或几个单一的行星轮系组成（图 10-3b）。

10.4.1 组合轮系传动比的计算

在计算组合轮系的传动比时，既不能将整个组合轮系作定轴轮系处理，也不能采用转化轮系的方法来计算组合轮系的传动比。因为采用转化轮系法无法将整个组合轮系转化成定轴轮系（因为转化后，原来的行星轮系成了定轴轮系，但原来的定轴轮系却又成了行星轮系）。即使是由几个单一的行星轮系组成的组合轮系，也无法转化成定轴轮系（因为各自行星架的转速不同）。

在计算组合轮系的传动比时，须先将组合轮系准确地划分基本轮系（定轴轮系和行星轮系），然后分别列出方程式，最后联立求解，获得所要求的传动比。

10.4.2 划分基本轮系的方法

划分基本轮系的方法为：先找行星轮（既有自转，又有公转的齿轮）再找行星架（带行星齿轮周转的构件），最后确定中心轮（凡与行星齿轮相啮合并作定轴转动的齿轮，均为中心轮）；然后重复以上步骤找出所有行星轮系，剩余的部分，即为定轴轮系。

例 10-3 图 10-3a 所示的组合轮系中，已知各轮的齿数分别为 $z_1=20$、$z_2=40$、$z_{2'}=20$、$z_3=30$、$z_4=80$。试计算传动比 i_{1H}。

解：（1）划分基本轮系 首先找出行星轮 3，再找到与之啮合的中心轮 2′、中心轮 4、以及行星架 H，所以行星轮系由齿轮 2′、3、4 和行星架 H 组成。定轴轮系由齿轮 1、2 组成。

（2）分别计算传动比 行星轮系的传动比，由式（10-2）得

$$i_{2'4}^H=\frac{n_{2'}-n_H}{n_4-n_H}=-\frac{z_4}{z_{2'}}$$

代入数据后得

$$\frac{n_{2'}-n_H}{0-n_H}=-\frac{80}{20}=-4$$

$$n_{2'}=5n_H \tag{a}$$

定轴轮系的传动比，由式（10－1）得

$$i_{12}=\frac{n_1}{n_2}=-\frac{z_2}{z_1}=-\frac{40}{20}=-2$$

$$n_1=-2n_2 \tag{b}$$

（3）因为 $n_2=n_{2'}$，联立式（a）和式（b），将式（b）代入式（a）得

$$n_1=-2n_2=-2(5n_H)=-10n_H$$

$$i_{1H}=\frac{n_1}{n_H}=-10$$

例 10-4 如图 10-3b 所示，已知 $z_1=34$，$z_2=22$，$z_3=78$，$z_4=18$，$z_5=35$，$z_6=88$，求 i_{1H_2}。

解：（1）划分基本轮系 首先找出行星轮 2，再找到与之啮合的中心轮 1、中心轮 3、以及行星架 H_1，所以第一个行星轮系由齿轮 1，2、3 和行星架 H_1 组成。

然后找到行星轮 5，再找到与之啮合的中心轮 4（行星架 H_1）、中心轮 6、以及行星架 H_2，所以第二个行星轮系由齿轮 4，5，6 和行星架 H_2 组成。

（2）分别计算传动比 第一个行星轮系由式（10-2）得

$$i_{13}^{H_1}=\frac{n_1-n_{H_1}}{n_3-n_{H_1}}=\frac{n_1-n_{H_1}}{0-n_{H_1}}=-\frac{z_3}{z_1}$$

则
$$i_{13}^{H_1}=\frac{n_1-n_{H_1}}{-n_{H_1}}=-\frac{z_3}{z_1}=-\frac{78}{34}$$

所以
$$\frac{n_1}{n_{H_1}}=\frac{112}{34} \tag{a}$$

第二个行星轮系由式（10-2）得

$$i_{46}^{H_2}=\frac{n_4-n_{H_2}}{n_6-n_{H_2}}=\frac{n_4-n_{H_2}}{0-n_{H_2}}=-\frac{z_6}{z_4}$$

则
$$i_{46}^{H_2}=\frac{n_4-n_{H_1}}{-n_{H_2}}=-\frac{z_6}{z_4}=-\frac{88}{18}$$

所以
$$\frac{n_4}{n_{H_2}}=\frac{106}{18} \tag{b}$$

所以联立式（a）、式（b），又因为 $n_4=n_{H_1}$，得

$$i_{1H_2}=\frac{n_1}{n_{H_2}}=\frac{n_1}{n_{H_1}}\times\frac{n_4}{n_{H_2}}=\frac{112}{34}\times\frac{106}{18}=19.4$$

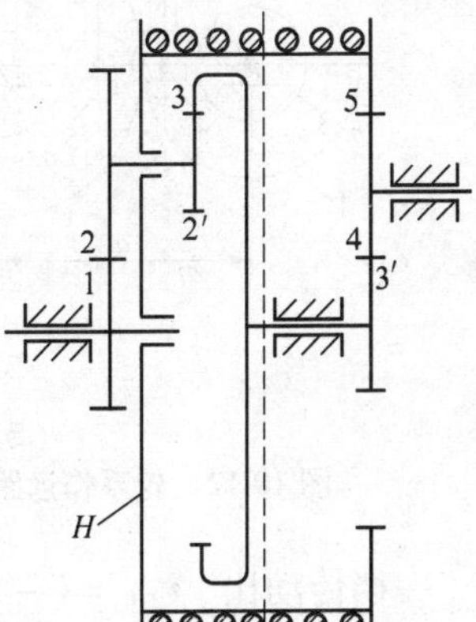

图 10-11 卷扬机的减速器

例 10-5 如图 10-11 所示电动卷扬机的减速器。已知各轮的齿数为：$z_1=24$，$z_2=48$，$z_{2'}=30$，$z_3=90$，$z_{3'}=20$，$z_4=30$，$z_5=80$，求 i_{15}。

解：（1）划分基本轮系 首先找出行星轮 2、2′，再找到

与之啮合的中心轮 1、中心轮 3、以及行星架 H（齿轮 5），所以行星轮系由齿轮 1、2、2′、3 和行星架 H 组成。

定轴轮系由齿轮 3′、4，5 组成。

（2）分别计算传动比　行星轮系中由式（10-2）得

$$i_{13}^{H}=\frac{n_1-n_H}{n_3-n_H}=\frac{n_1-n_5}{n_3-n_5}=(-1)^1\frac{z_2z_3}{z_1z_{2'}}=-\frac{48\times 90}{24\times 30}=-6 \tag{a}$$

定轴轮系由式（10-1）得

$$i_{3'5}=\frac{n_{3'}}{n_5}=-\frac{z_5}{z_{3'}}=-\frac{80}{20}=-4 \tag{b}$$

联立式（a）、式（b）得

$$i_{15}=\frac{n_1}{n_5}=31$$

i_{15}为正，说明齿轮 1 与齿轮 5 转向相同。

任务实施：

任务一：传递相距较远的两轴间的运动和动力。

当两轴的中心距较大时，如果只有一对齿轮传动（如图 10-12 中的双点画线所示），则两轮的尺寸必然很大，不仅传动机构过于庞大，而且浪费材料。为此可采用图 10-12 所示 3、4、5、6 四个齿轮组成的轮系来克服上述缺点（图 10-12 中点画线所示）。但应当注意，每加一个惰轮，最末从动轮的转向要改变一次。

任务二：实现变速传动。

主动轴为一种转速，通过轮系来获得多种转速。

方案一：采用定轴轮系。

图 10-13 所示为汽车变速箱，Ⅰ轴为主动轴，Ⅱ轴为从动轴，4、6 为滑动齿轮，图中括号内数字为各齿轮齿数。

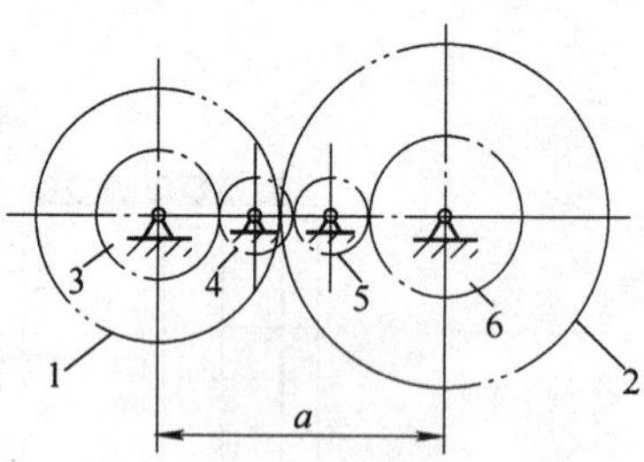

图 10-12　轮系作远距离传动

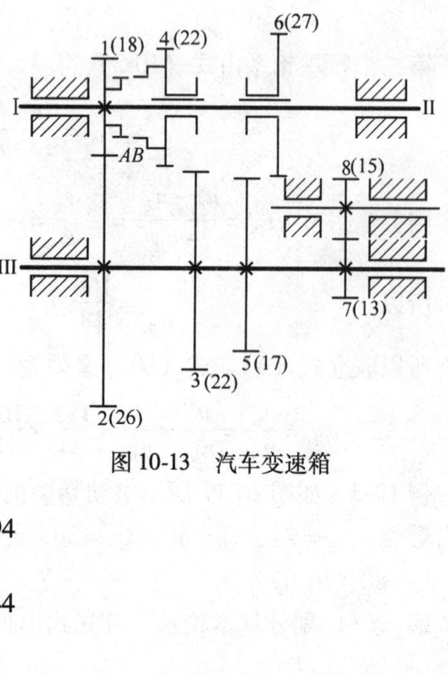

图 10-13　汽车变速箱

一档传动比　$i_{\mathrm{I\,II}}=(-1)^2\dfrac{z_2z_6}{z_1z_5}=\dfrac{26\times 27}{18\times 17}=2.294$

二档传动比　$i_{\mathrm{I\,II}}=(-1)^2\dfrac{z_2z_4}{z_1z_3}=\dfrac{26\times 22}{18\times 22}=1.444$

三档传动比　$i_{\text{I}\,\text{II}}=1$

四档传动比　$i_{\text{I}\,\text{II}}=(-1)^3\dfrac{z_2z_8z_6}{z_1z_7z_8}=-\dfrac{26\times15\times27}{18\times13\times15}=-3$

各档变速情况见表10-2。

表10-2　汽车变速箱各档传动比

档位	滑动齿轮啮合状态	齿轮啮合路线	传动比
一档	左移6与5啮合	1-2=5-6	2.294
二档	右移4与3啮合	1-2=3-4	1.444
三档	离合器AB接合	Ⅰ=Ⅱ	1
四档	右移6与8啮合	1-2=7-8-6	-3

方案二：采用行星轮系。

变速运动也可以利用行星轮系来实现。图10-14所示为一简单的二级行星轮系变速器，通过固定不同的中心轮3或6得到不同的传动比，从而在主动轴转速不变的条件下，使从动轴H得到两种不同的转速。与定轴轮系变速器相比，该变速器虽较复杂但尺寸紧凑，操纵方便。

任务三：获得大的传动比。

方案一：采用多级定轴轮系。

一对齿轮传动的传动比一般为3~5，采用如图10-1所示定轴轮系，传动比为

$$i_{13}=\frac{n_1}{n_3}=(-1)^2\frac{z_2z_3}{z_1z_{2'}}$$

采用多级定轴轮系可以获得大传动比，传动比可达$3^n\sim5^n$。

方案二：采用行星轮系。

采用如图10-15所示行星轮系，若$z_1=100$，$z_2=101$，$z_{2'}=100$，$z_3=99$。

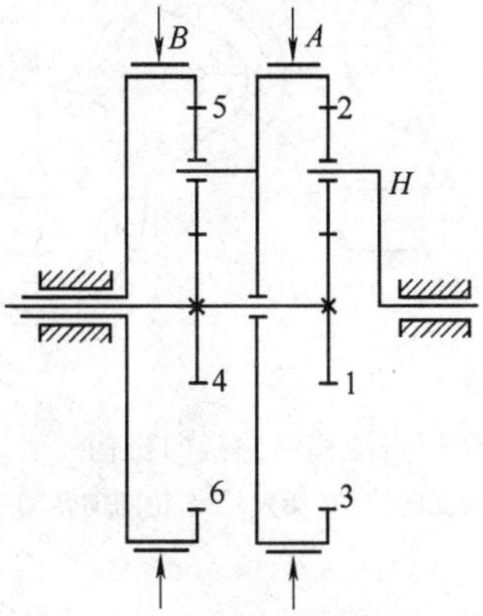

图10-14　二级行星轮系变速器

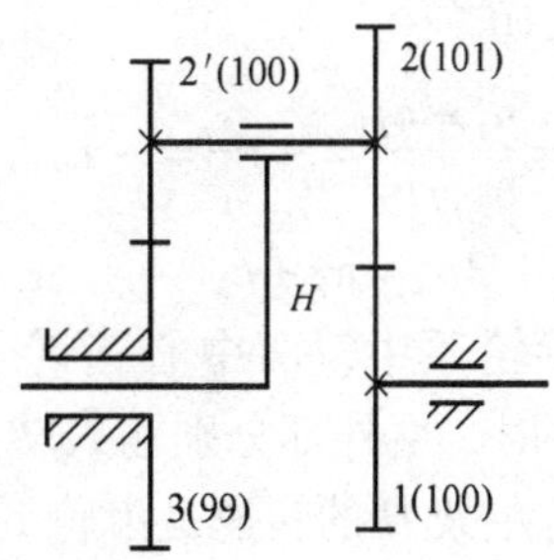

图10-15　大传动比行星轮系

由式（10-2）得

$$i_{13}^H=\frac{n_1-n_H}{n_3-n_H}=(-1)^2\frac{z_2z_3}{z_1z_{2'}}=\frac{101\times99}{100\times100}$$

齿轮3固定，则$n_3=0$，代入上式得

$$\frac{n_1 - n_H}{0 - n_H} = \frac{101 \times 99}{100 \times 100} \qquad \frac{n_1}{n_H} = 1 - \frac{9999}{10000} = \frac{1}{10000}$$

$$i_{H1} = \frac{n_H}{n_1} = 10000$$（行星架 H 与齿轮 1 转向相同）

定轴轮系和行星轮系都可以获得大传动比。尤其是采用行星齿轮系，只需要很少的几个齿轮，就可以获得很大的传动比，其结构尺寸并不大，重量很轻，因而广泛应用于航空发动机的主减速器中。一般情况下，行星轮系与定轴轮系相比，在传递功率和传动比相同的情况下，行星轮系减速器的体积是定轴轮系减速器的15%～60%，重量为20%～55%。

任务四：实现分路传动。

机械中，有时需要由一个主动轴带动几个从动轴一起转动，这时可通过轮系把一个主动轴的运动分几路传出。图 10-16 所示滚齿机工作台传动系统，动力由Ⅰ轴输入，一路由 1→2 传动到滚刀 A；另一路由 3→4→5→6→7→8→9 传到轮坯 B。

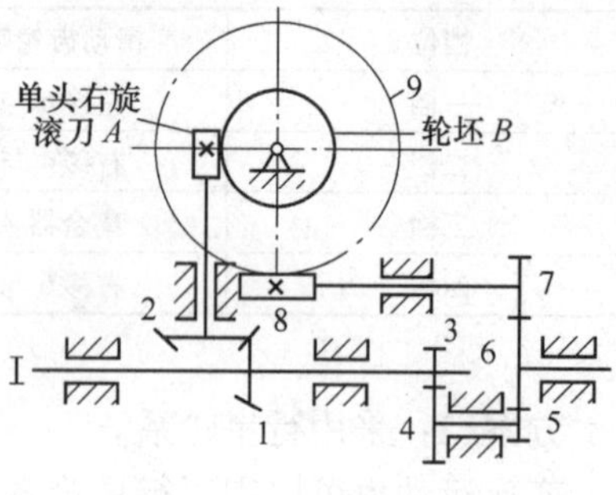

图 10-16　滚齿机工作台传动系统

任务五：实现换向传动。

当主动轴转动方向不变时，可以利用齿轮系中的惰轮改变从动轴的转向。图 10-17 所示为车床走刀丝杠的三星轮换向机构。扳动手柄使机构处于图 10-17a 位置时，齿轮 1 与 4 反向转动；扳动手柄使机构处于图 10-17b 位置时，齿轮 1 与 4 同向转动。

任务六：实现运动的合成。

图 10-18 为一差动齿轮系，其可用作运动的合成。这种机构广泛用于机床、计算机和补偿调整等装置中。如以齿轮 1 和齿轮 3 为原动件时，则行星架 H 的转速是齿轮 1 和齿轮 3 转速的合成。可计算如下

$$i_{13}^{H} = \frac{n_1 - n_H}{n_3 - n_H} = -\frac{z_3}{z_1} = -1$$

则　　$2n_H = n_1 + n_3$

在该齿轮系中，两中心齿轮 1、3 作为原动件时，由外部分别输入转速 n_1 和 n_3，则行星架 H 的转速是齿轮 1 和齿轮 3 转速的合成。

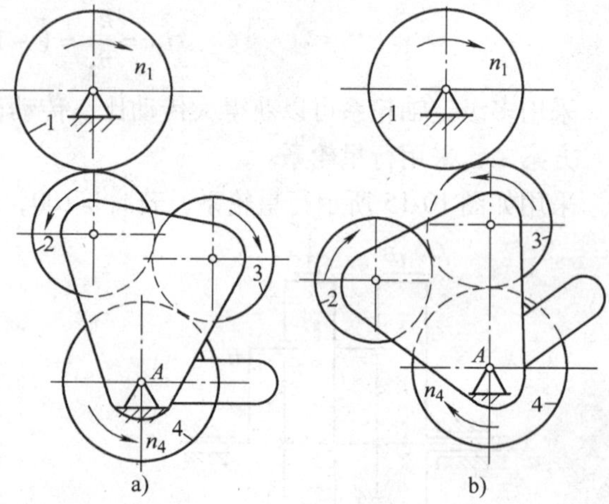

图 10-17　滑移齿轮换向机构

a）1、4 轮反向转动　b）1、4 轮同向转动

任务七：实现运动的分解。

差动齿轮系不仅可以作运动的合成，还可以作运动的分解。即把主动件的一种运动，按一定要求分解成两个从动件的运动，差动齿轮系的这种功能称之为运动分解。

图 10-19 所示为汽车后桥差速器，发动机通过传动轴驱动齿轮 1。齿轮 3 为行星轮，齿轮 5 上固连着行星架 H，左、右车轮固连的齿轮 2 和齿轮 4 为中心齿轮。齿轮 2、3、4、行星架 H 及机架组成一差动轮系。

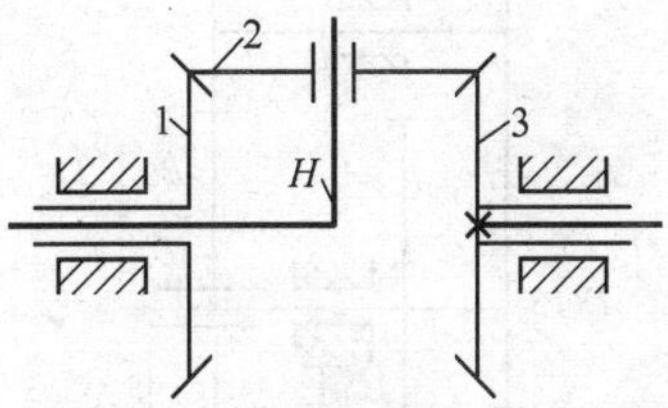

图10-18 差动齿轮系

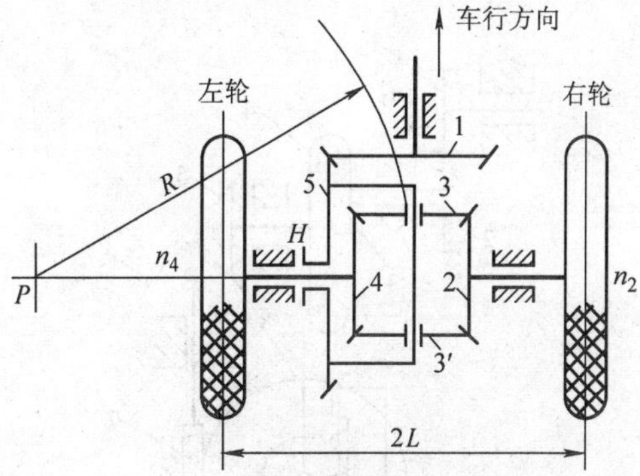

图10-19 调整两轮转速的差动机构

当齿轮1为主动件时，各轮间的运动关系为

$$n_2 + n_4 = 2n_5 \tag{a}$$

当汽车沿直线行驶时，左右两后轮所走的路程相同。这时齿轮2、3、4和5如同固连的整体一起传动，$n_2 = n_4 = n_5$。

当汽车向左转弯时，为了保证左右车轮与地面间仍为纯滚动，以减少轮胎的磨损，就要求右轮的转速比左轮的转速高。这时齿轮2和齿轮4之间发生相对转动，齿轮3除随齿轮5（行星架H）公转外，还绕自己的轴线自转。由齿轮2、3、4和5组成的差动轮系，借助于车轮与地面的摩擦力，将轮5的转动根据弯道的半径大小，按需要分解为轮4和轮2的转动。这时

$$\frac{n_4}{n_2} = \frac{R-L}{R+L} \tag{b}$$

联立式（a）、（b）得

$$n_4 = \frac{R-L}{R} n_5$$

$$n_2 = \frac{R+L}{R} n_5$$

式中，R为弯道平均半径；L为轮距之半。

思 考 题

10-1 何为轮系？何为定轴轮系？何为行星轮系？何为组合轮系？

10-2 何为行星轮系的转化轮系？为什么要采用转化轮系？

10-3 轮系的主要功用有哪些？

习 题

10-1 在图10-20所示的轮系中，已知各轮齿轮$z_1 = 20$，$z_2 = 40$，$z_3 = 15$，$z_4 = 60$，$z_5 = 18$，$z_6 = 18$，$z_7 = 2$，（左旋），$z_8 = 40$，$z_9 = 20$，齿轮9的模数$m = 4\text{mm}$，齿轮1的转速$n_1 = 100\text{r/min}$，转向如图示。求齿条10的速度v_{10}并确定其移动方向。

10-2 在图10-21所示的钟表传动示意图中，S、M、H分别为秒针、分针和时针。$z_D = 15$，$z_E = 12$，$z_F = 8$，$z_G = 60$，$z_I = 8$，且B、C轮模数相等。求齿轮A、B、C的齿数。

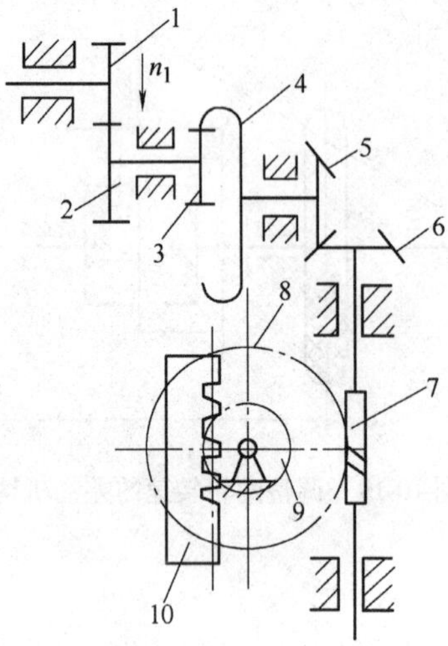

图 10-20　习题 10-1 图

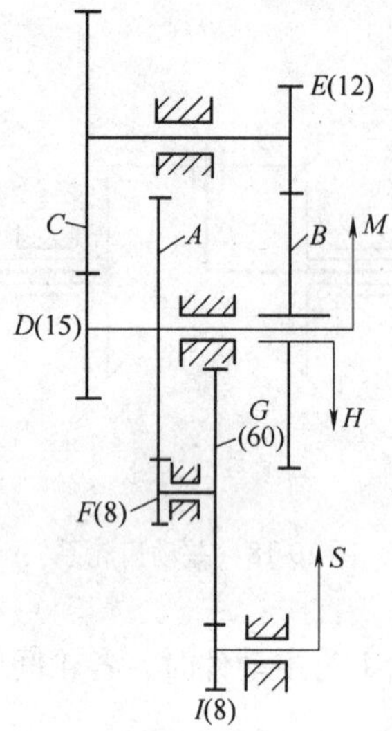

图 10-21　习题 10-2 图

10-3　在图 10-16 所示的滚齿机工作台传动系统中，已知各轮齿数分别为 $z_1=15$，$z_2=28$，$z_3=15$，$z_4=35$，$z_8=1$，$z_9=40$，若被切齿轮的齿数为 64 时，试求传动比 i_{75}。

10-4　如图 10-22 所示，已知 $z_1=60$，$z_2=20$，$z_{2'}=25$，$z_3=15$，已知：$n_1=50\text{r/min}$，$n_3=200\text{r/min}$，求：1）若 n_1、n_3 转向如图 10-22a 中所示，n_H 的大小和方向；2）若 n_1、n_3 转向如图 10-22b 中所示，n_H 的大小和方向。

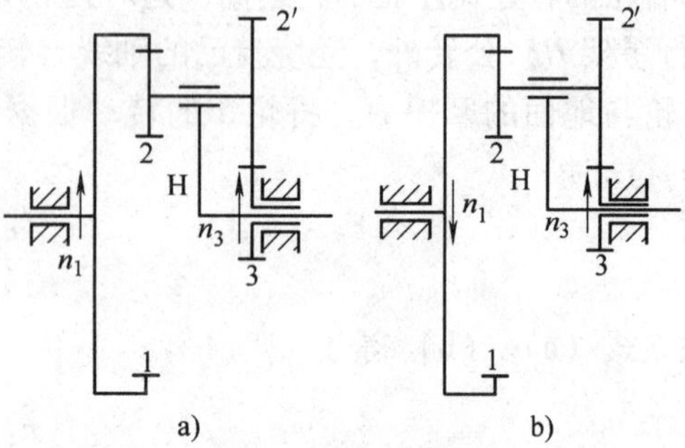

图 10-22　习题 10-4 图

10-5　图 10-23 所示轮系中，设已知 $z_1=15$，$z_2=25$，$z_{2'}=20$，$z_3=60$，又 $n_1=200\text{r/min}$，$n_3=50\text{r/min}$，试求行星架 H 的转速 n_H 的大小和方向。

10-6　如图 10-24 所示的轮系中，已知各轮的齿数 $z_1=z_3=z_5=z_6=z_7=20$，$z_2=z_4=40$，$z_8=60$ 当齿轮 1 的转速 $n_1=800\text{r/min}$ 时（转向如图示），求行星架 H 的转速 n_H。

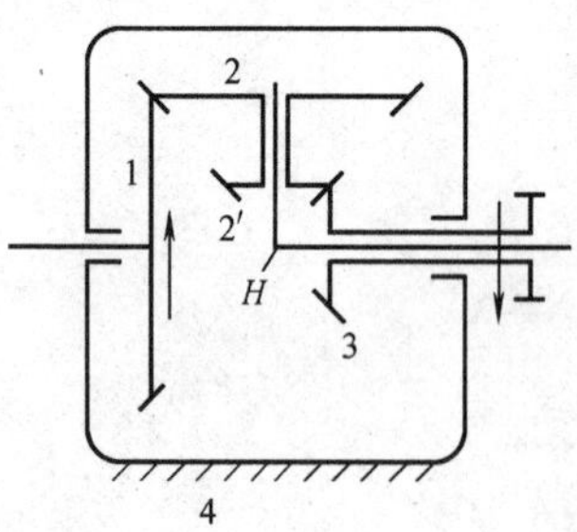

图 10-23　习题 10-5 图

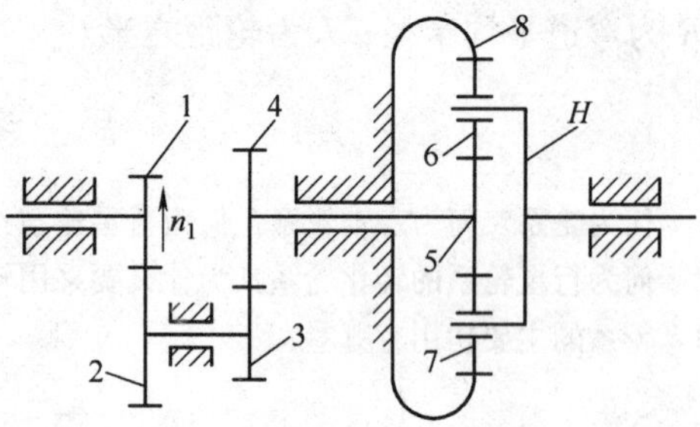

图 10-24　习题 10-6 图

第 11 章　轴

任务描述

任务一：设计汽车传动轴。

任务二：设计图 6-1 所示减速器的输出轴。

任务分析

首先需掌握轴的功用和类型、轴的材料选择、轴的强度计算方法、轴的结构设计方法、轴的刚度校核方法等基本知识，才能正确设计各种不同工作形式的轴。

相关知识

11.1　轴的功用及类型

11.1.1　轴的功用

一切作回转运动的传动零件（如齿轮、蜗轮等），都必须安装在轴上才能进行运动及动力的传递。因此轴的主要功用是支承回转零件，同时传递运动和动力。

11.1.2　轴的分类

1. 按轴的受载情况分

（1）心轴　工作时只承受弯矩不传递转矩的轴称为心轴。心轴又分为固定心轴，即固定不转动的心轴，如自行车前轴（图 11-1a），以及转动心轴，即与轴上零件一起转动的心轴，如火车车轮轴（图 11-1b）。

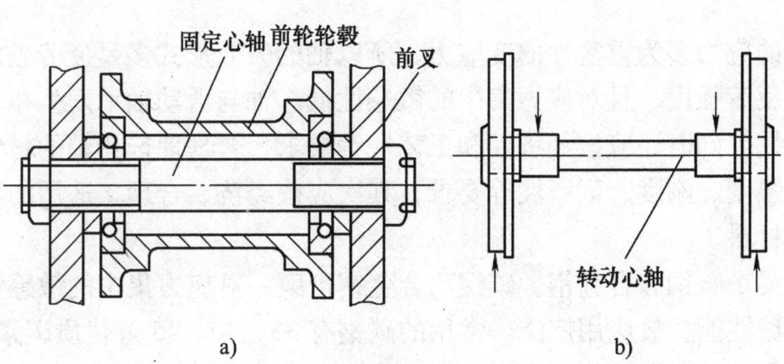

图 11-1　心轴的类型

a）固定心轴　b）转动心轴

（2）传动轴　只传递转矩而不承受弯矩的轴，如汽车的传动轴（图 11-2）。

（3）转轴　既传递转矩又承受弯矩的轴，如减速器轴（图 11-3）。机器中大多数轴都为转轴。

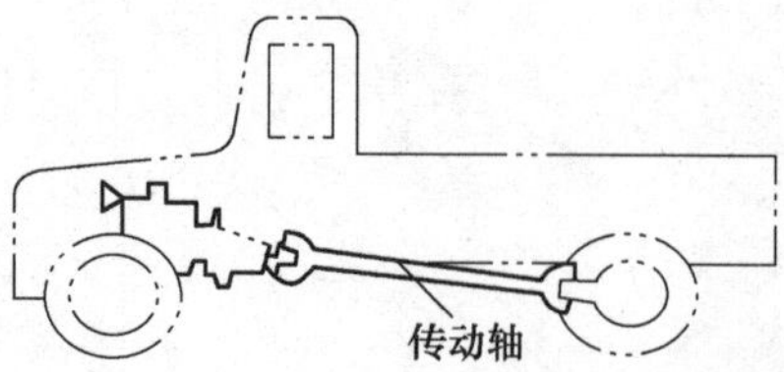

图 11-2　传动轴

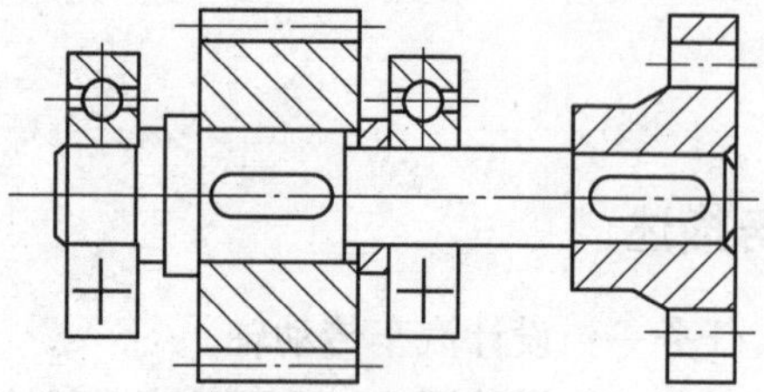

图 11-3　转轴

2. 按轴线形状分

按轴线形状可分为直轴（图 11-1、11-2、11-3）、曲轴（图 11-4）和挠性轴（图 11-5）。

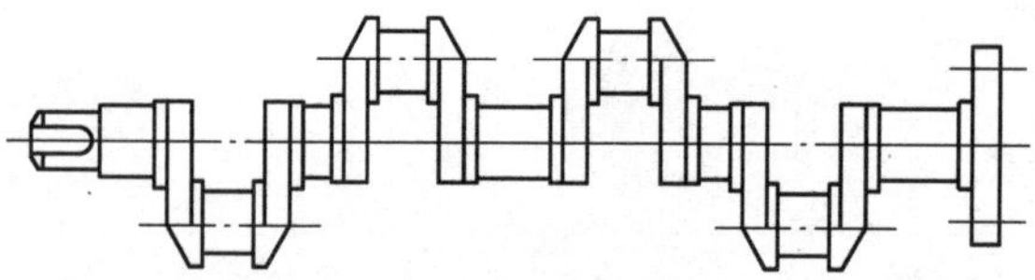

图 11-4　曲轴

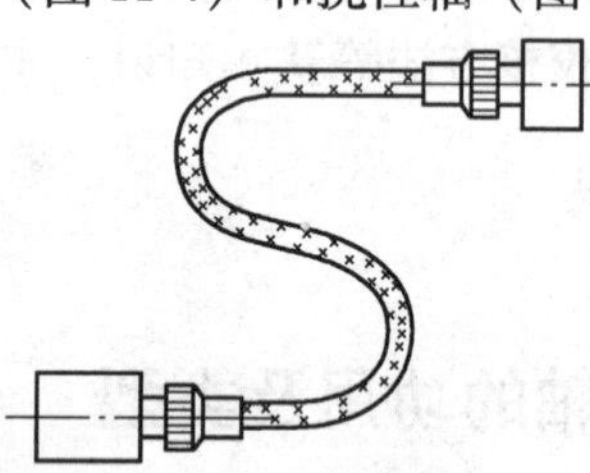

图 11-5　挠性轴

3. 按轴的外观分

按轴的外观可分为光轴（图 11-2）和阶梯轴（图 11-3）。

11.1.3　轴的设计基本要求

（1）具有足够的承载能力　即要求轴具有足够的强度和刚度，以保证轴能正常地工作。

（2）具有合理的结构形状　使轴上的零件能可靠地定位和便于装拆，同时使轴加工方便和成本低廉。

11.2　轴的材料

转轴工作时的应力多为重复性的变应力，所以轴的失效形式多是疲劳破坏，因此要求轴的材料有一定的疲劳强度，且对应力集中的敏感性低。轴与滑动轴承发生相对运动的表面应具有足够的耐磨性。同时还应按经济性和工艺性等要求，合理地选择轴的材料。因此，轴的材料首先应满足强度、刚度、耐磨性等要求，其次应按经济、合理、适用的原则，根据具体情况选用合适的材料。

轴的材料主要是碳钢和合金钢。碳钢比合金钢价廉，对应力集中的敏感性低，经热处理可改善其综合机械性能，故应用广泛。常用的碳钢有 35、40、45 等优质碳素钢，其中 45 钢应用最普遍，为保证其力学性能，应进行淬火、调质或正火处理。合金钢比碳素钢具有更高的机械强度和更好的淬火性能，但其价格较贵，且对应力集中较敏感。因此，合金钢多用于对机械强度或耐磨性、耐蚀性要求较高以及处于高温等条件下工作的场合。常用的合金钢有

20Cr、40Cr、35CrMo、40MnB 等。由于合金钢与碳素钢的弹性模量相差甚小，因此，欲采用合金钢通过热处理来提高轴的刚度是无效的。

轴的毛坯一般采用轧制的圆钢或锻件。锻件的内部组织较均匀，强度较好，故重要的轴以及大尺寸的阶梯轴，应采用锻制毛坯。

球墨铸铁和一些高强度铸铁，由于铸造性能好，容易铸成复杂形状，且减振性能好，对应力集中敏感性低，故常用于制造外形复杂的轴，可用来代替合金钢作内燃机中的曲轴、凸轮轴。我国研制成功的稀土—镁球墨铸铁，冲击韧性好，同时具有减摩、吸振和对应力集中敏感性低等优点，已用于制造汽车、拖拉机、机床上的重要轴类零件。但其铸件品质不易控制，可靠性较差。轴的常用材料及其力学性能见表11-1。

表11-1　轴的常用材料及其力学性能

材料牌号	热处理方法	毛坯直径 d/mm	硬度 HBW	抗拉强度 σ_b/MPa	屈服强度 σ_s/MPa	弯曲疲劳强度 σ_{-1}/MPa	应用说明
Q235A				440	240	200	用于不重要或载荷不大的轴
Q275A			190	580	280	230	用于一般的轴
35	正火	≤100	143~187	520	270	250	用于一般的轴
45	正火	≤100	170~217	600	300	275	用于较重要的轴，应用最广泛
	调质	≤200	217~255	650	360	300	
35SiMn	调质	≤100	229~286	750	559	350	用于较重要的轴
40Cr	调质	≤100	241~286	750	550	350	用于载荷较大、无很大冲击的重要轴
40MnB	调质	≤200	241~286	750	550	335	性能接近40Cr，用于重要的轴
20Cr	渗碳淬火，回火	≤60	表面硬度 56~62HRC	650	400	280	用于要求强度、韧性及耐磨性均较高的轴
QT600-3			197~260	600	370	215	用于铸造外形复杂的轴

11.3　轴的结构设计

11.3.1　轴各部分的名称

如图11-6所示为一齿轮减速器中的低速轴。轴上与轴承配合的部分称为轴颈，与传动零件（齿轮、联轴器）配合的部分称为轴头，连接轴颈与轴头的非配合部分统称为轴身。

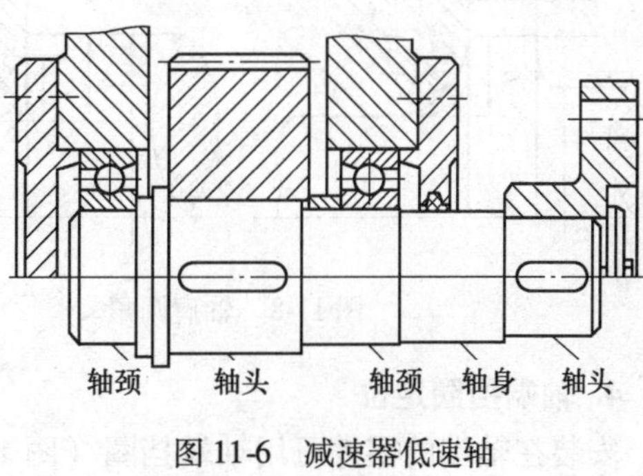

图11-6　减速器低速轴

11.3.2　轴上零件的周向固定

为了给轴和轴上零件进行周向固定，限制轴上零件相对于轴的转动，轴上零件的周向固定主要采用键连接（图 11-7a）、花键连接（图 11-7b），有时采用销连接（图 11-7c）、成型连接（图 11-7d）或过盈配合连接（图 11-7e）等。

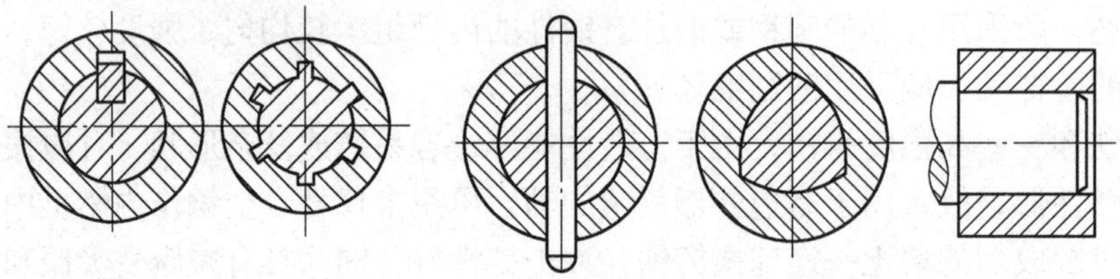

图 11-7　轴上零件的周向固定
a）键连接　b）花键连接　c）销连接　d）成型连接　e）过盈配合连接

11.3.3　轴及轴上零件的轴向定位

零件在轴上应沿轴向准确可靠地定位，以使其具有确定的安装位置并能承受轴向力而不产生轴向移动。

1. 轴肩和轴环定位

阶梯轴上截面变化的部位称为轴肩，轴上中间直径大，两边直径小处称为轴环，轴肩、轴环用来给轴上零件轴向定位。图 11-6 中齿轮的左侧依靠轴环作轴向定位，联轴器的左侧、左端轴承的右侧依靠轴肩作轴向定位。

为了使轴上零件的端面能与轴肩紧贴，轴肩的圆角半径 r 必须小于零件孔端的圆角半径 R 或倒角 C，否则将无法紧贴。轴肩或轴环的高度 h 必须大于零件孔端的圆角半径 R 或倒角 C，如图 11-8 所示。

轴肩高度 $h \approx (0.07d + 3\text{mm}) \sim (0.1d + 5\text{mm})$，或取 $h = (2 \sim 3)C$，轴环宽度 $b \approx 1.4h$。装滚动轴承处的轴肩尺寸，由轴承标准规定的安装尺寸确定。轴肩定位，简单可靠，可承受较大的轴向力。

2. 套筒定位

当轴上零件需双向定位时，一端采用轴肩，另一端通常采用套筒作轴向定位，如图 11-6 所示，齿轮的右侧、右端轴承的左侧依靠套筒定位。两端轴承盖使轴在箱体内定位。

3. 螺母定位

当套筒太长时，可采用圆螺母（图 11-9）。此时需在轴上切制螺纹，因而引起应力集中，对轴疲劳强度影响较大。

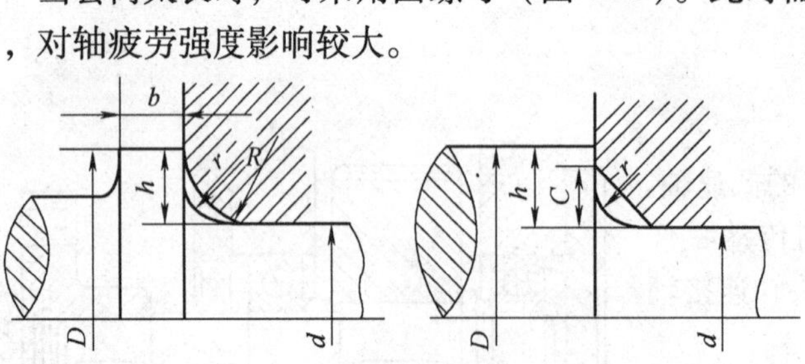

图 11-8　轴肩圆角

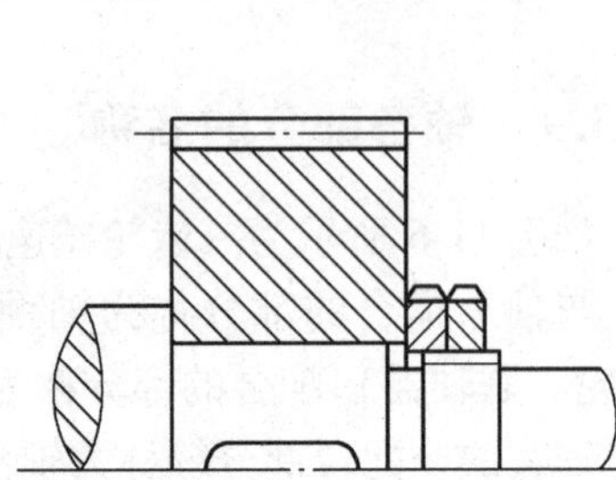

图 11-9　螺母定位

4. 轴端挡圈定位

安装在轴端的零件可用轴端挡圈（图 11-10a）和圆锥面（图 11-10b）定位，常用于轴端。锥面配合时，轴上零件装拆方便，多用于轴上零件与轴的同心度要求较高或轴受振动的场合。

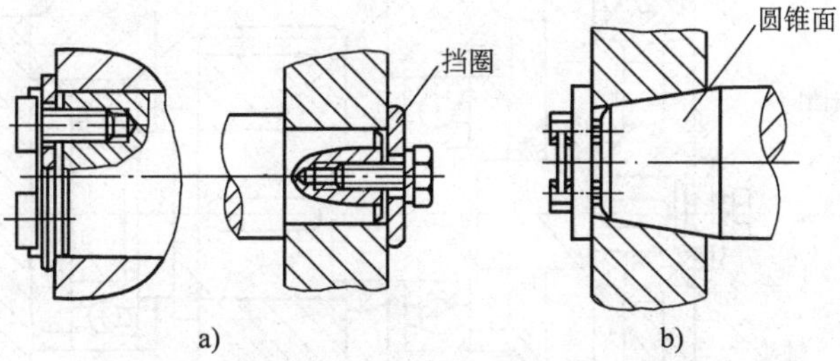

图 11-10　轴端挡圈定位
a）用轴端挡圈和轴肩定位　b）用轴端挡圈和圆锥面定位

5. 其他定位方式

当承受的轴向力小时，可用圆锥销（图 11-11a）、紧定螺钉（图 11-11b）、弹簧挡圈（图 11-11c）等方式。选择时，还应考虑轴的制造及零件装拆的难易、所占位置的大小、对轴强度的影响等因素。

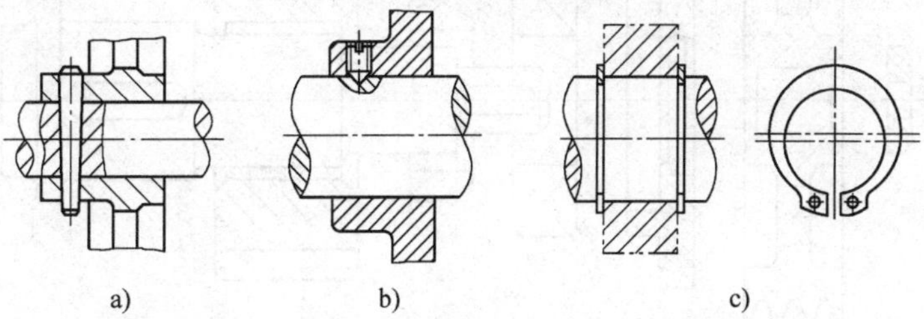

图 11-11　其他定位方式
a）圆锥销定位　b）紧定螺钉定位　c）弹簧挡圈定位

11.3.4　轴上零件的安装

轴上零件的布置和装配方案不同，将直接影响轴的结构形式，设计时应根据具体情况拟定几种方案，分析对比，选出较为合理的一种。如图 11-12a 所示结构，为便于轴上零件的装拆，将轴做成阶梯形，装配时，首先从左端依次装入齿轮、套筒、左端轴承、左端轴承盖、带轮和轴端挡圈；从右端装入右端轴承和轴承盖，安装过程如图 11-12b 所示。

11.3.5　轴的各段直径和长度

轴的直径应满足强度与刚度的要求。此外，还要根据具体情况来确定轴的实际直径。

1）与滚动轴承配合的轴颈直径，必须符合滚动轴承内径的标准系列。

2）轴上车制螺纹部分的直径，必须符合螺纹的标准系列。

3）安装联轴器的轴头直径应与联轴器的孔径范围相适应。

4）与零件（如齿轮、带轮等）相配合的轴头直径，应采用标准直径，见表 11-2。

5）用套筒、螺母和轴端挡圈作轴向定位时，轴上零件的轴段长度应比零件轮毂长度短 2～3mm，以保证压紧零件，防止窜动。

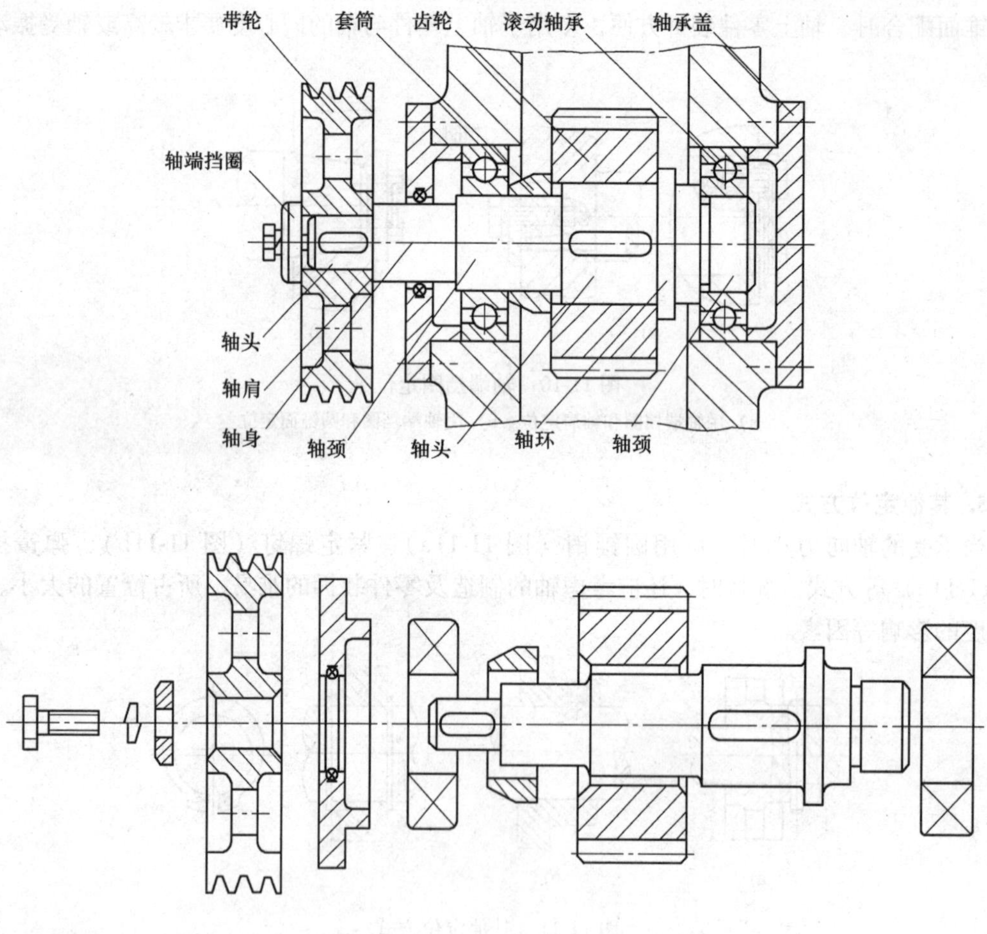

b)

图 11-12　轴上零件的安装

a）轴系装配图　b）装拆顺序图

表 11-2　轴的标准直径　　（单位：mm）

10	12	14	16	18	20	22	24	25	26	28
30	32	34	36	38	40	42	45	48	50	53
56	60	63	67	71	75	80	85	90	95	100

11.3.6　轴的结构应具有的制造和装配工艺性

1）在能满足使用要求的情况下，轴的外形结构应力求简单，便于加工，轴肩数尽可能少，相邻轴段的直径差不宜过大。

2）为使轴上零件容易装拆、并避免划伤人手，轴端、轴头和轴颈的端部应有倒角，一般为45°、30°或60°。

3）同一根轴上所有圆角半径和倒角的大小应尽可能一致，以减少刀具规格和换刀次数。

4）同一轴上需开几个键槽时，应布置在同一母线上（图 11-13），以便于加工。

5）对于轴上要磨削的轴段，需设砂轮越程槽（图11-14），其尺寸要符合标准。

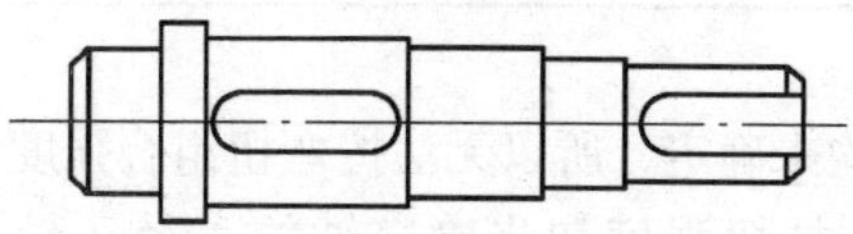

图11-13 轴上的键槽

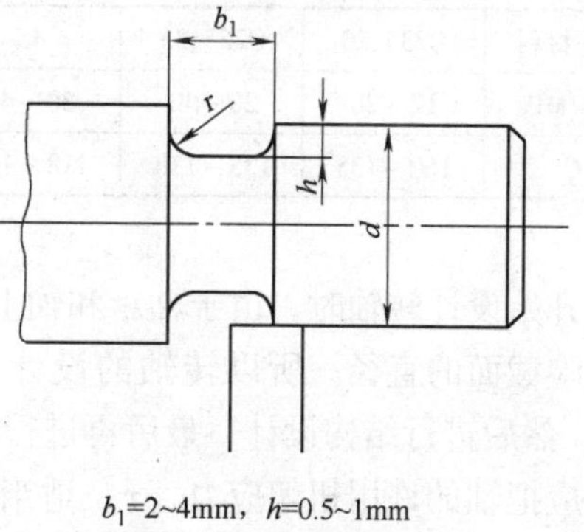

图11-14 砂轮越程槽

6）对于轴上要切螺纹的部位，需设退刀槽（图11-15），以便在切螺纹时退刀。

7）当要求轴的各段具有较好的同轴度时，则应在轴的两端设置中心孔（图11-16）。

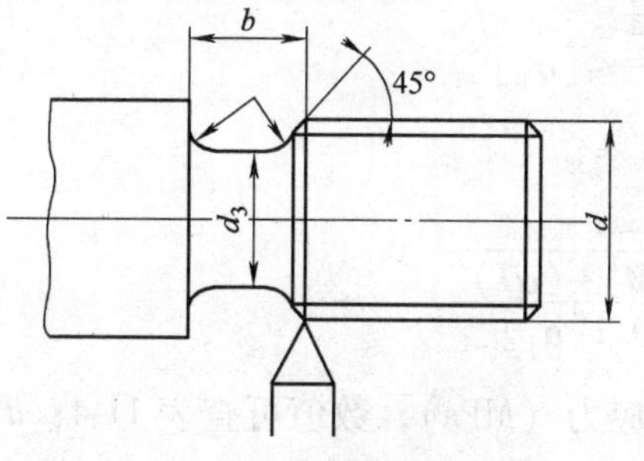

图11-15 螺纹退刀槽

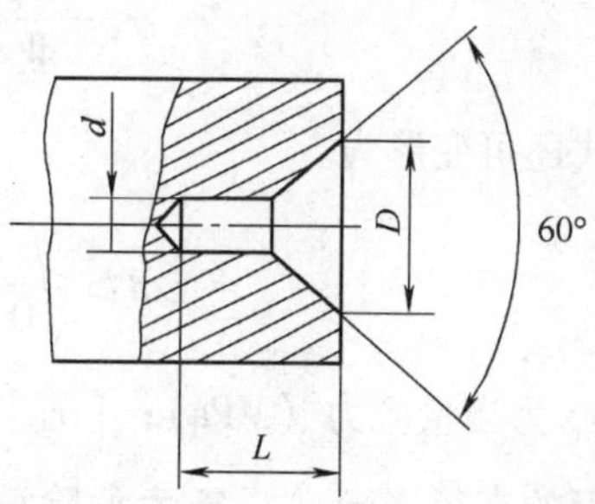

图11-16 中心孔

11.4 轴的强度计算

11.4.1 轴径的初步确定

由于传动轴只传递转矩，所以设计时其强度条件为

$$\tau=\frac{T}{W_T}=\frac{9.55\times10^6P}{0.2d^3n}\leqslant[\tau] \tag{11-1}$$

式中，τ、$[\tau]$ 为分别为扭转切应力和许用扭转切应力（MPa）；T 为转矩（N·mm）；W_T 为轴抗扭截面系数（mm^3），对圆截面轴 $W_T=\frac{\pi d^3}{16}\approx0.2d^3$；$P$ 为轴传递的功率（kW）；n 为轴的转速（r/min）；d 为轴的直径（mm）。

将上式改写为设计公式得

$$d\geqslant\sqrt[3]{\frac{9.55\times10^6}{0.2[\tau]}}\cdot\sqrt[3]{\frac{P}{n}}=C\sqrt[3]{\frac{P}{n}} \tag{11-2}$$

式中，C 为由轴的材料和承载情况确定的常数，见表11-3。

表 11-3 常用材料的 [τ] 值和 C 值

轴的材料	Q235、20	Q255、35	45	40Cr、35SiMn、20 CrMnTi、2Cr13、42SiMn、38 SiMnMo
[τ]/MPa	12 ~ 20	20 ~ 30	30 ~ 40	40 ~ 52
C	160 ~ 135	135 ~ 118	118 ~ 107	107 ~ 98

开始设计转轴时，由于轴承和轴上零件的位置均未确定，所以无法按弯扭组合强度计算轴危险截面的直径。所以转轴的设计步骤为：先按抗扭强度初步确定轴的直径（最小直径），然后进行结构设计，最后再进行弯扭组合强度校核。用式（11-2）初步估算转轴的直径时应把轴的许用扭切应力 [τ] 适当降低。

11.4.2 按弯扭组合进行强度校核

结构设计完成后，载荷的位置均已确定，然后可按弯扭组合进行强度校核。根据第三强度理论，强度计算公式为

$$\sigma_e=\frac{M_e}{W}=\frac{\sqrt{M^2+(\alpha T)^2}}{0.1d^3}\leqslant[\sigma_b]_{-1} \tag{11-3}$$

上式还可变形为

$$d\geqslant\sqrt[3]{\frac{M_e}{0.1[\sigma_b]_{-1}}}=\sqrt[3]{\frac{M^2+(\alpha T)^2}{0.1[\sigma_b]_{-1}}} \tag{11-4}$$

式中，σ_e 为当量应力（MPa）；$[\sigma_b]_{-1}$ 为许用弯曲应力（MPa），数值可查表 11-4；d 为轴危险截面的直径（mm）；M 为危险截面的合成弯矩 $M=\sqrt{M_H^2+M_V^2}$（N · mm）；M_H 为水平面弯矩（N · mm）；M_V 为垂直平面弯矩（N · mm）；M_e 为危险截面当量弯矩 $M_e=\sqrt{M^2+(\alpha T)^2}$（N · mm）；$\alpha$ 为根据转矩性质而定的折算系数，对于不变的载荷，$\alpha=0.3$；对于脉动循环的载荷，$\alpha=0.6$；对于对称循环的载荷，$\alpha=1$。

若危险截面处有键槽，计算出的轴径单键时应增大 5%，双键时增大 10%。计算出的轴径与结构设计中的轴径相比较，若大于结构设计中的轴径，说明强度不够，应修改轴的结构；若小于结构设计中的轴径，除非相差很大，一般以结构设计中的轴径为准。

表 11-4 轴常用材料的许用弯曲应力 （单位：MPa）

材料	σ_B	$[\sigma_b]_{+1}$	$[\sigma_b]_0$	$[\sigma_b]_{-1}$
碳素结构钢	500	170	75	45
	600	200	95	55
	700	230	110	65
合金结构钢	800	270	130	75
	1000	330	150	90
铸钢	400	100	50	30
	500	120	70	40

注：$[\sigma_b]_{+1}$、$[\sigma_b]_0$、$[\sigma_b]_{-1}$ 分别为材料在静应力、脉动循环应力和对称循环应力作用下的许用弯曲应力。

11.5 提高轴强度和刚度的措施

11.5.1 改善轴的受力状况

适当调整轴上载荷的位置，或改变载荷的作用方式，可有效地减小轴的最大弯矩和转矩以及弯曲、扭转变形。

1. 分散载荷的作用

轴承受集中力作用时，在满足使用要求的前提下，若将该集中力分散为几个小的集中力，可减小轴的最大弯矩和最大挠度值。图11-17a为集中力作用在中间位置时，其最大弯矩为$Fl/4$，若采用图11-17b所示结构，则最大弯矩降为$Fl/8$，最大挠度也降为原来的11/16。

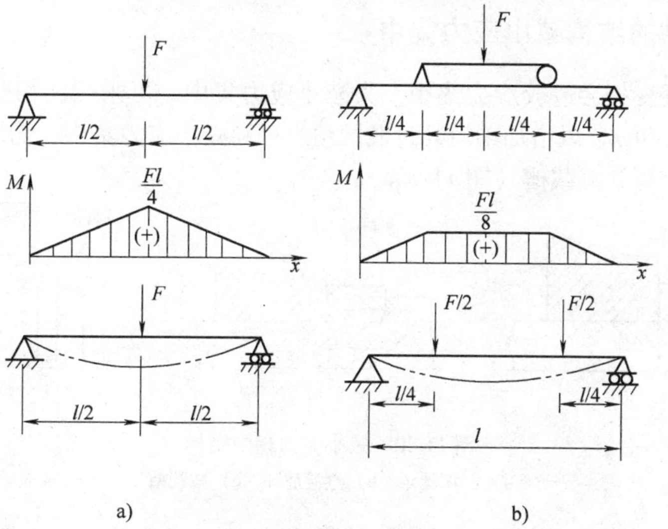

图11-17 集中力与分散力的弯矩图、挠度比较

a）集中力作用弯矩、挠度图 b）分散力作用弯矩挠度图

2. 合理布置载荷

1）当轴承受弯矩时，将载荷布置在远离轴跨度中点处，可减小最大弯矩和最大挠度。如图11-18a所示的铣床床头箱中安装齿轮的轴，若齿轮安装在离左端$l/6$位置时，其最大弯矩由齿轮在中间位置时的$Fl/4$，降为$5Fl/36$，最大挠度降为原来的24/49。

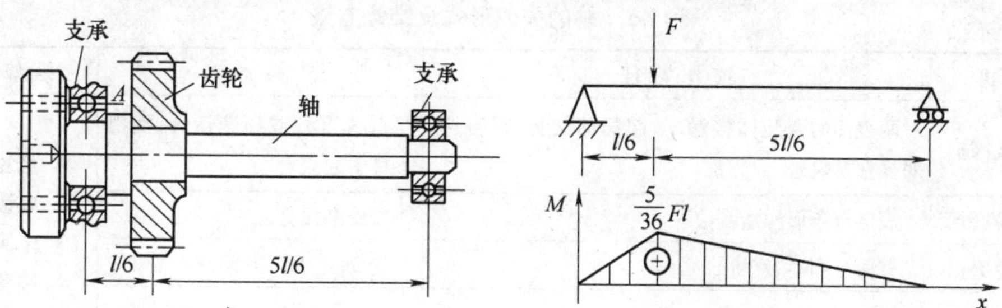

图11-18 安装位置对弯矩和挠度的影响

a）铣床齿轮轴 b）简图、弯矩图

2）轴承受转矩时，若按图 11-19a 所示布置载荷，则轴承受的最大转矩为 T_1+T_2；若按图 11-19b 所示布置载荷，则轴承受的最大转矩降为 T_1。

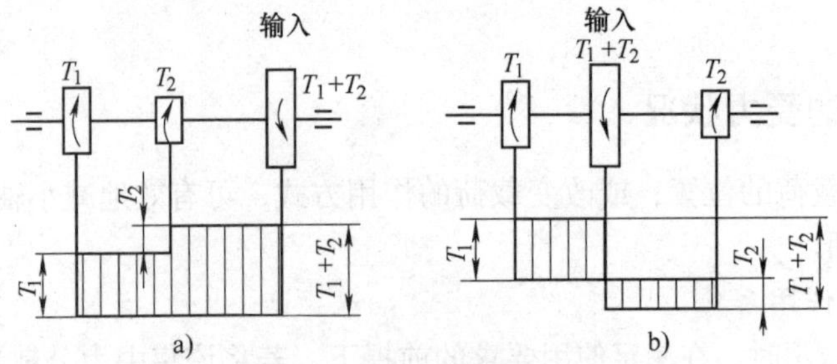

图 11-19　两种布置方式的最大转矩比较

a）一端输入布置方式　b）中间输入布置方式

11.5.2　改善轴的结构减小应力集中

轴截面尺寸突变处会造成应力集中，为减小应力集中，可采用凹切圆角（图 11-20a）、过渡肩环（图 11-20b），以增加轴肩处过渡圆角半径和减小应力集中。为减小轮毂和轴配合引起的应力集中，可开减载槽（图 11-20c）。

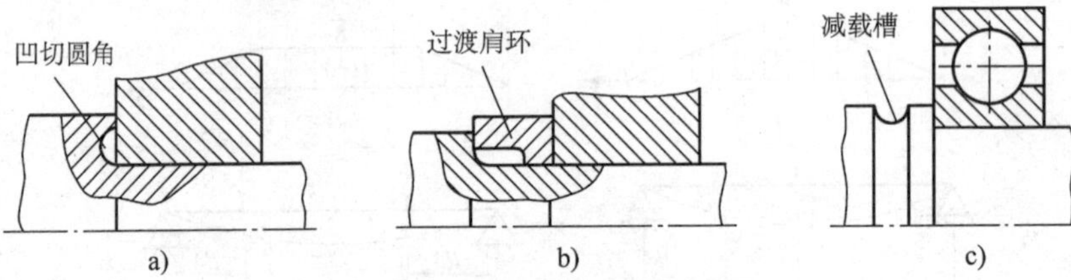

图 11-20　减小应力集中结构

a）凹切圆角　b）过渡肩环　c）减载槽

此外，提高轴的表面质量，降低表面粗糙度，对轴表面采用辗压、喷丸等强化处理，均可提高轴的疲劳强度。

11.6　轴的修复

轴是机械中容易失效的零件之一，常见的轴的失效形式及维修方法见表 11-5。

表 11-5　轴的失效形式及维修方法

失效形式		损伤特征	产生原因	维修方法
磨损	粘着磨损	两表面的微凸体接触，引起局部粘着、撕裂，有明显粘贴痕迹	低速重载或高速运转、润滑不良引起胶合	1. 修复尺寸 2. 电镀 3. 金属喷涂 4. 镶套 5. 堆焊 6. 粘接
	磨粒磨损	表层有条形沟槽刮痕	较硬杂质介入	
	疲劳磨损	表面有剥落、麻坑	受变应力作用、润滑不良	
	腐蚀磨损	接触表面滑动方向呈均细磨痕，或点状、丝状腐蚀痕迹，或有小凹坑伴有黑灰色、红褐色氧化物细颗粒、丝状磨损物产生	有氧化性较强的气、液体作用；有外载或振动；在接触表面产生微小滑动	

（续）

<table>
<tr><th colspan="2">失效形式</th><th>损伤特征</th><th>产生原因</th><th>维修方法</th></tr>
<tr><td rowspan="3">断裂</td><td>疲劳断裂</td><td>可见到断口表层或深处的裂纹痕迹，并有新的发展迹象</td><td>交变应力作用：局部应力集中；微小裂纹扩展</td><td rowspan="3">1. 焊补
2. 焊接断轴
3. 断轴套装</td></tr>
<tr><td>脆性断裂</td><td>断口由裂纹源处呈鱼滑状或人字形花纹状扩展</td><td>温度过低；快速加载；电镀等使氢渗入</td></tr>
<tr><td>韧性断裂</td><td>断口有塑性变形和挤压变形痕迹、有颈缩现象或纤维扭曲现象</td><td>过载：材料强度不够；热处理使韧性降低</td></tr>
<tr><td rowspan="2">过量变形</td><td>过量弹性变形</td><td>受载时过量变形，卸载时变形消失，运转时噪声大，运转精度低，变形出现在受载区或整轴上</td><td>轴的刚度不足；过载或轴系结构不合理</td><td rowspan="2">1. 冷校正
2. 热校正</td></tr>
<tr><td>过量塑性变形</td><td>整体出现不可恢复的弯、扭曲，与其他零件接触处呈局部塑性变形</td><td></td></tr>
</table>

任务实施

任务一：设计一汽车传动轴，已知：传递的功率为 $P=39\mathrm{kW}$，传动轴的转速 $n=247\mathrm{r/min}$。设计传动轴的直径。

设计方案：

1. 选择材料

查表 11-1 选择 40Cr，由表 11-3 得 $[\tau]=46\mathrm{MPa}$，$C=102$。

2. 设计传动轴的直径

由式（11-2）得

$$d \geqslant C\sqrt[3]{\frac{P}{n}}=102\sqrt[3]{\frac{39}{247}}\mathrm{mm}=55.13\mathrm{mm}$$

取 $d=56\mathrm{mm}$。

任务二：设计如图 6-1 所示单级斜齿圆柱齿轮减速器的输出轴。已知：传递的功率 $P=11.5\mathrm{kW}$，从动齿轮转速 $n_2=202\mathrm{r/min}$，分度圆直径 $d_2=312.5\mathrm{mm}$，所受圆周力 $F_{t2}=3480\mathrm{N}$，径向力 $F_{r2}=1333\mathrm{N}$，轴向力 $F_{a2}=1144\mathrm{N}$，轮毂长度 $L=80\mathrm{mm}$，齿轮单向转动，轴承采用 6200 型。

设计方案：

1. 选择材料及热处理方式，确定许用应力

查表 11-1，选 45 钢，正火处理，$\sigma_b=600\mathrm{MPa}$，再查表 11-4 得 $[\sigma_b]_{-1}=55\mathrm{MPa}$。

2. 按扭转强度估算轴的直径

查表 11-3，由 45 钢得 $C=118\sim107$，取 $C=115$。

将 P、n_2、C 代入式（11-2）得

$$d \geqslant C\sqrt[3]{\frac{P}{n}}=115\sqrt[3]{\frac{11.5}{202}}\mathrm{mm}=44.24\mathrm{mm}$$

由于设计出的为轴的最小直径，该位置应安装联轴器，所以应与联轴器孔径一致，因此取 $d=45\mathrm{mm}$。

3. 轴的结构设计（图 11-21）

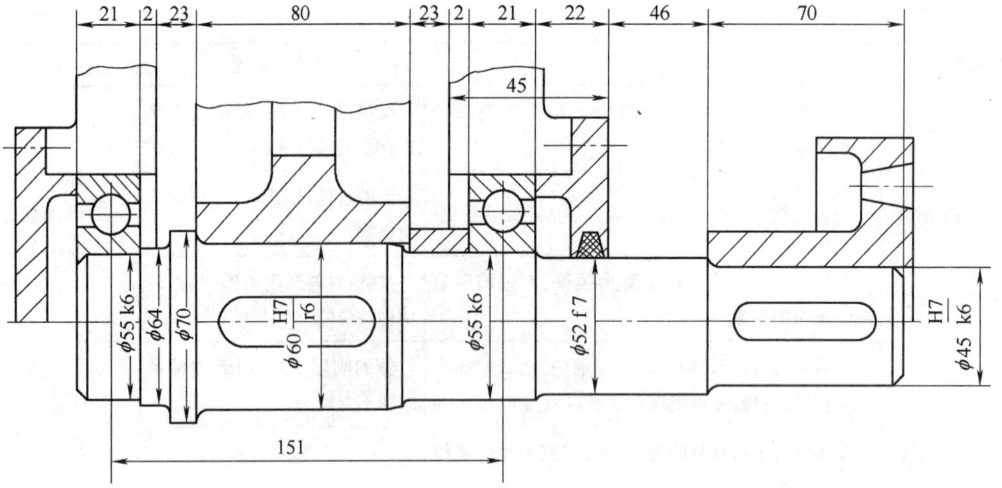

图 11-21　轴的结构设计

1）确定轴上零件的布置及定位方式。

因为是单级齿轮减速器，所以应使齿轮相对于两端轴承对称布置。轴的外伸端安装联轴器，齿轮左端用轴环、右端用套筒作轴向定位，用平键和过盈配合 H7/r6 实现周向固定，轴系用两端轴承盖实现轴向定位，联轴器用轴肩、平键连接和过渡配合 H7/k6 实现轴向及周向固定。

2）确定轴的各段直径。

为了定位方便，采用阶梯轴，尺寸按由小到大顺序确定。由初估轴径知 $d=45\text{mm}$，取联轴器定位轴肩高 $h=3.5\text{mm}$，则轴外伸段安装轴承端盖处直径为 52mm，所以选择 6211 型轴承，安装轴承处轴颈为 55mm，按照轴承的安装尺寸取轴肩和套筒外径为 64mm，选与齿轮配合的轴头直径为 60mm，定位轴环直径为 70mm。

3）确定各段长度。

由于轮毂宽度为 80mm，所以取按齿轮部分轴头长 78mm 及轴承宽度取轴颈长度为 21mm，齿轮两端面与箱体内壁的距离取 23mm。所以轴的跨距 $l=151\text{mm}$，内壁至轴承端盖外端面的距离为 45mm，联轴器左端面距箱体 46mm，安装联轴器的轴头长 70mm。

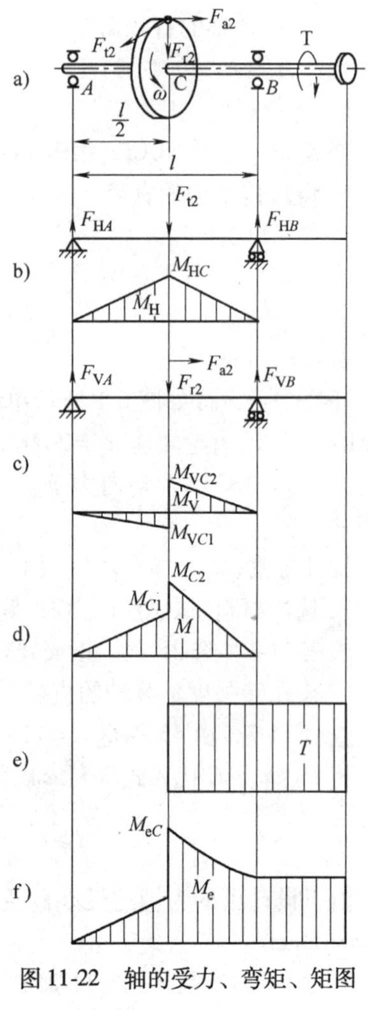

图 11-22　轴的受力、弯矩、矩图

4. 轴的强度校核

1）作出轴的计算简图（图 11-22a）。

2）求水平面弯矩 M_H，作水平面弯矩图（图 11-22b）。

求两端支座反力为

$$F_{HA}=F_{HB}=\frac{F_{t2}}{2}=\frac{3480}{2}\text{N}=1740\text{N}$$

截面 C 的水平面弯矩为

$$M_{HC}=F_{HA}\times\frac{l}{2}=1740\times\frac{151}{2}\text{N}\cdot\text{mm}=131370\text{N}\cdot\text{mm}$$

3）求垂直平面弯矩 M_V，作垂直平面弯矩图（图 11-22c）。

支座反力为

$$F_{VA}=\frac{F_{r2}}{2}-\frac{F_{d2}d_2}{2l}=\frac{1333}{2}-\frac{1144\times312.5}{2\times151}\text{N}=-517\text{N}$$

$$F_{VB}=F_{r2}-F_{VA}=1333\text{N}-(-517)\text{N}=1850\text{N}$$

截面 C 左侧的垂直平面弯矩为

$$M_{VC1}=F_{VA}\times\frac{l}{2}=-517\times\frac{151}{2}\text{N}\cdot\text{mm}=-39034\text{N}\cdot\text{mm}$$

截面 C 右侧的垂直平面弯矩为

$$M_{VC2}=F_{VB}\times\frac{l}{2}=1850\times\frac{151}{2}\text{N}\cdot\text{mm}=139675\text{N}\cdot\text{mm}$$

4）求合成弯矩，作合成弯矩图（图 11-22d）。

截面 C 左侧合成弯矩为

$$M=\sqrt{M_{HC}^2+M_{VC1}^2}=\sqrt{131370^2+(-39034)^2}\text{N}\cdot\text{mm}=137046\text{N}\cdot\text{mm}$$

截面 C 右侧合成弯矩为

$$M=\sqrt{M_{HC}^2+M_{VC2}^2}=\sqrt{131370^2+139675^2}\text{N}\cdot\text{mm}=191748\text{N}\cdot\text{mm}$$

5）求转矩 T，作转矩图（图 11-22e）。

$$T=9.55\times10^6\times\frac{P}{n_2}=9.55\times10^6\times\frac{11.5}{202}\text{N}\cdot\text{mm}=543688\text{N}\cdot\text{mm}$$

6）求当量弯矩，作当量弯矩图（图 11-22f），找出危险截面。

因单向传动，故 $\alpha=0.6$。

所以危险截面 1 为安装齿轮位置，危险截面 2 为安装联轴器位置，各位置的弯矩为

$$M_{e1}=\sqrt{M^2+(\alpha T)^2}=\sqrt{191748^2+(0.6\times543688)^2}\text{N}\cdot\text{mm}=378394\text{N}\cdot\text{mm}$$

$$M_{e2}=\sqrt{M^2+(\alpha T)^2}=\sqrt{(0.6\times543688)^2}\text{N}\cdot\text{mm}=326212.8\text{N}\cdot\text{mm}$$

7）校核轴的强度。

对于危险截面 1，由式（11-3）得

$$d_1\geqslant\sqrt[3]{\frac{M_{e1}}{0.1\,[\sigma_b]_{-1}}}=\sqrt[3]{\frac{378394}{0.1\times55}}\text{mm}=41\text{mm}$$

因截面处有键槽，故将轴径增大 5%，41mm × 1.05 = 43mm，结构设计中该处直径为 60mm，所以强度足够。

对于危险截面 2，由式（11-3）得

$$d_2\geqslant\sqrt[3]{\frac{M_{e1}}{0.1\,[\sigma_b]_{-1}}}=\sqrt[3]{\frac{326212.8}{0.1\times55}}\text{mm}=39\text{mm}$$

因截面处有键槽，故将轴径增大 5%，39mm × 1.05 = 40.95mm，结构设计中该处直径为 45mm，所以强度足够。

8）绘制轴的工作图（图 11-23）。

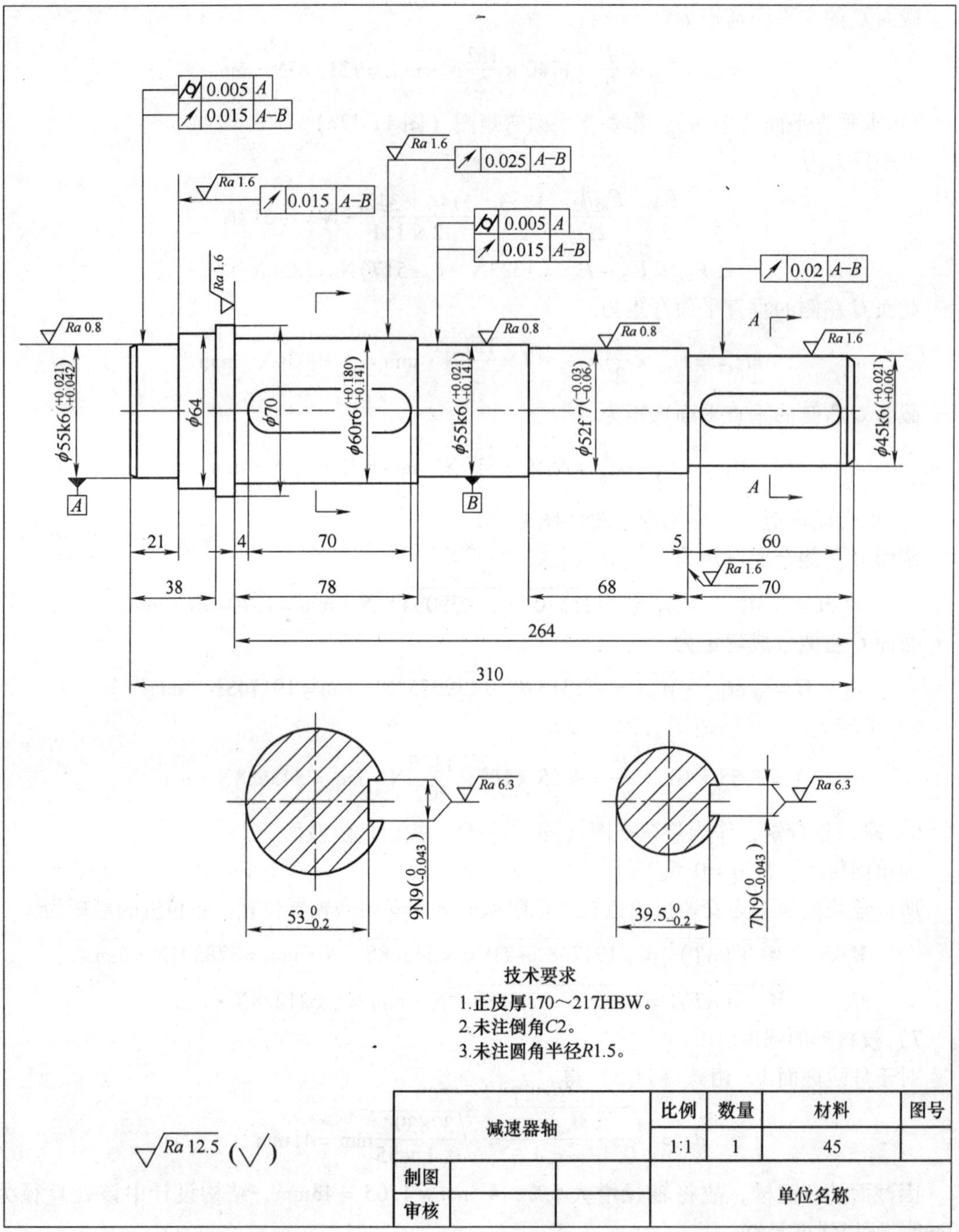

图 11-23　轴的工作图

思　考　题

11-1　按承载情况，轴可分为哪几类？

11-2　轴的常用材料有哪些？各有何特点？说明其应用场合。

11-3　进行轴的结构设计时，应考虑哪些问题？

11-4　为什么一般将轴设计成阶梯形？确定阶梯轴各段直径和长度的原则和依据是什么？

习　　题

11-1　指出图11-24中1、2、3、4、5处轴的结构是否合理？为什么？画出改进后的结构图。

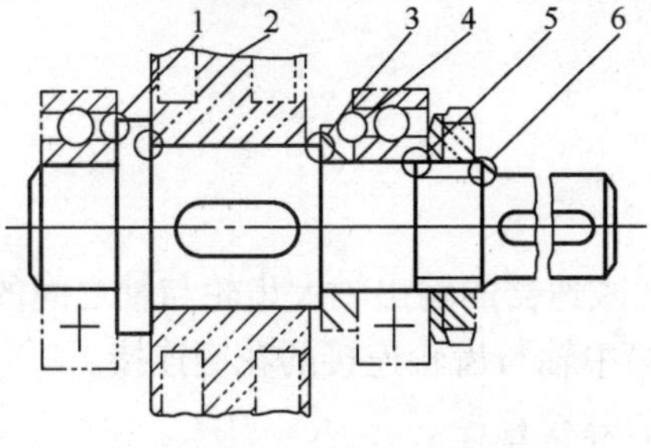

图11-24　习题11-1图

11-2　分析图11-25中减速器的输出轴的结构错误，并加以改正。

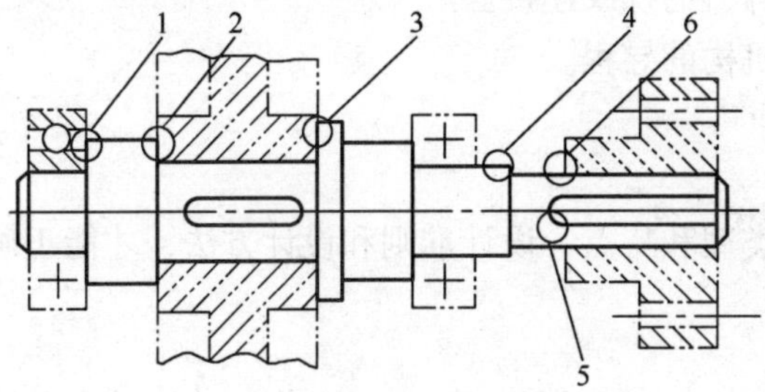

图11-25　习题11-2图

11-3　试设计如图11-26所示单级斜齿圆柱齿轮减速器中的从动轴。已知：从动轴传递的功率 $P=4.5\text{kW}$，转速为 $n_2=560\text{r/min}$。从动轴上斜齿轮的模数 $m=3\text{mm}$，齿数 $z_2=50$，螺旋角 $\beta=16°$，（右旋）。压力角 $\alpha_n=20°$，轮毂长为60mm。假设采用角接触球轴承。工作为单向传动。

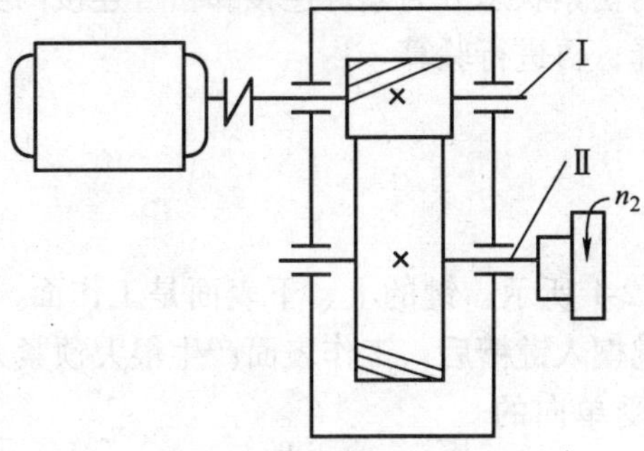

图11-26　习题11-3图

第 12 章　连接和螺旋传动

任务描述

任务一：设计图 6-1 所示减速器的输出轴大齿轮与轴之间的键连接。

任务二：设计机床变速箱中轴与齿轮连接的花键连接。

任务三：设计起重吊钩的螺纹直径。

任务四：设计凸缘联轴器的螺纹连接。

任务五：设计铰制孔螺栓连接。

任务六：设计低压容器的螺纹连接。

任务七：设计螺旋机构的导程。

任务分析

首先要掌握连接的类型和特点、设计准则和设计方法，才能正确设计常用连接。

相关知识

12.1　键连接

键连接主要用于轴和轴上零件之间的周向固定，传递转矩，有的键也兼有轴向定位作用。

键连接按键在连接中的松紧状态分为紧键连接和松键连接两类。键是标准件，设计时可根据使用要求由标准中选择，再进行验算。

12.1.1　紧键连接

1. 楔键连接

楔键连接的结构如图 12-1 所示。键的上、下表面是工作面，键的上表面和轮毂键槽底面，都有 1∶100 的斜度。键楔入键槽后，工作表面产生很大预紧力。工作时依靠工作表面的摩擦力传递转矩，并能承受单向的轴向力和起轴向定位作用。楔键分普通楔键（GB/T 1564—2003，图 12-1a）和钩头楔键（GB/T 1565—2003，图 12-1b）两种。钩头楔键的钩头是为装拆用的，因此，装配时，须留有拆卸位置 m。钩头楔键随轴转动，容易发生事故，应加防护罩。

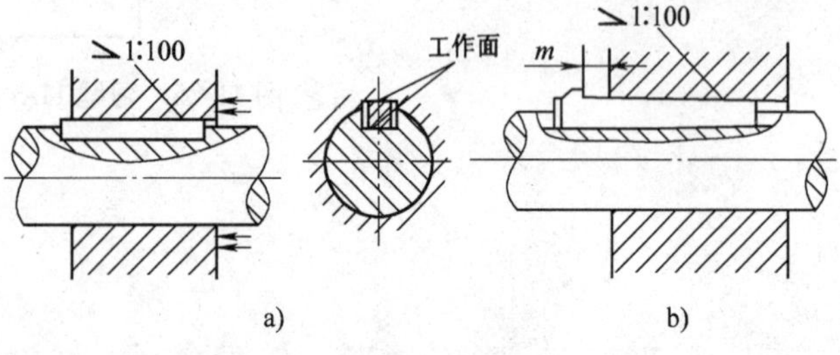

图 12-1　楔键连接

a）普通楔键　b）钩头楔键

2. 切向键连接

切向键连接（GB/T 1974—2003）的结构如图 12-2 所示，由两个普通楔键组成。装配时两个键分别自轮毂两端楔入。装配后两个相互平行的窄面是工作面，工作时，主要依靠工作面传递转矩。单个切向键（图 12-2a）只能传递单向转矩。若需传递双向转矩，应装互成 120°～135°的两个切向键（图 12-2b）。

紧键连接的优点是可以传递较大转矩，并能够对轴上零件进行轴向定位，缺点是由于楔紧影响，轴和轮毂易产生偏心，所以定心精度不高，而且在振动、冲击或变载荷作用下容易松动。

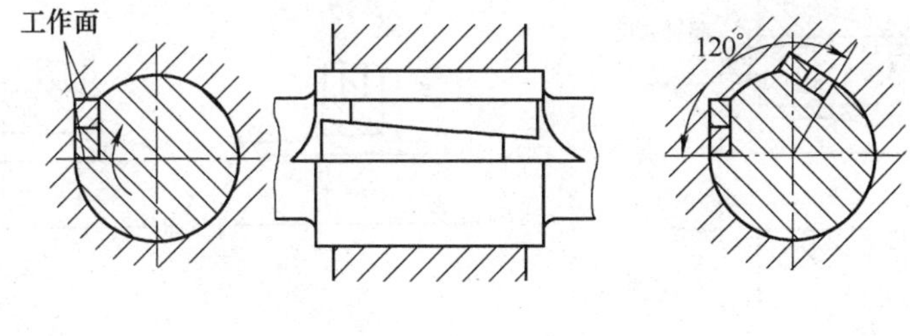

a)　　b)

图 12-2　切向键连接

a）传递单向转矩　b）传递双向转矩

12. 1. 2　松键连接

1. 平键连接

平键连接分为普通平键、导向平键和滑键。

（1）普通平键（GB/T 1095—2003）　普通平键连接如图 12-3a 所示。键的端部形状有圆头（A 型）、方头（B 型）、半圆头（C 型），如图 12-3b 所示。圆头平键键槽由面铣刀加工，如图 12-4a 所示，键在槽中固定较好，但槽对轴的应力集中影响较大；方头平键键槽由盘形铣刀加工，如图 12-4b 所示，槽对轴的应力集中影响较小，但固定不太可靠；单圆头平键常用于轴的端部连接，轴上的键槽常用面铣刀铣通。

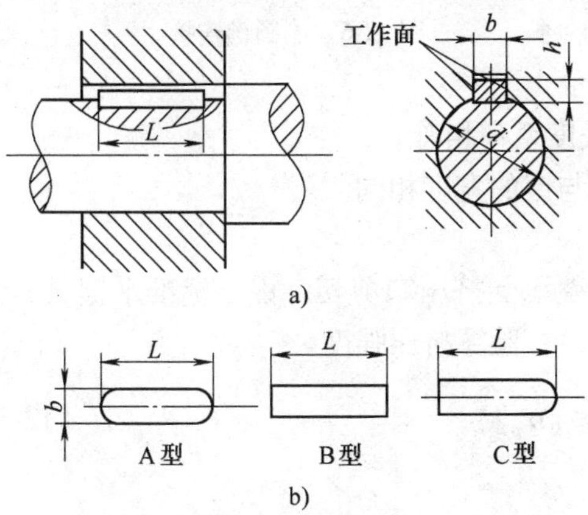

图 12-3　平键连接及键的端部形状

a）平键连接　b）键的端部形状

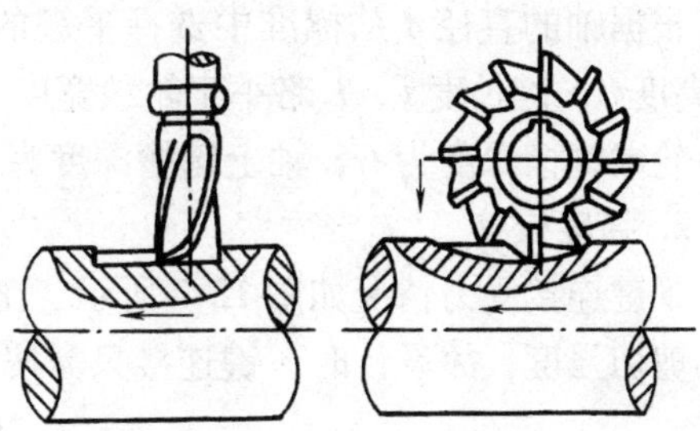

a)　　b)

图 12-4　键槽的加工

a）面铣刀加工键槽　b）盘形铣刀加工键槽

松键连接依靠键的两侧面传递转矩。键的上表面与轮毂键槽底面间有间隙，装配时不用打紧，不影响轴与轮毂的同心精度，装拆方便。

（2）导向平键（GB/T 1097—2003）和滑键　当轮毂在轴上需沿轴向移动时，可采用导向平键或滑键连接。导向平键用螺钉固定在轴上，如图 12-5a 所示，轮毂上的键槽与键是间隙配合，当轮毂移动时，键起导向作用。滑键与轮毂相联如图 12-5b 所示，轴上的键槽与键是间隙配合，当轮毂移动时，键随轮毂沿键槽滑动。滑键适用于移动距离大的场合，如车床光轴与溜板箱采用滑键连接。

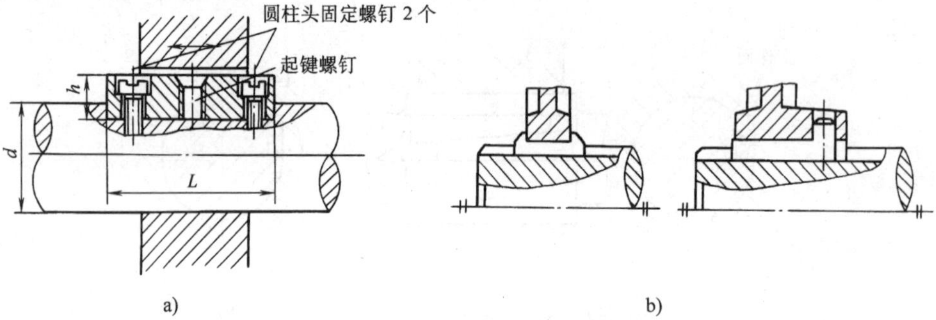

图 12-5　导向平键和滑键

a）导向平键连接　b）滑键连接

2. 半圆键连接（GB/T 1099—2003）

半圆键连接如图 12-6 所示。半圆键能在轴的键槽内摆动，以适应轮毂键槽底面的斜度，装配方便，特别适合锥形轴端。但由于轴上键槽过深，对轴的削弱较大，故只适于轻载。

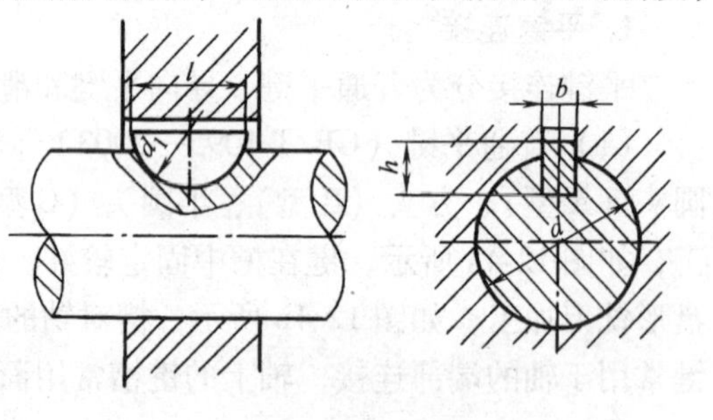

图 12-6　半圆键连接

12.1.3　平键连接的尺寸选择和验算

平键是标准件，一般先根据轴的直径，从标准中选取尺寸，再进行强度校核。普通平键尺寸见附录 A。

1. 尺寸选择

根据轴的直径 d 从标准中选择平键的宽度 b、高度 h，键长度 L，L 略小于轮毂宽度，并与长度系列相符。

轮毂键槽深度为 t_1，轴上键槽深度为 t，宽度与键的宽度相同。

2. 强度校核

平键连接受力情况如图 12-7 所示，工作时，键承受挤压和剪切。由于标准平键具有足够的剪切强度，故设计时，键连接只需按式（12-1），验算挤压强度。

$$\sigma_p \approx \frac{F_t}{\dfrac{h}{2}l} = \frac{4T}{dhl} \leqslant [\sigma_p] \tag{12-1}$$

式中，T 为传递的转矩（N · mm）；l 为键的有效工作长度（mm），对于圆头平键应扣除圆头部分长度，即 A 型键槽 $l = L - b$；F_t 为传递的圆周力（N）；$[\sigma_p]$ 为键连接中较弱零件（通常是轮毂）材料的许用挤压应力（N/mm^2），见表 12-1。

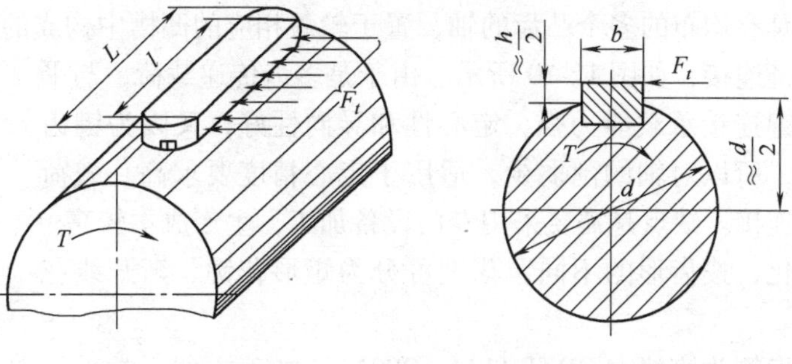

图 12-7 键连接的强度计算

表 12-1 键连接的许用挤压应力 （单位：MPa）

许用应力	轮毂材料	载荷性质		
		静载荷	轻微冲击	冲击
σ_p	钢	125 ~ 150	100 ~ 120	60 ~ 90
	铸铁	70 ~ 80	50 ~ 60	30 ~ 45

若键连接的强度不够，可以适当增加键的长度，降低工作应力，但键长不宜超过 $2.5d$，也可配置两个相隔 180°的平键，如图 12-8 所示。考虑到载荷分布的不均匀性，两个键的承载能力只有一个键的 1.5 倍。

12.1.4 平键连接的装拆

用平键连接时，键与轴上键槽的两侧面应留有一定的过盈；在键的顶面和轮毂之间应有一定的间隙。装配前去毛刺、配键、洗净、加油，将键轻轻敲入槽内并与底面接触，然后试装轮毂。具体装配方法如图 12-9 所示。

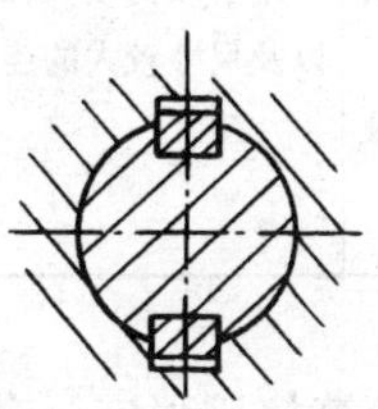

图 12-8 双键连接

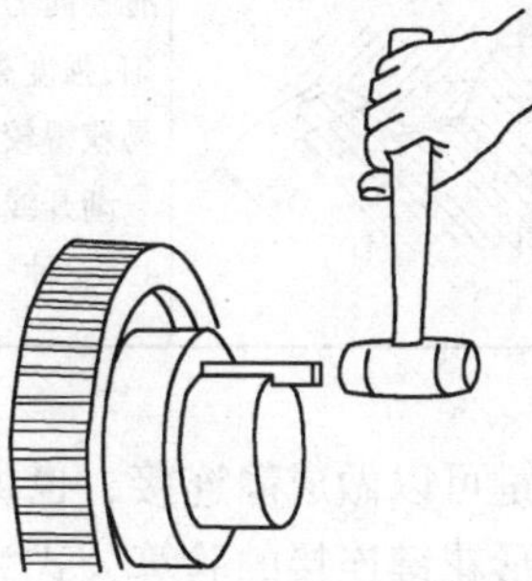

图 12-9 平键的装配

在打键入槽时，必须谨慎，避免键端被镦粗，最好使用软的或塑料锤子。轮毂上的键槽若与键配合过紧时，可修整键槽，但不能松动。

用键安装齿轮或其他零件时，有时需要把它们放入油中加热至高温，使齿轮或零件膨胀，增大孔径，使零件容易滑动，便于安装。

12.2 花键连接

普通键连接承载能力低，轴被削弱和应力集中程度都较严重，若需要承受大载荷，则应使用沿圆周方向具有均布的多个凸齿的轴，置于轮毂相应的凹槽中构成的连接，即花键轴与花键孔配合的花键连接，如图 12-10 所示。由于是多齿传递载荷，与平键连接相比，花键连接承载能力强，定心性和导向性好，又因为键齿浅、应力集中小，所以对轴的削弱少，适用于定心精度要求高、载荷大或经常滑动的连接。缺点是需要采用专门设备加工，生产成本较高。

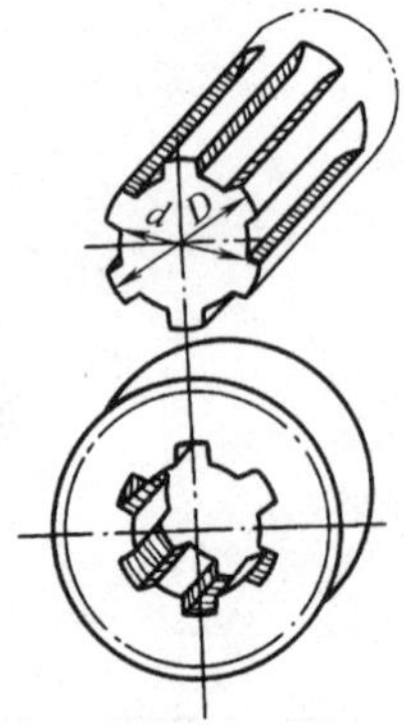

图 12-10　花键轴和花键孔

花键已标准化，按齿形的不同，花键可分为矩形花键、渐开线花键。

矩形花键的齿侧为直线（GB/T 1144—2001），加工方便，常采用小径定心，其特点是定心精度高，定心的稳定性好，因而应用最为广泛，矩形花键的形式和尺寸见附录 B；渐开线花键的齿廓为渐开线（GB/T 3478.1—2008），常用齿侧定心，具有自动定心作用。花键的特点和应用见表 12-2。

表 12-2　花键的特点和应用

类　型	特　点	应　用
矩形花键(GB/T 1144—2001) 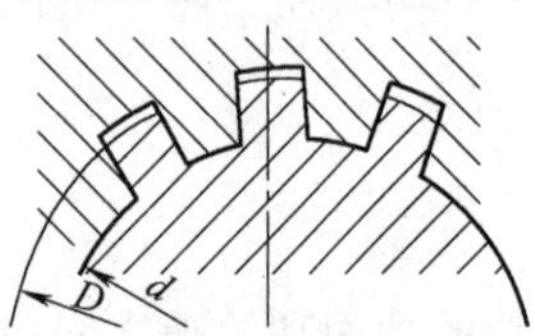	花键连接为多齿工作，承载能力高，对中性、导向性好，齿根较浅，应力集中较小，轴与毂强度削弱小 矩形花键加工方便，能用磨削方法获得较高的精度。标准中规定两个系列：轻系列，用于载荷较轻的静连接；中系列，用于中等载荷	应用广泛，如飞机、汽车、拖拉机、机床制造业、农业机械及一般机械传动装置等
渐开线花键(GB/T 3478.1—2008) 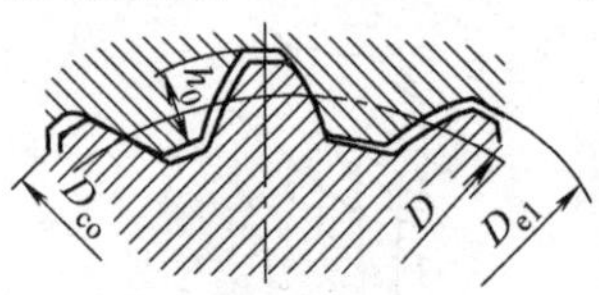	渐开线花键的齿廓为渐开线，受载时齿上有径向力，能起自动定心作用，使各齿受力均匀，强度高，寿命长。加工工艺与齿轮相同，易获得较高精度和互换性 渐开线花键标准压力角有 30° 和 37.5° 及 45° 三种	用于载荷较大，定心精度要求较高，以及尺寸较大的连接

矩形花键可以做成静连接，也可以做成动连接，静连接验算挤压强度，动连接需验算耐磨性。以矩形花键连接的验算公式为

静连接
$$\sigma_p = \frac{2T}{\phi z h l D_m} \leq [\sigma_p] \tag{12-2}$$

动连接
$$p_p = \frac{2T}{\phi z h l D_m} \leq [p_p] \tag{12-3}$$

式中，T 为传递的转矩（N · mm）；ϕ 为载荷不均匀系数，$\phi = 0.7 \sim 0.8$；z 为键齿数；h 为齿面工作高度，$h = \frac{D-d}{2} - 2C$（mm）；l 为键的有效工作长度；D_m 为花键平均半径，$D_m = \frac{D+d}{2}$（mm）；$[\sigma_p]$ 为花键的许用挤压应力（MPa）；$[p_p]$ 为许用压强（MPa）。

$[\sigma_p]$、$[p_p]$ 查表 12-3 取值。

表 12-3　花键连接的许用挤压应力 $[\sigma_p]$、许用压强 $[p_p]$　　（单位：MPa）

连接工作方式	许用值	使用和制造情况	齿面未经热处理	齿面经热处理
静连接	许用挤压应力 $[\sigma_p]$	不良	35 ~ 50	40 ~ 70
		中等	60 ~ 100	100 ~ 140
		良好	80 ~ 120	120 ~ 200
动连接（无载荷作用下移动）	许用压强 $[p_p]$	不良	15 ~ 20	20 ~ 35
		中等	20 ~ 30	30 ~ 60
		良好	25 ~ 40	40 ~ 70
动连接（有载荷作用下移动）	许用压强 $[p_p]$	不良	—	3 ~ 10
		中等	—	5 ~ 15
		良好	—	10 ~ 20

注：1. 使用和制造情况不良是指受变载、有双向冲击、振动频率高、振幅大、润滑不好（对动连接）、材料硬度不高、精度不高等。

2. 同一情况下，$[\sigma_p]$ 或 $[p_p]$ 的较小值用于工作时间长和较重要的场合。

3. 内、外花键材料的抗拉强度不低于 600MPa。

12.3　销连接

销的主要用途是固定零件之间的相互位置，并可传递不大的转矩。

销的基本形式为圆柱销（GB/T 119.1—2000），如图 12-11a 所示。圆锥销（GB/T 117—2000）如图 12-11b 所示。圆柱销与孔之间为过盈配合，要求孔的加工精度高，需用铰刀铰削，所以加工成本高，且经过多次装拆后其定位精度会降低，所以不如圆锥销应用广泛。圆锥销有 1:50 的锥度，要求的加工精度不高，安装也方便，多次装拆对定位精度影响较小，所以机械中常采用圆锥销定位。

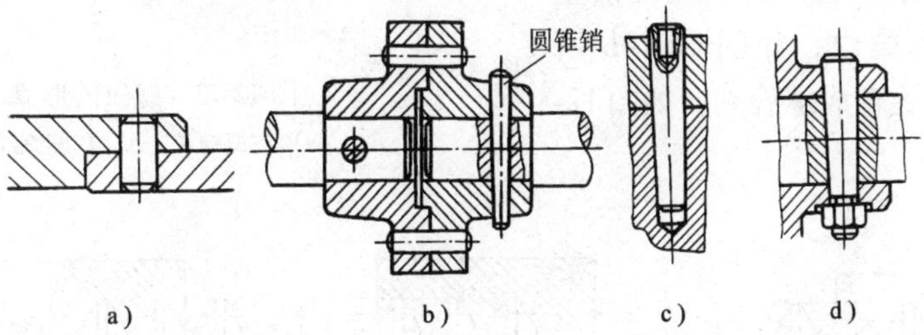

图 12-11　销连接

a）圆柱销　b）圆锥销　c）大端带螺纹的圆锥销　d）小端带螺纹的圆锥销

销的常用材料为 35、45 钢。

销还有许多特殊形式。图 12-11c 是大端带螺纹的圆锥销，便于拆卸，可用于不通孔；图 12-11d 是小端带螺纹的圆锥销，可用螺母锁紧，适用于有冲击的场合。图 12-12a 是带槽的圆柱销，销上有三条压制的纵向沟槽。图 12-12b 是放大的俯视图，细实线表示打入销孔前的形状，实线表示打入后变形的结果，这使销与孔壁压紧，不易松脱，能承受振动和变载荷。用这种销连接时，销孔不需要铰制，且可多次装拆。

定位销的直径可按结构确定，数目不少于两个，销在每一被连接件的长度约为销直径的

1 ~2 倍。安全销可以作为安全装置使用，可起到过载保护作用。当过载时，销被剪断，从而保护其他零件不被损坏，作为安全装置时，需进行剪断的计算和实验。

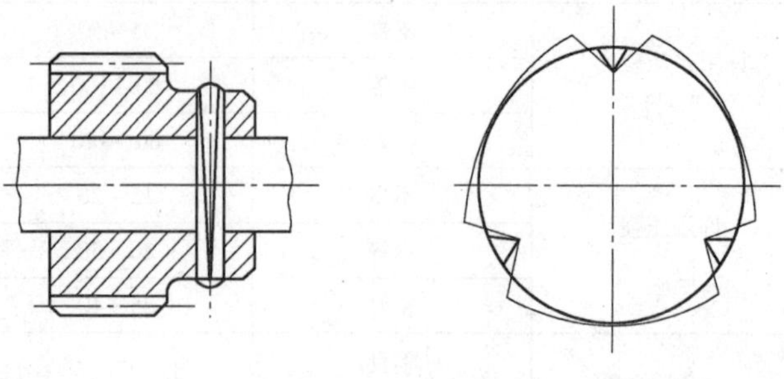

a)　　b)

图 12-12　带槽圆柱销

12.4　螺纹的分类及特点

12.4.1　螺纹的形成

如图 12-13 所示，将底边长等于 πd_2 的直角三角形，绕在一直径为 d_2 的圆柱体上，并使其底边与圆柱体底面重合，则其斜边在圆柱体表面形成的空间曲线，称为螺旋线。在圆柱表面上，沿螺旋线切制出特定形状的沟槽，即螺纹。在圆柱体外表面加工出的螺纹称为外螺纹，如图 12-14a 所示；在圆柱体内表面加工出的螺纹称为内螺纹，如图 12-14b 所示；由内外螺纹旋合成螺旋副，如图 12-14c 所示。

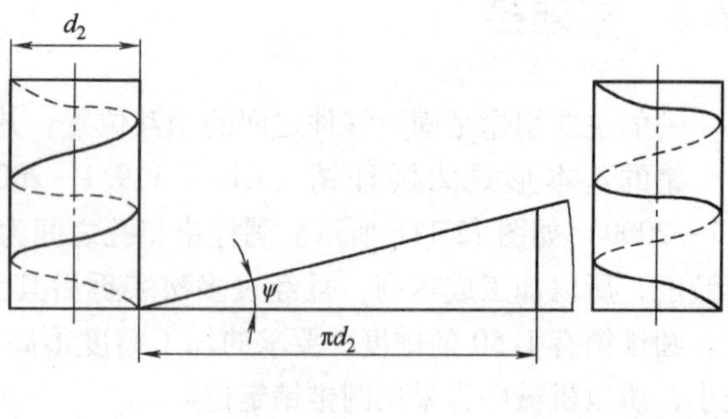

a)　　b)

图 12-13　螺纹的形成
a）右旋螺纹　b）左旋螺纹

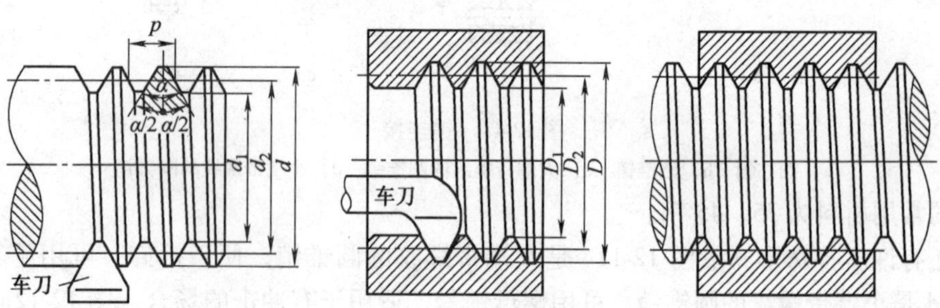

a)　　b)　　c)

图 12-14　螺纹的加工
a）外螺纹　b）内螺纹　c）螺旋副

12.4.2 螺纹的类型

根据螺旋线的旋行方向，螺纹可分为右旋和左旋，常用的是右旋。螺纹旋向的判别方法为：将螺杆竖直，若螺旋线左低右高（向右上升），为右旋，如图12-13a所示；反之，则为左旋，如图12-13b所示。根据螺旋线的线数，螺纹可分为单线螺纹、双线螺纹和多线螺纹。单线螺纹如图12-13所示，双线螺纹如图12-15a所示，多线螺纹如图12-15b所示。单线螺纹多用于连接，双线螺纹和多线螺纹多用于传动。

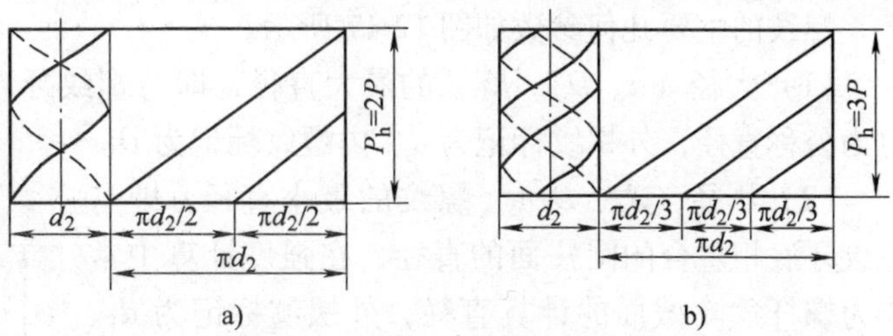

图12-15 双线螺纹和多线螺纹

a）双线螺纹 b）多线螺纹

按照牙型的不同，螺纹可分为普通螺纹、矩形螺纹、梯形螺纹和锯齿形螺纹等。除矩形螺纹外，其余均已标准化。普通螺纹主要用于连接；矩形、梯形和锯齿形螺纹主要用于传动。

普通螺纹又称为三角形螺纹，牙型角 $\alpha=60°$，如图12-16a所示。同一公称直径有多种螺距，螺距最大的称为粗牙螺纹，其余都称为细牙螺纹。粗牙螺纹应用最广。细牙螺纹的升角小，小径大，因而自锁性好，强度高，但不耐磨，易滑扣。它适用于薄壁管件，受变载荷的连接和微调机构。

矩形螺纹的牙型角 $\alpha=0°$，如图12-16b所示，其传动效率比其他牙型都高，但牙根强度弱，螺旋副磨损后间隙难以修复和补偿，使传动精度降低，逐渐被梯形螺纹代替。

梯形螺纹的牙型角 $\alpha=30°$，如图12-16c所示，其传动效率略低于矩形螺纹，但牙根强度高，工艺性和对中性好，可补偿磨损后的间隙，是最常用的传动螺纹。

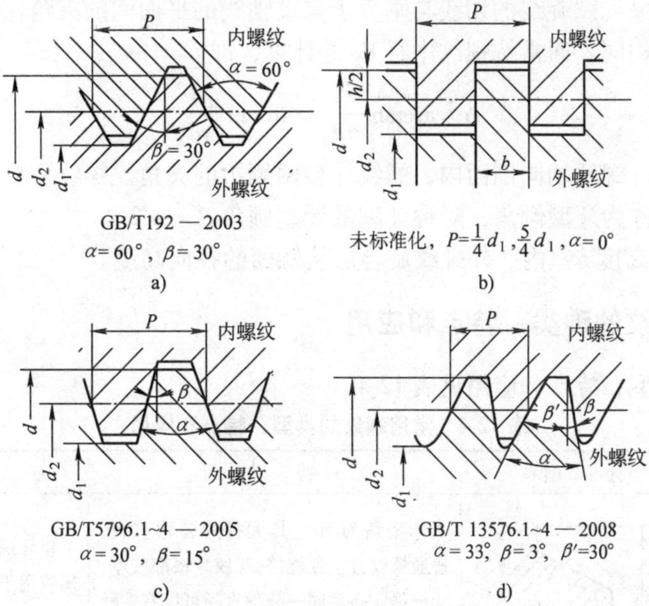

图12-16 螺纹的牙型

a）三角形 b）矩形 c）梯形 d）锯齿形

锯齿形螺纹的牙型角工作面一侧 $\beta=3°$，非工作面一侧 $\beta'=30°$，如图 12-16d 所示，具有矩形螺纹传动效率高和梯形螺纹牙根强度高的特点，用于单向受力的传动或连接中。

12.4.3　螺纹的主要参数

螺纹的主要几何参数如图 12-17 所示。

（1）大径（d、D）　螺纹的最大直径，即与螺纹牙顶重合的圆柱面的直径，在标准中定为公称直径，外螺纹标记为 d、内螺纹标记为 D。

（2）小径（d_1、D_1）　螺纹的最小直径，即与螺纹牙底相重合的圆柱面的直径，在强度计算中常作为螺杆危险截面的计算直径，外螺纹标记为 d_1、内螺纹标记为 D_1。

（3）中径（d_2、D_2）　螺纹轴向剖面内牙厚与牙间宽相等处的圆柱面的直径，近似等于螺纹的平均直径，$d_2\approx\frac{1}{2}(d+d_1)$。中径是确定螺纹几何参数和配合性质的直径，外螺纹标记为 d_2、内螺纹标记为 D_2。

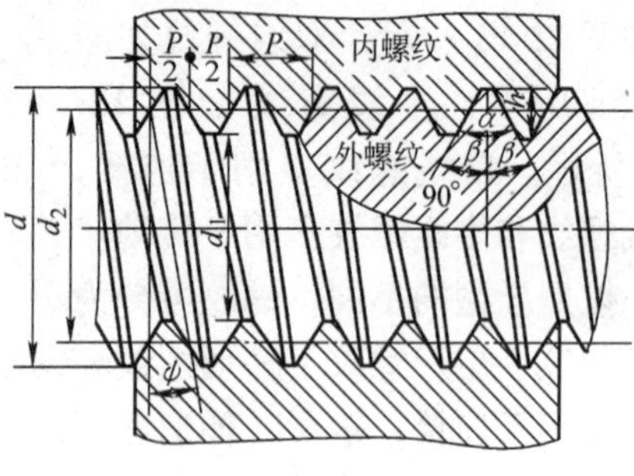

图 12-17　螺纹的主要参数

（4）线数 n　螺纹的螺旋线数目。常用的连接螺纹要求有自锁性，故多用单线螺纹；传动螺纹要求传动效率高，故多用双线或三线螺纹。为了便于制造，一般用线数 $n\leqslant4$。

（5）螺距 P　螺纹相邻两个牙在中径线上对应点间的轴向距离。

（6）导程 P_h　同一螺旋线上的相邻两牙，在中径线上对应点间的轴向距离。单线螺纹 $P_h=P$，多线螺纹 $P_h=nP$。

（7）螺纹升角 ψ　螺旋线的切线与垂直于螺纹轴线的平面间的夹角。在螺纹的不同直径处，螺纹升角各不相同。通常按螺纹中径 d_2 处计算，即

$$\psi=\arctan\frac{P_h}{\pi d_2}=\arctan\frac{nP}{\pi d_2} \tag{12-4}$$

（8）牙型角 α　螺纹轴向剖面内，螺纹牙型两侧边的夹角。螺纹牙型的侧边与螺纹轴线的垂直平面的夹角称为牙型倾角，对称牙型的牙型倾角 $\beta=\alpha/2$。

（9）螺纹接触高度 h　内、外螺纹旋合后接触面的径向高度。

12.4.4　常用螺纹的种类、特点和应用

常用螺纹的类型、特点和应用见表 12-4。

表 12-4　常用螺纹的类型、特点和应用

类　型	牙　型	特　点	应　用
普通螺纹（三角形螺纹）	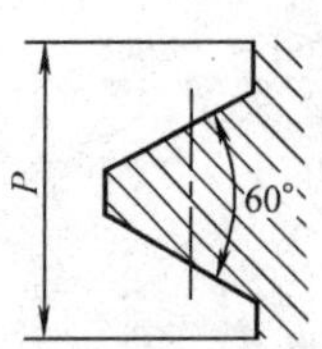	牙型角为 60°，其大径为公称直径。普通螺纹自锁性能好，螺纹牙根部较厚，牙根强度高。同一公称直径可以有多种螺距，其中螺距最大的称为粗牙螺纹，其余都称为细牙螺纹	粗牙螺纹用于一般连接；细牙螺纹用于薄壁零件、受振动或变载荷的连接，还可用于微调机构中

（续）

类　型	牙　型	特　点	应　用
矩形螺纹	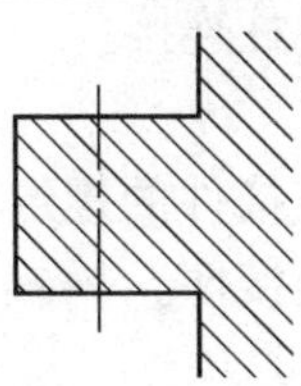	牙型为正方形、牙型角为 0°。其传动效率最高；但牙根强度弱，精加工困难，螺纹牙磨损后难以修补，传动精度降低；是非标准螺纹	应用较少，已逐渐被梯形螺纹所替代
梯形螺纹	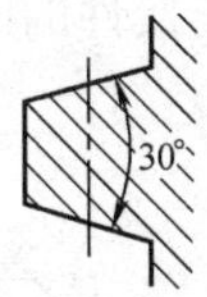	牙型角为 30°。其效率较矩形螺纹的低，但工艺性好，牙根强度高，对中性好	广泛用于车床丝杠、螺旋举重器等各种传动螺旋
锯齿形螺纹	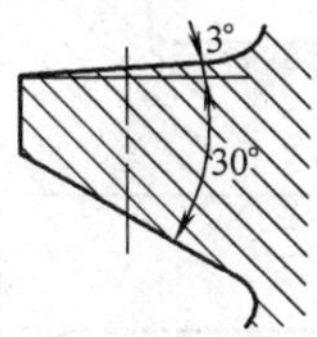	工作面牙型斜角为 3°，非工作面牙型斜角为 30°，兼有矩形螺纹传动效率高和梯形螺纹牙型强度高的特点	只能用于承受单方向的轴向载荷传动或连接中
管螺纹	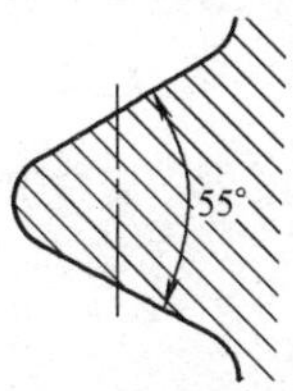	牙型角为 55°，以管子的内径（英寸）表示尺寸代号，以每 25.4mm 内的牙数表示螺距。它分为非螺纹密封的管螺纹和用螺纹密封的管螺纹	适用于管接头、旋塞、阀门等螺纹连接的部件

常用普通螺纹的基本尺寸见附录 C，常用梯形螺纹的基本尺寸见附录 D。

12.5　螺纹连接的主要类型及螺纹连接件

螺纹连接要满足的两个基本要求是：

1）不断，即要有足够的强度。

2）不松，即要求使用时，连接可靠，保证不会松动。

12.5.1　螺纹连接的基本类型

螺纹连接有四种基本类型。

1. 螺栓连接

常见的普通螺栓连接如图 12-18a 所示。这种连接的结构特点是被连接件上的通孔和螺栓杆间留有间隙。图 12-18b 是铰制孔用螺栓连接。这种连接能精确固定被连接件的相对位置，并能承受横向载荷，但孔的加工精度要求较高。

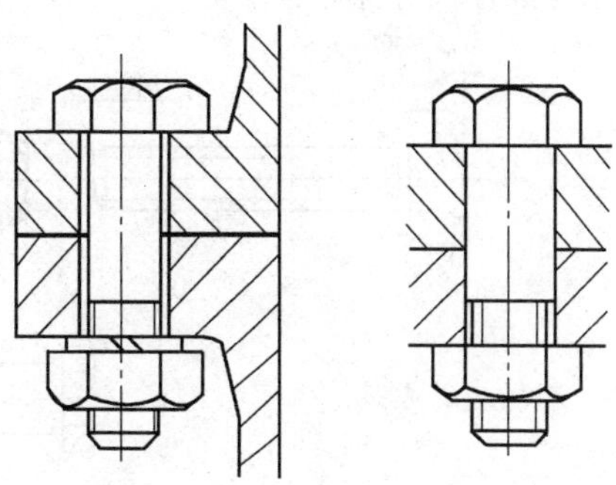

a)　　b)

图 12-18　螺栓连接

a）普通螺栓连接　b）铰制孔用螺栓连接

2. 双头螺柱连接

如图 12-19a 所示，这种连接适用于结构上不能采用螺栓连接的场合。例如被连接件之一太厚或不宜制成通孔，且需要经常拆装时，往往采用双头螺柱连接。

3. 螺钉连接

如图 12-19b 所示，这种连接的特点是螺钉直接拧入被连接件的螺纹孔中，不用螺母，在结构上比双头螺柱连接简单、紧凑，但经常拆卸会损坏被连接件。

4. 紧定螺钉连接

紧定螺钉连接是利用拧入零件螺纹孔中的螺钉末端钉入被连接件的凹坑中（图 12-20），以固定两个零件的相对位置，并可传递不大的力或转矩。

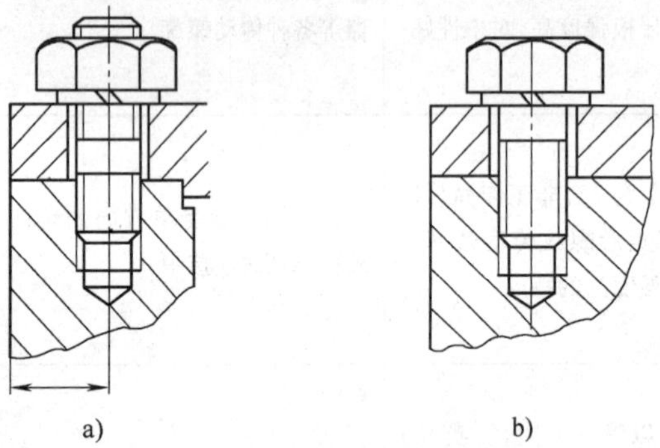

图 12-19　双头螺柱、螺钉连接
a）双头螺柱连接　b）螺钉连接

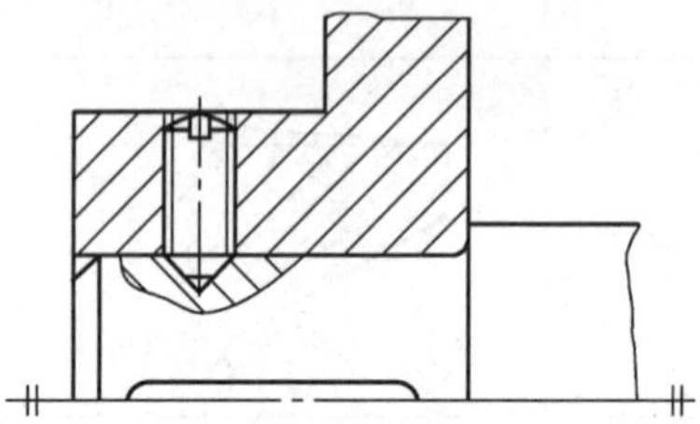

图 12-20　紧定螺钉连接

12.5.2　常用的螺纹连接件

螺纹连接件大多已标准化，常用连接件的主要特点和结构形式如下。

1. 螺栓

如图 12-21 所示，螺栓一般头部为六角形，供扳手拧紧用，杆部有制成部分螺纹的，如图 12-21a 所示，也有制成全螺纹的，如图 12-21b 所示。杆部螺纹与螺母组成具有自锁性能的螺旋副。末端一般有 45°倒角。另外还有铰制孔螺栓，其结构如图 12-21c 所示，光杆部分承受横向载荷，直径较大，精度也较高。常用六角头普通螺栓的尺寸见附录 E，常用六角头铰制孔螺栓尺寸见附录 F。

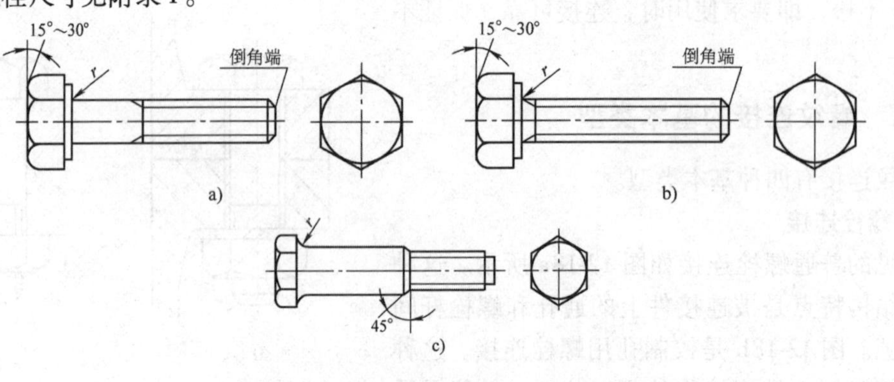

图 12-21　螺栓
a）部分螺纹螺栓　b）全螺纹螺栓　c）铰制孔螺栓

2. 螺柱

螺柱两端有螺纹，中间为光杆。螺柱分 A 型（图 12-22a）和 B 型（图 12-22b）两种。螺柱两端为倒角端或球面端，采用辗制螺纹工艺时，可制成平端。与被连接件配合的螺纹端要尽量少拆，以免损伤螺纹，发生滑丝。

3. 螺钉

螺钉作为单个零件看，与螺栓没有区别，所以螺栓可当螺钉用。作为连接，螺钉连接不另配螺母。螺钉头部形状多数为六角形，也有其他形状的头部以适应不同的需要。紧定螺钉头部结构有开槽头和内六角头，如图 12-23a 所示，以适应不同拧紧力矩的要求。端部结构有锥端、平端、凹端、圆柱端，如图 12-23b 所示，以适应不同的支承面。

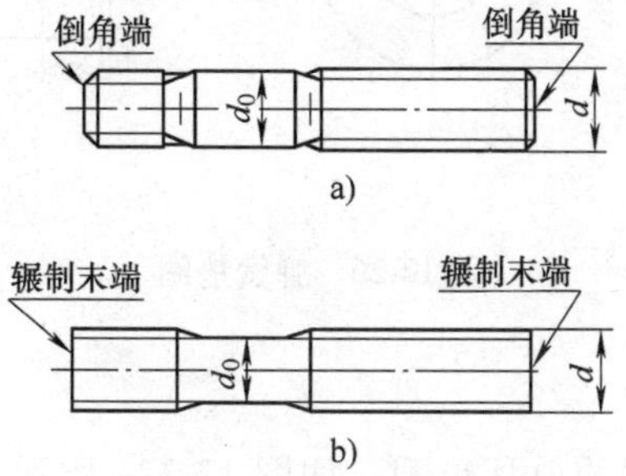

图 12-22　螺柱

a）A 型螺柱　b）B 型螺柱

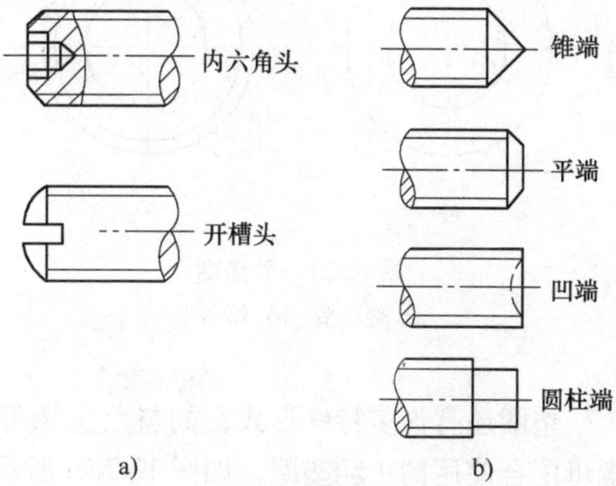

图 12-23　螺钉

4. 螺母

螺母与螺栓或螺柱的螺纹部分组成具有自锁性能的螺旋副，在承受静载时，可保持连接紧固、不松动。螺母的形状很多，常用的有六角形和圆形。六角螺母如图 12-24a 所示，按厚度分为普通螺母、薄螺母和厚螺母。普通螺母有 1 型（GB/T 6170—2000）和 2 型（GB/T 6175—2000）两种，2 型较 1 型略厚。薄螺母用于尺寸受限制的地方。厚螺母用于较常装拆、容易磨损的地方。常用六角螺母尺寸见附录 G。

圆螺母（GB/T 812—1988）如图 12-24b 所示，多为细牙螺纹，其上的四个缺口是供扳手拧螺母用的。圆螺母常与止动垫圈配合使用，形成机械防松，用来固定轴上零件。

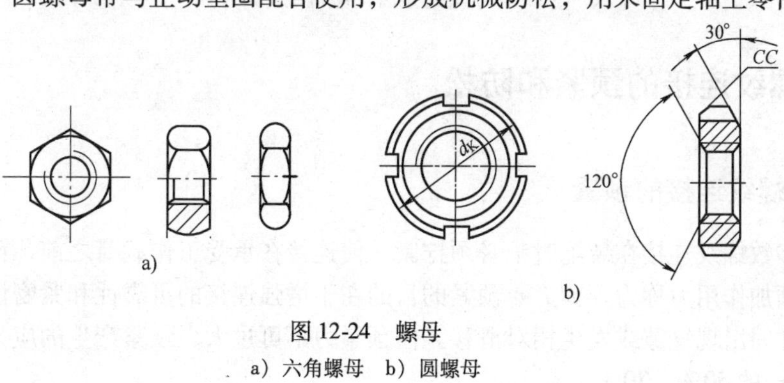

图 12-24　螺母

a）六角螺母　b）圆螺母

5. 垫圈

垫圈的作用是增大被连接件的支承面，降低支承面的压强，防止拧紧螺母时，擦伤被连接件的表面。垫圈有平垫圈和弹簧垫圈等。平垫圈分普通型（GB/T 97.1—2002，图 12-25a）和倒角型（GB/T 97.2—2002，图 12-25b）两种。弹簧垫圈（GB/T 93—1987）如图 12-26 所示，与螺母配合使用，可起摩擦防松作用。常用弹簧垫圈的尺寸见附录 H。

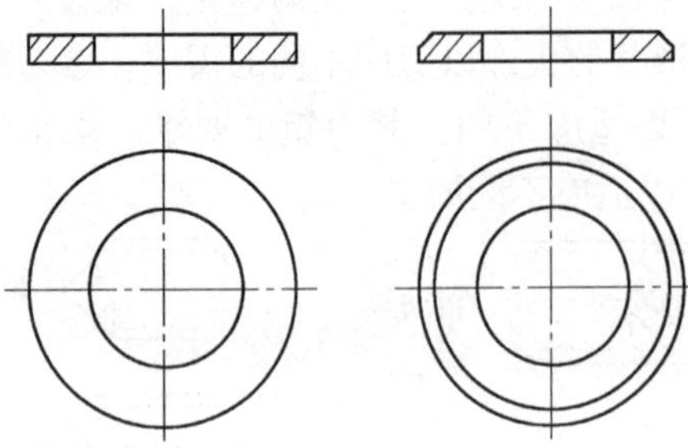

图 12-25　平垫圈

a）普通型　b）倒角型

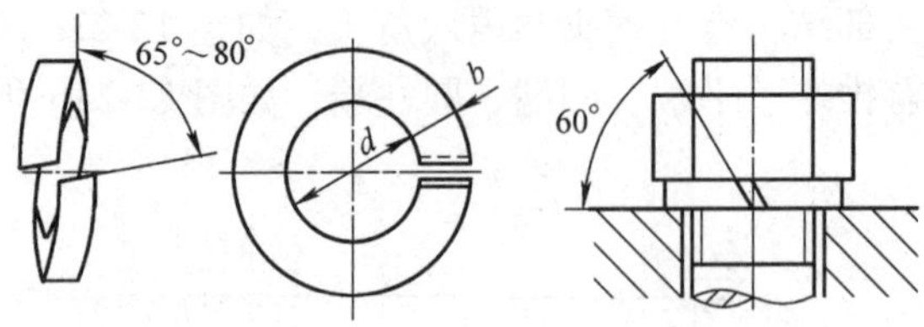

图 12-26　弹簧垫圈

垫圈还有许多特殊形式，如与六角螺母配合使用的单耳垫圈，如图 12-27a 所示；与圆螺母配合使用的止动垫圈，如图 12-27b 所示。常用特殊垫圈的尺寸可查有关手册。

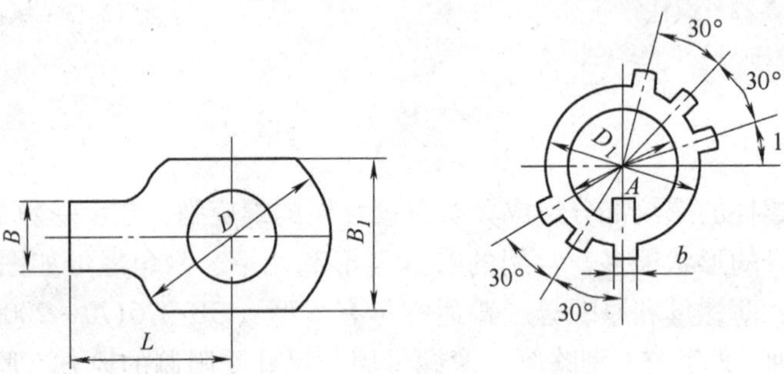

图 12-27　特殊垫圈

a）单耳垫圈　b）止动垫圈

12.6　螺纹连接的预紧和防松

12.6.1　螺纹连接的预紧

绝大多数螺纹连接在装配时都必须拧紧，使连接在承受工作载荷之前，预先受到力的作用，这个预加作用力称为预紧力。预紧的目的在于增强连接的可靠性和紧密性，以防止受载后被连接件间出现缝隙或发生相对滑移。但预紧力不可过大，预紧产生的应力不得超过材料屈服极限 σ_s 的 50% ~70%。

用扳手拧紧螺母，使连接预紧，如图12-28所示，拧紧力矩 T 与预紧力 F_0 之间的关系为

$$T = T_1 + T_2 = \frac{F_0 d_2}{2}\tan(\psi + \rho_v) + \frac{\mu_c F_0}{3}\left(\frac{D_1^3 - d_0^3}{D_1^2 - d_0^2}\right) \tag{12-5}$$

式中，T 为拧紧力矩，用以克服螺旋副之间的摩擦力矩 T_1 和螺母支承面之间的摩擦力矩 T_2（N·mm）；d_2 为螺纹中径（mm）；D_1、d_0 分别为螺母支承面的外径、内径（mm）；ψ 为螺纹升角（°）；ρ_v 为当量摩擦角，$\tan\rho_v = \mu_v$（°）；μ_c 为螺母与被连接件之间的摩擦系数。

预紧时有控制预紧力和不控制预紧力两种，一般为不控制预紧力。若为控制预紧力时，$\mu_v = \mu_c \approx 0.15$。预紧力矩可按下式粗略计算

$$T \approx 0.2F_0 d \tag{12-6}$$

对于重要的连接，需控制预紧力，拧紧时，通常需借助测力矩扳手（图12-29a）或定力矩扳手（图12-29b），利用控制拧紧力矩的方法来控制预紧力的大小。

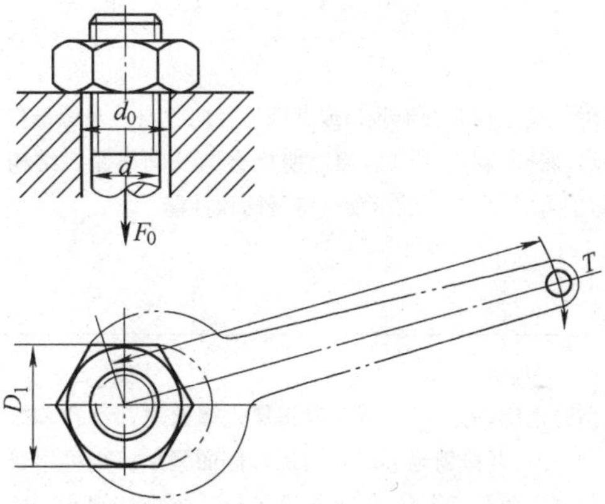

图12-28　扳手拧紧螺母

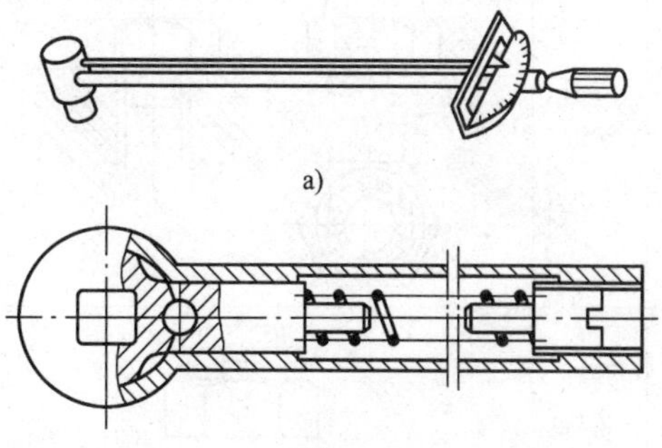

a）

b）

图12-29　控制预紧力扳手

a）测力矩扳手　b）定力矩扳手

通常螺母预紧时为不控制预紧力，拧紧力矩由工人手感决定，因此一般承载螺栓不宜小于M12。

12.6.2　螺纹连接的防松

螺纹连接件一般采用三角形螺纹，螺纹升角（$\psi = 1°42' \sim 3°2'$）小于螺旋副的当量摩擦角（$\rho_v \approx 6.5° \sim 10.5°$），因此，连接螺纹都能满足自锁条件（$\psi < \rho_v$）。但是在振动、冲击、变载荷作用下或有温度、湿度的变化，即使满足自锁条件，也可能发生松动。为了防止连接松动造成事故，保证连接安全可靠，设计时应采取有效的防松措施。

防松的根本目的是防止螺旋副在受载时发生相对转动。防松的方法，按工作原理可分为摩擦防松、机械防松以及铆冲防松等。一般来说，摩擦防松简单、方便，但没有机械防松可靠。对于重要连接，特别是机械内部不易检查的连接，应采用机械防松。常用的防松方法见表12-5。

表 12-5　螺纹连接常用的防松方法

防松方法		结构型式	特点和应用
摩擦防松	对顶螺母	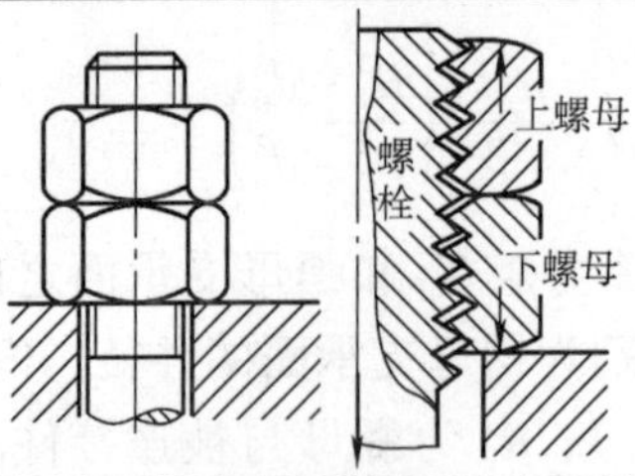	两螺母对顶拧紧后,使旋合螺纹间始终受到附加的压力和摩擦力的作用。工作载荷有变动时,该摩擦力仍然存在。旋合螺纹间的接触情况如图所示。结构简单,适用于平稳、低速和重载的固定装置上的连接
	弹簧垫圈	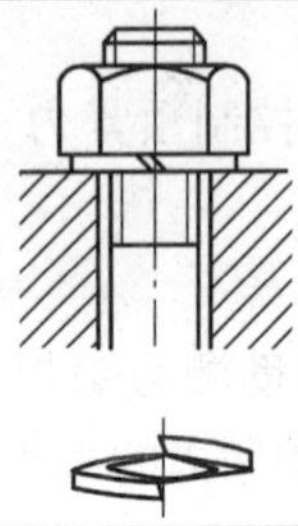	靠垫圈压平而产生的弹性反力使旋合螺纹间压紧。结构简单、使用方便,但由于垫圈的弹力不均在冲击、振动的工作条件下,其防松效果较差。一般用于不重要的连接
	自锁螺母	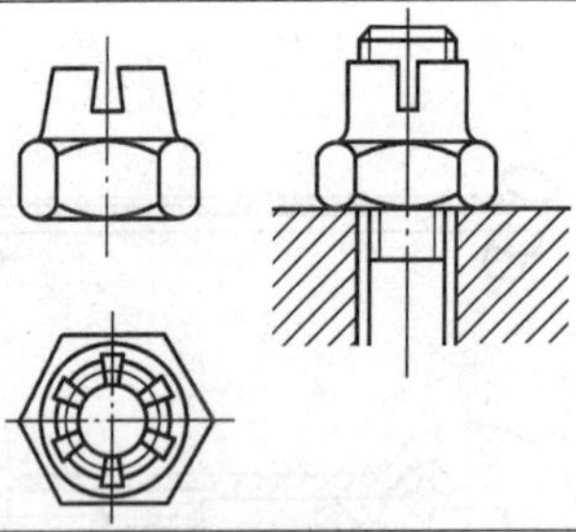	螺母一端制成非圆形收口或开缝后径向收口。当螺母拧紧后,收口胀开,利用收口的弹力使旋合螺纹间压紧。结构简单,防松可靠,可多次装拆而不降低防松性能
机械防松	开口销与六角开槽螺母	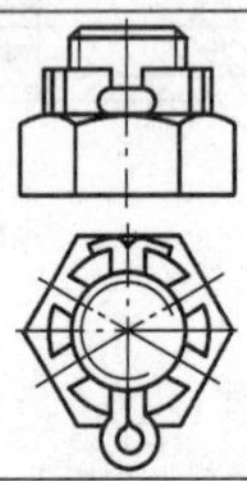	六角开槽螺母拧紧后,将开口销穿入螺栓尾部小孔和螺母的槽内,并将开口销尾部掰开与螺母侧面紧贴。也可用普通螺母代替六角开槽螺母,但需拧紧螺母后再配钻销孔。适用于较大冲击、振动的高速机械中运动部件的连接
	止动垫圈	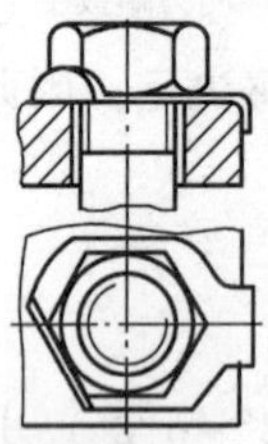	螺母拧紧后,将单耳或双耳止动垫圈分别向螺母和被连接件的侧面折弯贴紧,即可将螺母锁住。若两个螺栓需要双连锁紧时,可采用双联止动垫圈,使两个螺母互相制动。结构简单,使用方便,防松可靠
	串联钢丝	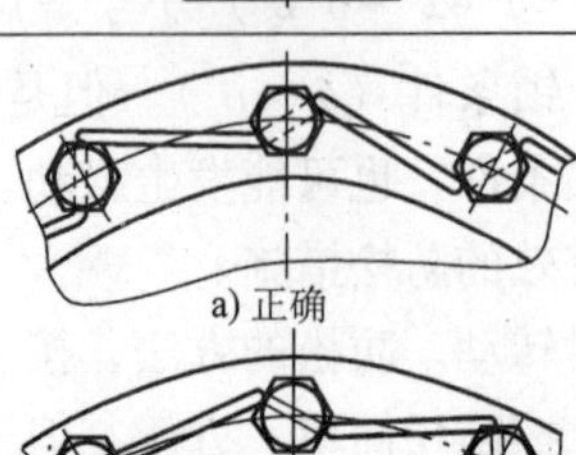 a) 正确 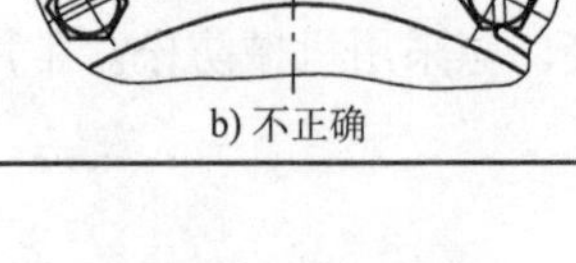 b) 不正确	用低碳钢丝穿入各螺钉头部的孔内,将各螺钉串联起来,使其相互制动。使用时必须注意钢丝的穿入方向(上图正确,下图错误)适用于螺钉组连接,防松可靠,但装拆不便

还有一些特殊的防松方法，例如在旋合螺纹间涂以液体胶粘剂或在螺母末端镶嵌尼龙环等。此外，还可以采用铆冲方法防松，螺母拧紧后把螺栓末端伸出部分铆死，或利用冲头在螺栓末端与螺母的旋合缝处打冲，利用冲点防松。这种防松方法可靠，但拆卸后连接件不能重复使用。

12.7　螺栓组连接的结构设计

工程中螺栓皆成组使用，单个使用极少。因此，须研究螺栓组设计和受力分析，它是单个螺栓的计算基础和前提条件。

12.7.1　螺栓组连接的结构设计

螺栓连接的结构设计应遵循以下原则。

1）连接接合面的几何形状通常设计成轴对称的简单几何形状，如图 12-30 所示，这样便于对称布置螺栓，同时也便于加工接合面。

2）当螺栓组承受弯矩时，应使螺栓组对称轴和接合面中性轴重合；当螺栓组承受扭矩时，应使螺栓组对称中心和接合面的型心重合，保证接合面的受力比较均匀。

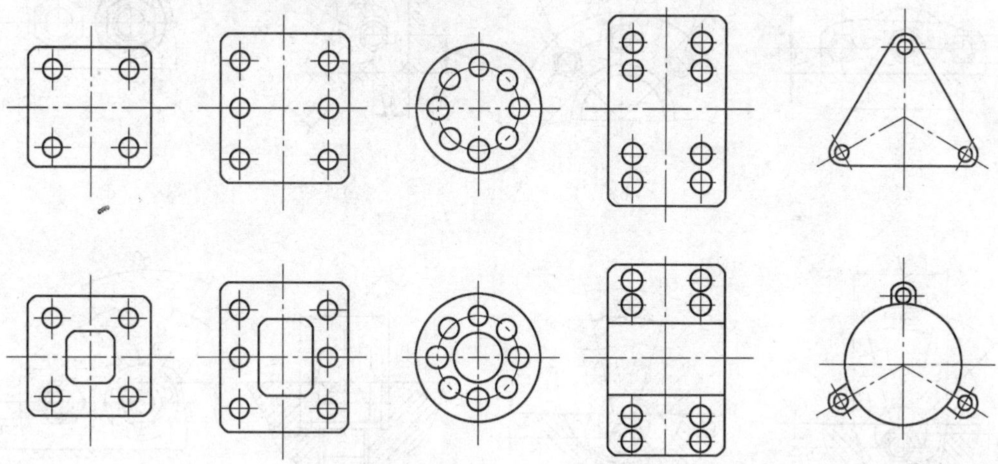

图 12-30　螺栓组连接接合面的形状

3）螺栓的布置应使螺栓的受力合理。应使螺栓适当远离对称中心或对称轴，以减小螺栓的受力，如图 12-31 所示。不要在平行于工作载荷的方向成排地布置 8 个以上的螺栓，以避免螺栓受力不均。若螺栓组同时承受较大的横向、轴向载荷，应采用销、套筒、键等零件来承受横向载荷，以减小螺栓的结构尺寸，如图 12-32 所示。

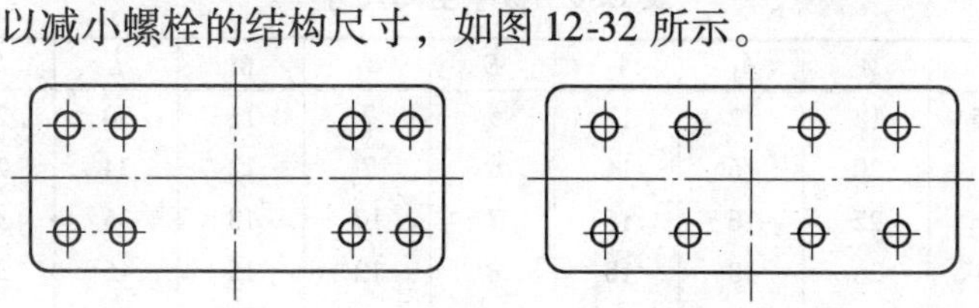

a)　　b)

图 12-31　接合面受弯矩和扭矩时螺栓的布置

a）合理　b）不合理

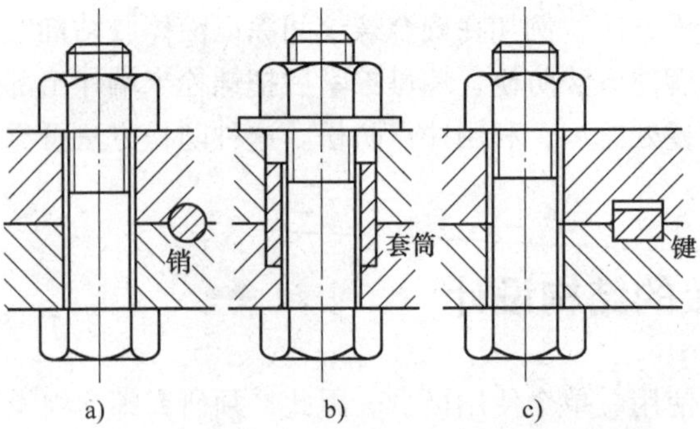

图 12-32 承受横向载荷的减载装置

a）用减载销 b）用减载套筒 c）用减载键

4）螺栓的排列应有合理的间距和边距。应根据扳手空间尺寸来确定各螺栓中心的间距和螺栓轴线到机体壁面间的最小距离。图 12-33 所示的扳手空间尺寸可查表 12-6。对于容器等紧密性要求较高的连接，螺栓间距 t_0 不得大于表 12-7 所推荐的数值。

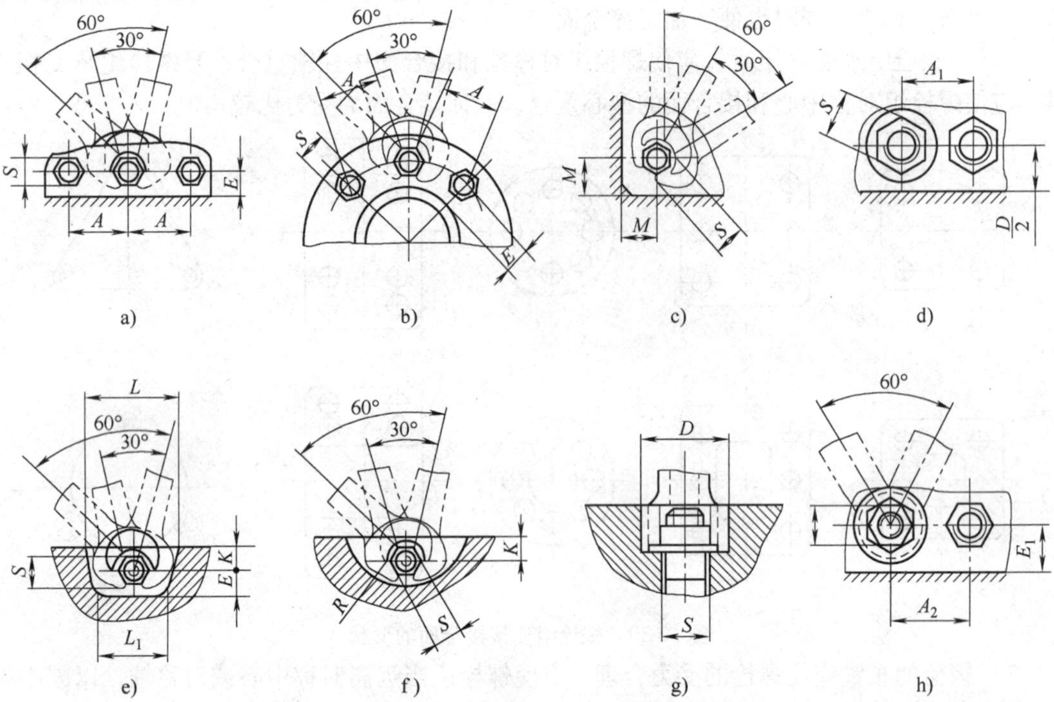

图 12-33 扳手空间间距

表 12-6 扳手空间尺寸 （单位：mm）

螺纹直径 d	S	A	A_1	A_2	E	E_1	M	L	L_1	R	D
3	5.5	18	12	12	5	7	11	30	24	15	14
4	7	20	16	14	6	7	12	34	28	16	16
5	8	22	16	15	7	10	13	36	30	18	20
6	10	26	18	18	8	12	15	46	38	20	24
8	13	32	24	22	11	14	18	55	44	25	28
10	16	38	28	26	13	16	22	62	50	30	30
12	18	42	—	30	14	18	24	70	55	32	—

（续）

螺纹直径 d	S	A	A_1	A_2	E	E_1	M	L	L_1	R	D
14	21	48	36	34	15	20	26	80	65	36	40
16	24	55	38	38	16	24	30	85	70	42	45
18	27	62	45	42	19	25	32	95	75	46	52
20	30	68	48	46	20	28	35	105	85	50	56
22	34	76	55	52	24	32	40	120	95	58	60
24	36	80	58	55	24	34	42	125	100	60	70
27	41	90	65	62	26	36	46	135	110	65	76
30	46	100	72	70	30	40	50	155	125	75	82
33	50	108	76	75	32	44	55	165	130	80	88
36	55	118	85	82	36	48	60	180	145	88	95
39	60	125	90	88	38	52	65	190	155	92	100
42	65	135	96	96	42	55	70	205	165	100	106
45	70	145	105	102	45	60	75	220	175	105	112
48	75	160	115	112	48	65	80	235	185	115	126
52	80	170	120	120	48	70	84	245	195	125	132
56	85	180	126	—	52	—	90	260	205	130	138
60	90	185	134	—	58	—	95	275	215	135	145
64	95	195	140	—	58	—	100	285	225	140	152

表12-7　螺 栓 间 距

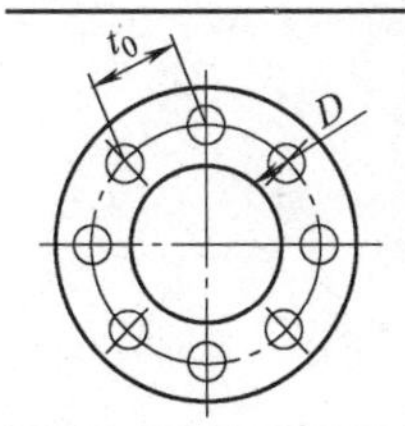

工作压力/MPa					
≤1.6	1.6～4	4～10	10～16	16～20	20～30
t_0/mm					
$7d$	$4.5d$	$4.5d$	$4d$	$3.5d$	$3d$

5）同一螺栓组连接中各螺栓的直径和材料均应相同。分布在同一圆周上的螺栓数目取偶数，以便于圆周上钻孔时的分度和划线。

6）避免螺栓承受附加的弯曲载荷。除了要在结构上设法保证载荷不偏心外，还应在工艺上保证被连接件、螺母和螺栓头部的支承面平整，并与螺栓轴线垂直。在铸、锻件等的粗糙表面上安装螺栓时，应制成凸台（图12-34a）或沉头座（图12-34b）。当支承面为倾斜表面时，应采用斜面垫圈（图12-34c）。

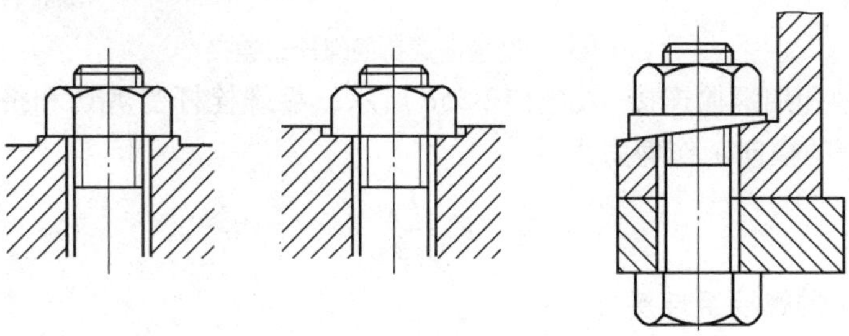

a)　　b)　　c)

图12-34　斜面垫圈与球面垫圈的应用

a）凸台　b）沉头座　c）斜面垫圈

12.7.2　螺栓组受力分析

螺栓一般成组使用，通常螺栓组中的各螺栓材料、结构、尺寸相同，并假设：①各螺栓所受预紧力相等；②受载后连接的接合面保持为平面；③被连接件为刚体；④螺栓的变形在弹性范围内等。进行螺栓组受力分析，即根据连接的结构和受载情况，求出受力最大的螺栓及所受的力，以便进行螺栓连接的强度计算。典型螺栓连接的受力情况有如下几种。

1. 受横向载荷的螺栓组连接

图 12-35a 所示受横向载荷 F_R 螺栓组连接的板件。横向载荷 F_R 可通过两种不同方式传递。

（1）采用普通螺栓连接　如图 12-35b 所示，靠预紧后接合面产生的摩擦力承受横向载荷。预紧后，接合面间所产生的最大摩擦力必须大于或等于横向载荷。假设螺栓所需要的预紧力为 F_0，则其平衡条件为

$$\mu F_0 zi \geqslant K_S F_R \text{ 或 } F_0 \geqslant \frac{K_S F_R}{\mu zi} \tag{12-7}$$

式中，μ 为接合面的摩擦系数；i 为接合面数（图 12-35c 中，$i=2$）；K_S 为防滑系数，$K_s=1.1 \sim 1.3$；z 为螺栓数目。

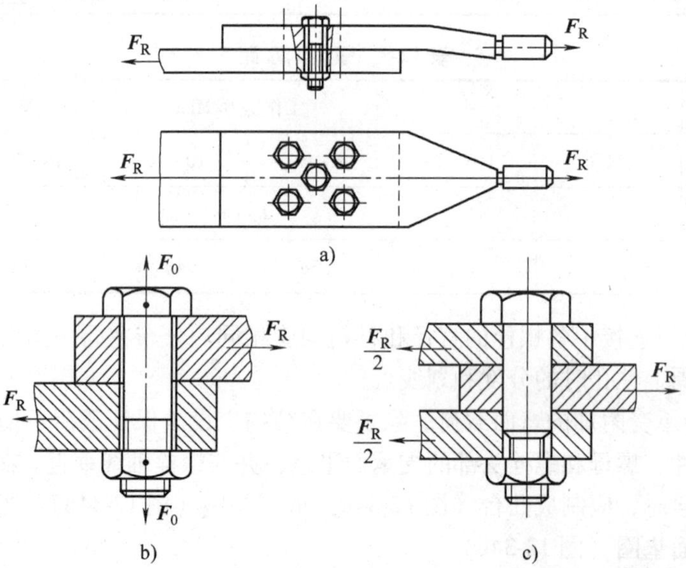

图 12-35　受横向载荷的螺栓组连接

（2）采用铰制孔用螺栓连接　如图 12-35c 所示，靠螺栓杆受剪切和挤压来承受横向载荷，每个螺栓所受的横向工作剪力为

$$F = \frac{F_R}{z} \tag{12-8}$$

2. 受扭转力矩的螺栓组连接

如图 12-36a 所示，转矩 T 作用在连接接合面内，在转矩 T 的作用下，底板有绕通过螺栓组对称中心 O 并与接合面相垂直的轴线转动的趋势。转矩 T 可通过普通螺栓连接和铰制孔螺栓连接两种方式传递。

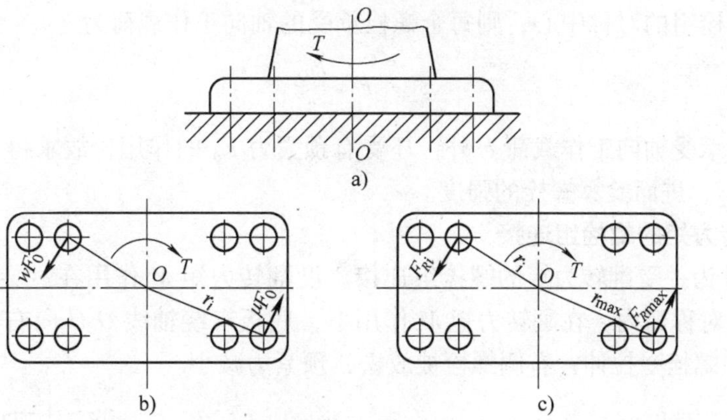

图12-36 受转矩的螺栓组连接

a）承受转矩的螺纹连接 b）普通螺栓受转矩 c）铰制孔螺栓承受转矩

（1）采用普通螺栓连接 靠连接预紧后在接合面间产生的摩擦力矩来抵抗转矩，如图12-36b所示。若各螺栓的预紧力均为F_0，假设各螺栓连接处产生的摩擦力μF_0，集中作用在螺栓中心处。并垂直于该螺栓的中心与螺栓组对称中心O的连线（即力臂r_i）。根据力矩平衡及连接强度的条件，则

$$\mu F_0 r_1 + \mu F_0 r_2 + \cdots + \mu F_0 r_z \geqslant K_S T$$

由上式可得各螺栓所需的预紧力为

$$F_0 \geqslant \frac{K_S T}{\mu(r_1 + r_2 + \cdots + r_z)} = \frac{K_S T}{\mu \sum_{i=1}^{z} r_i} \tag{12-9}$$

式中，r_i是第i个螺栓到螺栓组对称中心O的距离。

（2）采用铰制孔用螺栓连接

如图12-36c所示，在转矩T的作用下，各螺栓受剪切和挤压，第i个螺栓工作剪力F_{Ri}，方向与螺栓轴线到底板旋转中心O的距离r_i相垂直，则各螺栓所受工作剪力F_{Ri}与其到旋转中心O的距离r_i成正比，即

$$\frac{F_{R1}}{r_1} = \frac{F_{R2}}{r_2} = \cdots = \frac{F_{Rmax}}{r_{max}} \tag{12-10}$$

根据底板的平衡条件$\Sigma M_O = (F) = 0$得

$$T = F'_{01} r_1 + F'_{02} r_2 + \cdots F'_{0n} r_n = F_{01} r_1 + F_{02} r_2 + \cdots F_{0n} r_n \tag{12-11}$$

式中，F'_R为螺栓给底板的力，根据作用力与反作用力定律，$F_{Ri} = F'_{Ri}$。

由式（12-10）得

$$F_{0i} = \frac{F_{max} r_i}{r_{max}}$$

代入上式得最大工作剪力为

$$F_{Rmax} = \frac{T r_{max}}{r_1^2 + r_2^2 + \cdots + r_n^2} \tag{12-12}$$

3. 受轴向载荷的螺栓组连接

图12-37所示为一受轴向总载荷F_Q的气缸盖螺栓组连接。F_Q的作用线平行于螺栓轴

线，并通过螺栓组的对称中心，则每个螺栓承受的轴向工作载荷为

$$F=\frac{F_Q}{z} \tag{12-13}$$

各螺栓除承受轴向工作载荷 F 外，还受有预紧力 F_0 的作用，故求得 F 后，即可算出螺栓的总拉力 F_Σ，进而验算螺栓的强度。

4. 受翻转力矩的螺栓组连接

图 12-38a 为一受翻转力矩的螺栓组连接。设翻转力矩 M 作用在过 x-x 轴线，并垂直于底板接合面的对称面内，在翻转力矩 M 作用下，底板有绕轴线 O-O 向右翻转的趋势，则轴线 O-O 左侧的螺栓受拉伸；右侧螺栓被放松，预紧力减小。

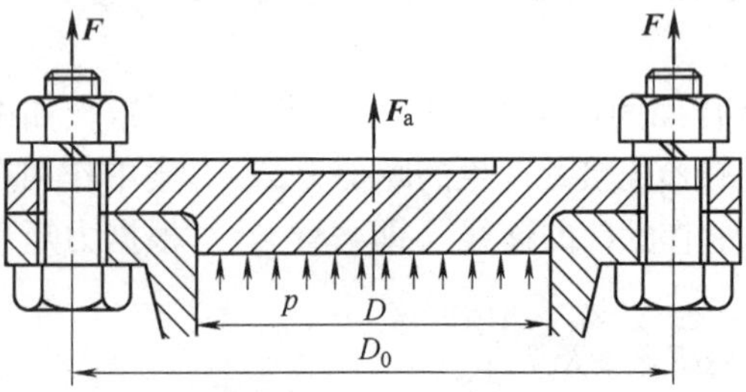

图 12-37　受轴向载荷的螺栓组连接

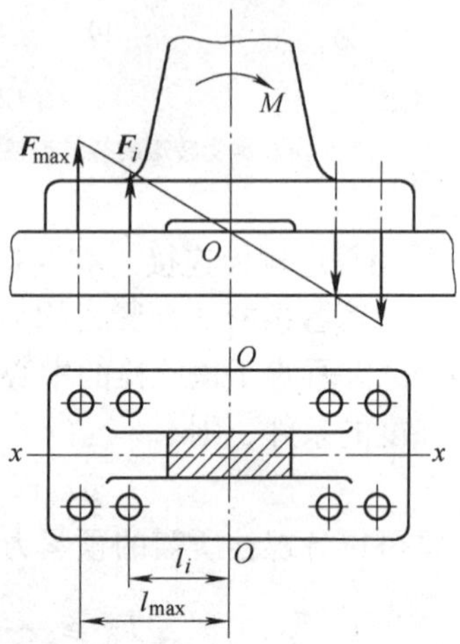

图 12-38　受翻转力矩的螺栓组连接

螺栓的轴向工作拉力与其到底板翻转轴线的距离成正比，即

$$\frac{F_1}{l_1}=\frac{F_2}{l_2}=\cdots=\frac{F_n}{l_n}=\frac{F_{max}}{l_{max}} \tag{12-14}$$

根据底板的平衡条件得

$$M=F_1'l_1+F_2'l_2+\cdots+F_n'l_n \tag{12-15}$$

式中，F'为螺栓给底板的力，根据作用力与反作用力定律，$F_i=F_i'$。联立式（12-14）、式（12-15），得有翻转趋势的一侧，距翻转轴线最远的螺栓所受的最大工作拉力为

$$F_{max}=\frac{Ml_{max}}{l_1^2+l_2^2+\cdots+l_n^2} \tag{12-16}$$

受力最大的螺栓所受的总拉力为

$$F_\Sigma=F_0+F_{max} \tag{12-17}$$

如图 12-38 所示的连接，除要满足螺栓的强度条件外，还要防止左侧接合面处不出现间隙，右侧接合面处不被压溃，则

$$\left.\begin{aligned}\sigma_{Pmin}&=\frac{zF_0}{A}-\frac{M}{W}>0\\ \sigma_{Pmax}&=\frac{zF_0}{A}+\frac{M}{W}\leqslant[\sigma_p]\end{aligned}\right\} \tag{12-18}$$

式中，$\sigma_P=\frac{zF_0}{A}$为底座接合面在受载前由于预紧力而产生的挤压应力（MPa）；A 为接合面的面积（mm）；W 为被连接件的抗弯截面系数（mm^3）；$[\sigma_p]$ 为底座接合面的许用挤压应力（MPa），可查表 12-8 取值。

表 12-8 连接接合面材料的许用挤压应力 $[\sigma_p]$ （单位：MPa）

材 料	钢	铸铁	混凝土	砖（水泥浆缝）	木材
$[\sigma_p]$	$0.8\sigma_s$	$(0.4\sim0.5)\sigma_b$	2.0~3.0	1.5~2.0	2.0~4.0

注：1. σ_s 为材料的屈服强度，σ_b 为材料的抗拉强度。

2. 当接合面材料不同时，许用挤压应力按较弱材料计算。

3. 连接承受静载荷时，许用挤压应力取大值，承受变载荷时，许用挤压应力取小值。

按照螺栓的受力情况，计算出受力最大的螺栓所受载荷后，即可进行单个螺栓的强度计算，若受力最大的螺栓强度足够，则整个螺栓组安全。

12.8 单个螺栓连接的强度计算

对螺栓组而言，所受的载荷有轴向载荷、横向载荷、弯矩和转矩等。但对其中每一个螺栓而言，其受载的形式为受轴向力或横向力。对于受拉螺栓，其主要破坏形式是螺栓杆螺纹部分发生断裂，其设计准则是保证螺栓的静力或疲劳拉伸强度；对于受剪螺栓，其主要破坏形式是螺栓杆和孔壁的贴合面上出现压溃或螺栓杆被剪断，其设计准则是保证连接的挤压强度和螺栓的剪切强度。

螺栓连接的强度计算，首先是根据连接的类型、连接的装配情况（预紧或不预紧）、载荷状态等条件，确定螺栓的受力；然后按相应的强度条件计算螺栓危险截面的直径（螺纹小径）或校核其强度。螺栓的其他部分（螺纹牙、螺栓头、光杆）和螺母、垫圈的结构尺寸，是根据等强度条件及使用经验规定的，可按螺栓螺纹的公称直径在标准中选定。

12.8.1 松螺栓连接强度计算

松螺栓连接装配时，螺母不需要拧紧。在承受工作载荷之前，螺栓不受力。

如图 12-39 所示，当连接承受工作载荷 F 时，螺栓所受的工作拉力为 F，则螺栓的强度条件为

$$\sigma=\frac{F}{\frac{\pi}{4}d_1^2}\leqslant[\sigma] \tag{12-19}$$

式中，F 为工作拉力（N）；d_1 为螺栓危险截面的直径（mm）；$[\sigma]$ 为螺栓材料的许用拉应力（MPa）。

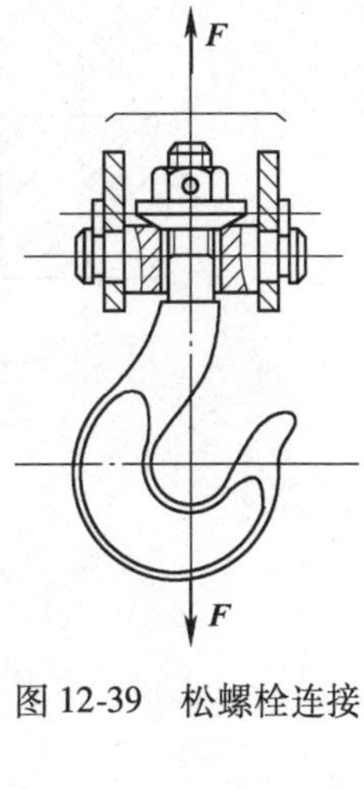

图 12-39 松螺栓连接

12.8.2 紧螺栓连接强度计算

1. 仅承受预紧力的紧螺栓连接

紧螺栓连接装配时，在拧紧力矩作用下，螺栓除受预紧力 F_0 外，还受拧紧力矩 T_1 的作用，为拉扭组合变形。因此，进行仅承受

预紧力的紧螺栓强度计算时，应进行拉扭组合强度计算。

螺栓危险截面的拉应力为

$$\sigma=\frac{F_0}{\frac{\pi}{4}d_1^2}$$

螺栓危险截面的扭转切应力为

$$\tau=\frac{T_1}{\frac{\pi d_1^2}{16}}=\frac{F_0\tan(\psi+\varphi_v)\frac{d_2}{2}}{\frac{\pi}{16}d_1^3}$$

对于常用的单线普通螺纹 M16 ~ M68，可取 $\mu=\tan\varphi_v\approx0.15$，简化后得

$$\tau\approx0.5\sigma$$

由于螺栓材料是塑性的，故根据第四强度理论，螺栓预紧状态下的计算应力为

$$\sigma_e=\sqrt{\sigma^2+3\tau^2}=\sqrt{\sigma^2+3(0.5\sigma)^2}\approx1.3\sigma$$

螺栓危险截面的拉伸强度条件为

$$\sigma_e=\frac{1.3F_0}{\frac{\pi}{4}d_1^2}=\frac{5.2F_0}{\pi d_1^2}\leqslant[\sigma] \tag{12-20}$$

（1）承受横向工作载荷的普通螺栓连接　如图 12-40a 所示，被连接件承受垂直于轴线的横向工作载荷 F_R，用普通螺栓连接时，依靠接合面间预紧力产生摩擦力来承受工作载荷，则

$$F_0\mu m\geqslant F_R$$

$$F_0\geqslant\frac{F_R}{\mu m} \tag{12-21}$$

由上式求得 F_0 后，再按照式（12-20）校核螺栓的强度。

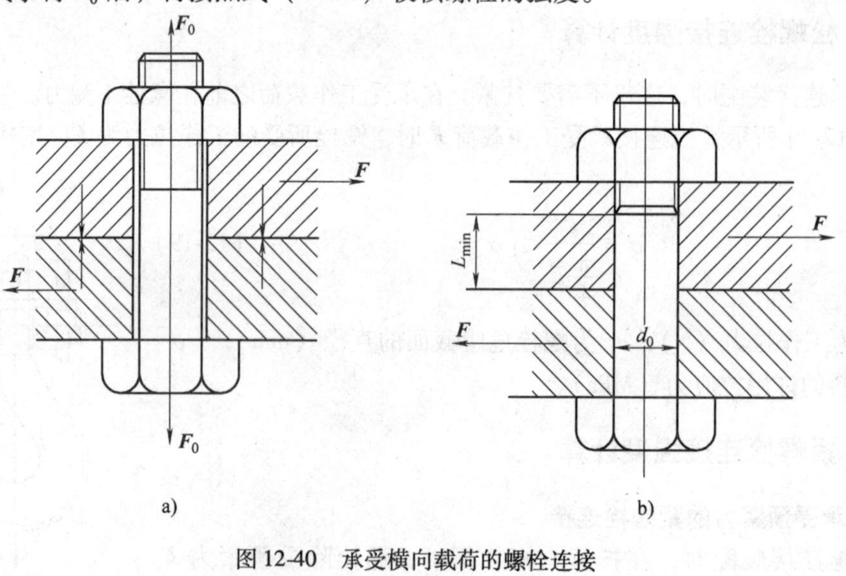

图 12-40　承受横向载荷的螺栓连接

a）普通螺栓连接　b）铰制孔螺栓连接

（2）承受横向工作载荷的铰制孔螺栓连接　如图 12-40b 所示，铰制孔用螺栓承受横向工作载荷 F_R，螺栓杆部受到剪切和挤压，所以分别按挤压及剪切强度条件，即

$$\sigma_p = \frac{F_R}{d_0 L_{min}} \leqslant [\sigma_p] \tag{12-22}$$

$$\tau = \frac{F_R}{\frac{\pi}{4} d_0^2} \leqslant [\tau] \tag{12-23}$$

式中，d_0 为螺栓剪切面的直径（mm）；L_{min}为螺栓杆与孔壁挤压面的最小高度（mm），设计时应使 $L_{min} \geqslant 1.25d_0$；$[\sigma_p]$ 为螺栓或孔壁材料的许用挤压应力（MPa）；$[\tau]$ 为螺栓材料的许用切应力（MPa）。

2. 承受预紧力和工作拉力的紧螺栓连接

这种受力形式在紧螺栓连接中比较常见，承受轴向拉伸工作载荷后，由于螺栓和被连接件的弹性变形，螺栓所受的总拉力并不等于预紧力和工作拉力之和。根据理论分析，螺栓的总拉力除和预紧力 F_0、工作拉力 F 有关外，还受到螺栓刚度及被连接件刚度等因素的影响。

图 12-41 表示单个螺栓连接在承受轴向拉伸载荷前后的受力及变形情况。

图 12-41a 是螺母刚好拧到和被连接件相接触，此时，螺栓和被连接件都不受力，因而也不产生变形。

图 12-41b 是拧紧后尚未承受工作载荷时，螺栓受预紧力 F_0 的拉伸作用，其伸长量为 λ_b。相反，被连接件在 F_0 的压缩作用下，其压缩量为 λ_m。

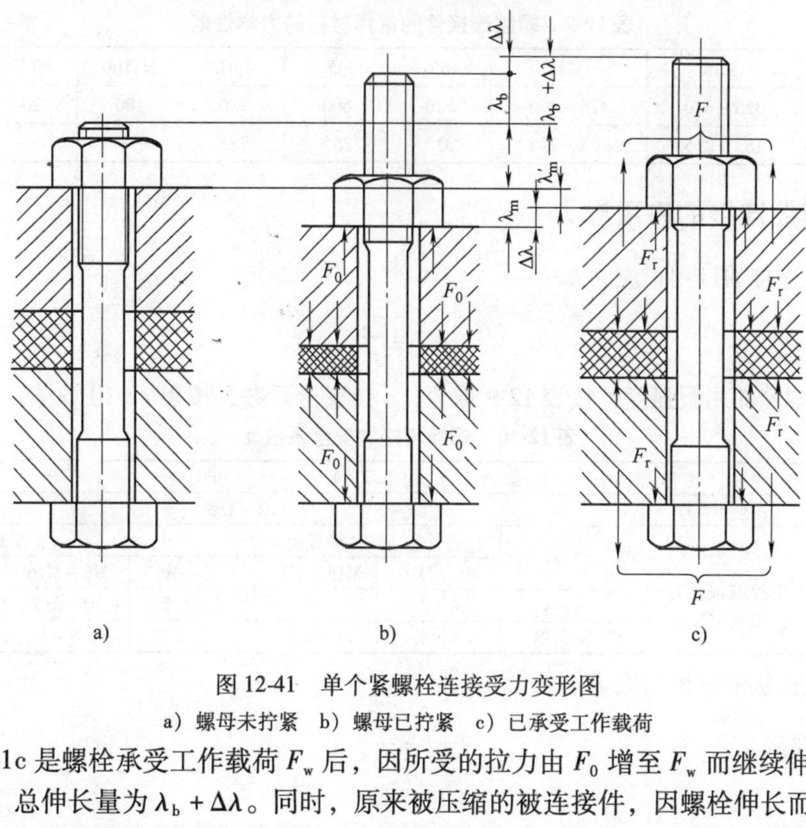

图 12-41　单个紧螺栓连接受力变形图

a）螺母未拧紧　b）螺母已拧紧　c）已承受工作载荷

图 12-41c 是螺栓承受工作载荷 F_w 后，因所受的拉力由 F_0 增至 F_w 而继续伸长，其伸长量增加 $\Delta\lambda$，总伸长量为 $\lambda_b + \Delta\lambda$。同时，原来被压缩的被连接件，因螺栓伸长而放松，其压缩量也随着减小。根据连接的变形条件，被连接件压缩变形的减小量应等于螺栓拉伸变形的

增加量 $\Delta\lambda$。因而，总压缩量为 $\lambda_m' = \lambda_m - \Delta\lambda$。而被连接件的压缩力由 F_0 减至 F_r，F_r 称为残余预紧力。当工作载荷为 F_w 时，若为静载荷，取 $F_r = (0.2 \sim 0.6)F_w$；若为变载荷，取 $F_r = (0.6 \sim 1.0)F_w$；对于气缸或有紧密要求的螺栓连接，取 $F_r = (1.5 \sim 1.8)F_w$。

连接受载后螺栓所受的总拉力为

$$F_\Sigma = F_w + F_r \tag{12-24}$$

设计或校核时，先根据连接的受载情况，求出螺栓的工作拉力 F_w，再根据连接的工作要求选取 F_r，按式（12-24）计算螺栓的总拉力 F_Σ，螺栓危险截面的拉伸强度条件为

$$\sigma_{ca} = \frac{1.3F_\Sigma}{\frac{\pi}{4}d_1^2} \leqslant [\sigma] \tag{12-25}$$

12.9　螺纹连接件的材料、力学性能等级及许用应力

12.9.1　螺纹连接件的材料

螺纹连接件的材料一般为低碳钢和中碳钢，如 Q215、Q235、15、35 和 45 钢等；受冲击、振动和变载荷作用的螺纹连接件可采用合金钢，如 15Cr、40Cr、30CrMnSi 等；防腐、防磁、导电、耐高温等特殊要求采用 1Cr13、2Cr13、CrNi2、1Cr18Ni9Ti 和黄铜 H62、$\text{H62}_{防磁}$、HPb62、$\text{HPb62}_{防磁}$等。常用材料的力学性能见表 12-9。

表 12-9　螺纹连接件的常用材料的力学性能　　（单位：MPa）

材　料	Q215	Q235	35	45	40Cr	HT100	HT200	HT300
抗拉强度 σ_b	335 ~ 410	375 ~ 460	530	600	980	100	200	300
屈服强度 σ_s	185 ~ 215	205 ~ 235	315	355	785	—	—	—

12.9.2　螺纹连接的许用应力

1）螺纹连接的许用正应力

$$[\sigma] = \frac{\sigma_s}{n} \tag{12-26}$$

式中，σ_s 是螺栓的屈服强度，按表 12-9 取值；n 是安全系数，按表 12-10 取值。

表 12-10　螺栓连接的安全系数 n

<table>
<tr><td>松连接</td><td colspan="7">1.2 ~ 1.7</td></tr>
<tr><td rowspan="5">紧连接</td><td>控制预紧力</td><td colspan="6">1.2 ~ 1.5</td></tr>
<tr><td rowspan="4">不控制预紧力</td><td rowspan="2">材料</td><td colspan="3">静载荷</td><td colspan="2">变载荷</td></tr>
<tr><td>M6 ~ M16</td><td>M16 ~ M30</td><td>M30 ~ M60</td><td>M6 ~ M16</td><td>M16 ~ M30</td></tr>
<tr><td>碳钢</td><td>4 ~ 3</td><td>3 ~ 2</td><td>2 ~ 1.5</td><td>10 ~ 6.5</td><td>6.5</td></tr>
<tr><td>合金钢</td><td>5 ~ 4</td><td>4 ~ 2.5</td><td>2.5</td><td>7.5 ~ 5</td><td>5</td></tr>
</table>

2）螺纹连接的许用切应力

横向静载荷

$$[\tau] = \frac{\sigma_s}{2.5} \tag{12-27}$$

横向变载荷

$$[\tau] = \frac{\sigma_s}{3.5 \sim 5} \tag{12-28}$$

3）螺纹连接的许用挤压应力

横向静载荷　　　　被连接件为钢时　$[\sigma_{\mathrm{p}}]=\dfrac{\sigma_{\mathrm{s}}}{1.25}$　　　　(12-29)

　　　　　　　　被连接件为铸铁时　$[\sigma_{\mathrm{p}}]=\dfrac{\sigma_{\mathrm{b}}}{2\sim2.5}$　　　　(12-30)

横向变载荷　　　　$[\sigma_{\mathrm{p}}]$按静载荷的$[\sigma_{\mathrm{p}}]$降低 20% ~30%

12.9.3　螺纹连接件的性能等级

螺纹连接件有两种等级，一种是产品等级，也就是精度等级，另一种是力学性能等级。

1. 产品等级

产品等级表示产品的加工精度等级。国家标准规定，螺栓、螺柱、螺钉、螺母等有 A、B、C 等不同等级，A 级最高。螺栓、螺柱与相同等级的螺母相配。

2. 力学性能等级

螺纹连接件的力学性能等级表示连接件材料的力学性能，如强度、硬度的等级。国家标准规定，螺栓、螺柱、螺钉的力学性能等级标记代号，由两个数字表示，中间用小数点“.”隔开，小数点前的数字为 σ_{b} 的 1/100；小数点后的数字为 $10\times(\sigma_{\mathrm{s}}/\sigma_{\mathrm{b}})$。表 12-11 为螺纹连接件的力学性能等级表。螺母材料一般比相配合的螺栓材料低一级，以防咬死和减少磨损。

表 12-11　螺纹连接件的性能等级

力学性能等级	3.6	4.6	4.8	5.6	5.8	6.8	8.8		9.8	10.9	12.9
							≤M16	>M16			
最小抗拉强度 σ_{bmin}/MPa	330	400	420	500	520	600	800	830	900	1040	1220
最小屈服强度 σ_{smin}/MPa	190	240	300	340	420	480	640	660	720	940	1100
推荐材料	低碳钢	低碳钢或中碳钢					低碳合金钢及中碳钢淬火并回火			中碳钢,低、中碳合金钢,淬火并回火	合金钢
推荐螺母等级	4 或 5			5		6	8 或 9		9	10	12

注：本表适用于由碳钢和合金钢制造的、任何形状的螺纹直径 3 ~39mm 的螺栓、螺钉和螺柱，不适用于紧定螺钉。

12.10　提高螺栓连接强度的措施

螺栓连接承受轴向变载荷时，其损坏形式多为螺栓杆部分的疲劳断裂，通常都发生在应力集中较严重之处，即螺栓头部、螺纹收尾部和螺母支承平面所在处的螺纹，如图 12-42 所示。提高螺栓强度主要采取以下措施。

1. 降低影响螺栓疲劳强度的应力幅

受轴向变载荷的紧螺栓连接，在最小应力不变的条件下，应力幅越小，则螺栓越不容易发生疲劳破坏，减小螺栓的刚度或增大被连接件的刚度，都可以达到减小应力幅的目的。

为了减小螺栓的刚度，可减小螺栓光杆部分直径（图 12-43a），或采用空心螺栓（图 12-43b），或增加螺栓长度。

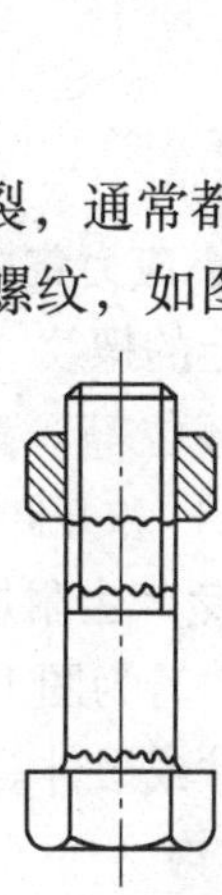

图 12-42　螺栓疲劳裂纹部位

在 F_0 给定的条件下，减小螺栓刚度或增大被连接件的刚度，都将引起残余预紧力 F_r 减小，降低连接的紧密性。为保证连接的紧密性，可采用刚度较大 O 型密封圈作为密封元件，如图 12-44 所示。

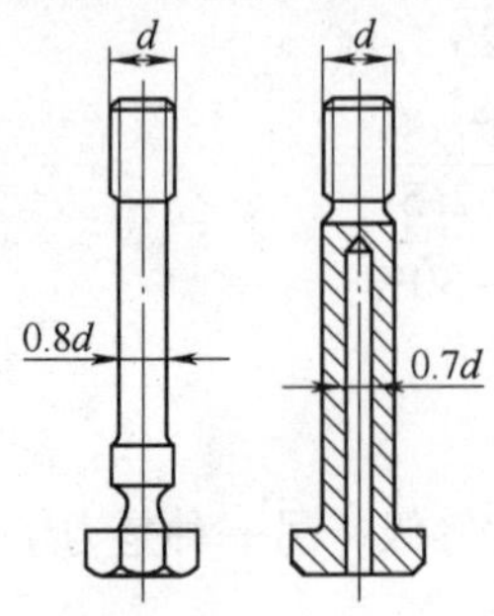

图 12-43　减小螺栓刚度

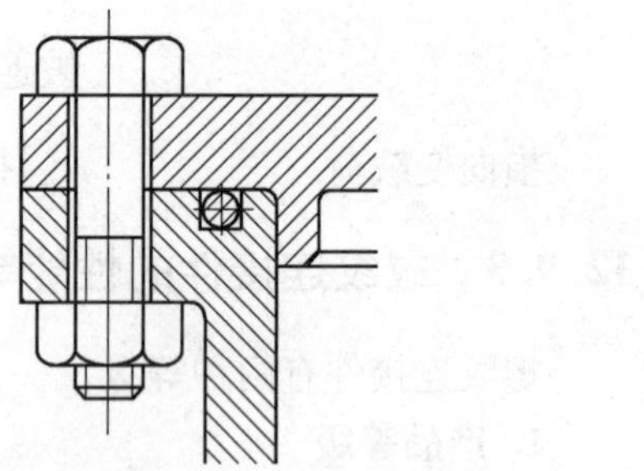

图 12-44　用 O 型密封圈密封

2. 改善螺纹牙上载荷分布不均的现象

由于螺栓和螺母的刚度及变形性质不同，采用普通螺母时，轴向载荷在旋合螺纹各圈间的分布是不均匀的，如图 12-45a 所示，当连接受载时，螺栓受拉伸，外螺纹的螺距增大；而螺母受压缩，内螺纹的螺距减小。研究表明，螺纹螺距的变化差以旋合的第一圈处为最大，约有 1/3 的载荷集中在第一圈上，以后各圈递减，旋合圈数越多，载荷分布不均的程度也越显著，到第 8 圈以后，螺纹几乎不受载荷。所以，采用增加螺母的厚度的办法并不能提高连接的强度，而采用图 12-45b 所示的悬置螺母或图 12-45c 所示环槽螺母，则有助于改善螺纹牙上载荷分布不均的现象。

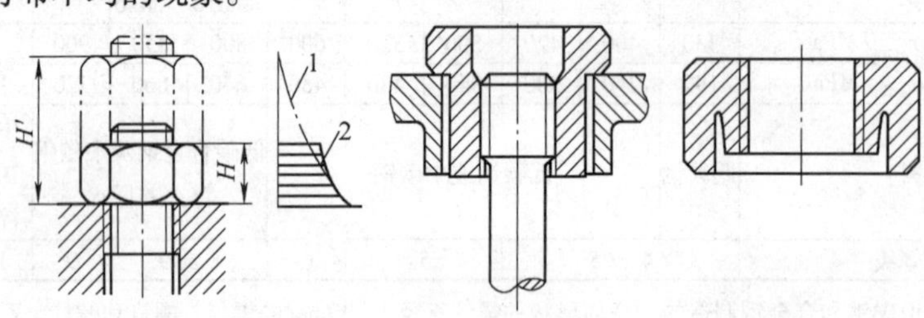

图 12-45　改善螺纹牙的载荷分布

a）加厚螺母　b）悬置螺母　c）环槽螺母

3. 减小应力集中

螺栓上的螺纹（特别是螺纹的收尾）、螺栓头和螺栓杆的过渡处以及螺栓横截面面积发生变化的部位等，都产生应力集中。为了减小应力集中的程度，可以采用增大过渡圆角（图 12-46a）和开卸载槽（图 12-46b、c）等方法。

4. 避免产生附加应力

设计中若为图 12-47 所示结构，则会产生附加弯曲应力，这对螺栓疲劳强度影响很大，所以在铸件或锻件等未加工表面上安装螺栓时，应采用凸台（图 12-34a）或沉头座（图 12-34b）等结构。

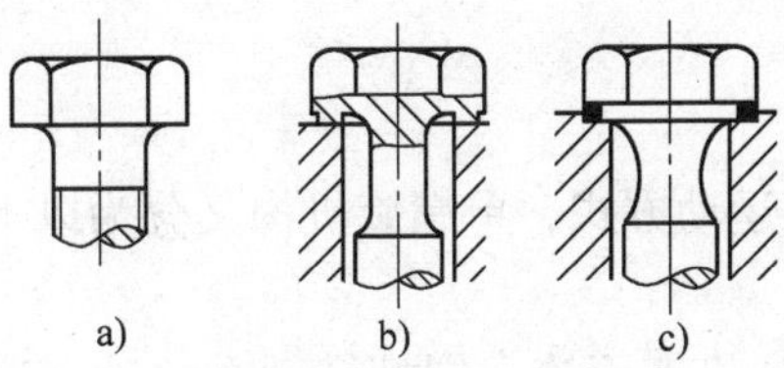

图 12-46　减小应力集中

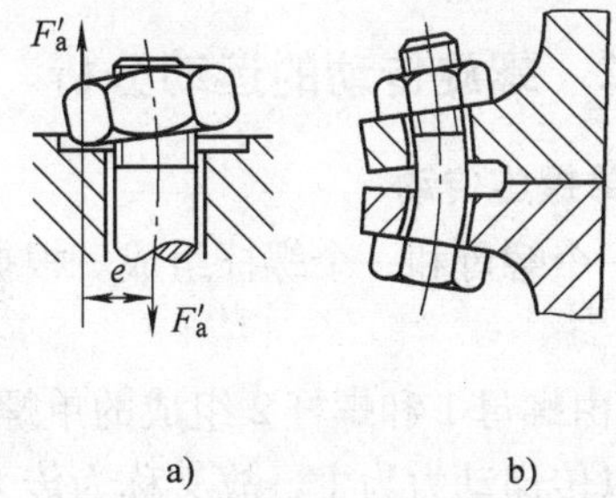

图 12-47　引起附加应力的结构

5. 采用合理的制造工艺

采用冷镦螺栓头部和滚压螺纹的工艺方法，可以显著提高螺栓的疲劳强度。此外，在工艺上采用氮化、氰化、喷丸等处理，都是提高螺纹连接件疲劳强度的有效方法。

12.11　螺旋传动

12.11.1　螺旋传动的类型、应用和特点

1. 类型、应用

螺旋传动是利用螺杆和螺母组成的螺旋副来实现传动要求的。它主要用于将回转运动转变为直线运动，同时传递运动和动力。

按照螺杆上的螺旋副数目，螺旋传动分为单螺旋传动（图 12-48）和双螺旋传动（图 12-49）。

按照使用要求分为：

（1）传力螺旋　以传递动力为主，要求用较小的力矩转动螺杆（或螺母）而使螺母（或螺杆）产生轴向运动和较大的轴向力，这个轴向力可以用来做起重和加压等工作，如图 12-48a 所示螺旋千斤顶。

（2）传导螺旋　以传递运动为主，并要求具有很高的运动精度，它常用作机床刀架或工作台的进给机构，如图 12-48b 所示。

（3）调整螺旋　用于调整并固定零件或部件之间的相对位置，如图 12-50a 所示微调镗刀和图 6-13a、b 所示的用于调整带传动初拉力的装置。

2. 特点

螺旋传动具有以下特点。

1）降速传动比大，螺距一般很小，在转角很大的情况下，能获得很小的直线位移量，可大大缩短机构的传动链。结构简单、紧凑、传动精度高，工作平稳。

2）具有增力作用，只要给主动件一个较小的转矩，从动件即获得较大的轴向力。

3）能自锁，螺旋线升角小于摩擦角时，螺旋传动具有自锁作用。

4）效率低、磨损快，螺旋工作面为滑动摩擦，传动效率低（30% ~40%），磨损快，不适于高速和大功率传动。

12.11.2 螺旋传动的运动分析

1. 单螺旋传动

由一个螺母和一个螺杆组成。根据机构的组成及运动方式，单螺旋机构又分为以下两种形式。

1）由螺母 1 和螺杆 2 组成的单螺旋机构，螺母与机架固连，螺杆转动并移动，这种螺旋机构以传递动力为主，故又称为传力螺旋机构。其一般要求用较小的转矩产生较大的轴向力，多用在工作时间短、速度较低、要求自锁的场合，如图 12-48a 所示的螺旋千斤顶。

2）由螺母 1、螺杆 2 和机架 3 组成的单螺旋机构，螺杆 2 转动，螺母 1 移动，这种螺旋机构以传递运动为主，故又称为传导螺旋机构。用于转速高，连续工作，要求高效率、高精度的场合，如图 12-48b 所示的车床丝杠进给机构。

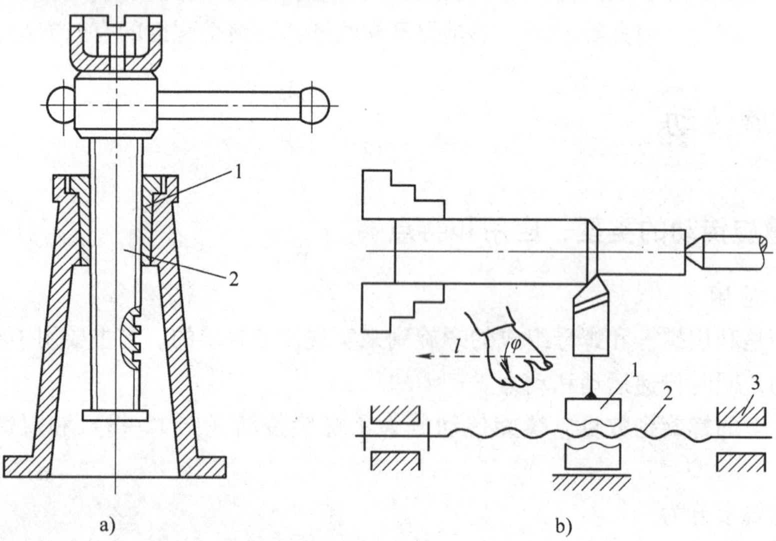

图 12-48 单螺旋传动

a）螺旋千斤顶 b）车床丝杠进给机构

1—螺母 2—螺杆 3—机架

单螺旋传动螺母移动距离可按下式计算

$$l=\frac{P_h}{2\pi}\phi \tag{12-31}$$

式中，l 为螺母移动距离（mm）；ϕ 为螺杆的转角（rad）；P_h 为导程（mm）。

螺旋机构中螺杆或螺母的移动方向可用左（右）手定则判定。左（右）旋螺纹用左（右）手，四指握向代表螺杆转动方向，拇指方向则为螺杆移动方向。

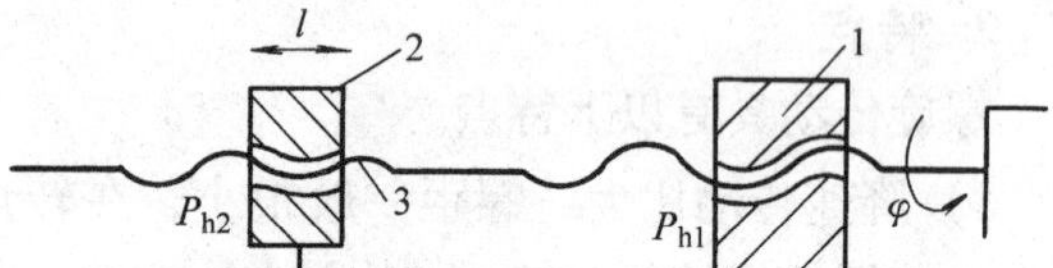

图 12-49 双螺旋传动

1、2—螺母 3—螺杆

2. 双螺旋机构

螺杆 3 上具有不同导程 P_{h1}、P_{h2} 的螺纹，分别与螺母 1、2 组成两个螺旋副，称为双螺旋机构，螺杆 3 转动并移动，螺母 2

移动，螺母 1 兼作机架，如图 12-49 所示。用于调整、固定零件的位置。其按 P_{h1}、P_{h2} 的旋向，可分为以下两种形式。

1）螺杆 3 上 P_{h1}、P_{h2} 旋向相同时，称为差动螺旋传动。螺母移动的距离为

$$l=\frac{P_{h1}-P_{h2}}{2\pi}\varphi \tag{12-32}$$

若 P_{h1}、P_{h2} 相差很小，则位移 l 很小。利用这一特性，可将差动螺旋应用于各种微调装置中，如图 12-50a 所示的微调镗刀。

2）若螺杆 3 上 P_{h1}、P_{h2} 旋向相反时，称为复式螺旋机构。可动螺母 2 移动的距离为

$$l=\frac{P_{h1}+P_{h2}}{2\pi}\varphi \tag{12-33}$$

由于复式螺旋机构的位移 l 与两段导程之和成正比，所以多用于需要快速移动或调整两构件相对位置的场合，如图 12-50b 所示的铣床棒料快动卡紧装置。

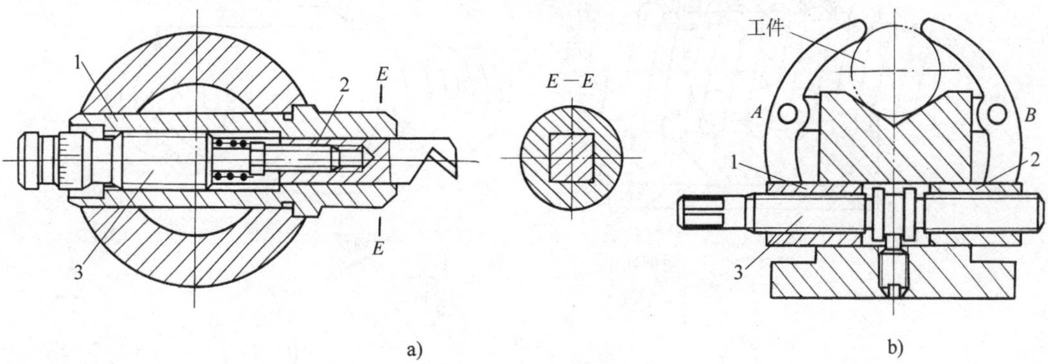

图 12-50　双螺旋传动应用

a）微调镗刀　b）铣床棒料快动卡紧装置

1、2—螺母　3—螺杆

12.12　滚动螺旋传动

在螺杆和螺母之间设有封闭循环的滚道，滚道间充以钢珠，使螺旋面的滑动摩擦变为滚动摩擦，减小磨损，这种螺旋称为滚动螺旋或滚珠丝杠。

12.12.1　滚动螺旋的特点和应用

滚动螺旋的主要优点是：①效率高，效率可达 90% 以上；②摩擦、磨损小；③精度高；④可以通过消除间隙的方法增加刚度，无爬行，运转平稳性好；⑤运动可塑性好。

滚动螺旋缺点是：①结构复杂，制造困难；②有些机构中为防止逆转需另加自锁机构。

基于上述优点，目前滚动螺旋在要求高效率和高精度的汽车和拖拉机的转向机构、飞机机翼和起落架、水闸的升降机构以及数控机床的控制等机构中得到广泛应用。

12.12.2　滚动螺旋的类型

滚动螺旋按滚道回路形式的不同，分为外循环（图 12-51a）和内循环（图 12-51b）两种。

钢珠在回路过程中离开螺旋表面的称为外循环，外循环方式分为螺旋槽式和插管式。螺

旋槽式是在螺母外圆柱表面有螺旋形回球槽，槽的两端有通孔与螺母的螺纹滚道相切，形成钢球循环通道；插管式和螺旋槽式原理相同，是采用外接套管作为钢球的循环通道，但无论是哪种结构，为引导钢球在通孔内顺利出入，在孔口都置有挡球器。外循环螺母只需前后各设一个反向器即可，但为了缩短回路滚道的长度，也可在一个螺母中分为两个或三个回路。外循环方式结构简单，但螺母的结构尺寸较大，特别是插管式，同时挡球器端部易磨损。

钢珠在循环中始终不脱离螺旋表面的称为内循环，在螺母上开有侧孔，孔内镶有返向器，将相邻两螺纹滚道连接起来，钢球从螺纹滚道进入返向器，越过螺杆牙顶进入相邻螺纹滚道，形成循环回路。因此一个循环回路只有一圈钢珠和一个返向器。一个螺母常设置 2 ~4 个回路。该种循环方式，螺母径向尺寸较小，和滑动螺旋副大致相同。钢球循环通道短，有利于减少钢球数量，减小摩擦损失，提高传动效率，但返向器回行槽加工要求高，不适宜重载传动。

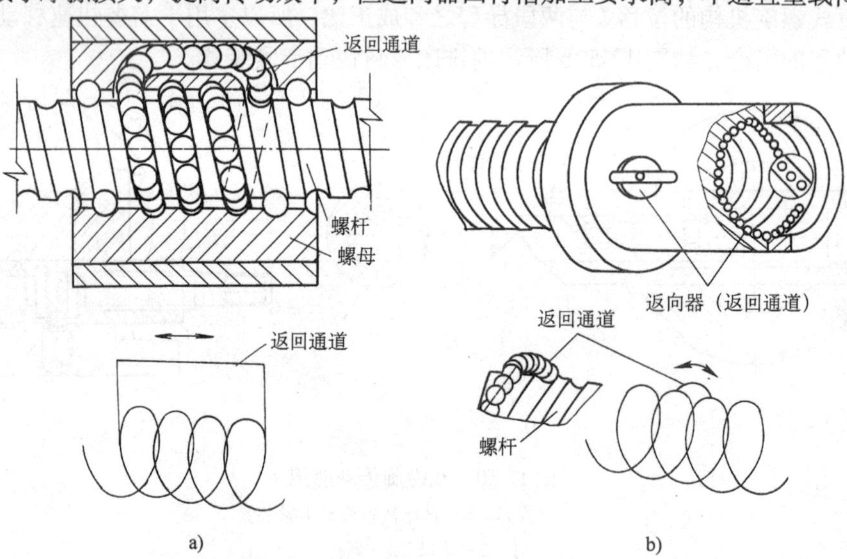

图 12-51　滚动螺旋

a）外循环螺旋　b）内循环螺旋

任务实施

任务一：图 6-1 所示为减速器的输出轴，轴与齿轮采用键连接，已知传递的转矩 $T=543688\text{N}\cdot\text{mm}$，齿轮材料为铸钢，有中等冲击，试选择键连接类型和尺寸。

设计方案：

1. 键的尺寸选择

齿轮传动要求齿轮与轴对中良好且固定可靠，故连接选用 A 型平键连接。

根据 $d=60\text{mm}$，查附录 A，选 $b=18\text{mm}$，$h=11\text{mm}$，由轮毂宽度为 80mm，从长度系列中，选择 $L=70\text{mm}$。

2. 验算键连接的挤压强度

根据齿轮材料为铸钢，中等冲击，由表 12-1 查得 $[\sigma_p]=75\text{MPa}$。

由式（12-1）得键的挤压应力

$$\sigma_p=\frac{4T}{dhl}=\frac{4\times547688\text{N}\cdot\text{mm}}{60\text{mm}\times11\text{mm}\times(70-18)\text{mm}}=63.8\text{MPa}\leqslant[\sigma_p]$$

所以挤压强度足够。

任务二：选择图 12-52 所示机床变速箱中轴与齿轮连接的矩形花键。已知：工作条件良好，齿轮传递转矩 $T=380\text{N}\cdot\text{m}$，齿轮宽度 40mm，轴的直径为 44mm，材料为 50 钢，花键轴表面经热处理。

设计方案：

1. 确定花键型号

根据要求的直径，查附录 B，因为用于机床变速箱且轴的直径为 44mm，所以选中系列矩形花键，其公称尺寸 $8\times46\times50\times9$，即 $D=50\text{mm}$，$d=46\text{mm}$，$C=0.3\text{mm}$，$l=40\text{mm}$。

根据机床变速箱，无载荷作用下移动的动连接，使用和制造情况良好，查表 12-3 得 $[p_p]=55\text{MPa}$。

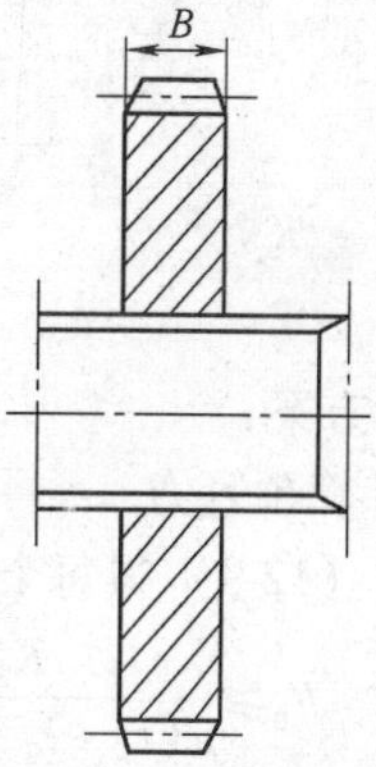

图 12-52　机床变速箱花键连接

2. 校核花键强度

由式（12-2）得

$$\sigma_p=\frac{2T}{\phi ZhlD_m}$$

$$=\frac{2\times380000\text{N}\cdot\text{mm}}{0.75\times8\times\left(\frac{50-46}{2}-2\times0.3\right)\text{mm}\times40\text{mm}\times\left(\frac{50+46}{2}\right)\text{mm}}=47.12\text{MPa}\leqslant[\sigma_p]$$

所以强度足够。

任务三：如图 12-39 所示起重吊钩，已知：$F=28\text{kN}$，吊钩材料为 35 钢，设计吊钩尾部螺纹直径。

设计方案：

1. 确定许用应力

按照吊钩材料为 35 钢，查表 12-9 得 $\sigma_s=315\text{MPa}$。

查表 12-10 得　　$n=1.6$

由式（12-26）得$[\sigma]=\frac{\sigma_s}{n}=\frac{315}{1.6}\text{MPa}=197\text{MPa}$

2. 确定吊钩尾部螺纹直径

由式（12-19）$\sigma=\frac{F}{\frac{\pi}{4}d_1^2}\leqslant[\sigma]$ 得

$$d_1\geqslant\sqrt{\frac{4F}{\pi[\sigma]}}=\sqrt{\frac{4\times28000\text{N}}{\pi\times197\text{N/mm}^2}}=13.5\text{mm}$$

3. 选择螺纹尺寸

根据 $d_1\geqslant13.5\text{mm}$ 查附录 C，选用 M16 的螺纹，$d=16\text{mm}$，$d_1=13.835\text{mm}$。

任务四：设计凸缘联轴器的普通螺栓连接。刚性凸缘联轴器如图 12-53 所示。联轴器用 8 个材料性能等级为 8.8 的钢制螺栓连接，螺栓均布在直径 $D=180\text{mm}$ 的圆周上。联轴器的材料为 HT200，凸缘厚度 $s=20\text{mm}$，结合面的摩擦系数 $\mu=0.15$，联轴器传递的转矩 $T=3000\text{N}\cdot\text{m}$，载荷系数 $K_S=1.2$。

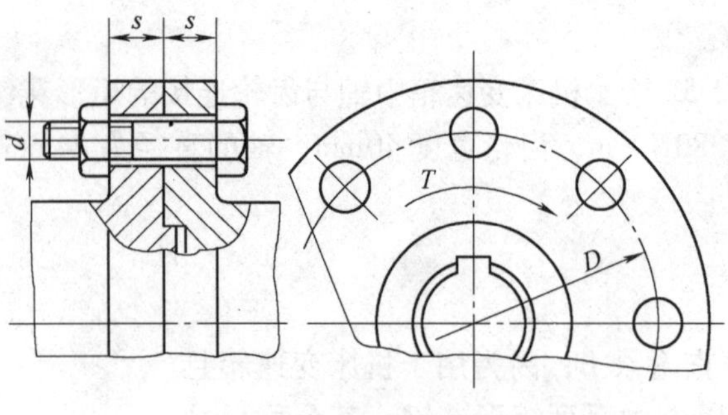

图 12-53 刚性凸缘联轴器

设计方案：

1. 计算预紧力

由式（12-9）得每个螺栓所需的预紧力为

$$F_0 \geqslant \frac{K_S T}{\mu(r_1 + r_2 + \cdots + r_z)} = \frac{K_S T}{\mu \sum_{i=1}^{z} r_i} = \frac{2K_S T}{zD\mu} = \frac{2 \times 1.2 \times 3000 \times 10^3}{8 \times 180 \times 0.15}\text{N} = 33333\text{N}$$

2. 确定螺栓材料的许用应力

由螺栓材料的力学性能等级，查表 12-11 可知 $\sigma_s = 640\text{MPa}$，装配时选不控制预紧力，初选碳钢材质 M20 的螺栓，查附录 C，$d = 20\text{mm}$，$d_1 = 17.294\text{mm}$，由表 12-10 用插值法得安全系数 $n = 2.7$，则由式（12-26）得

$$[\sigma] = \frac{\sigma_s}{n} = \frac{640}{2.7}\text{MPa} = 237.04\text{MPa}$$

3. 校核螺栓的直径

由式（12-20）得

$$\sigma_e = \frac{5.2F_0}{\pi d_1^2} = \frac{5.2 \times 33333\text{N}}{\pi \times 17.294^2\text{mm}^2} = 184.5\text{MPa} \leqslant [\sigma]$$

所以强度足够。

4. 校核螺栓间距

由 $z = 8$，且螺栓所在圆周直径 $D = 180\text{mm}$，得螺栓间距为

$A = 2 \times \frac{D}{2}\sin\frac{360}{2z} = 2 \times \frac{180}{2}\sin\frac{360}{2 \times 8}\text{mm} = 68.9\text{mm}$，查表 12-6 得 $A = 68\text{mm}$，所以合适。

5. 选择螺栓、螺母和垫圈

按照 M20 查附录 G 选六角螺母，螺母厚度 $m = 20.3\text{mm}$，标记为 GB/T 6175 M20。查附录 H 选垫圈 GB/T 9320，垫圈厚度 $m = 5\text{mm}$。查附录 E 选六角螺栓，根据连接件厚度 $s = 20\text{mm}$，选定螺栓长度 $L = 70\text{mm}$，标记为 GB/T 5782 M20 × 2.5 × 70。

任务五：将任务四中的螺栓换为铰制孔螺栓连接，螺栓最小接触长度为 10mm，设计螺栓连接。

设计方案：

1. 计算每个螺栓承受的载荷

由 $\sum M_o(F) = 0$ 得

$$F_R \times z \times \frac{D}{2} - K_S \times T = 0$$

$$F_R = \frac{K_S T \times 2}{zD} = \frac{1.2 \times 3000 \times 10^3 \times 2\text{N} \cdot \text{mm}}{8 \times 180\text{mm}} = 5000\text{N}$$

2. 选择螺栓型号

查附录 F，初选 M6 的螺栓，$d_s = 7\text{mm}$。

3. 校核螺栓挤压强度

因为被连接件为 HT200，查表 12-9 得 $\sigma_b = 200\text{MPa}$，所以按式（12-30）计算得

$$[\sigma_p] = \frac{\sigma_b}{2 \sim 2.5} = \frac{200}{2.5}\text{MPa} = 80\text{MPa}$$

由式（12-22）得

$$\sigma_p = \frac{F_R}{d_0 L_{min}} = \frac{5000}{7 \times 10}\text{MPa} = 71.43\text{MPa} \leqslant [\sigma_p]$$

所以挤压强度足够。

4. 校核螺栓剪切强度

由式(12-27)得

$$[\tau] = \frac{\sigma_s}{2.5} = \frac{640}{2.5}\text{MPa} = 256\text{MPa}$$

由式（12-23）得

$$\tau = \frac{F_R}{\frac{\pi}{4}d_0^2} = \frac{5000\text{N}}{\frac{\pi}{4} \times 7^2\ \text{mm}^2} = 130\text{MPa} \leqslant [\tau]$$

所以剪切强度足够。

任务六：设计如图 12-37 所示气缸盖螺栓连接。已知气缸内径 $D = 200\text{mm}$，螺栓分布圆的直径 $D_0 = 250\text{mm}$，气缸内工作压力 $p = 1\text{MPa}$。气缸盖与气缸体采用橡胶软垫紧密性连接。螺栓材料的力学性能级别为 8.8，气缸凸缘和气缸盖厚度为 $s = 10\text{mm}$。

设计方案：

1. 选择螺栓的直径

初选 M16 的螺栓，查附录 C，得 $d_1 = 13.835\text{mm}$。

2. 确定螺栓的个数

查表 12-7，根据气缸内工作压力 $p = 1\text{MPa}$ 得

$$t_0 = 7d = 7 \times 16\text{mm} = 112\text{mm}$$

$$z = \frac{\pi D_0}{t_0} = \frac{3.14 \times 250}{112} = 7.01$$

取 $z = 8$。

3. 确定每个螺栓承受的载荷

$$F_w = \frac{\pi D^2}{4z} \times p = \frac{3.14 \times 200^2\ \text{mm}^2}{4 \times 8} \times 1\text{MPa} = 3925\text{N}$$

由 $F_r = (1.5 \sim 1.8)F_w$，取 $F_r = 1.7F_w$。

由式（12-24）得

$$F_\Sigma = F_w + F_r = 2.7F_w = 10597.5\text{N}$$

4. 确定螺栓的许用应力

由性能等级 8. 8 级，查表 12-11 得 $\sigma_s=640\text{MPa}$。

初选 M16 的螺栓，$d_1=13.835\text{mm}$，由表 12-10 得 $n=4$。

由式（12-26）得

$$[\sigma]=\frac{\sigma_s}{n}=\frac{640}{4}\text{MPa}=160\text{MPa}$$

5. 校核螺栓强度

$$\sigma=\frac{1.3F_\Sigma}{\frac{\pi d_1^2}{4}}=\frac{1.3\times10597.5\text{N}}{\frac{3.14\times13.835^2}{4}\text{mm}^2}=91.69\text{MPa}<[\sigma]=160\text{MPa}$$

所以强度足够。

6. 选择螺母和螺栓长度

按照 M16 查附录 G 选六角螺母，螺母厚度 $m=16.4\text{mm}$，标记为 GB/T 6175 M16。查附录 H 选垫圈 GB/T 93 16，垫圈厚度 $m=4.1\text{mm}$。查附录 E 选六角螺栓，根据连接件厚度 $s=10\text{mm}$，选定螺栓长度 $L=45\text{mm}$，标记为 GB/T 5782 M16 ×45。

任务七：如图 12-50 所示的螺旋机构中，螺杆有两段螺旋，导程 $P_{h1}=6\text{mm}$，求（1）若为图 12-50a 所示微调镗刀，当螺杆转角为 π 时，$l=0.5\text{mm}$，求导程 P_{h2}；（2）若为图 12-50b 所示铣床棒料快动卡紧装置，螺母移动的距离 $l=8\text{mm}$，求导程 P_{h2}。

设计方案：

1. 因为微调镗刀为差动螺旋传动，所以 P_{h1}、P_{h2}旋向相同。则由式（12-32）得

$$P_{h2}=P_{h1}-\frac{2\pi l}{\varphi}=\left(6-\frac{2\pi\times0.5}{\pi}\right)\text{mm}=5\text{mm}$$

2. 铣床棒料快动卡紧装置为复式螺旋传动 P_{h1}、P_{h2}旋向相反，则由式（12-33）得

$$P_{h2}=\frac{2\pi l}{\varphi}-P_{h1}=\left(\frac{2\pi\times8}{\pi}-6\right)\text{mm}=10\text{mm}$$

思 考 题

12-1 键连接的功用有哪些？分为哪些类型？各有什么优缺点？

12-2 导向平键和滑键哪种适用于移动距离较长时？

12-3 键的剖面尺寸根据什么选择？长度根据什么选择？

12-4 平键连接强度不够时，应采用什么措施？

12-5 常用螺纹有哪几种类型？各用于什么场合？对连接螺纹和传动螺纹的要求有何不同？

12-6 螺纹连接预紧的目的是什么？

12-7 连接螺纹都具有良好的自锁性，为什么有时还需要防松装置？试各举出两个机械防松和摩擦防松的例子。

12-8 普通螺栓连接和铰制孔用螺栓连接的主要失效形式是什么？计算准则是什么？

12-9 观察减速器、机床与底座相连接的螺栓组布置方式，从承载、扳手空间、螺栓间距等方面进行评价。

12-10 在什么情况下，螺栓连接的安全系数大小与螺栓直径有关？试说明其原因。

12-11 在保证螺栓连接紧密性要求和静强度要求的前提下，要提高螺栓连接的疲劳强度，应如何改变螺栓和被连接件的刚度及预紧力大小？

12-12 螺旋传动按其用途不同，可分为几种类型？

习　　题

12-1　直径 $d=80\mathrm{mm}$ 的轴端，安装一钢制直齿圆柱齿轮，轮毂长度 $L=1.5d$，工作时有轻微冲击，试配以键连接，并核算其所能传递的最大转矩。

12-2　如图 12-54 所示汽车变速器双联滑动齿轮，通过花键与轴连接。空载时齿轮沿轴向移动，工作情况良好，轴的直径 $D=40\mathrm{mm}$，齿轮轮毂长度 $L=60\mathrm{mm}$，轴及齿轮材料均为钢，并经热处理，硬度为 300HRC。

(1) 选择矩形花键尺寸。

(2) 求该花键能够传递的最大转矩。

12-3　如图 12-55 所示刚性凸缘联轴器，设传递稳定不变的转矩 $T=1600\mathrm{N\cdot m}$，有 12 个 M12 螺栓均布在直径 $D_1=170\mathrm{mm}$ 圆周上，若螺栓性能等级为 4.8，试问用不用控制螺栓预紧力？

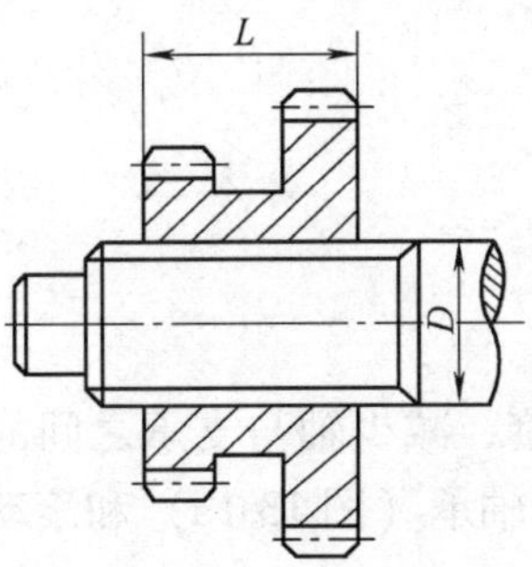

图 12-54　习题 12-2 图

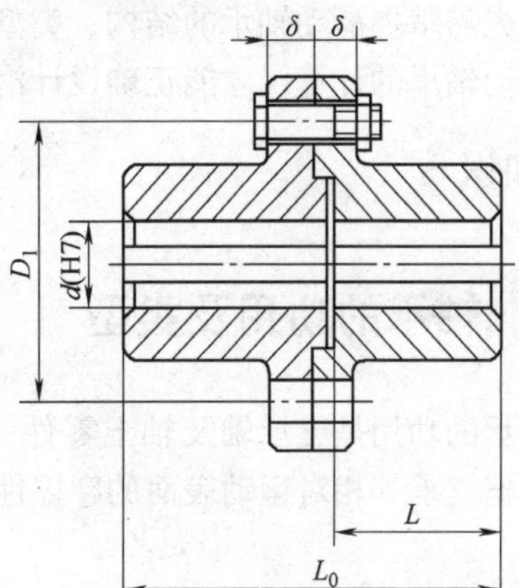

图 12-55　习题 12-3 图

12-4　上题中联轴器的凸缘材料为 HT300，两轴直径 $d=70\mathrm{mm}$，尺寸 $L_0=289\mathrm{mm}$，$L=142\mathrm{mm}$。

(1) 选配键连接。

(2) 本联轴器中是键连接薄弱，还是螺栓连接薄弱。

12-5　如图 12-56 所示，两根梁用 8 个 4.6 级普通螺栓与两块钢盖板相连接，梁受到的拉力 $F=28\mathrm{kN}$，摩擦系数 $\mu=0.2$，控制预紧力，试确定所需螺栓的直径。

12-6　如图 12-57 所示，凸缘联轴器的型号为 YLD10，允许传递的最大转矩 $T=630\mathrm{N\cdot m}$，两半联轴器采用 4 个 M12 的铰制孔用螺栓连接，螺栓的性能等级为 6.8 级，联轴器材料为 HT200，试校核连接的强度。

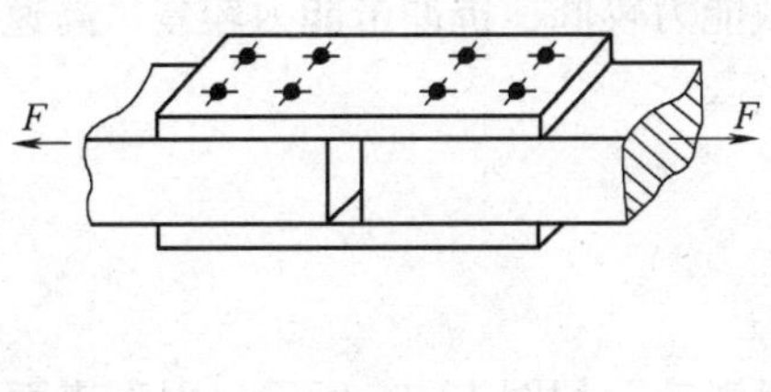

图 12-56　习题 12-5 图

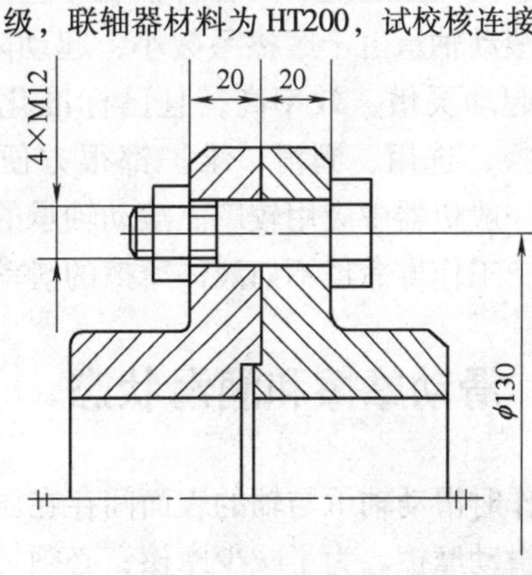

图 12-57　习题 12-6 图

第13章　滑动轴承

任务描述

设计电动铰车中卷筒两端的滑动轴承。

任务分析

首先需掌握滑动轴承的结构、类型和特点、滑动轴承轴瓦和轴承衬的常用材料、非液体摩擦滑动轴承的计算，才能正确设计滑动轴承。

相关知识

13.1　轴承的功用及类型

轴承的功用是支承轴及轴上零件，保持轴的旋转精度，减少轴与支承之间的摩擦和磨损。根据支承处相对运动表面的摩擦性质，轴承分为滑动轴承（图13-1a）和滚动轴承（图13-1b）。

滑动轴承由于结构简单，接触面积大，径向尺寸小，制造与维修方便，承受重载和冲击载荷的性能较好，常用在工作转速高，冲击与振动大，径向尺寸受到限制或必须剖分安装等工作环境下。滑动轴承在轧钢机、汽轮机、内燃机、破碎机、剪床、航空发动机附件、雷达、卫星通信地面站、天文望远镜以及各种仪表中应用较广。滚动轴承由于摩擦系数小，起动阻力小，起动灵敏，效率高，且已标准化，易于互换，选用、润滑、维护都很方便，因此在一般机器中应用较广。滚动轴承的缺点是承载能力较低，抗冲击能力较差，高速时出现噪声，工作寿命也不如液体摩擦的滑动轴承。

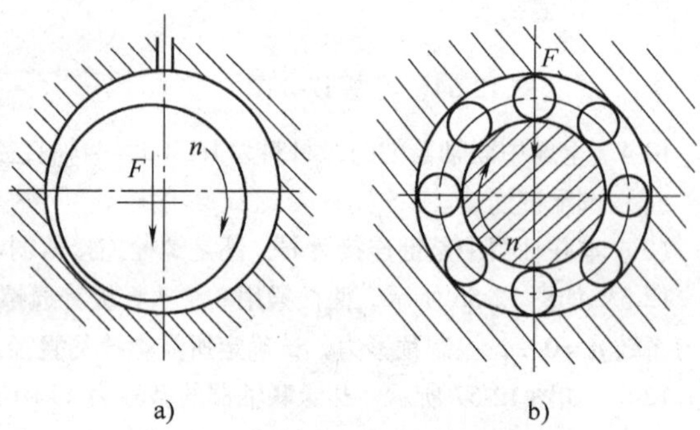

图13-1　轴承

a）滑动轴承　b）滚动轴承

13.2　滑动摩擦和润滑状态

工作时滑动轴承与轴的表面间存在压力并有相对滑动，如图13-1a所示，因而表面间必然产生滑动摩擦。为了减少摩擦，必须加入润滑剂。根据相对滑动表面间的摩擦与润滑，可分为以下几种摩擦状态。

1. 干摩擦状态

两摩擦表面间没有任何润滑剂，两金属表面直接接触，如图13-2a所示，称为干摩擦状态。金属微观表面是不平的，承载时，只有部分峰顶相接触，这些接触点压力很大，因而发生粘着，形成冷焊结点。当两表面相对滑动时，必须切断这些结点，所以有摩擦阻力产生，干摩擦有大量的摩擦功损耗和严重的磨损，在滑动轴承中表现为很高的温升，甚至将表面烧毁，所以滑动轴承必须润滑，不允许出现干摩擦。

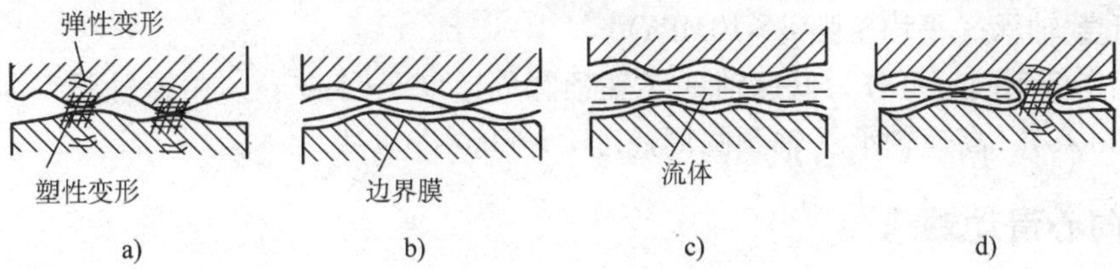

图13-2 摩擦的类型

a）干摩擦 b）边界摩擦 c）流体摩擦 d）混合摩擦

2. 边界摩擦状态

在摩擦表面间加入润滑油后，油吸附在金属表面上，形成极薄的、抵抗力极强的油膜，如图13-2b所示，保护着金属表面，这层油膜称为边界油膜。边界油膜虽能起到降低表面间摩擦、磨损的作用，但由于边界油膜层的厚度比金属表面不平度的高度小，不足以消除在相对滑动时两表面峰顶间发生的剪切，所以摩擦、磨损现象仍然存在，这种摩擦状态称为边界摩擦状态。如果摩擦发热严重，温升过高，润滑油会失去吸附在金属表面的能力，导致边界油膜破裂，两金属表面发生胶合现象。

3. 液体摩擦状态

在摩擦表面间如果存在一定厚度的压力油膜，将两金属表面完全隔开，如图13-2c所示，称为液体摩擦状态。处于液体摩擦状态的两金属表面间没有摩擦和磨损，但液体间有摩擦存在。摩擦热会使润滑油变稀，压力油膜变薄，温度如不能稳定，继续上升，将导致压力油膜损坏，直至发生胶合。

4. 混合摩擦状态

混合摩擦状态为干摩擦与边界摩擦混合、边界摩擦与液体摩擦混合，如图13-2d所示。

边界摩擦状态、半干摩擦状态、半液体摩擦状态统称为非液体摩擦状态，这样就将滑动轴承中的摩擦状态分为两大类：液体摩擦状态和非液体摩擦状态。因此，不论轴与轴承间是哪一种摩擦状态，都应考虑轴承的发热、散热和承载问题，以保证轴承正常工作，不致失效。

13.3 滑动轴承的分类和结构

13.3.1 滑动轴承的分类

按承载方向不同，滑动轴承可分为径向轴承、止推（推力）轴承、径向止推（径向推力）轴承。

按轴承结构不同，可分为整体式轴承、剖分式轴承、自动调心轴承。

按润滑（摩擦）状态不同，可分为液体润滑（液体摩擦）轴承、非完全液体润滑（非完全液体摩擦）轴承。

按润滑剂不同，可分为液体润滑轴承、气体润滑轴承、脂润滑轴承、固体润滑轴承。

按轴承材料不同，可分为金属轴承、粉末冶金轴承、非金属轴承。

按载荷大小不同，可分为轻载轴承（平均压强 $p<1\text{MPa}$）、中载轴承（平均压强 $p=1\sim10\text{MPa}$）、重载轴承（平均压强 $p>10\text{MPa}$）。

按速度高低不同，可分为低速轴承（轴颈圆周速度 $v<5\text{m/s}$）、中速轴承（轴颈圆周速度 $v=5\sim60\text{m/s}$）、高速轴承（轴颈圆周速度 $v>60\text{m/s}$）。

13.3.2　向心滑动轴承

滑动轴承根据承受载荷的方向，可分为向心滑动轴承和推力滑动轴承两类。滑动轴承一般由轴承座、轴瓦（或轴套）、润滑装置和密封装置等部分组成。

1. 整体式滑动轴承

图 13-3 所示为整体式滑动轴承，由轴承座和整体轴套组成，轴承座用螺栓与机座连接，顶部装有润滑油杯，内孔中压入带有油沟的轴套。这种轴承结构简单且成本低，但装拆不便，且轴承磨损后径向间隙无法调整，因此多用在间歇工作、低速轻载的简单机械中。

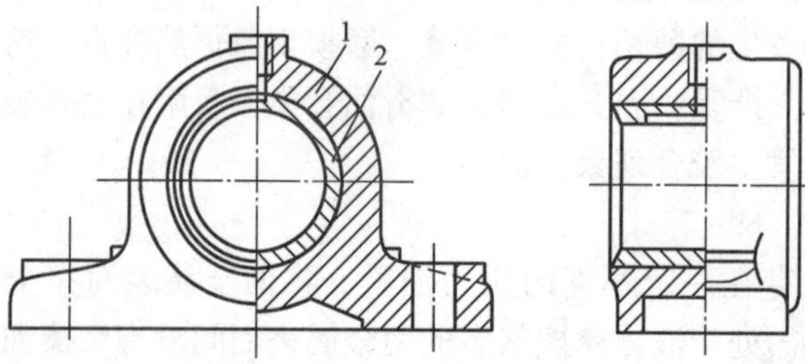

图 13-3　整体式径向滑动轴承

1—轴承座　2—整体轴套

2. 剖分式滑动轴承

图 13-4 所示为剖分式滑动轴承，由轴承座、轴承盖、剖分式轴瓦、油杯和连接螺柱等组成。在剖分面处，制成凹凸状的配合表面，使之上下对中和防止受力时移动。通常轴承盖和轴瓦座之间留有少量的间隙，当轴瓦稍有磨损时，可适当减少放置在轴瓦对开面上的垫片，并拧紧轴承盖上的螺柱以减小轴颈和轴瓦间的间隙，使轴承间隙得到调整。因剖分式滑动轴承装拆方便，磨损后间隙可以调整，所以应用广泛，并已标准化。

3. 自动调心轴承

当轴承的宽度 B 大于轴颈直径 d 的 1.5 倍，或轴的刚度较小，或两轴难于保证同心时，会使轴颈偏斜，导致轴承两端边缘急剧磨损，如图 13-5a 所示。自动调心轴承如图 13-5b 所示，其轴瓦外表面做成球面形状，与轴承盖及轴承座的球状内表面相配合，轴瓦可自动调位以适应轴颈在轴弯曲时产生的偏斜，从而可以避免轴颈与轴瓦的局部磨损。

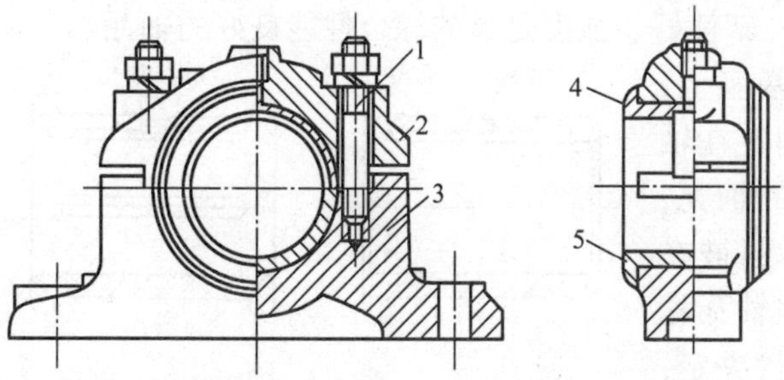

图 13-4　剖分式正滑动轴承

1—螺柱　2—轴承盖　3—轴承座　4—上轴瓦　5—下轴瓦

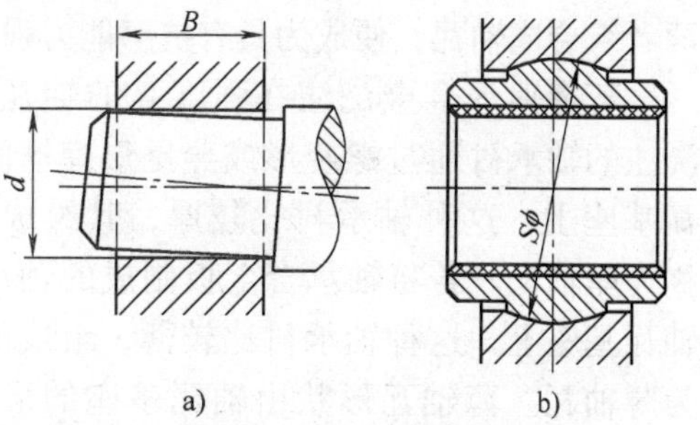

图 13-5　调心轴承

13.3.3　推力滑动轴承

承受轴向载荷的滑动轴承称为推力滑动轴承。常见的轴颈形状如图 13-6 所示。实心端面轴颈（图 13-6a）由于工作时轴心与边缘磨损不均匀，轴心部分磨损较小，以致压强过高，所以极少采用。空心端面（图 13-6b）轴颈和环状轴颈（图 13-6c）工作情况较好。载荷很大时，可采用多环轴颈（图 13-6d），它还能承受双向轴向载荷。

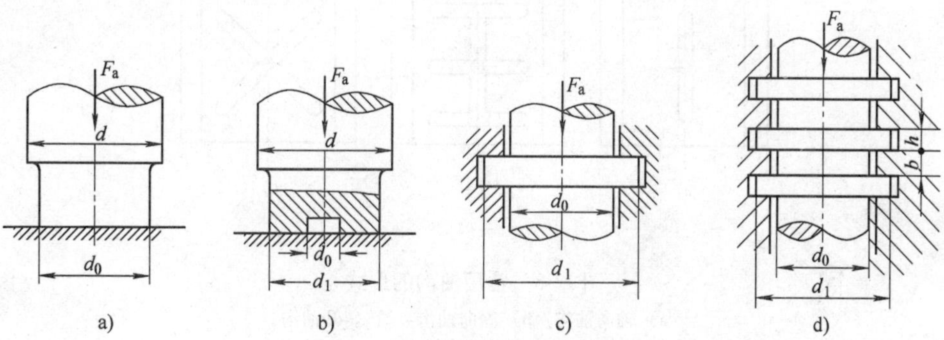

图 13-6　推力滑动轴承轴颈

a）实心端面　b）空心端面　c）单环轴颈　d）多环轴颈

13.4　轴瓦和轴承衬

13.4.1　轴瓦的结构

轴瓦是与轴颈直接接触的工作部分，一般需要用减摩性好的材料制造。轴瓦的主要尺寸是宽度 B 和直径 d。宽度与直径之比 B/d，称为宽径比。对于高速的液体润滑轴承，要求轴端泄油快，可从油中带走热量，故取 $B/d=0.5\sim1$，对于低速非液体润滑轴承，要求轴端泄油慢，以保持轴承表面油膜，故取 $B/d=0.8\sim1.5$，或者更大些。

轴瓦有整体式和剖分式两种。整体式轴瓦（图 13-7a）又称轴套。剖分式轴瓦（图 13-7b）分上、下两块轴瓦，安装方便，所以应用广泛。

轴瓦两端凸缘用以限制轴瓦沿轴向窜动，用定位销限止轴瓦转动。由于轴承合金机械强度低，若将轴承合金制成轴承衬，用机械强度高的材料（钢、铸铁、青铜）制成轴瓦基座，两者组合成轴瓦，便成为具有抗磨能力强、塑性好、强度足够的综合性能良好的轴瓦。

若将轴承合金浇注在强度高的轴瓦基座上，浇注的轴承衬通过螺旋形或燕尾形榫槽固定在轴瓦基座上，这种轴承衬比较厚，其组成的轴瓦，称为厚轴瓦。若将轴承合金板制成的轴承衬嵌在轴瓦基座上，这种轴承衬比较薄，组成的轴瓦称为薄轴瓦。薄轴瓦形状由轴瓦基座的形状决定，所以轴瓦基座加工要求精密。

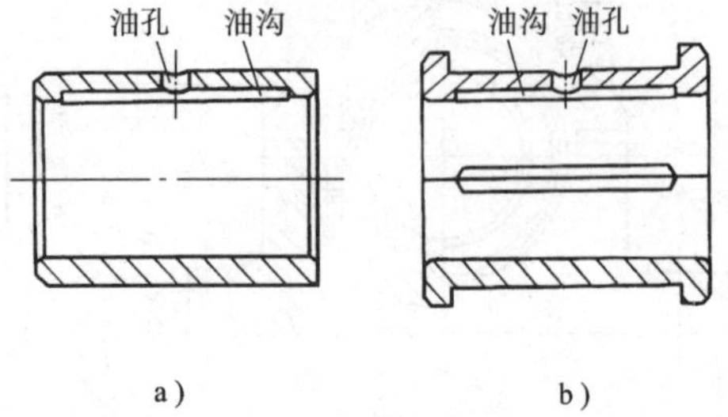

图 13-7　轴瓦的结构
a）整体式　b）剖分式

青铜可以单独制成轴瓦，为了节省有色金属，也可以浇注在钢、铸铁制造的基座上。

轴瓦分承载区和非承载区，一般载荷向下，故上瓦为非承载区，下瓦为承载区。润滑油应由非承载区进入，故上瓦顶部开有进油孔。在轴瓦内表面，以进油口为对称位置，沿轴向、周向或斜向开有油沟。常见的油沟形式如图 13-8 所示。油孔用来供应润滑油，油沟用来输送和分布润滑油，油沟应开在非承载区内。

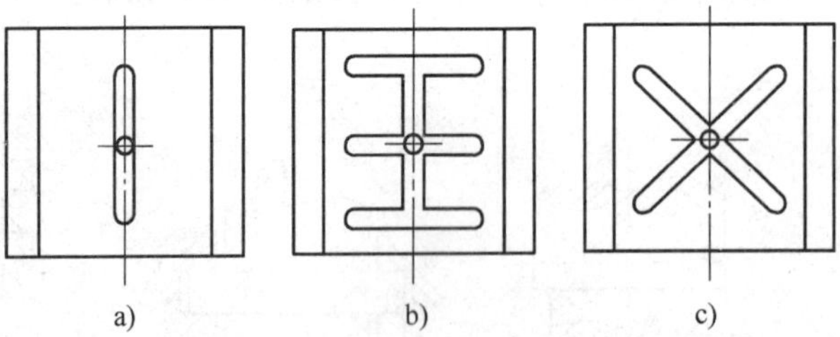

图 13-8　常用油沟的形式
a）轴向油沟　b）周向油沟　c）斜开油沟

13.4.2　轴瓦和轴承衬的常用材料

对轴瓦、轴承衬材料的基本要求是要有足够的强度，摩擦系数、热膨胀系数要小，耐磨性、耐蚀性、导热性、可塑性及磨合性好等。

常用的轴瓦材料包括以下几种。

1. 轴承合金

轴承合金常用的有锡基和铅基两种。锡基轴承合金（铸锡锑轴承合金）以锡为软基体，体内悬浮着锑和铜的硬晶粒；铅基轴承合金（铸铅锑轴承合金）以铅为软基体，体内悬浮着锡和锑的硬晶粒。这两种轴承合金中的硬晶粒抗磨能力强，软基体塑性好，和轴的接触面大。轴承合金抗胶合能力强，是较理想的轴承材料，但机械强度低。

2. 青铜

青铜强度高，承载能力大，耐磨性与导热性比轴承合金好，可在较高的温度（250℃）下工作，但它的塑性差，不易磨合，与其相配的轴颈必须淬硬磨光。

3. 粉末冶金

用金属粉末烧结而成的轴承，称为粉末冶金轴承。它具有多孔性组织（孔隙度达 15%

~30%），孔内能储存润滑油，工作时，轴承温度升高，由于油的体积膨胀系数比金属大，因而油由孔中被挤到金属表面进行润滑；停车后，又因毛细管作用，油被吸回孔中，所以，这种轴承又称含油轴承。含油轴承加油的周期长，没有油污外溢，故适用于加油不便和不允许有油污污染的场合，如食品机械、纺织机械和电扇等机械中。常用的粉末有铁与石墨和青铜与石墨两种。

4. 非金属材料

非金属轴瓦材料有石墨、橡胶、塑料、硬木等，其中以塑料应用最广。塑料具有摩擦系数低、塑性好、耐磨、抗腐蚀能力强，可用水及化学溶液润滑。但导热性差，热膨胀系数大，容易变形。

13.5 非液体摩擦滑动轴承的计算

非液体摩擦滑动轴承正常工作的条件是轴颈与轴承之间的润滑油膜不得因为压强过大、油温过高而破裂。

13.5.1 向心轴承

1. 轴承的压强

限制压强 p，以保证油膜不被过大的压强压碎，保证轴瓦不致过度磨损。

$$p=\frac{F_r}{Bd}\leqslant [p] \tag{13-1}$$

式中，F_r 为径向载荷（N）；B 为轴瓦宽度（mm）；d 为轴颈直径（mm）；$[p]$ 为轴瓦材料的许用压强（MPa），$[p]$ 可查表13-1取值。

2. 轴承的 *pv* 值

pv 值是反映轴承发热量的因素，pv 值越大，工作时温升越大，油膜越容易破裂，所以应加以限制。

$$pv=\frac{F_r}{Bd}\times\frac{\pi dn}{60\times1000}=\frac{\pi F_r n}{60000B}\leqslant[pv] \tag{13-2}$$

式中，n 为轴的转速(r/min)；$[pv]$为 pv 的许用值(MPa·m·s^{-1})，$[pv]$可查表13-1取值。

13.5.2 推力轴承

1. 轴承的压强

$$p=\frac{F_a}{\frac{\pi}{4}(d_1^2-d_0^2)}\leqslant[p] \tag{13-3}$$

式中，F_a 为轴向载荷(N)；d_1 为轴环外径(mm)；d 为轴环内径(mm)；$[p]$为许用压强(MPa)，$[p]$可查表13-1取值。

2. 轴承的 pv_m 值

$$pv_m=\frac{F_a}{\frac{\pi}{4}(d_1^2-d_0^2)}\times\frac{\pi(d_1+d_0)n}{2\times60\times1000}=\frac{F_a n}{30000(d_1-d_0)}\leqslant[pv] \tag{13-4}$$

式中，v_m 为轴承平均直径处速度（m/s）。

表 13-1　常用轴瓦和轴承衬材料的性质

<table>
<tr><th rowspan="2">材料及其代号</th><th rowspan="2" colspan="2">[p]
/MPa</th><th rowspan="2">[pv]
/MPa·m·s⁻¹</th><th colspan="2">HBW</th><th rowspan="2">最高工作温度
/℃</th><th rowspan="2">轴颈硬度</th></tr>
<tr><th>金属型</th><th>砂型</th></tr>
<tr><td rowspan="2">铸造锡锑轴承合金
ZSnSb11Cu6</td><td>平稳</td><td>25</td><td>20</td><td rowspan="2" colspan="2">27</td><td rowspan="2">150</td><td rowspan="2">150HBW</td></tr>
<tr><td>冲击</td><td>20</td><td>15</td></tr>
<tr><td>铸造铅锑轴承合金
ZPbSb16Sn16Cu2</td><td colspan="2">15</td><td>10</td><td colspan="2">30</td><td>150</td><td>150HBW</td></tr>
<tr><td>铸造锡青铜
ZCuSn10Pb1</td><td colspan="2">15</td><td>15</td><td>90</td><td>80</td><td>280</td><td>45HRC</td></tr>
<tr><td>铸造锡青铜
ZCuSn5Pb5Zn5</td><td colspan="2">8</td><td>15</td><td>65</td><td>60</td><td>280</td><td>45HRC</td></tr>
<tr><td>铸造铝青铜
ZCuAl10Fe3</td><td colspan="2">15</td><td>12</td><td>110</td><td>100</td><td>280</td><td>45HRC</td></tr>
</table>

注；[pv] 值为非液体摩擦下的许用值。

13.6　滑动轴承的装配

13.6.1　整体式轴套的装配

轴套装到机体内的顺序是，首先压入和固定轴套，然后装配、检验和修整。

装配时，根据轴套的尺寸和配合的过盈量以及轴套在机体上的位置，用冷压或加热机体或冷却轴套的方法来装入轴套。

图 13-9a 所示为最简单的压入方法，即用垫板和手锤压入。开始时必须放正，边压边检查，待压正后，再加大压力压入。否则会擦伤压合表面，使轴套变形。

图 13-9b 所示是在孔上放一导向套 1。当开始压入轴套时，导向套对轴套 2 起保证方向、防止轴套歪斜的作用。

为了保证轴套与孔的中心对正，可用图 13-10 所示的工具。工作时，轴套 2 先套在特制的心轴 1 上，然后拧上垫板 3，将心轴 1 的下端放入孔内，经垫板 3 来传递手锤或压力机的压力，将轴套压入孔内。在大量生产时，采用这种工具最为适宜。

在压入轴套前，必须仔细检查轴套和机体上的孔，修整端面上的尖角，擦净接触表面，并涂上润滑油，有油孔的轴套压入时要对准机体上的油孔。

直径过大或配合过盈量大于 0.1mm 时，可用加热机体或冷却轴套的方法装配。

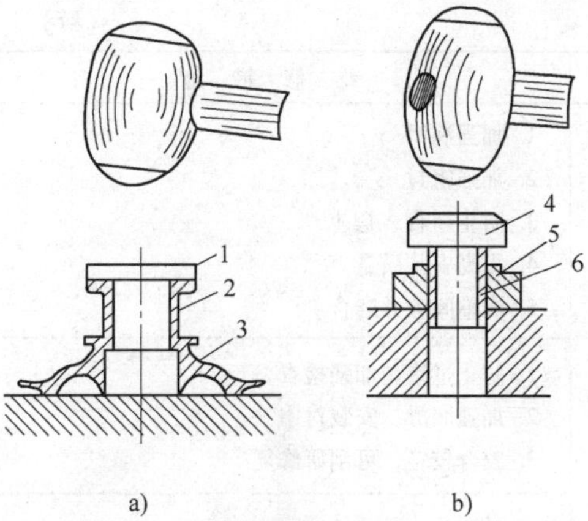

图13-9　压入轴套

1、4—垫板　2、6—轴套　3—机体　5—导向套

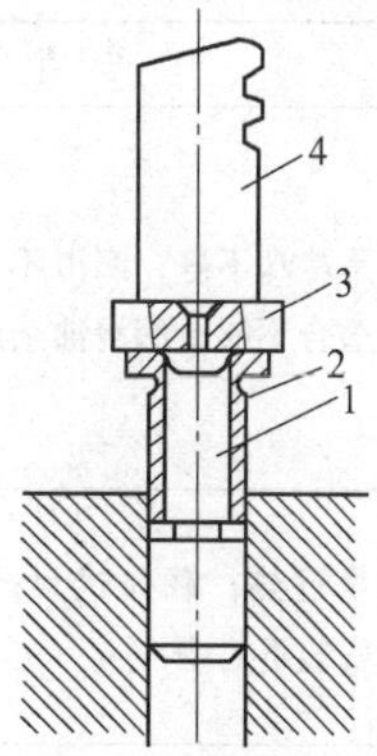

图13-10　压入轴套的心轴

1—心轴　2—轴套　3—垫板　4—冲压杆

轴套压入后，为防止转动，可用螺钉、销钉固定。不带凸肩的轴套压入机体要求与机体端面平齐。

轴套压入后，往往发生变形或工作表面损坏，因此在装配后需要进行检查和修整。修整时常采用铰孔和刮削的方法，使轴套和轴颈之间的间隙及接触点达到所要求的质量。

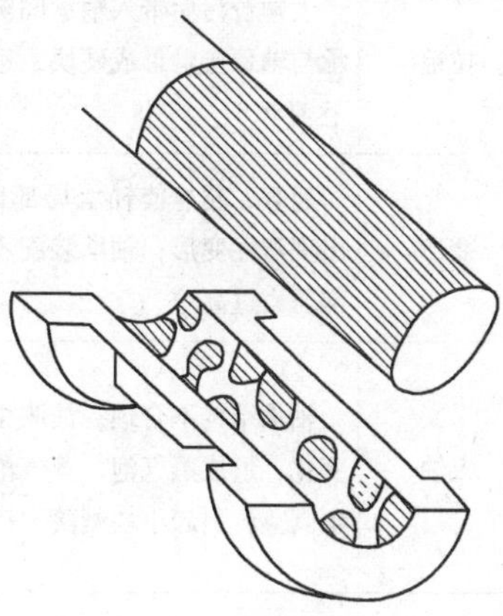

图13-11　轴瓦上的斑点

13.6.2　对开式滑动轴承（轴瓦）的装配

在安装轴瓦时应注意轴瓦上的润滑油孔与轴承座孔间的重合。通常是按配合的轴颈修配轴瓦。先在轴颈上涂上一层极薄的显示剂，使轴颈在轴瓦中加压后回转2~3转，轴瓦上的斑点大小在3mm左右，斑点应布满全轴瓦表面的75%~80%，如图13-11所示，如达不到要求，则应修刮轴瓦，直到达到要求为止。

13.7　滑动轴承的故障修复

滑动轴承在生产中应用非常广泛。滑动轴承在使用过程中，因设计参数、制造工艺和使用工作条件等发生变化，会出现各种形式的失效，使滑动轴承过早损坏，需要维修。滑动轴承常见的故障特征、产生原因及维修措施见表13-2。

表13-2　滑动轴承常见故障、产生原因及维修措施

故障特征	产生原因	维修措施
磨损及刮伤	润滑油中混有杂质、异物及污垢；检修方法不妥；安装不对中；润滑不良；使用维护不当；质量指标控制不严；轴承和轴变形	1. 清洗轴颈、油路并换油 2. 修刮轴瓦或新配轴瓦 3. 安装不正，应及时找正 4. 注意检修质量

（续）

故障特征	产 生 原 因	维 修 措 施
温度过高	轴承冷却不好；润滑不良；超载；超速；装配不良；磨合不够；润滑油杂质过多；密封不好	1. 加强润滑 2. 加强密封 3. 防止超载、超速 4. 提高安装质量 5. 调整间隙并磨合
胶合	轴承过热；载荷过大；操作不当；控制系统失灵；安装不对中	1. 防止过热，加强检查 2. 加强润滑，安装对中 3. 胶合较轻，可刮研修复
疲劳破裂	由于不平衡引起的振动；轴连续超载；检修和安装质量差；轴承温度过高	1. 提高安装质量，减少振动 2. 防止偏载、过载 3. 采用适宜的轴承合金及结构 4. 严格控制轴承温升
拉毛	大颗粒污垢带入轴承间隙并镶嵌在轴衬上，使轴承与轴颈接触形成硬块，运转时刮伤轴的表面、拉毛轴承	1. 注意润滑油洁净 2. 检修时注意清洁，防止污物带入
变形	超载、超速使轴承局部区域应力超过弹性极限，出现塑性变形；轴承装配不好；润滑不良；油膜局部压力过高	1. 防止超载、超速 2. 加强润滑、安装对中 3. 防止发热
穴蚀	轴承结构不合理；油膜中形成紊流，使油膜压力变化，形成蒸气泡，蒸气泡破裂，轴瓦局部表面产生真空，引起小块剥落，产生穴蚀	1. 增大供油压力 2. 改进轴承结构 3. 减少轴承间隙 4. 更换适宜的轴承材料
电蚀	由于绝缘不好、接地不良或产生静电，在轴颈与轴瓦之间形成一定的电压，穿透轴颈与轴瓦之间的油膜而产生电火花，将轴瓦打成麻坑	1. 增大供油压力 2. 检查绝缘情况，特别是接地情况 3. 电蚀损坏不重，可刮研轴瓦 4. 检查轴颈，若损伤较轻，可磨削
机械故障	由相关机械零件损坏导致轴承损坏，如轴承座错位、变形、孔歪斜和轴变形等；超载、超速、使用不当	1. 提高相关零件的制造质量 2. 保证装配质量 3. 避免超载、超速 4. 正确使用，加强维护

任务实施

任务：按非液体润滑状态设计电动铰车中卷筒两端的滑动轴承。钢绳拉力 $F=16000\text{N}$，卷筒转速为 $n=35\text{r/min}$，结构尺寸如图 13-12a 所示，其中轴颈直径 $d=50\text{mm}$。

设计方案：

1. 求滑动轴承上的径向载荷 F_r

当钢丝绳绕到卷筒边缘时一侧轴承受力达到最大值，为

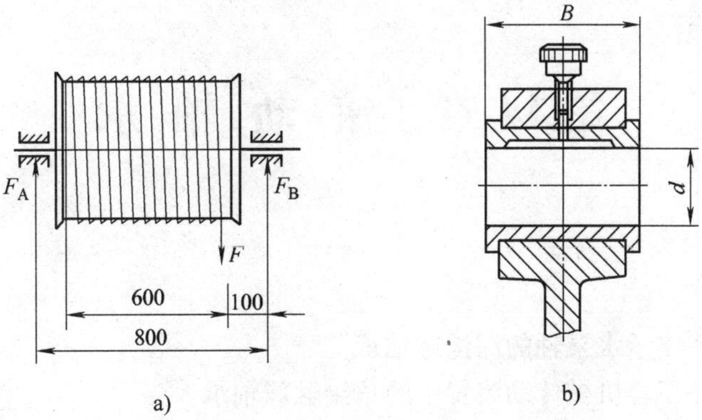

图13-12 电动铰车卷筒

$$F_r = F \times \frac{700}{800} = 16000 \times \frac{700}{800}\text{N} = 14000\text{N}$$

2. 确定轴承宽度 B

取宽径比 $B/d = 1.2$，则 $B = 1.2 \times 50\text{mm} = 60\text{mm}$。

3. 验算压强 p

由式（13-1）得

$$p = \frac{F_r}{Bd} = \frac{14000}{60 \times 50}\text{MPa} = 4.7\text{MPa} \leqslant [P]$$

4. 验算 pv_m 值

由式（13-2）得

$$pv = \frac{F_r}{Bd} \times \frac{\pi dn}{60 \times 1000} = \frac{\pi F_r n}{60000B} = \frac{3.14 \times 14000N \times 35\text{r/min}}{60000 \times 60\text{mm}} = 0.43\text{MPa} \cdot \text{m} \cdot \text{s}^{-1} \leqslant [pv]$$

所以设计合理。

思 考 题

13-1 滑动轴承的主要形式有几种？各有什么特点？

13-2 为什么要在轴承座内装轴瓦？

13-3 轴瓦材料通常应满足哪些要求？常用的轴瓦材料有哪些？各有何特点？

习 题

13-1 校核铸件清理滚筒上的一对滑动轴承。已知装载量加自重为18000N，转速为40r/min，两端轴颈的直径为120mm，轴瓦宽径比为1.2，材料为锡青铜ZCuSn5Pb5Zn5，润滑脂润滑。

13-2 有一非液体摩擦向心滑动轴承，已知轴颈直径 $d = 100\text{mm}$，轴瓦宽度 $B = 100\text{mm}$，转速 $n = 1200\text{r/min}$，轴承材料为ZCuSn10Pb1，试问它允许承受多大的径向载荷？

13-3 试设计某轻纺机械一转轴上的非液体摩擦向心滑动轴承。已知轴颈直径为 $d = 55\text{mm}$，轴瓦宽度 $B = 44\text{mm}$，轴颈的径向载荷为 $F_r = 24200\text{N}$，轴的转速 $n = 300\text{r/min}$。

第 14 章　滚 动 轴 承

任务描述

任务一：设计一支承水泵轴的深沟球轴承。

任务二：设计一工程机械传动装置中的角接触球轴承。

任务分析

首先需掌握滚动轴承的类型和特点、滚动轴承的代号、滚动轴承的失效形式和设计准则、滚动轴承的设计步骤、滚动轴承的安装和维护、滚动轴承的组合设计以及滚动轴承故障维护的知识，才能正确选择和校核滚动轴承。

相关知识

14.1　滚动轴承的构造、类型和特点

滚动轴承摩擦系数小，起动阻力小，起动灵敏，效率高，有些还可同时承受径向载荷和轴向载荷，而且已标准化，易于互换，选用、润滑和维护，因此在一般机器中应用较广。其缺点是承载能力不高、抗冲击能力较差、高速时有噪声、结构不能剖分等。

14.1.1　滚动轴承的构造

滚动轴承一般由外圈 1、内圈 2、滚动体 3 和保持架 4 等元件组成，如图 14-1 所示。外圈装在机座或零件的轴承孔内，内圈安装在轴上。内外圈上有滚道，滚动体位于内外圈滚道之间，当内外圈相对旋转时，滚动体将沿着滚道滚动。保持架的作用是把滚动体均匀地隔开。滚动轴承的结构如图 14-1 所示。滚动轴承的核心元件为滚动体。

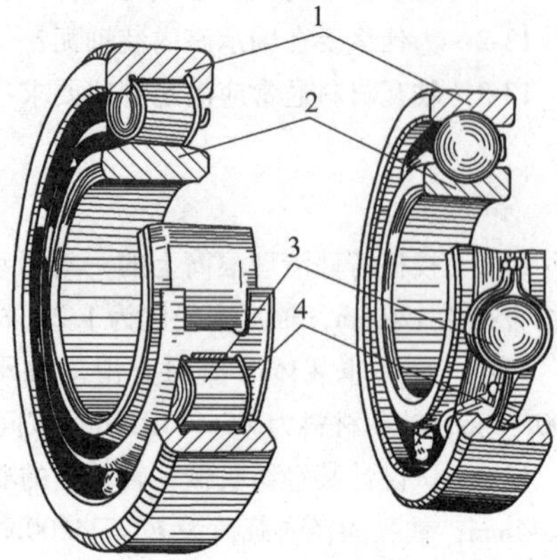

图 14-1　滚动轴承的构造

1—外圈　2—内圈　3—滚动体　4—保持架

14.1.2　滚动轴承的结构特性

1. 公称接触角

滚动体和外圈接触点的法线 n-n 与轴承径向平面（垂直于轴承轴线的平面）所夹的锐角 α（图 14-2），称为公称接触角。α 越大，轴承承受轴向载荷的能力越大。

2. 角偏位

轴承内、外圈轴线相对倾斜时所夹的锐角 θ，称为角偏位（图 14-3）。轴承允许角偏位存在，可以补偿因

加工、安装误差和轴变形造成的内、外圈轴线的倾斜。能自动适应角偏位，并保持正常工作性能的轴承称为自动调心轴承。

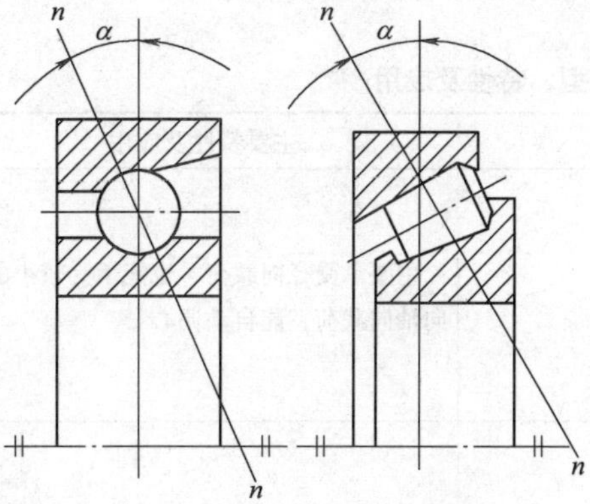

图 14-2　滚动轴承的公称接触角

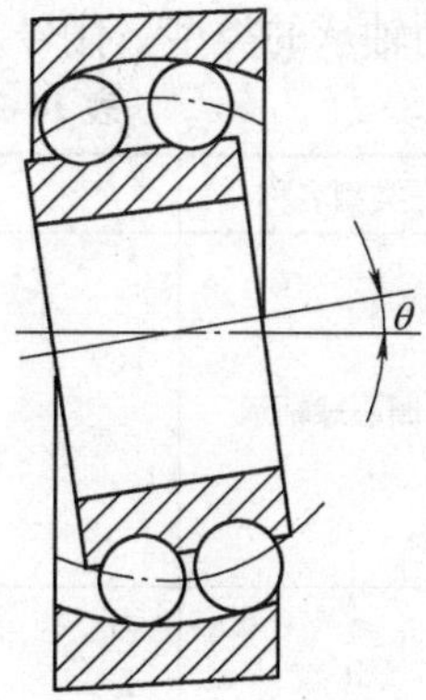

图 14-3　角偏位

3. 游隙

轴承的游隙分径向游隙 u_r 和轴向游隙 u_a，分别表示一个套圈固定，另一套圈沿径向或轴向由一个极限位置到另一极限位置的移动量（图 14-4）。轴承标准中将径向游隙值分为基本游隙组和辅助游隙组，优先选用基本游隙组值。

14.1.3　滚动轴承的类型

1. 按滚动体的形状分

（1）球轴承　滚动体的形状为球形（滚珠），如图 14-5a 所示。

（2）滚子轴承　滚动体的形状为滚子形，滚子形中又包括圆柱滚子（图 14-5b）、圆锥滚子（图 14-5c）、鼓型滚子（图 14-5d）和滚针（图 14-5e）。

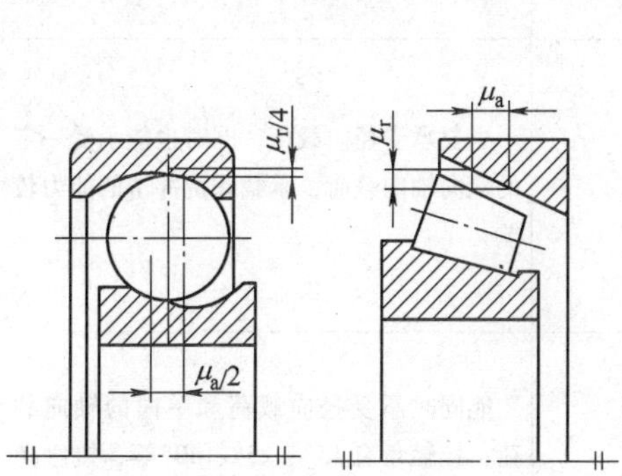

图 14-4　轴承的游隙

a）径向游隙　b）轴向游隙

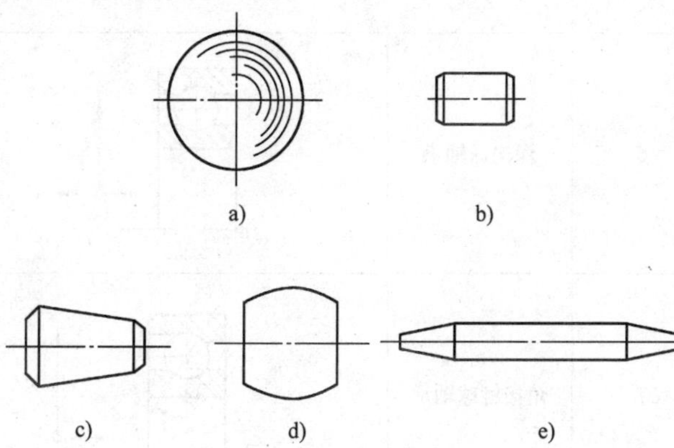

图 14-5　常用的滚动体

a）球　b）圆柱滚子　c）圆锥滚子　d）鼓形滚子　e）滚针

2. 按承受的载荷方向分

滚动轴承按其承载方向分为：

1）向心轴承（0°≤α≤45°）$\begin{cases}\text{径向接触轴承}（\alpha=0°）\\ \text{角接触向心轴承}（0°<\alpha\leq45°）\end{cases}$

2）推力轴承（$45° < \alpha \leqslant 90°$）$\begin{cases}\text{角接触推力轴承}（45° < \alpha < 90°）\\ \text{轴向接触轴承}（\alpha = 90°）\end{cases}$

常用滚动轴承的类型、代号及特性见表 14-1。

表 14-1　常用滚动轴承的类型、特性及应用

类型代号	类型名称	结构简图、承载方向	主要特性及应用
1	调心球轴承	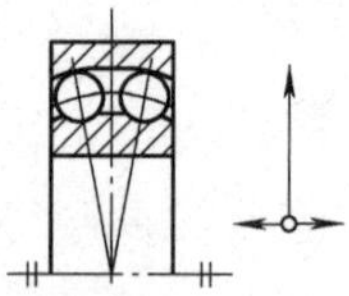	主要承受径向载荷，也能承受较小的双向轴向载荷，能自动调心
2	调心滚子轴承	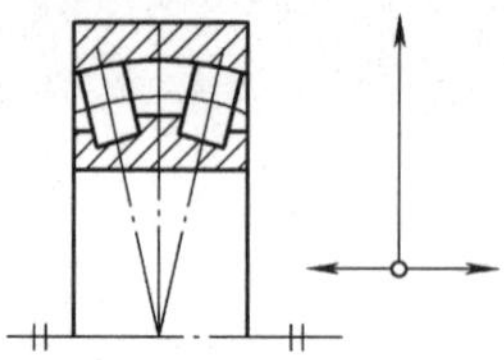	能承受较大的径向载荷和少量的轴向载荷，具有调心性能
3	圆锥滚子轴承	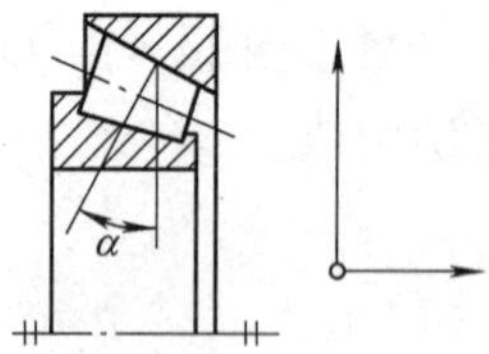	能同时承受较大的径向载荷和单向的轴向载荷，接触角为 11° ~ 16°，内外圈可分离，需成对使用
5	推力球轴承	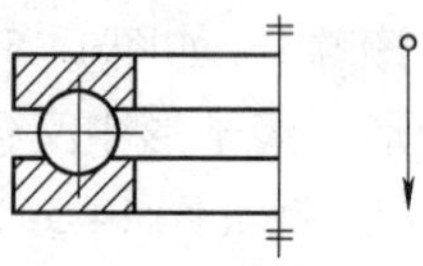	$\alpha = 90°$，只能承受单向轴向载荷，不宜在高速时使用
6	深沟球轴承	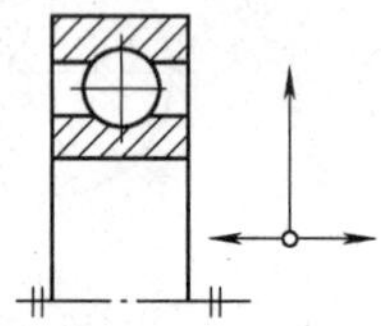	主要承受径向载荷，同时也能承受一定的双向轴向载荷，承载和抗冲击的能力较差
7	角接触球轴承	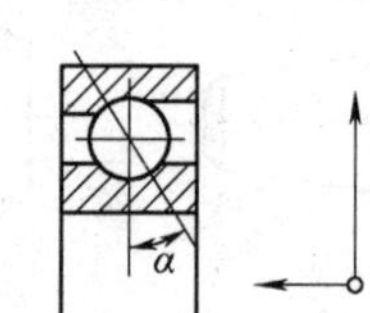	能同时承受径向载荷和单向的轴向载荷，接触角有 15°、25°、40°等，接触角越大承受轴向载荷的能力也越大，通常成对使用
N	圆柱滚子轴承	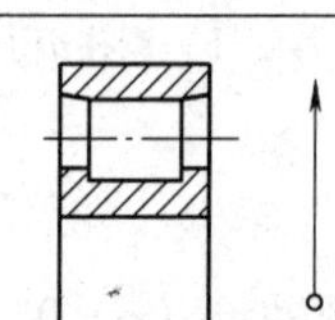	能够且只能承受较大的径向载荷，抗冲击能力较强，内外圈可分离

（续）

类型代号	类型名称	结构简图、承载方向	主要特性及应用
NA	滚针轴承	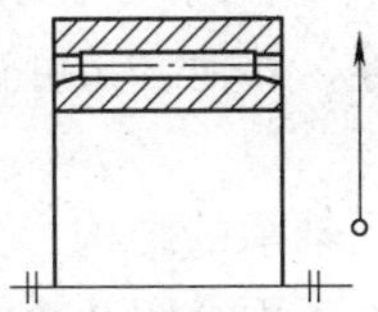	只能承受径向载荷，承载能力大，径向尺寸小，内外圈可分离

14.2　滚动轴承的代号和类型选择

14.2.1　滚动轴承的代号

滚动轴承的类型很多，每种类型又有不同的结构、尺寸、公差等级和技术要求，国家标准 GB/T 271—2008 规定了轴承代号的表示方法。滚动轴承代号由基本代号、前置代号和后置代号组成，用字母和数字表示。轴承代号的构成见表 14-2。

表 14-2　滚动轴承代号的构成

<table>
<tr><td>前置代号</td><td colspan="5">基本代号</td><td colspan="7">后置代号</td></tr>
<tr><td rowspan="4">轴承分部件代号</td><td>五</td><td>四</td><td>三</td><td>二</td><td>一</td><td rowspan="4">*内部结构代号</td><td rowspan="4">密封与防尘结构代号</td><td rowspan="4">保持架及其材料代号</td><td rowspan="4">特殊材料轴承代号</td><td rowspan="4">*公差等级代号</td><td rowspan="4">*游隙代号</td><td rowspan="4">多轴承配置代号</td></tr>
<tr><td rowspan="3">类型代号</td><td colspan="2">尺寸系列代号</td><td colspan="2" rowspan="3">内径代号</td></tr>
<tr><td rowspan="2">宽、高度系列代号</td><td rowspan="2">直径系列代号</td></tr>
<tr></tr>
</table>

注：1. 基本代号下面一至五表示自右向左的位置序数。
2. 带“*”号者为常用后置代号。

1. 基本代号

基本代号用来表明轴承的内径、直径系列、宽度系列和类型。

（1）内径代号　用基本代号右起第一、二位数字表示。表示方法见表 14-3。

表 14-3　常用轴承内径代号

内径代号	00	10	02	03	04 ~ 99
轴承内径/mm	10	12	15	17	数字 ×5

（2）直径系列代号　表示结构相同、内径相同的轴承在外径和宽度方面的变化，用基本代号右起第三位数字表示。直径系列代号有 7、8、9、0、1、2、3、4 和 5，部分直径系列之间的尺寸对比如图 14-6 所示。

（3）轴承的宽、高度系列　表示结构、内径和直径系列都相同的轴承，宽度方面的变化，用基本代号右起第四位数字表示。当宽度系列为 0 时，多数轴承中可省略，但调心滚子轴承和圆锥滚子轴承应标出。

（4）轴承类型代号　用基本代号右起第五位数字或字母表示，其表示方法见表 14-1。

2. 前置代号

轴承的前置代号用于表示轴承的分部件，用字母表示。如 L 表示可分离轴承的可分离套圈，K 表示轴承的滚动体与保持架组件等，其他含义可查有关手册。

3. 后置代号

轴承的后置代号是用字母和数字等表示轴承的结构、公差及材料的特殊要求等。后置代号的内容很多，下面介绍几个常用的代号。

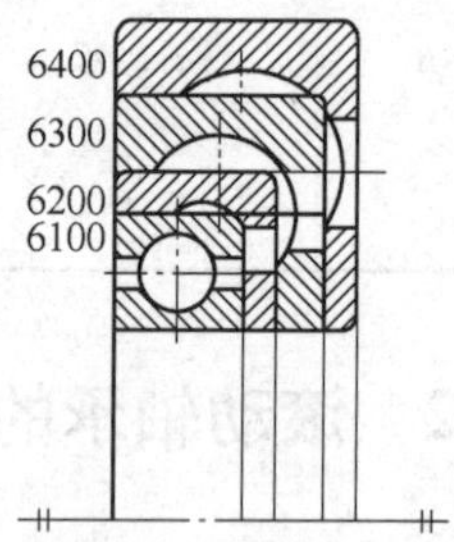

图 14-6　直径系列的对比

（1）内部结构代号　表示同一类型轴承的不同内部结构，用紧跟基本代号的字母表示。如接触角为 15°、25°和 40°的角接触球轴承分别用字母 C、AC 和 B 表示。

（2）轴承的公差等级　共 6 个级别，依次由低级到高级，其代号分别为/P0、/P6、/P6x、/P5、/P4、/P2。/P0 级为普通级，在轴承代号中不标出。

（3）常用的轴承径向游隙系列　共 6 个组别，径向游隙依次由小到大，其代号分别用/C0、/C1、/C2、/C3、/C4、/C5 表示。0 组游隙是常用的游隙，在轴承代号中不标出。

代号举例：7211C/P5 表示角接触球轴承，宽度系列为 0，直径系列为 2，内径为 55mm，接触角 $\alpha=15°$，公差等级为 5 级，0 组游隙。

14.2.2　滚动轴承的类型选择

选择轴承类型时，根据载荷的大小、方向和性质，转速高低，结构尺寸，刚度要求，调心要求等因素，一般遵循以下原则。

1. 轴承的受载情况

1）当载荷小而平稳时，可选择球轴承；载荷大而有冲击时，可选用滚子轴承。

2）当轴承同时承受径向载荷和轴向载荷时，应根据它们的相对值进行选择。

当轴向载荷比径向载荷小得多时，选用深沟球轴承；当轴向载荷比径向载荷小时，选用接触角 α 较小的角接触球轴承或滚子轴承；当轴向载荷比径向载荷大时，选用接触角 α 较大的角接触球轴承或滚子轴承；当轴向载荷比径向载荷大很多时，要将轴向接触轴承和径向接触轴承组合使用。

2. 轴承的转速

高速时宜选用球轴承，转速较低时选滚子轴承。

3. 对轴承的特殊要求

1）如果轴承座孔直径受到限制而径向载荷又很大时，可选用滚针轴承。

2）在跨距较大，轴的刚度较差，或两轴承座孔的同轴度不好等情况下，可选用调心球轴承或调心滚子轴承。

3）当支承刚度要求较高时，选用圆柱滚子轴承或圆锥滚子轴承。

4）对于需经常拆卸或装拆困难的地方，选用内、外圈分离的轴承。

4. 经济性

在保证轴承工作性能的前提下，尽可能选用价格低廉的轴承。

1）球轴承比滚子轴承价格低廉，所以应优先选用球轴承。

2）在满足使用要求的前提下，优先选用公差等级为普通级的轴承。

14.3 滚动轴承的尺寸选择和强度计算

14.3.1 滚动轴承的失效形式及计算准则

1. 滚动轴承的失效形式

滚动轴承的失效形式主要包括：

（1）疲劳点蚀　如图14-7所示，滚动轴承工作时，滚动体相对内、外圈不断地转动，滚动体与内、外圈的滚道产生周期性变化的接触应力。由于接触应力的反复作用，首先在滚动体或滚道表面下的一定深度产生疲劳裂纹，继而扩展到接触表面，形成疲劳点蚀，致使轴承不能正常工作。一般在轴承的工作转速 $n>10\text{r/min}$ 时，疲劳点蚀是滚动轴承的主要失效形式。

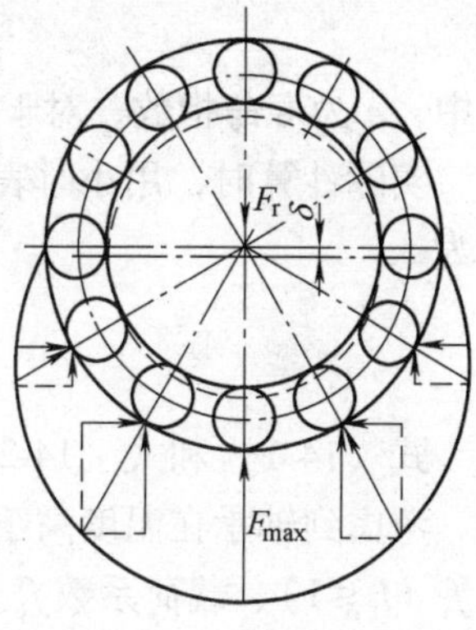

图14-7　滚动轴承的失效

（2）塑性变形　当滚动轴承间歇摆动、转速很低（一般 $n<10\text{r/min}$）或偶尔转动时，一般不会产生疲劳损坏。但在很大的静载荷或冲击载荷作用下，会使轴承滚道和滚动体接触处产生永久变形（滚道表面形成变形凹坑），从而使轴承在运转中产生剧烈振动和噪声，以致轴承不能正常工作。

（3）不正常失效　由于使用维护和保养不当或密封润滑不良等因素，也能引起轴承早期磨损、胶合等不正常失效。

2. 计算准则

1）对于一般运转的轴承，为防止疲劳点蚀发生，应进行轴承疲劳强度计算，称为轴承的动载荷计算，又称为寿命计算。

2）对于转速很低或只作低速摆动的轴承，为防止塑性变形，应进行轴承的静载荷计算。

14.3.2 滚动轴承寿命计算

1. 寿命和基本额定寿命

（1）轴承的寿命　轴承的任一元件出现疲劳点蚀前，轴承转过的总转数，或在某一转速下工作的小时数，称为轴承的寿命。

对一组同一型号的轴承，由于材料、热处理和工艺等很多随机因素的影响，即使在相同条件下运转，寿命也不一样，有的相差几十倍。因此对一个具体轴承，很难预知其确切的寿命。但大量的轴承寿命试验表明，轴承的载荷与寿命之间的关系如图14-8所示。

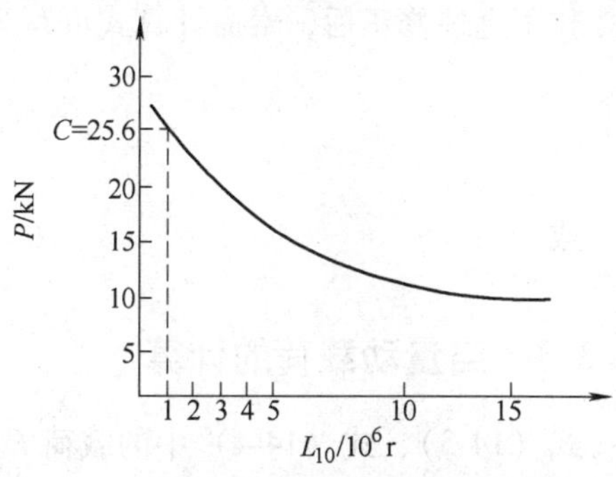

图14-8　轴承寿命曲线

（2）基本额定寿命　一组同一型号轴承在同一条件下运转，其10%的轴承发生疲劳点蚀，而

90%正常工作时，所运转的总转数称为基本额定寿命，记作 L（单位为百万转，即 10^6r）。对单个轴承来讲，能够达到或超过此寿命的概率为90%。

2. 基本额定动载荷

当一轴承的基本额定寿命为 10^6r 时，轴承所能承受的载荷，称为基本额定动载荷，用 C 表示。向心轴承基本额定动载荷为 C_r，深沟球轴承（60000 型）和圆柱滚子轴承（N0000 型）、角接触球轴承（70000 型）、圆锥滚子轴承（30000 型）的基本额定动载荷 C_r 值由附录I、附录J、附录K 查取。

试验表明，滚动轴承的基本额定寿命 L（10^6r）与基本额定动载荷 C（N）、当量动载荷 P 间的关系为

$$L=\left(\frac{C}{P}\right)^{\varepsilon} \tag{14-1}$$

式中，ε 为寿命指数，对于球轴承 $\varepsilon=3$，对于滚子轴承 $\varepsilon=10/3$。

实际计算时，用小时表示轴承寿命比较方便，如用 n 代表轴的转速（r/min），则上式可写为

$$L_h=\frac{10^6}{60n}\left(\frac{C}{P}\right)^{\varepsilon} \tag{14-2}$$

式（14-1）和式（14-2）中的 P 称为当量动载荷。

考虑到轴承在温度高于100℃时工作以及冲击和振动会使轴承寿命降低，故引进温度系数 f_t（$f_t \leqslant 1$）、载荷系数 f_p。f_t 值可查表14-4、f_p 值可查表14-5。

表 14-4 温度系数 f_t

轴承工作温度/℃	100	125	150	200	250	300
温度系数 f_t	1	0.95	0.90	0.80	0.70	0.60

表 14-5 载荷系数 f_p

载荷性质	f_p	举例
无冲击或轻微冲击	1.0～1.2	电动机、汽轮机、通风机等
中等冲击	1.2～1.8	车辆、动力机械、起重机、造纸机、冶金机械、选矿机、水力机械、卷扬机、木材加工机械、传动装置、机床等
强大冲击	1.8～3.0	破碎机、轧钢机、钻探机、振动筛

作了上述修正后，寿命计算式可写为

$$L_h=\frac{10^6}{60n}\left(\frac{f_tC}{f_pP}\right)^{\varepsilon} \tag{14-3}$$

或

$$C=\frac{f_pP}{f_t}\left(\frac{60n}{10^6}L_h\right)^{1/\varepsilon} \tag{14-4}$$

14.3.3 当量动载荷的计算

式（14-3）、式（14-4）中的载荷 P 为纯径向载荷或纯轴向载荷。若作用在轴上的实际载荷既有径向载荷又有轴向载荷，则必须将实际载荷换算成一种假定的载荷，称为当量动载

荷。当量动载荷的计算公式为

$$P = XF_r + YF_a \tag{14-5}$$

式中，F_r、F_a 分别为轴承的径向载荷和轴向载荷；X、Y 分别为径向动载荷系数和轴向动载荷系数，X 和 Y 值可由表 14-6 查出。

表 14-6 向心轴承当量动载荷的 X、Y 值

轴承类型		$\frac{F_a}{C_0}$	判别值 e	$F_a/F_r \leqslant e$		$F_a/F_r > e$	
				X	Y	X	Y
深沟球轴承		0.014	0.19				2.30
		0.028	0.22				1.99
		0.056	0.26				1.71
		0.084	0.28				1.55
		0.11	0.30	1	0	0.56	1.45
		0.17	0.34				1.31
		0.28	0.38				1.15
		0.42	0.42				1.04
		0.56	0.44				1.00
角接触球轴承	$\alpha = 15°$	0.015	0.38				1.47
		0.029	0.40				1.40
		0.058	0.43				1.30
		0.087	0.46				1.23
		0.12	0.47	1	0	0.44	1.19
		0.17	0.50				1.12
		0.29	0.55				1.02
		0.44	0.56				1.00
		0.58	0.56				1.00
	$\alpha = 25°$	—	0.68	1	0	0.41	0.87
	$\alpha = 40°$	—	1.14	1	0	0.35	0.57
圆锥滚子轴承		—	$1.5\tan\alpha$	1	0	0.40	$0.4\cot\alpha$

注：1. 表中均为单列轴承的系数值，双列轴承查《滚动轴承产品样本》。

2. C_0 为轴承的额定静负荷；α 为接触角。

角接触球轴承的滚动体和滚道接触处存在接触角 α。当承受径向载荷 F_r 时，作用在承载区第 i 个滚动体上的法向力 F_i 可分解为径向分力 F_{ri} 和轴向分力 F_{ai}（图 14-9）。各滚动体所受轴向分力的和即为轴承的内部轴向力 F_S，其值按表 14-7 中的公式计算，方向由外圈宽边指向窄边。

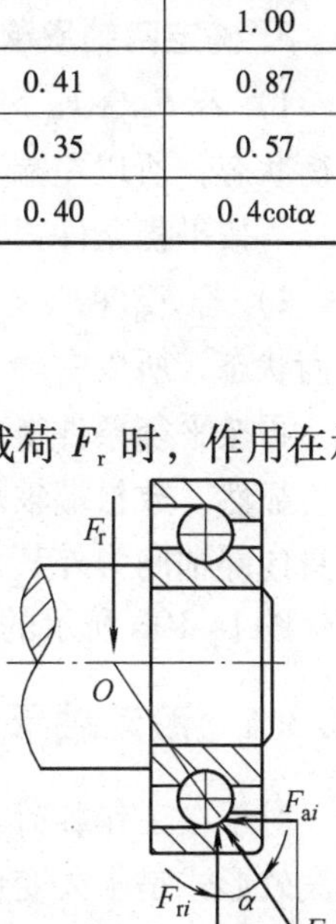

图 14-9 径向载荷产生的轴向分量

通常角接触球轴承成对使用，对称安装。安装方式有两种，分别为图 14-10a 所示的两外圈窄边相对（正装），以及图 14-10b 所示的两外圈宽边相对（反装）。图中 F_A 为轴向外载荷。计算轴承的轴向载荷 F_a 时还应考虑径向载荷 F_r 产生的内部轴向力 F_S。

下面以图 14-10a 所示轴承正装为例说明轴向载荷 F_a 的计算方法。

把轴和内圈视为一体，考虑轴系的轴向平衡。

表 14-7　角接触球轴承和圆锥滚子轴承内部轴向力 F_S

轴承类型	角接触球轴承			圆锥滚子轴承
	$\alpha=15°$	$\alpha=25°$	$\alpha=40°$	
F_S	eF_r	$0.68F_r$	$1.14F_r$	$F_r/(2Y)$（Y 是 $F_a/F_r>e$ 时的轴向系数）

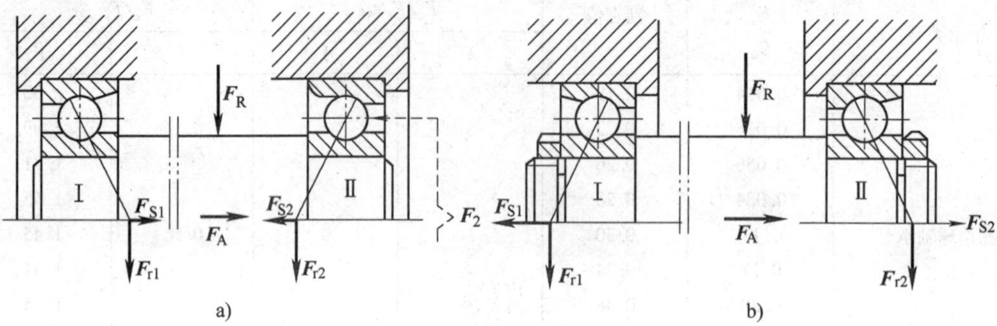

图 14-10　滚动轴承的安装方式
a）正装　b）反装

1. 计算内部轴向力 F_S

根据轴承承受的径向载荷 F_{r1}、F_{r2}，按表 14-7 计算内部轴向力 F_{S1}、F_{S2}。

2. 判断松、紧端

将同方向力 F_{S1} 与 F_A 相加，若 $F_{S1}+F_A>F_{S2}$，则轴被推向右端，故右端为紧端，左端为松端；若 $F_{S1}+F_A<F_{S2}$，则轴被推向左端，故左端为紧端，右端为松端。

3. 确定两轴承承受的轴向载荷 F_{a1}、F_{a2}

1）若 $F_{S1}+F_A>F_{S2}$，虽然轴向右移动，F_A 作用于右端，但整个轴系受轴承控制，处于平衡状态，所以左端（松端）的内部轴向力 F_{S1} 仍存在，$F_{a1}=F_{S1}$。

再按平衡条件得 $F_{a2}=F_{S1}+F_A$。

2）若 $F_{S1}+F_A<F_{S2}$，虽然轴向左移动，F_A 作用于左端，但整个轴系受轴承控制，处于平衡状态，所以右端（松端）的内部轴向力 F_{S2} 仍存在，$F_{a2}=F_{S2}$。

再按平衡条件得 $F_{a1}=F_{S2}-F_A$。

显然，放松端轴承的轴向载荷等于它本身的内部轴向力，压紧端轴承的轴向载荷等于除本身内部轴向力外其余轴向力的代数和。

图 14-10b 所示的反装结构可按同样方法分析。

14.3.4　滚动轴承的静载荷计算

对于在工作载荷下不旋转的轴承（如起重机吊钩用推力轴承），或者转速极低的轴承，其失效形式是永久变形，所以应按轴承的静强度来选择轴承的尺寸。为此，对每个型号的轴承规定一个不能超过的外载荷界限，称为基本额定静载荷，用 C_0（C_{0r}或 C_{0a}）表示。

轴承上作用的径向载荷 F_r 和轴向载荷 F_a，应折合成一个当量静载荷 P_0，即

$$P_0=X_0F_r+Y_0F_a \tag{14-6}$$

式中，X_0 和 Y_0 分别为当量静载荷的径向载荷系数和轴向载荷系数，其值可查轴承手册。

按轴承静载能力选择轴承的公式为

$$C_0 \geqslant S_0 P_0 \tag{14-7}$$

式中，S_0 的值取决于轴承的使用条件，称为轴承静强度安全系数。当要求轴承转动很平稳时，则 S_0 应取大于1；当对轴承转动平稳要求不高，又无冲击载荷，或轴承仅作摆动运动时，则 S_0 可取1或取小于1。

14.4　滚动轴承的组合设计

为保证滚动轴承正常工作，除正确选择轴承类型和尺寸外，还需对轴承进行合理的组合设计，包括确定轴承的轴向定位方式、轴支承结构形式及调整方法、轴承的配合及装拆等。

14.4.1　滚动轴承的轴向定位

滚动轴承的轴向定位，分为轴承内圈与轴的固定及轴承外圈与座孔的固定。选择固定方式时，需对轴承的类型、轴向载荷大小、转速高低及轴承的拆装等进行综合考虑。

1. 内圈定位

轴承内圈常用定位方式有轴肩（图14-11a）、轴用弹性挡圈（图14-11b）、轴端挡圈（图14-11c）、圆螺母和止动垫圈（图14-11d），为保证固定可靠，轴肩圆角半径必须小于轴承内孔的圆角半径。

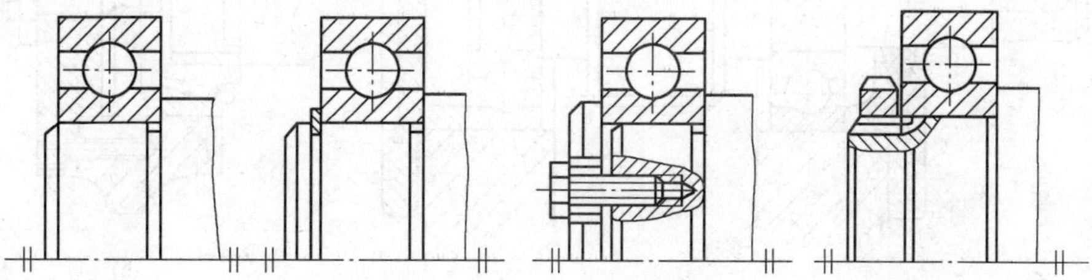

a)　b)　c)　d)

图14-11　轴承内圈定位方式

a）轴肩固定　b）弹性挡圈固定　c）轴端挡圈固定　d）圆螺母和止动垫圈固定

2. 轴承外圈定位方式

轴承外圈轴向定位可以是单向固定，也可以是双向固定。一般常用轴承端盖（图14-12a）、座孔凸台（图14-12b）、孔用弹性挡圈（图14-12c）、螺纹环固定（图14-12d）进行轴向定位。

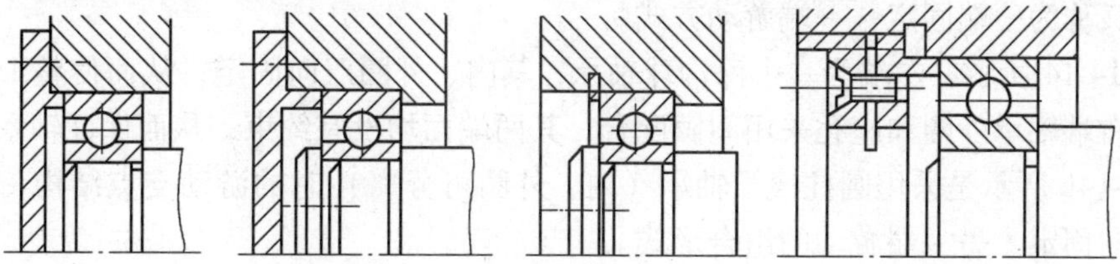

a)　b)　c)　d)

图14-12　外圈定位方式

a）轴承端盖定位　b）座孔凸台定位　c）孔用弹性挡圈定位　d）螺纹环固定定位

14.4.2 轴的支承结构形式

轴的支承结构，既要保证轴在机器中有确定的位置，又要使其在工作中不发生轴向的窜动，同时为了补偿轴的热伸长，又允许其在适当的范围内自由微量伸缩。支承结构有以下三种基本形式。

1. 双支点单向固定

当轴的跨距较小（$L \leqslant 350$mm），工作温度不高（$t \leqslant 70$℃）时，应采用双支点单向固定方式。如图 14-13a 所示，在轴的两个支承点上，利用轴肩顶住轴承内圈，用轴承盖挡住轴承的外圈。这样，每个支点只限制轴和轴承单方向的轴向移动，而两个支点组成了限制轴和轴承的双向轴向移动，称为双支点单向固定。

为补偿轴的受热伸长，在一端轴承的外圈与端盖间留有轴向补偿间隙 a（一般取 $a = 0.2 \sim 0.3$mm）。当采用角接球轴承或圆锥滚子轴承时，轴的热伸长量补偿及轴承游隙大小的调整，通常有两种方式：①靠加减轴承盖与机座间垫片厚度进行调整（图 14-13a）；②利用螺钉 2 通过轴承外圈压盖 1 移动外圈位置进行调整（图 14-13b），调整之后，用螺母 3 锁紧防松。

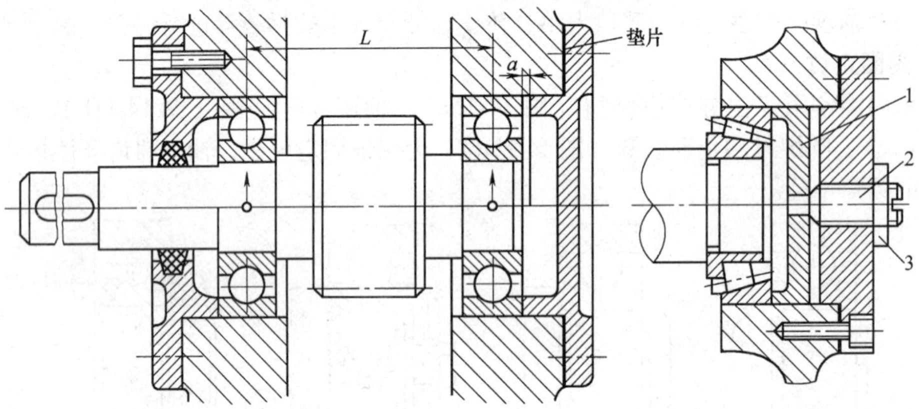

a)　　b)

图 14-13　双支点单向固定（或轴承间隙的调整）

a）垫片调整间隙　b）螺钉调整间隙

1—轴承外圈压盖　2—调整螺钉　3—锁紧螺母

2. 单支点双向固定

当轴的距跨较大（$L > 350$mm）或工作温度较高（$t > 70$℃）时，应采用单支点双向固定方式，又称为一端固定，一端游动方式。

如图 14-14 所示，左端为一个深沟球轴承，其内、外圈双向固定，从而使整个轴得到双向定位，右端轴承外圈和座孔采用间隙配合，其两端面均没有约束，从而保证轴系的轴向游动。图 14-14b 所示是采用圆柱滚子轴承（内、外圈可分离）时的游动支点结构，即构成了单支点双向固定、另一端游动的组合形式。

3. 两端游动式

图 14-15 所示为人字齿轮传动，由于轮齿两侧螺旋角不易做到完全对称，为了防止轮齿卡死或两侧受力不均，应采用轴系能左右微量轴向游动的结构。图中小齿轮轴两端都选用圆

柱滚子轴承，滚动体与外圈间可轴向移动。但需注意，与其相啮合的大齿轮轴系则必须两端固定，以使该轴系在箱体中有固定位置。

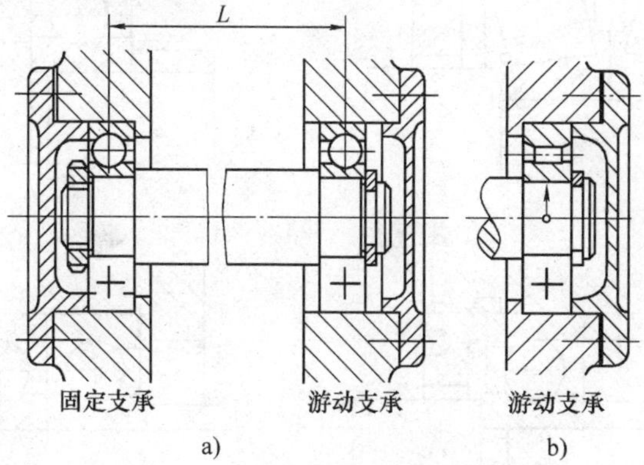

图 14-14　单支点双向固定，另一端游动

a）深沟球轴承作游动支承　b）圆柱滚子轴承作游动支承

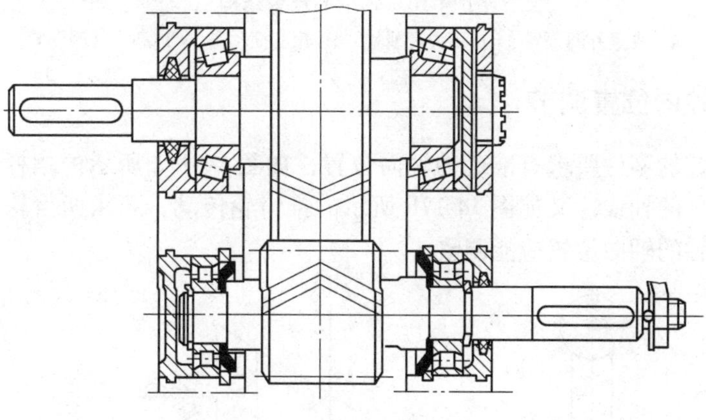

图 14-15　人字齿轮传动

14.4.3　滚动轴承的预紧

为了提高轴承的旋转精度，增加轴承装置的刚性，减小机器工作时轴的振动，常采用预紧的滚动轴承。例如机床的主轴轴承，常用预紧来提高其旋转精度与轴的刚度。

所谓预紧，就是在安装时用某种方法在轴承中产生并保持一轴向力，以消除轴承中的轴向游隙，并在滚动体和内、外圈接触处产生弹性预变形。预紧后的轴承受到工作载荷时，其内、外圈的径向及轴向相对移动量要比未预紧的轴承小很多。

常用的预紧装置包括：

1）夹紧一对圆锥滚子轴承的外圈而预紧（图 14-16a）。

2）用弹簧预紧，可以得到稳定的预紧力（图 14-16b）。

3）在一对轴承中间装入长度不等的套筒而预紧，预紧力可由两套筒的长度差控制（图 14-16c），这种装置刚性较大。

4）夹紧一对磨窄了的外圈而预紧（图 14-16d）；反装时可磨窄内圈并夹紧。这种特制的成对安装的角接触球轴承，可由生产厂选配组合成套提供。

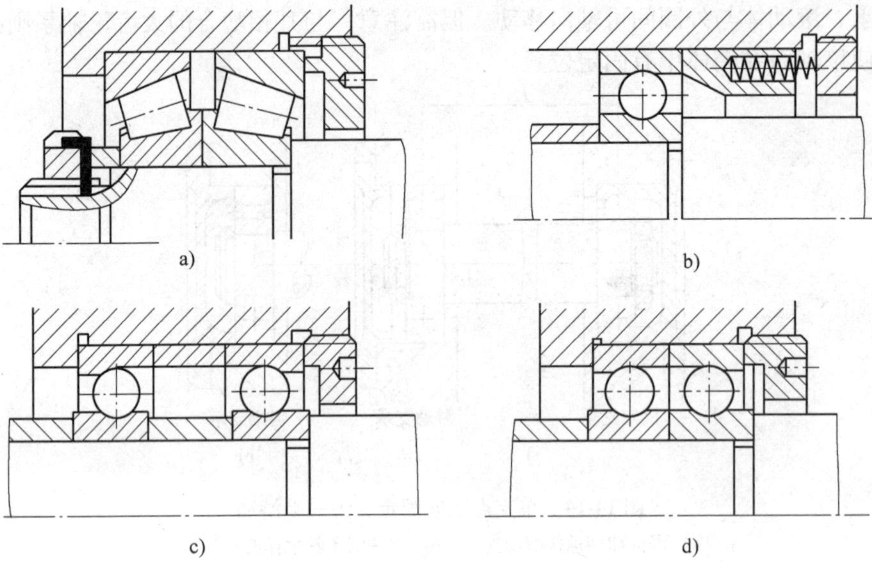

图 14-16　轴承的预紧结构

a）夹紧外圈预紧　b）用弹簧预紧　c）用套筒预紧　d）磨窄外圈预紧

14.4.4　轴的轴向位置调节

有时轴上安装的零件要求有准确的轴向位置，如图 14-17a 所示的蜗杆传动，要求蜗轮中间平面通过蜗杆的轴线；又如图 14-17b 所示的锥齿轮传动，要求两齿轮的锥顶重合于一点，这些都要求轴的轴向位置应能调整。

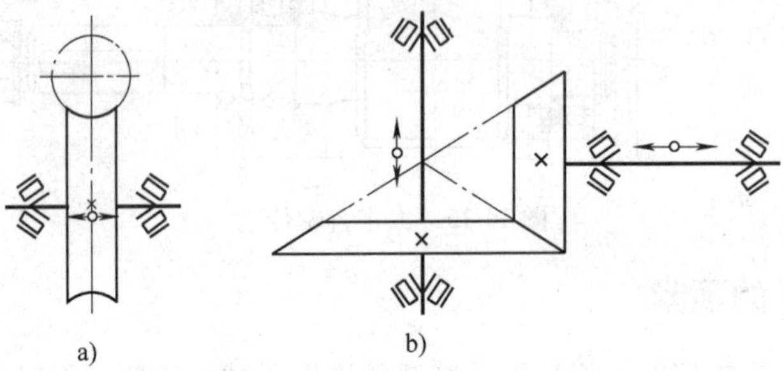

图 14-17　装配时轴的位置调整

a）蜗杆传动　b）锥齿轮传动

图 14-18a 所示结构为在端盖与轴承间设置不同厚度的调整环进行调整，这种方式适用于嵌入式端盖。图 14-18b 中的锥齿轮是利用增、减套杯与箱体间的一组垫片 1 来实现套杯轴向位置调整的，由于轴承组合可随套杯作轴向移动，从而实现齿轮啮合位置的调整。端盖与套杯间的另一组垫片 2 则用来调整轴承的游隙。

14.4.5　滚动轴承的配合

合理选择滚动轴承的配合是影响轴组件的运转精度、轴承的使用寿命以及轴承维护难易的重要因素。

滚动轴承是标准件，因此轴承内圈与轴的配合采用基孔制，轴承外圈与轴承座孔的配合采用基轴制。但滚动轴承公差带与一般圆柱面配合的公差带不同，轴承内孔和外径的上偏差为0，下偏差为负值，所以内圈与轴配合较紧，而外圈与座孔的配合较松。

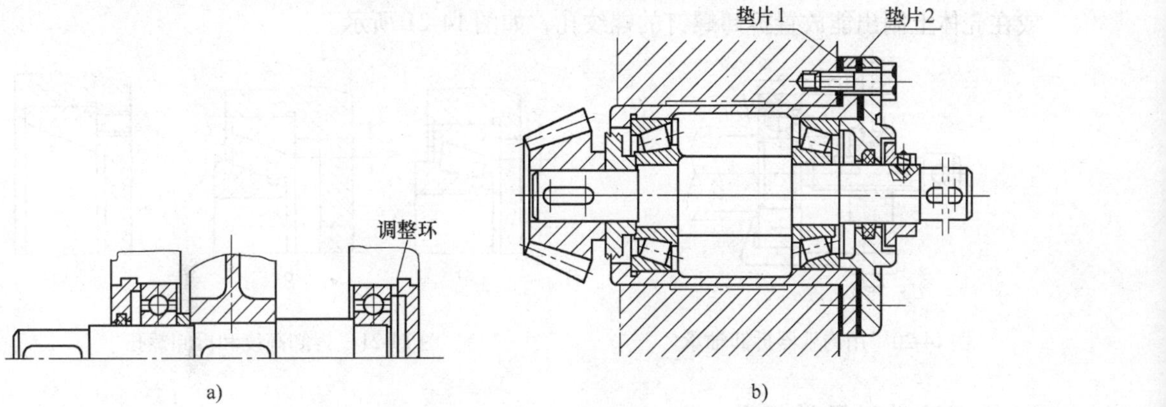

图14-18 轴的轴向位置调节
a）用调整环调整 b）用垫片调整

在设计时，应根据机器的工作条件、载荷的大小及性质、转速的高低、工作温度及内外圈中哪个套圈转动等因素选择轴承的配合，可参考以下几个原则进行选择。

1）当外载荷方向不变时，转动套圈应比固定套圈的配合紧。一般内圈随轴转动，外圈定位不转，故内圈常取具有过盈的过渡配合，如r6、n6、m6、k6、j6；外圈常取较松的配合，如G7、H7、J7、K7、M7等。

2）高速、重载采用较紧配合。

3）游动支承的轴承外圈与座孔间应采用间隙配合，但又不能过松而发生相对转动。

4）轴承与空心轴的配合应选用较紧配合，剖分式轴承座座孔与轴承外圈的配合应较松。

5）充分考虑温度升高对配合的影响。

14.5 滚动轴承的装拆和维护

14.5.1 滚动轴承的装拆

在安装和拆卸轴承时，必须选择正确的方法及采用专用工具，将装拆压力加到被装拆套圈的端面上，绝对不允许通过滚动体传递压力，否则将使滚道和滚动体等丧失正确形状。

一般情况下，内圈与轴配合较紧，装配时，先加套筒，再通过压力机或手锤将内圈压装到轴颈上，将外圈装到座孔中，如图14-19所示。对于大尺寸的轴承，可将轴承放在热油（不超过80~90℃）中加热，使轴承内圈胀大，然后套装在轴颈上。

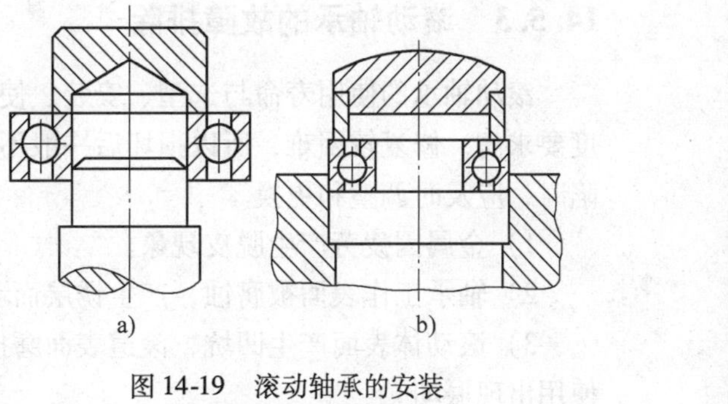

图14-19 滚动轴承的安装
a）压内圈安装 b）压外圈安装

设计轴承组合时，应考虑是否便于轴承装

拆，以便在装拆过程中不致损坏轴承和其他零件。在拆卸轴承时，应采用专门的拆卸工具拆卸（图 14-20）。为了便于拆卸，轴承的内圈在轴肩上应留出足够的高度和必要的拆卸空间，或在壳体上制出能放置拆卸螺钉的螺纹孔，如图 14-21 所示。

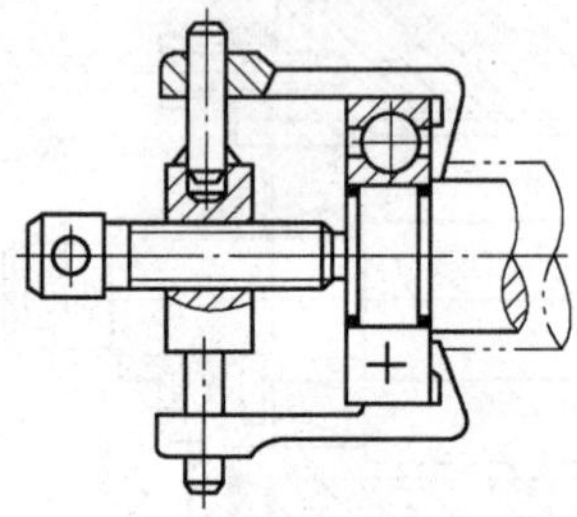

图 14-20　用钩爪器拆卸轴承

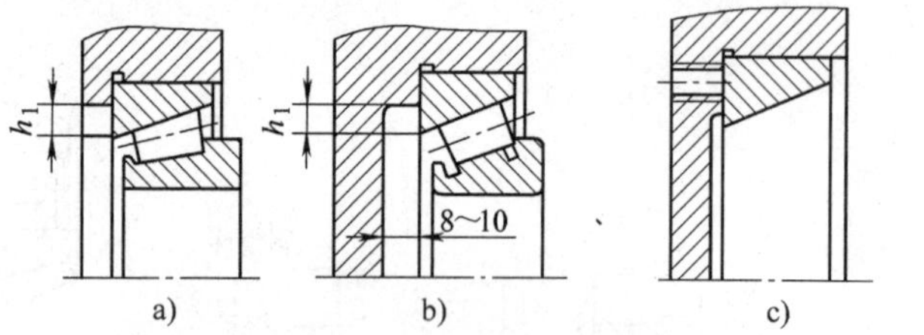

图 14-21　拆卸高度和拆卸螺孔

14.5.2 滚动轴承的保养

保养可延长轴承的使用寿命，滚动轴承的保养要点见表 14-8。

表 14-8　滚动轴承的保养要点

要	不要
1. 在清洁环境中使用干净合适的工具操作 2. 打开轴承之前应先清洗轴承 3. 用清洁干净的手进行操作，最好带干净的帆布手套 4. 在金属或有金属板覆盖的工作台上操作 5. 应像对待新轴承一样，精心处理用过的轴承，除非证明这个轴承已经报废 6. 使用清洁的溶剂和洗涤剂清洗轴承 7. 轴承应安放在干净的表面上 8. 拆开的轴承要防尘、防潮 9. 擦拭轴承要使用干净和不起毛的布 10. 不用时应把轴承用油纸包好 11. 安装轴承前应彻底地清洗轴承座内部 12. 若新轴承原是保存在密封容器内，安装时不必清洗 13. 保持润滑油清洁，不用时容器应盖好	1. 不要用木锤或在木工作台上操作 2. 不要用脏的或潮湿的手拿轴承 3. 不应旋转不清洁的或干的轴承 4. 在清洗轴承时不应使用同一容器去清洗第一遍和最后一遍 5. 不要用棉纱或脏布去擦轴承 6. 不要刻划轴承表面 7. 不要不正确地使用润滑油型号和用量

14.5.3　滚动轴承的故障排除

滚动轴承的使用寿命与选型、安装、使用和保养有很大的关系。由于轴承构造复杂，精度要求高，修复较困难，所以损坏后一般不进行修复。通常滚动轴承在工作中如发现以下缺陷时，应及时调整和更换。

1）金属因疲劳产生脱皮现象。

2）轴承工作表面被腐蚀，产生锈层而剥落。

3）滚动体表面产生凹坑，滚道表面磨损或鳞状剥落，工作时噪声大且无法调整，继续使用出现振动。

4）保持架磨损或破裂，使滚动体卡住或从保持架上脱落。

5）轴承因装配不当而产生裂纹。

6）轴承因过热而退火。

7）内外圈与轴颈和轴承座孔因配合松动发生相互滑移，加速磨损；或因配合过紧，经拆卸轴承转动仍过紧。

但是，在某些特殊情况下，如使用大中型轴承、特殊型号轴承、购置同型号的轴承较困难，或轴承个别零件磨损，稍加修复即可使用并能满足性能要求等，从解决生产急需、节约的角度出发，修复旧轴承还是非常必要的。旧轴承是否需要修复，一般根据轴承的大小、类型、缺陷的严重程度、修复的难易、经济效益和本单位的实际条件综合考虑。滚动轴承常见的故障特征、产生的原因及维修措施见表14-9。

表14-9　滚动轴承常见的故障及维修措施

故障特征	产生原因	维修措施
轴承温升过高（接近100℃）	1. 润滑中断 2. 用油不当 3. 密封装置、垫圈、衬套间装配过紧 4. 安装不正确、间隙调整不当 5. 过载、过速	1. 加油或疏通油路 2. 换油 3. 调整并磨合 4. 调整、重新装配 5. 控制过载或过速
轴承声音异常	1. 轴承损坏，如保持架碎裂 2. 轴承因磨损而配合松动 3. 润滑不良 4. 轴承间隙太小	1. 更换轴承 2. 更换、调整、修复 3. 加强润滑 4. 调整轴承间隙
轴承内外圈裂纹	1. 装配过盈量太大、配合不当 2. 冲击载荷 3. 制造质量不良、内部有缺陷	更换轴承、修复轴颈
轴承金属剥落	1. 冲击力和交变载荷使滚道和滚动体产生疲劳剥落 2. 内外圈安装歪斜造成过载 3. 间隙调整过紧 4. 配合面落入铁屑或硬质脏物 5. 选型不当	1. 找出过载原因、予以排除 2. 重新安装 3. 调整间隙 4. 保持干净、加强密封 5. 按规定选型
轴承表面有点蚀麻坑	1. 油液黏度低、抗压能力低 2. 超载	1. 更换黏度高的油或极压齿轮油 2. 找出超载原因，予以排除
轴承咬死、刮伤	严重发热造成局部高温	清洗、整修、找出发热原因并采取改进措施
轴承磨损	1. 超载、超速 2. 润滑不良 3. 装配不好、间隙调整过紧 4. 轴承质量差、精度低	1. 限制速度和载荷 2. 加强润滑 3. 重新装配、调整间隙 4. 更换轴承

修复轴承的常用方法见表14-10。

表 14-10 常用轴承修复方法

修复方法	修 复 要 点
选配法	不需修复轴承中任一零件，只要将同类轴承全部拆卸并清洗、检验，把符合要求的内外圈和滚动体重新装配成套，恢复其配合间隙和安装精度即可
电镀法	凡选配不能修复的轴承，可将内圈滚道和外圈镀铬，恢复原尺寸后再进行装配。镀铬层不宜太厚，否则易剥落或降低力学性能
电焊法	圆锥或圆柱滚子轴承的内圈尺寸若能确定修复，可采用电焊修补。其工艺过程是：检查、电焊、车削整形、抛光、装配
修整保持架	轴承保持架除变形过大或磨损过度外，一般都能用专用夹具和工具进行整形。若保持架有小裂纹，可校正后用粘结剂修补；若保持架裂纹较大，可用气焊修补；为防止保持架在整形和装配时断裂，整形前需正火处理，然后抛光待用

任务实施

任务一：一水泵轴选用深沟球轴承支承。已知轴颈 $d=35\text{mm}$，转速 $n=2500\text{r/min}$，两轴承所受径向载荷 $F_r=1810\text{N}$，轴向载荷 $F_a=740\text{N}$，要求使用寿命为 $L_h'=5000\text{h}$，试选择轴承型号。

设计方案：

1. 选择轴承类型

因为工作时转速高，且主要承受径向载荷，所以选用深沟球轴承（60000 型）。

2. 选择轴承型号

由轴颈 $d=35\text{mm}$，据附录 I，初选 6307 型轴承（$C_r=33.2\text{kN}$，$C_{0r}=19.2\text{kN}$）。

则$\dfrac{F_a}{C_{0r}}=\dfrac{740}{19200}=0.0385$，查表 14-6，用插值法得 $e=0.231$。

因$\dfrac{F_a}{F_r}=\dfrac{740}{1810}=0.409>e=0.231$，由表 14-6 查得 $X=0.56$，用插值法得 $Y=1.87$。

3. 计算当量动载荷

由式（14-5）得

$$P=XF_r+YF_a=0.56\times1810\text{N}+1.87\times740\text{N}\approx2397\text{N}$$

4. 计算所需的径向基本额定动载荷值

由式（14-4）得

$$C_r=\frac{f_pP}{f_t}\left(\frac{60n}{10^6}L_h'\right)^{1/\varepsilon}$$

由表 14-4 查得 $f_t=1$（因工作温度不高），由表 14-5 查得 $f_p=1.5$。所以

$$C_r'=\frac{1.5\times2397}{1}\times\left(\frac{60\times2500}{10^6}5000\right)^{1/3}\approx32667\text{N}=32.67\text{kN}<C_r=33.2\text{kN}$$

所以轴承寿命足够。

任务二：一工程机械传动装置中的轴，根据工作条件决定采用一对角接触球轴承（图 14-10），并暂定轴承型号为 7208AC。已知轴承载荷 $F_{r1}=2060\text{N}$，$F_{r2}=1000\text{N}$，$F_A=880\text{N}$，

转速 $n=5000\text{r/min}$，运转中受中等冲击，预期寿命 $L_h'=3000\text{h}$，试问所选轴承型号是否恰当（AC 表示 $\alpha=25°$）？

设计方案：

由附录 J 查得 7208AC 轴承的径向基本额定动载荷 $C_r=35.2\text{kN}$。

1. 计算轴承内部轴向力 F_{S1}、F_{S2}

由表 14-7 查得轴承的内部轴向力为

$$F_{S1}=0.68F_{r2}=0.68\times2060\text{N}=1400.8\text{N}\text{（方向见图示）}$$

$$F_{S2}=0.68F_{r1}=0.68\times1000\text{N}=680\text{N}\text{（方向见图示）}$$

2. 计算轴承的轴向载荷 F_{a1}、F_{a2}

1）按正装，如图 14-10a 所示

因为 $F_A+F_{S1}=880+1400\text{N}=2280\text{N}>F_{S2}$

故轴承 1 为放松端 $F_{a1}=F_{S1}=1400.8\text{N}$

轴承 2 为压紧端 $F_{a2}=F_A+F_{S1}=880\text{N}+1400.8\text{N}=2280.8\text{N}$

2）按反装，如图 14-10b 所示。

因为 $F_A+F_{S2}=880\text{N}+680\text{N}=1560\text{N}>F_{S1}$

故轴承 2 为放松端 $F_{a2}=F_{S2}=680\text{N}$

轴承 1 为压紧端 $F_{a1}=F_A+F_{S2}=880\text{N}+680\text{N}=1560\text{N}$

3. 计算轴承的当量动载荷

1）按正装，由表 14-6 查得 $e=0.68$，而

$$\frac{F_{a1}}{F_{r1}}=\frac{1400.8}{2060}=0.68=e$$

$$\frac{F_{a2}}{F_{r2}}=\frac{2280.8}{1000}=2.28>e$$

查表 14-6 可得 $X_1=1$、$Y_1=0$；$X_2=0.41$、$Y_2=0.87$。故当量动载荷为

$$P_1=X_1F_{r1}+Y_1F_{a1}=1\times2060\text{N}+0\times1400.8\text{N}=2060\text{N}$$

$$P_2=X_2F_{r2}+Y_2F_{a2}=0.41\times1000\text{N}+0.87\times2280.8\text{N}=2394.3\text{N}$$

2）按反装，由表 14-6 查得 $e=0.68$，而

$$\frac{F_{a1}}{F_{r1}}=\frac{1560}{2060}=0.76>e=0.68$$

$$\frac{F_{a2}}{F_{r2}}=\frac{680}{1000}=0.68=e$$

查表 14-6 可得 $X_1=0.41$、$Y_1=0.87$；$X_2=1$、$Y_2=0$。故当量动载荷为

$$P_1=X_1F_{r1}+Y_1F_{a1}=0.41\times2060\text{N}+0.87\times1560\text{N}=2201.8\text{N}$$

$$P_2=X_2F_{r2}+Y_2F_{a2}=1\times1000\text{N}+0\times680\text{N}=1000\text{N}$$

由于正装当量动载荷 $P_2=2394.3\text{N}$，反装当量动载荷 $P_1=2201.8\text{N}$。二者相差不大，而正装的轴与轴承座比反装简单，容易加工，所以一般采用正装。

4. 计算轴承的寿命

因轴的结构要求两端选择同样尺寸的轴承，而 $P_2>P_1$，故应以轴承 2 的径向当量动载荷 P_2 为计算依据。按工作温度正常，查表 14-4 得 $f_t=1$；由于载荷中等冲击，查表 14-5 得

$f_p = 1.5$。所以

$$L_h = \frac{10^6}{60n}\left(\frac{f_t C}{f_p P}\right)^{\varepsilon} = \frac{10^6}{60 \times 5000}\left(\frac{1 \times 35.2 \times 10^3}{1.5 \times 2394.3}\right)^3 h = 3138.3h > L_h'$$

故所选轴承适用。

思 考 题

14-1 滚动轴承由哪些元件构成？各有何作用？

14-2 滚动轴承的主要类型有哪些？

14-3 说明下列滚动轴承代号的含义：6306、61808、N208/P5、30307、51309。

14-4 试述球轴承和滚子轴承的特点，并分析其原因。

14-5 滚动轴承的失效形式有哪几种？其设计准则是什么？

14-6 何谓滚动轴承的基本额定寿命？何谓当量动载荷？如何计算？

14-7 滚动轴承的基本额定动载荷 C 与基本额定静载荷 C_0 分别针对何种失效形式？

14-8 试说明角接触球轴承内部轴向力产生的原因及其方向的判断方法。

14-9 轴承的双支点单向固定和单支点双向固定一端游动的组合形式，各应用在何种场合？

习 题

14-1 一深沟球轴承受径向载荷 $F_r = 7500N$，转速 $n = 2000r/min$，预期寿命 $L_h' = 4000h$，中等冲击，温度小于100℃。试计算轴承应有的径向基本额定动载荷 C_r 值。

14-2 已知作用在轴上的力 $F_r = 8000N$，轴的转速 $n = 50r/min$，轴颈 $d = 50mm$，要求轴承的寿命 $L_h = 8000h$，载荷有轻微冲击，试选择轴承的型号。

14-3 轴承30208基本额定动载荷 $C_r = 63000N$。1）若当量动载荷 $P = 6200N$，工作转速 $n = 750r/min$，计算轴承寿命 L_h；2）若工作转速 $n = 960r/min$，轴承的预期寿命 $L_h' = 10000h$，求允许的最大当量动载荷。

14-4 直齿轮轴系用一对深沟球轴承支承，轴颈 $d = 35mm$，转速 $n = 1450r/min$，每个轴承受径向载荷 $F_r = 2100N$，载荷平稳，预期寿命 $L_h' = 8000h$，试选择轴承型号。

14-5 一对7210C角接触球轴承分别受径向载荷 $F_{r1} = 8000N$，$F_{r2} = 5200N$，轴向外载荷 F_A 的方向如图14-22所示。试求下列情况下各轴承的内部轴向力 F_s 和轴向载荷 F_a。

1）$F_A = 2200N$；2）$F_A = 900N$；3）$F_A = 1120N$。

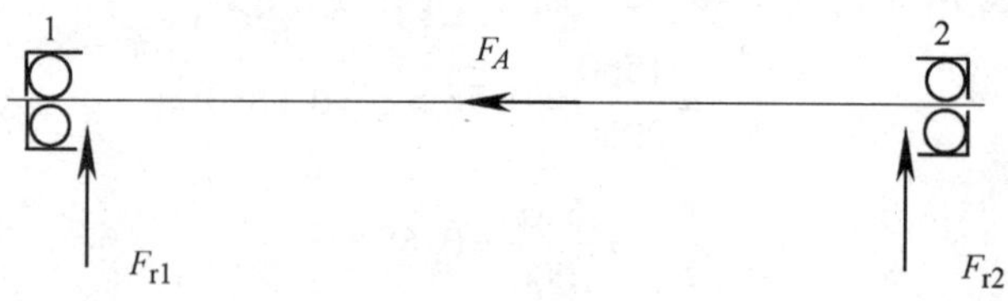

图14-22　习题14-5图

14-6 某圆柱斜齿轮轴采用两个角接触球轴承，轴颈直径 $d = 40mm$，轴的转速 $n = 2900r/min$，受力较大的轴承其径向力 $F_r = 2000N$，外加轴向力 $F_A = 700N$，有轻微冲击，若要求轴承的寿命 $L_h = 10000h$，试选择轴承的型号。

14-7 轴上安装两只70000AC型轴承，其受力情况如图14-10所示。若轴的转速 $n = 960r/min$，轴颈直径 $d = 60mm$，两轴承上的径向力分别为 $F_{r1} = 1300N$，$F_{r2} = 2500N$，轴上的外加轴向力 $F_A = 1000N$，载荷有中等冲击，要求轴承寿命 $L_h = 13000h$，试选择轴承的型号。

14-8 减速器的输入轴，用两只32008型圆锥滚子轴承，如图14-23所示。已知两轴承所受的径向力分

别为 $F_{r1}=650\text{N}$，$F_{r2}=1980\text{N}$，轴向力 $F_A=360\text{N}$，轴的转速 $n=960\text{r/min}$，若要求轴承的使用寿命 $L_h=15000\text{h}$，载荷有中等冲击，试校核该轴承是否满足要求。

14-9 有一农用水泵的叶轮轴由一对滚动轴承支承，轴颈 $d=35\text{mm}$，转速 $n=450\text{r/min}$，径向载荷 $F_r=1810\text{N}$，轴向载荷 $F_a=700\text{N}$，预期寿命为6000h，试选择该滚动轴承。

14-10 锥齿轮轴系选用一对30206圆锥滚子轴承，如图14-24所示。已知轴的转速 $n=640\text{r/min}$，锥齿轮平均分度圆直径 $d_m=56.26\text{mm}$，作用于锥齿轮上的圆周力 $F_t=2260\text{N}$，径向力 $F_r=760\text{N}$，轴向力 $F_a=292\text{N}$。试求该对轴承的寿命。

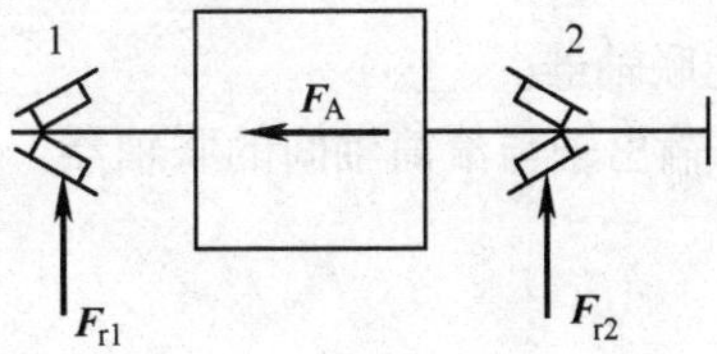

图14-23 习题14-8图

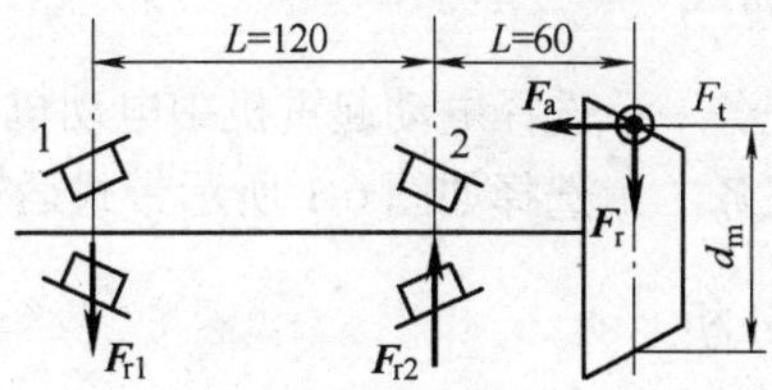

图14-24 习题14-10图

第 15 章　联轴器、离合器和制动器

任务描述

任务一：选择电动起重机中电动机与减速器之间的联轴器。

任务二：选择如图 6-1 所示带式运输机中，减速器输出轴与滚筒轴间的联轴器。

任务分析

首先需了解联轴器的功用、类型及特点，才能正确选择联轴器。

相关知识

联轴器、离合器和制动器是机械传动中常用的部件。联轴器和离合器用来连接轴与轴（或其他回转零件），并传递运动和转矩，有时也可用作安全装置。用联轴器连接的两根轴只有当机器停车后才能拆卸分离，而用离合器连接的两根轴，在机械工作过程中可随时接合或分离。制动器主要用来降低机械的运转速度或迫使机械停止运转。联轴器、离合器和制动器多数已经标准化。本章主要介绍联轴器、离合器和制动器的类型、结构、特点、使用、维护以及联轴器的选择等。

15.1　联轴器

由于制造和安装的误差、受载后变形、温度变化及轴承磨损等原因，有时不能保证严格对中，所以联轴器连接时两轴线间会出现偏移，如图 15-1 所示。因此，联轴器除了连接和传动外，对各种偏移应具有一定的适应和补偿能力，以避免引起附加动载荷，影响机器的正常工作。

根据对各种偏移有无补偿能力，联轴器分为刚性联轴器和挠性联轴器两大类。

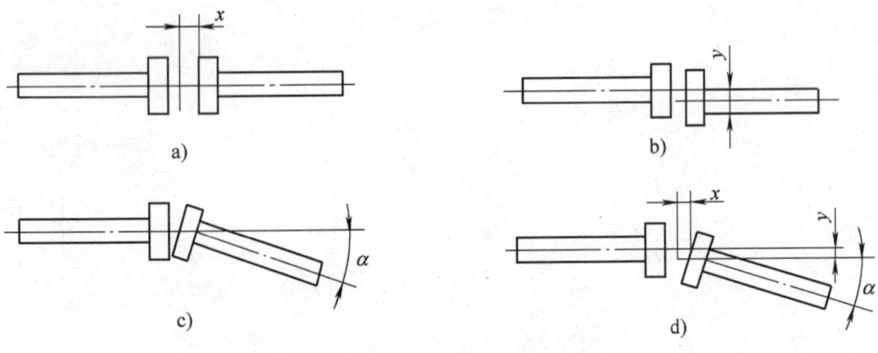

图 15-1　两轴的偏移形式

a）轴向偏移　b）径向偏移　c）角偏移　d）综合偏移

1. 刚性联轴器

刚性联轴器结构简单，制造方便，成本低，装拆、维护方便，传递转矩较大。但不能补偿两轴间的偏移，适用于载荷平稳、两轴能严格对中的场合。

2. 挠性联轴器

具有一定的补偿两轴偏移的能力。联轴器根据补偿位移的方法又可分为以下两种。

（1）无弹性元件挠性联轴器　这种联轴器是靠连接元件间的相对可移性来补偿轴线的相对位移，但不能缓冲减振。

（2）非金属弹性元件挠性联轴器　这种联轴器是利用联轴器中非金属弹性元件的变形来补偿位移的，具有缓冲和减振的能力。

15.1.1　刚性联轴器

1. 套筒联轴器

如图 15-2 所示，套筒联轴器利用套筒连接两轴，套筒与轴采用键或销连接。如图 15-2a 所示，轴与套筒采用键连接，可传递较大转矩，用紧定螺钉作轴向定位。如图 15-2b 所示，轴与套筒采用销连接，只能传递较小的转矩，当轴超载时销会被剪断，可起到安全保护的作用。套筒联轴器结构简单，制造容易，径向尺寸小，但装拆时轴必须作轴向移动，适用于低速、轻载、对中性较好和尺寸小的轴，在机床中应用较多。

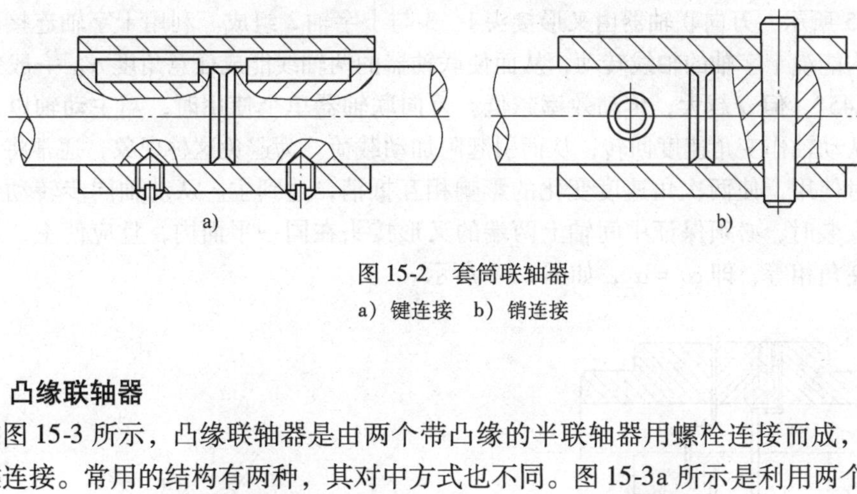

图 15-2　套筒联轴器
a）键连接　b）销连接

2. 凸缘联轴器

如图 15-3 所示，凸缘联轴器是由两个带凸缘的半联轴器用螺栓连接而成，半联轴器与轴用键连接。常用的结构有两种，其对中方式也不同。图 15-3a 所示是利用两个半联轴器端

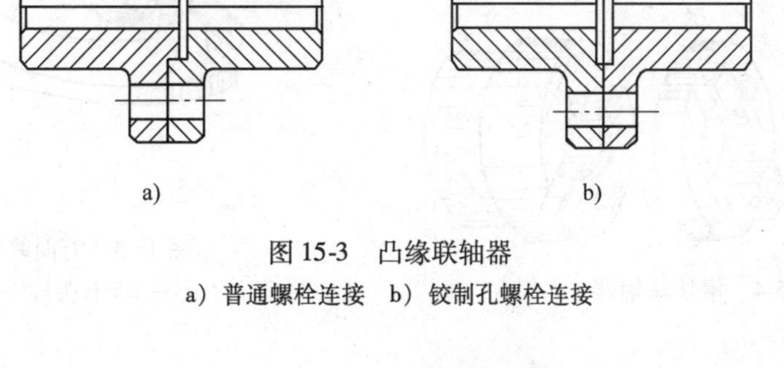

图 15-3　凸缘联轴器
a）普通螺栓连接　b）铰制孔螺栓连接

面上的凸肩和凹槽相互配合而对中，用普通螺栓连接，依靠接合面间的摩擦力传递转矩，对中精度高，装拆时轴需作轴向移动。图 15-3b 所示是两个半联轴器通过铰制孔用螺栓连接，靠螺栓与螺栓孔的配合对中，依靠螺栓受剪切及其孔的挤压传递转矩，装拆时轴不必作轴向移动。

凸缘联轴器传递转矩较大，对中精度高，结构简单，制造方便，工作可靠，装拆、维护均较简便，成本低廉，应用较广。但不能补偿两轴线偏移，使用时如果不能保证被连接两轴对中精度，将会降低联轴器的使用寿命、传动精度和传动效率，并引起振动和噪声。一般常用于载荷平稳、高速或传动精度要求较高时。

15.1.2　无弹性元件挠性联轴器

1. 滑块联轴器

如图 15-4 所示，滑块联轴器由两个半联轴器 1、2 和中间盘 3 组成，半联轴器 1、2 的端面上开有凹槽，中间盘 3 两端面具有互相垂直的凸台，工作时凸台可沿凹槽滑动，故可补偿两轴间的相对位移和偏斜。但在两轴间有偏移的情况下工作时，中间盘会产生很大的离心力和磨损，并使轴承承受附加动载荷，故只适用于转速较低的场合。为减小磨损，应对其工作表面实施润滑。

2. 万向联轴器

如图 15-5 所示，万向联轴器由叉形接头 1、3 与十字轴 2 组成。利用十字轴连接的两叉形半联轴器均能绕十字轴的轴线转动，从而使联轴器的两轴线能成任意角度 α，一般角 α 最大可达 35°~45°。但 α 越大，传动效率越低。万向联轴器单个使用时，当主动轴以匀角速度转动时，从动轴作变角速度回转，从而引起附加动载荷。为避免这种现象，通常将两个万向联轴器成对使用，使两次角速度变化的影响相互抵消，达到主、从动轴同步转动，如图 15-6 所示。安装时，必须保证中间轴上两端的叉形接头在同一平面内，且应使主、从动轴与中间轴的夹角相等，即 $\alpha_1=\alpha_2$，如图 15-7 所示。

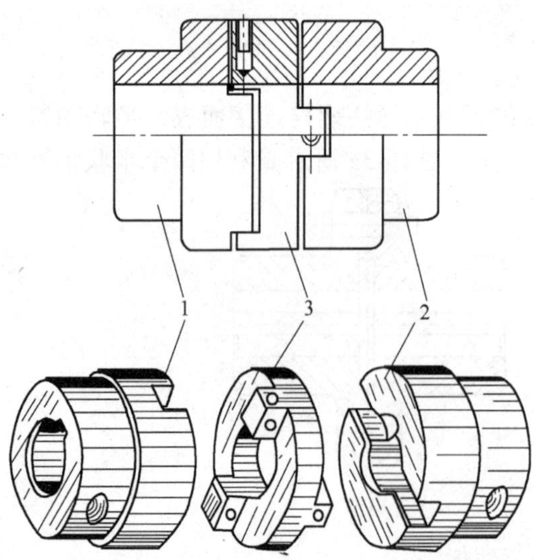

图 15-4　滑块联轴器

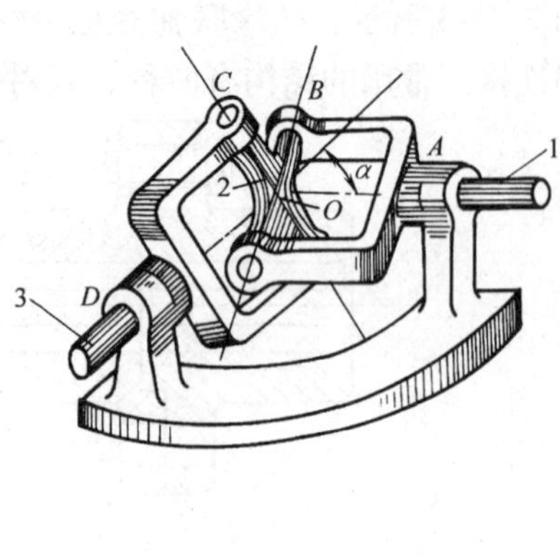

图 15-5　万向联轴器

1、3—叉形接头　2—十字轴

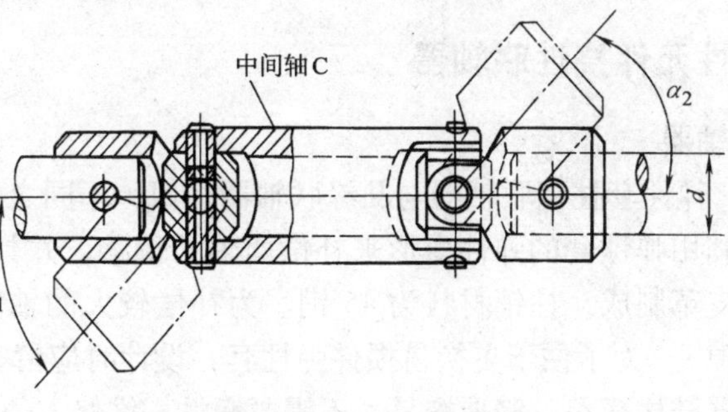

图 15-6　双万向联轴器

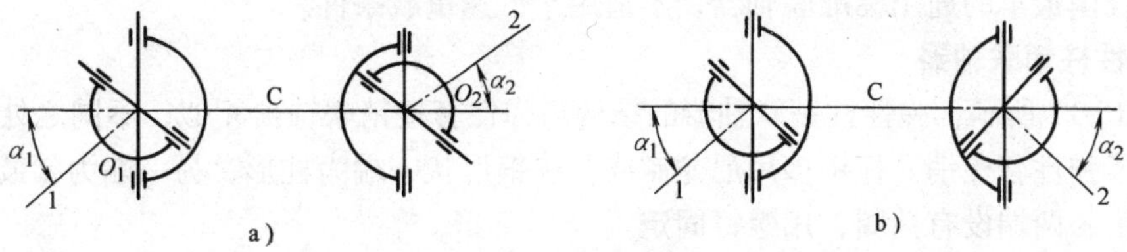

图 15-7　双万向联轴器的安装

万向联轴器能补偿较大的角位移，结构紧凑，使用、维护方便，能传递较大转矩，广泛应用于汽车、拖拉机和金属切削机床中。

3. 齿式联轴器

如图 15-8 所示，齿式联轴器由两个带有内齿的外壳 2、3 和两个带有外齿的半联轴器 1、4 组成。两外壳用螺栓 5 连接，两个半联轴器通过键与轴连接，利用内外齿的啮合传递转矩。外齿轮的齿顶制成球面，且齿间间隙较大，工作时具有补偿综合偏移的能力，如图 15-9 所示。为减小磨损，在外壳内腔装有润滑剂，两端有密封圈，以防润滑剂外漏。

齿式联轴器的承载能力大，工作可靠，允许有较大的综合偏移，但结构复杂、笨重，制造成本高，主要用于重型机械中。

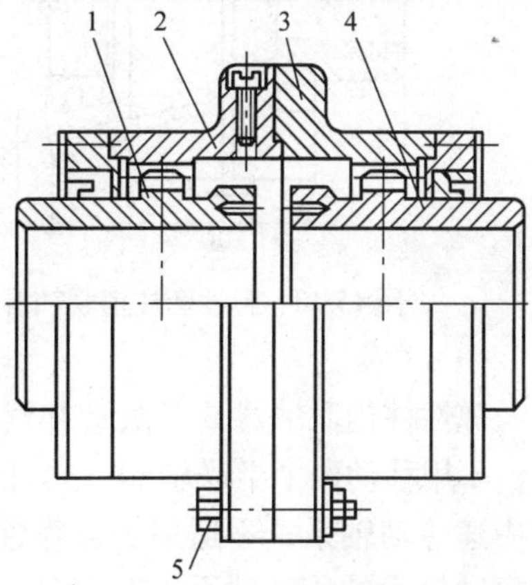

图 15-8　齿式联轴器

1、4—半联轴器　2、3—外壳　5—螺栓

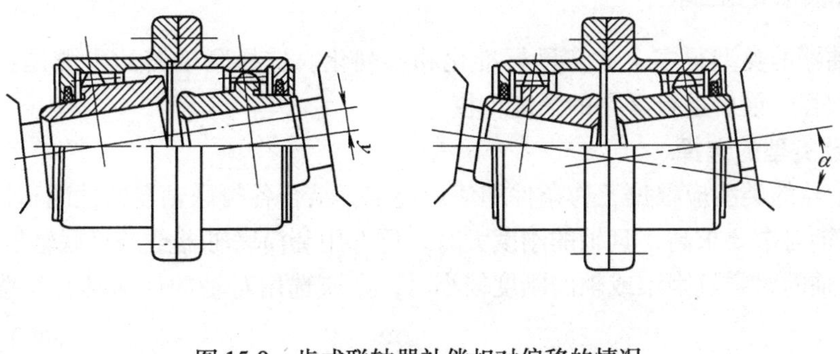

图 15-9　齿式联轴器补偿相对偏移的情况

15.1.3 非金属弹性元件挠性联轴器

1. 弹性套柱销联轴器

如图 15-10 所示，弹性套柱销联轴器与凸缘联轴器相似，不同之处是用套有弹性套的柱销代替了连接螺栓，利用弹性套的弹性变形来补偿两轴的偏移，并具有缓冲、吸振的作用。弹性套一般用橡胶和皮革制成，柱销材料为 45 钢。为补偿较大的轴向位移，安装时在两轴间留有一定的轴向间隙 c；为了便于更换易损件弹性套，设计时应留有一定的距离 A。

弹性套柱销联轴器结构简单，制造容易，不需要润滑，维修方便，径向尺寸较大，适用于安装底座刚性好，对中精度较好，冲击载荷不大，对减振要求不高的轴系传动，使用范围广泛，是我国最早的通用标准联轴器，不适用于低速重载条件。

2. 弹性柱销联轴器

如图 15-11 所示，弹性柱销联轴器的结构与弹性套柱销联轴器相似，不同之处是用弹性柱销代替了弹性套柱销。柱销多用尼龙制成，柱销形状一端为柱形，另一端为腰鼓形。为防止柱销滑出，两端设有挡圈，用螺钉固定。

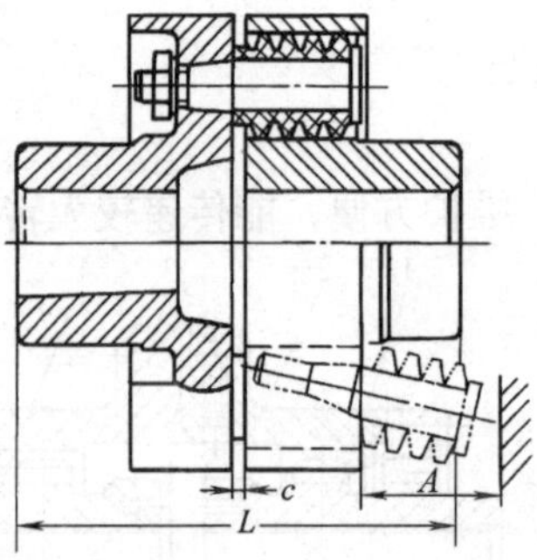

图 15-10 弹性套柱销联轴器

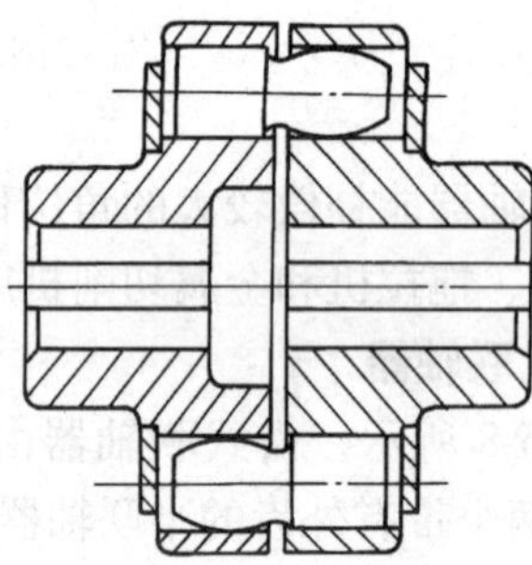

图 15-11 弹性柱销联轴器

弹性柱销联轴器具有微量补偿两轴线偏移的能力，结构简单，容易制造，更换柱销方便，不用移动两个半联轴器，弹性件工作时受剪切，工作可靠性极差，仅适用于要求很低的中速传动轴系，不适用于可靠性要求较高的工况，不宜用于低速重载及具有强烈冲击和振动较大的传动轴系，对于径向和角偏移较大的工况以及安装精度较低的传动轴系也不应选用。

15.1.4 联轴器的选择

常用联轴器的类型很多，大多已标准化和系列化。选择联轴器的步骤是：首先选择类型，再选择型号，最后进行必要的强度校核。

1. 联轴器类型的选择

选择联轴器的类型应根据工作条件和使用要求，结合各类联轴器的性能和特点进行。

1）当两轴对中要求高，且轴的刚度大时，可选用套筒联轴器或凸缘联轴器。

2）当两轴的对中较困难或轴的刚度较小时，则应选用对轴的偏移具有补偿能力的挠性联轴器。

3）当两轴成一定角度时，应选用万向联轴器。

4）当两轴所传递的转矩较大时，宜选用凸缘联轴器或齿式联轴器。

5）当轴的转速较高，且有振动时，应选用有弹性元件的挠性联轴器。

2. 联轴器型号的选择

联轴器型号，是根据所传递的转矩、轴的直径和转速，从标准中选用的。选择型号应满足以下条件。

1）计算转矩 T_c 应小于或等于所选联轴器的公称转矩 $[T]$，即 $T_c \leqslant [T]$。

2）轴的直径应在所选联轴器的孔径范围内，即 $d_{min} < d < d_{max}$。

3）轴的转速 n 应小于或等于所选联轴器的许用转速 $[n]$，即 $n \leqslant [n]$。

考虑到机器起动时的惯性力和工作中可能出现的过载，联轴器的计算转矩 T_c 可由下式计算

$$T_c = KT = K \times 9550 \frac{P}{n} \tag{15-1}$$

式中，T 为轴的名义转矩（N·m）；P 为轴传递的功率（kW）；n 为轴的工作转速（r/min）；K 为工况系数，由表 15-1 查取。

表 15-1　联轴器的工况系数 K

原动机	工作机械	K
电动机	带式运输机、鼓风机、连续运转的金属切削机床	1.25～1.5
	链式运输机、刮板运输机、螺旋运输机、离心泵、木工机械	1.5～2.0
	往复运动的金属切削机床	1.5～2.5
	往复式泵、往复式压缩机、球磨机、破碎机、冲剪机	2.0～3.0
	起重机、升降机、轧钢机	3.0～4.0
涡轮机	发电机、离心泵、鼓风机	1.2～1.5
往复式发动机	发电机	1.5～2.0
	离心泵	3～4
	往复式工作机（如压缩机、泵）	4～5

注：1. 刚性联轴器选用较大的 K 值，弹性联轴器选用较小的 K 值。
2. 从动件的转动惯量小、载荷平稳时 K 取较小值。

15.1.5　联轴器的使用和维护

1）注意检查运转后两轴的对中情况，尽可能地减少相对位移量，可有效地延长被连接机械和联轴器的使用寿命。

2）有润滑要求的联轴器，如齿式联轴器等，要定期检查润滑油的油量、质量及密封状况，及时补充或更换润滑油。

3）对于高速旋转机械上的联轴器，一般要经过动平衡试验，并按标记组装。

15.2　离合器

离合器也用来连接两轴并传递转矩，并且在机器运转过程中可随时进行接合或分离。因此离合器应保证离合平稳、迅速、可靠、操纵方便、耐磨且散热好。

离合器按其工作原理可分为牙嵌式和摩擦式两类。按控制方式可分为操纵式和自动式两类。操纵式离合器多以机械、液压、气动、电磁等为动力进行操纵。

15.2.1　牙嵌离合器

图 15-12 所示，牙嵌离合器由两个端面带牙的半离合器 1、2 组成。半离合器 1 用平键与主动轴连接，半离合器 2 用导向平键 3 或花键与从动轴连接，利用操纵杆移动滑环 4 可使两个半离合器分离或接合。为便于两轴对中，在半离合器 1 中装有对中环 5，从动轴可在对中环中自由转动。

牙嵌离合器常用的牙型有三角形、梯形和锯齿形，如图 15-13 所示。三角形牙传递中、小转矩；梯形牙强度高，传递转矩大，能自动补偿磨损后的牙侧间隙，接合面间有轴向分力，接合容易，应用最广；锯齿形牙根强度高，可传递较大转矩，但只能单向工作，反转时由于有较大的轴向分力，会迫使离合器自动分离。

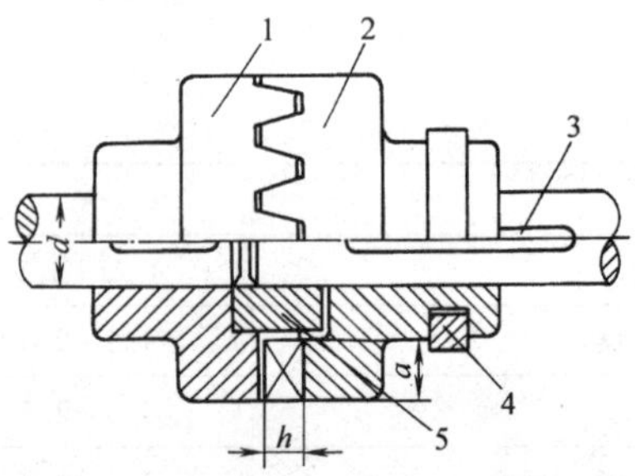

图 15-12　牙嵌离合器

1、2—半离合器　3—导向平键

4—滑环　5—对中环

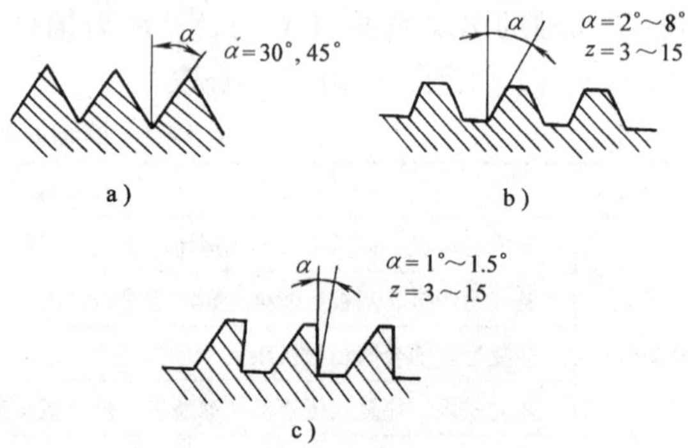

图 15-13　牙嵌离合器常用的牙型

a）三角形牙　b）梯形牙　c）锯齿形牙

牙嵌离合器结构简单，外廓尺寸较小，能传递较大的转矩，故应用广泛。但只宜在两轴不回转或转速差很小时进行接合，否则牙齿可能会因受撞击而折断。

15.2.2　摩擦式离合器

摩擦式离合器是利用接触面间产生的摩擦力来传递转矩。按结构形式不同，摩擦式离合器可分为圆盘式、圆锥式、块式和带式等类型，最常用的是圆盘式摩擦离合器。圆盘式摩擦离合器分为单片离合器和多片离合器两种。

1. 单片离合器

图 15-14 所示为单片离合器，其中圆盘 1 紧配在主动轴上，圆盘 2 通过导向平键可以在从动轴上滑动，移动滑环 4 可使两圆盘接合或分离，工作时轴向压力 F_Q 使两圆盘的工作表面产生摩擦力。

单片离合器结构简单，但径向尺寸大，而且只能传递不大的转矩，常用在轻型机械（如包装机械、纺织机械等）中。

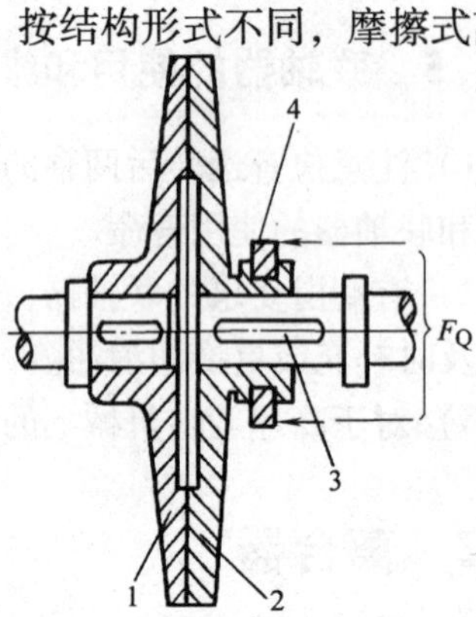

图 15-14　单片离合器

1、2—圆盘　3—导向平键　4—滑环

2. 多片离合器

为提高传递转矩的能力，很多机器上采用多片离合器。如图 15-15 所示，主动轴 1、外壳 2 和一组外摩擦片 4 组成主动部分，外摩擦片可沿外壳 2 的内槽移动。从动轴 10、套筒 9 和一组内摩擦片 5 组成从动部分，内摩擦片可沿套筒 9 上的槽滑动。套筒上开有均布的三个纵向槽，在槽内安装有杠杆 8。当操纵滑环 7 向左移动时，杠杆 8 绕支点顺时针转动，通过压板 3 将两组摩擦片压紧，离合器处于接合状态，主动轴带动从动轴转动。当操纵滑环 7 向右移动时，通过杠杆下面的弹簧片使杠杆逆时针转动，两组摩擦片压力消除，离合器处于分离状态，于是主、从动轴脱开。螺母 6 用来调整摩擦片之间的压力。

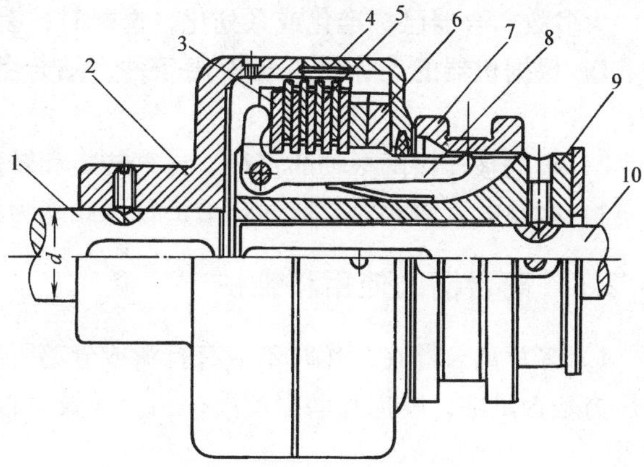

图 15-15　多片离合器

1—主动轴　2—外壳　3—压板　4—外摩擦片　5—内摩擦片　6—螺母　7—滑环　8—杠杆　9—套筒　10—从动轴

多片离合器由于摩擦面增多，传递转矩的能力提高，径向尺寸相对减小，但结构复杂。

多片离合器除机械操纵外，还有电磁、液压、气动等操纵方式，它们在数控机床及自动机械中被广泛应用。

与牙嵌离合器比较，摩擦式离合器的优点为：在任何转速下都可接合；过载时摩擦面打滑，有过载保护作用；接合平稳、冲击和振动小。缺点为：接合过程中，摩擦面的相对滑动会引起发热与磨损，损耗能量。

15.2.3　定向离合器

图 15-16 所示的定向离合器，星轮 1 和外环 2 分别装在主动件或从动件上，星轮和外环间的楔形空腔内装有滚柱 3，滚柱数目一般为 3 ~ 8 个。每个滚柱都被弹簧推杆 4 以适当的推力推入楔形空腔的小端，处于半楔紧状态。

星轮 1 和外环 2 均可作为主动件。当外环 2 为主动件逆时针转动时，摩擦力带动滚柱 3 进入楔形空腔的小端，楔紧内、外接触面，驱动星轮 1 转动，离合器接合。当外环 2 顺时针转动时，摩擦力带动滚柱 3 进入楔形空腔的大端，便松开内、外接触面，离合器处于分离状态，所以称为定向离合器。

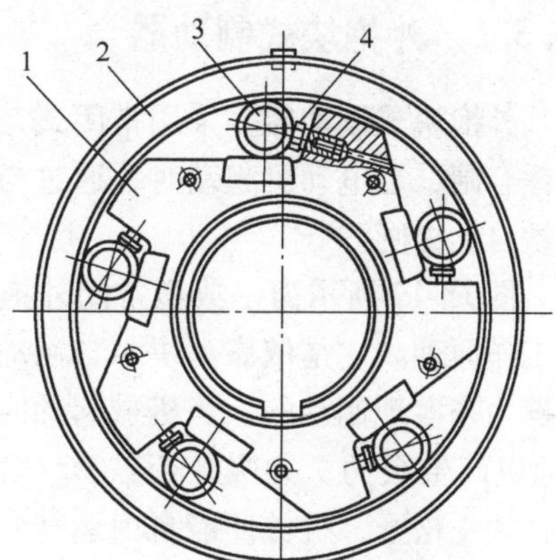

图 15-16　定向离合器

1—星轮　2—外环　3—滚柱　4—弹簧推杆

星轮 1 和外环 2 均作顺时针转动时，根据相对运动的原理，当外环 2 转速小于星轮 1 转速时，则离合器处于接合状态。反之，外环 2 转速大于星轮 1 转速，离合器处于分离状态。可见只有当星轮 1 超过外环 2 转速，才能使离合器接合，故又称为超越离合器。

定向离合器工作时无噪声，宜用于高速、防止逆转、间歇运动等场合。

15.2.4 离合器的选择

大多数离合器已标准化或系列化，选择时，有以下几点要求。

1）根据机器的工作特点和使用条件，结合各种离合器的性能特点，选择离合器的类型。

2）根据被连接两根轴的直径、计算转矩和转速，从相关设计手册中选择适当的型号。

3）必要时，需要对其薄弱环节进行承载能力校核。

15.2.5 离合器的使用和维护

1）多片离合器在工作时不应有打滑或分离不彻底的现象。应经常检查作用在摩擦片上的压力是否足够；摩擦片磨损情况；回位弹簧是否灵敏；内、外摩擦片之间的间隙是否需要调整。

2）应定期检查离合器的操纵系统是否操纵灵活，工作可靠。

15.3 制动器

制动器是利用摩擦力矩来降低机器运动部件的转速或使其停止回转的装置。使用过程中制动力矩会降低，会产生制动不迅速、不平稳、不可靠，磨损加剧，出现摩擦热，在使用过程中对制动器应进行调整和维修。

为了减小制动力矩，缩小制动器的尺寸，通常将制动器安装在机器的高速轴。对于安全制动器则多安装在低速轴上，以防止因中间传动零件损坏而造成制动失灵。

按照工作状态，制动器可分为常闭式与常开式。常闭式制动器靠弹簧的弹力或重力的作用而常处于合闸状态，在机械运行时才使其松开。而常开式制动器则与常闭式相反。按工作原理，制动器可分为机械式和电磁式。机械式制动器包括外抱块式制动器、内涨蹄式制动器和带式制动器等。制动器大多已经标准化，并有专业厂家生产。

15.3.1 外抱块式制动器

外抱块式制动器多采用常闭式，常用弹簧或重锤合闸，当电动机起动时，通过与其串联的电磁铁自动松闸。

图 15-17 所示为一典型常闭外抱块式制动器的工作原理。它是依靠瓦块 4 与制动轮 5 之间的摩擦力来实现制动的。当机械起动时，电磁线圈 1 通电产生吸力，并吸住衔铁 2，然后通过杠杆使瓦块 4 松开，机械便能自由运转。若需要制动时，则切断电源，电磁线圈 1 释放衔铁 2，此时依靠弹簧 3 并通过杠杆使瓦块抱紧。

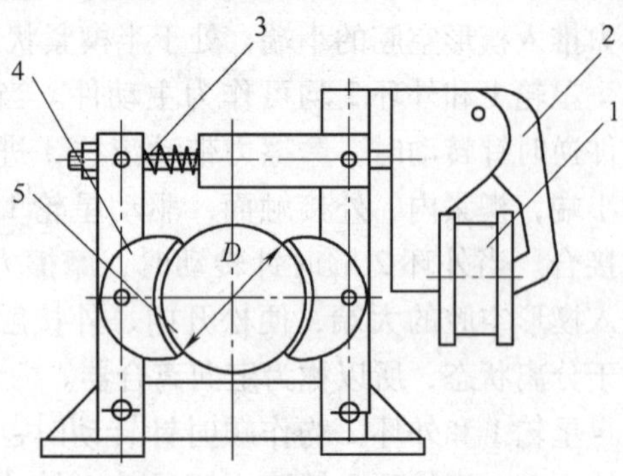

图 15-17 外抱块式制动器

1—电磁线圈 2—衔铁 3—弹簧 4—瓦块 5—制动轮

外抱块式制动器结构简单，性能可靠，间隙调整方便，散热较好。但由于接触面积有限，制动力矩较小，且外形尺寸较大，一般用于制动频繁且空间较大的场合。常闭式经常处于闭合状态，比较安全，一般用于起重机械。

15.3.2　内涨蹄式制动器

图 15-18 所示为内涨蹄式制动器。制动蹄 2 和 7 的外表面装有摩擦片 3，分别通过销轴 1 和 8 与机架铰接。压力油通过双向液压缸 4 推动左右两个活塞，使制动蹄 2 和 7 压紧制动轮 6，达到制动的目的。压力油卸载，制动蹄 2 和 7 在弹簧 5 的作用下与制动轮 6 分离。

内涨蹄式制动器结构紧凑，制动力矩大，广泛应用于各种车辆以及结构尺寸受限制的机械中。

15.3.3　带式制动器

图 15-19 所示是由杠杆控制的带式制动器。钢带环绕在被制动的轮轴上，制动力 F_Q 通过杠杆放大后使钢带张紧从而实现制动。这种制动器结构简单，制动力矩大，但发热也较大，制动带磨损不均匀，被制动的轮轴受弯矩作用。带式制动器主要应用于一些小型起重机械和汽车的手动制动装置中。

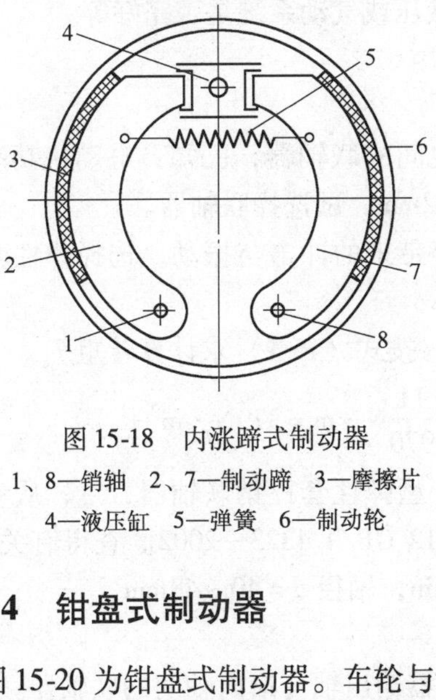

图 15-18　内涨蹄式制动器

1、8—销轴　2、7—制动蹄　3—摩擦片
4—液压缸　5—弹簧　6—制动轮

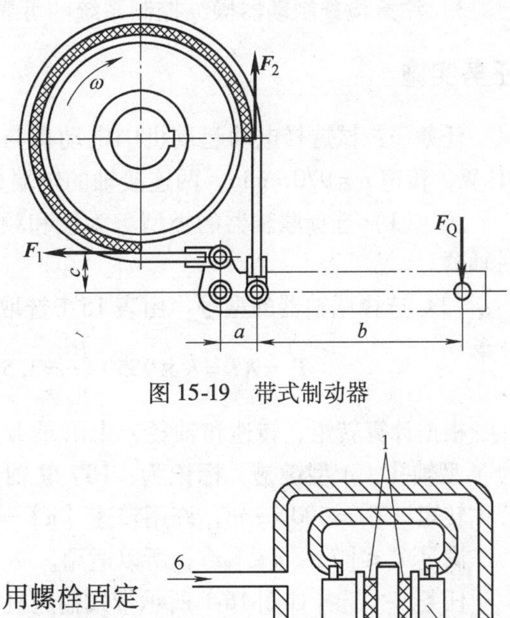

图 15-19　带式制动器

15.3.4　钳盘式制动器

图 15-20 为钳盘式制动器。车轮与制动盘 3 用螺栓固定为整体一起旋转。制动时，液压油压力升高，推动活塞 2 作轴向移动，于是固定在活塞上的摩擦块 1 挤压夹紧制动盘 3，由于磨擦作用使制动盘转速降低。放松时，液压油压力消失，活塞 2 和摩擦块 1 回位，与制动盘保持间隙，制动解除。钳盘式制动器散热能力强，热稳定性好，在车辆及机械中应用的越来越多。

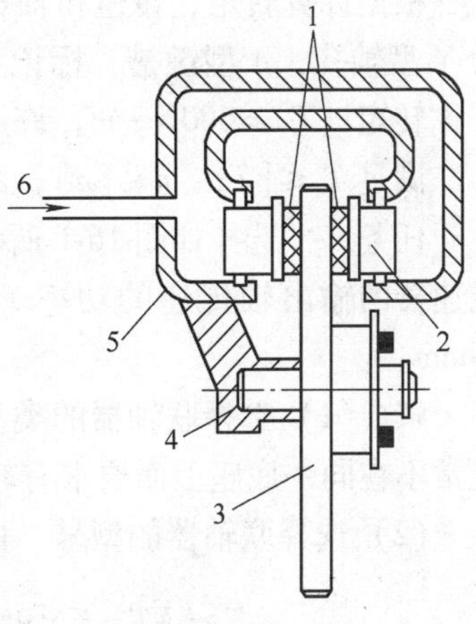

图 15-20　钳盘式制动器

1—摩擦块　2—活塞　3—制动盘
4—机架　5—制动钳体　6—进油管口

15.3.5　制动器的选择

制动器已标准化，根据所需要的最大制动转矩 T_{max} 进行

选择。用在提升机构上的制动器，为了工作可靠，要把所需要的制动转矩加大，按计算转矩 T_c 进行选择，计算转矩为

$$T_c = ST_{max}$$

式中，T_{max} 为制动轮所传递的最大转矩；S 为制动安全系数，根据工作类型（电持续率 jc）按表 15-2 选取。

表 15-2 制动安全系数 S

工作类型 jc	15%	25%	40%
S	1.75	2	2.5

注：$jc = \frac{一个循环内机器的实际工作时间}{一个循环的总时间} \times 100\%$

15.3.6 制动器的使用和维护

1）定期检查制动带或制动蹄的摩擦片与制动鼓轮间的间隙，必要时调整，当磨损量超过规定值时，应予以更换。

2）定期检查并清除摩擦式制动器摩擦件间的油污和粉末。

3）注意检查制动器操纵控制系统的可靠性，如液压或气动系统是否完好等。

任务实施

任务一：试选择电动起重机中电动机与减速器之间的联轴器，已知：电动机功率 $P=11\text{kW}$，转速 $n=970\text{r/min}$，两连接轴的轴端直径 $d=42\text{mm}$，试选择联轴器。

解 （1）选择联轴器的类型 为缓和频繁起、停带来的冲击与振动，选择弹性套柱销联轴器。

（2）选择联轴器的型号 由表 15-1 选取 $K=3.5$，按式（15-1）求计算转矩 T_c

$$T_c = KT = K \times 9550\frac{P}{n} = 3.5 \times 9550 \times \frac{11}{970}\text{N}\cdot\text{m} = 379\text{N}\cdot\text{m}$$

根据计算转矩、转速和轴径，由附录 L 选用 LT7 型弹性套柱销联轴器，主、从动端均为 Y 型轴孔，A 型键槽，标记为：LT7 联轴器 42 × 112 GB/T 4323—2002。查得有关数据：公称转矩 $[T]=500\text{N}\cdot\text{m}$，许用转速 $[n]=3600\text{r/min}$，轴径 $d=40\sim48\text{mm}$。

满足 $T_c\leqslant[T]$、$n\leqslant[n]$，所以适用。

任务二：选择如图 16-1 所示带式输送机中，减速器输出轴与滚筒轴间的联轴器。已知：减速器的输出轴传递的功率 $P=11.5\text{kW}$，转速 $n=202\text{r/min}$，两连接轴的轴端直径 $d=45\text{mm}$。

解 （1）选择联轴器的类型 由于轴转速较低，传递的转矩较大，减速器与带式输送机常不在同一底座上而要求有较大的径向偏移补偿，故选用十字滑块联轴器。

（2）选择联轴器的型号 由表 15-1 选取 $K=1.38$，按式（15-1）求计算转矩 T_c。

$$T_c = KT = K \times 9550\frac{P}{n} = 1.38 \times 9550 \times \frac{11.5}{202}\text{N}\cdot\text{m} = 750.3\text{N}\cdot\text{m}$$

根据计算转矩、转速和轴径，由附录 M 选用 WH7 型滑块联轴器，主、从动端均为 Y 型轴孔，A 型键槽，标记为：WH7 联轴器 42 × 112 JB/ZQ 4384—2006。查得有关数据：公称

转矩 $[T]=900N\cdot m$，许用转速 $[n]=3200r/min$，轴径 $d=40\sim55mm$。

满足 $T_c\leqslant[T]$、$n\leqslant[n]$，所以适用。

思考题

15-1　联轴器、离合器和制动器的功用是什么？它们之间有什么区别？

15-2　两轴轴线的偏移形式有哪几种？

15-3　凸缘联轴器两种对中方法的特点各是什么？

15-4　常用联轴器、离合器和制动器有哪些类型？各有什么特点？适用于哪些场合？

15-5　无弹性元件联轴器与弹性元件联轴器在补偿位移的方式上有什么不同？

15-6　如何选择联轴器？

15-7　多片离合器工作中，如出现打滑或分离不彻底现象，试分析其原因，并提出克服的方法。

习题

15-1　机械加工车间的桥式起重机如图 15-21 所示，A、B、C、D 四处需采用联轴器，试选择合适的联轴器类型。

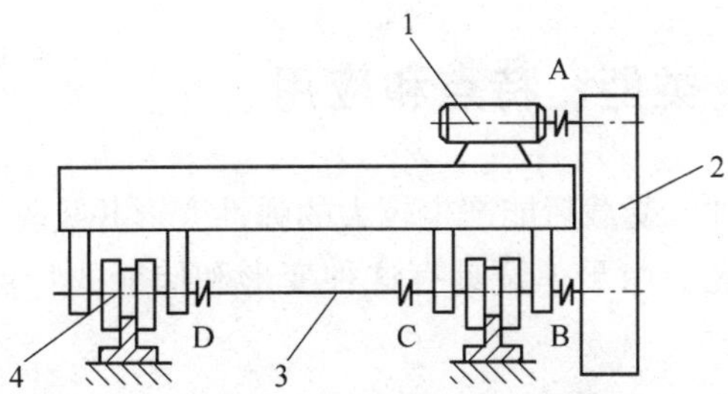

图 15-21　习题 15-1 图

1—电动机　2—减速器　3—传动轴　4—轮轴

15-2　电动机经减速器带动带式输送机，电动机型号为 Y132M—4，额定功率 $P=7.5KW$，转速 $n=1440r/min$，电动机轴端直径 $d_1=38mm$，外伸长度 $L_1=80mm$；减速器输入端轴径 $d_2=32mm$，外伸长度 $L_2=50mm$，两轴端均为圆柱形，试选择电动机与减速器之间的联轴器。

第 16 章　弹　　簧

任务描述

任务：试设计一圆柱螺旋压缩弹簧。

任务分析

首先需要了解弹簧的功用、类型、特点、应用、材料、制造、端部结构、参数、几何尺寸计算、特性线、强度计算、刚度计算、稳定性校核等内容，才能正确设计弹簧。

相关知识

16.1　弹簧的功用、类型、特点和应用

弹簧是常用的弹性元件，受载后能产生较大的弹性变形并吸收一定的能量，而卸载后又能恢复原状，并释放出能量。由于弹簧具有这种变形和储能的特点，因此常用于各种机械中。

16.1.1　弹簧的功用

（1）缓冲吸振　如车辆中的减振弹簧和各种缓冲器中的弹簧等。

（2）控制运动　如内燃机中的阀门弹簧、离合器的控制弹簧等。

（3）储存能量　如钟表发条、仪器中的弹簧等。

（4）测量载荷　如弹簧秤、测力器中的弹簧等。

16.1.2　常用弹簧的类型、特点和应用

弹簧的类型很多，按其外形可分为螺旋弹簧、碟形弹簧、环形弹簧、涡卷弹簧、板弹簧；按其受载性质，可分为拉伸弹簧、压缩弹簧、扭转弹簧和弯曲弹簧等；按其承受载荷循环次数 N，可分为Ⅰ类弹簧（$N>10^6$ 次的弹簧）、Ⅱ类弹簧（$N=10^3\sim10^6$ 次及受冲击载荷的弹簧）和Ⅲ类弹簧（$N<10^3$ 次及受冲击载荷的弹簧）。常用弹簧的类型、特点及应用见表 16-1。

表 16-1　常用弹簧的类型和特点

类型		承载	简图	特点及应用
螺旋弹簧	圆柱形	拉伸	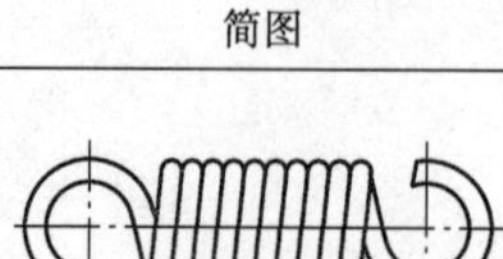	承受拉力。结构简单，制造方便，应用最广，适用于各种机械

（续）

类型		承载	简图	特点及应用
螺旋弹簧	圆柱形	压缩	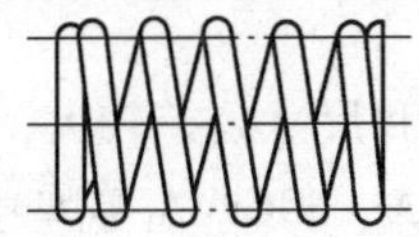	承受压力。结构简单，制造方便，应用最广，适用于各种机械
		扭转	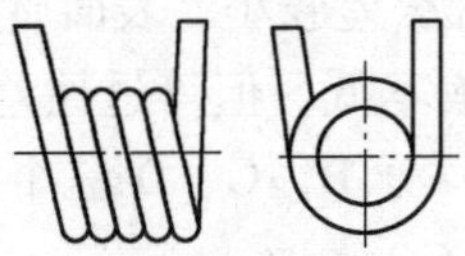	承受转矩。结构简单，主要用于各种机械装置中的压紧和储能
	圆锥形	压缩	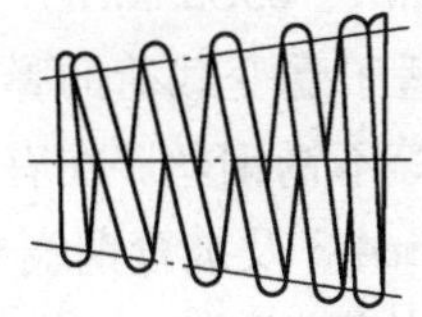	承受压力。结构紧凑，稳定性好，防振能力较强，多用于需承受较大轴向载荷和需减振的场合
碟形弹簧		压缩	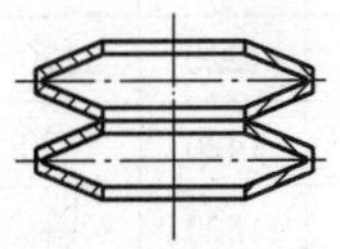	承受压力。缓冲和减振能力较强，制造和维修方便，主要用于重型机械的缓冲和减振装置
环形弹簧		压缩	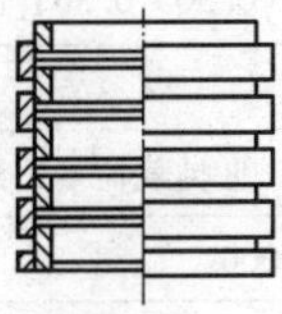	承受压力。有很高的缓冲和吸振能力，用于重型设备的缓冲装置
涡卷弹簧		扭转	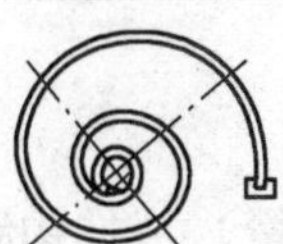	承受转矩。圈数多，变形角大，储存能量大，轴向尺寸小，多用作仪器、钟表中的储能弹簧
板弹簧		弯曲	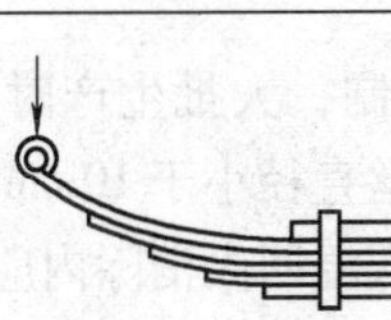	承受弯矩。缓冲和减振性能好，主要用于车辆的悬挂装置

16.2 弹簧的材料及制造

16.2.1 弹簧的材料

弹簧一般在变载荷下工作，故要求弹簧材料应具有较高的弹性极限和疲劳极限，同时还应有良好的冲击韧性和热处理性能；在工艺性能方面，要具有良好的淬透性，不易脱碳，便于卷绕。

弹簧的材料主要是热轧弹簧钢和冷拉弹簧钢。

热轧弹簧钢有圆钢、扁钢、钢板等形式，其规格和尺寸公差较大，表面质量较差，用于截面尺寸较大的重型弹簧，常用的有65Mn、60Si2MnA、50CrVA等牌号。

冷拉弹簧钢有钢丝、钢带等形式，其规格和尺寸公差较小，表面质量和力学性能好，应用广泛。其中碳素弹簧钢丝是优选材料，强度高，成本低，但淬透性差，适于制作小弹簧。碳素弹簧钢丝有25～80钢、40Mn～70Mn等牌号，分B、C、D三个等级，分别用于低、中、高应力弹簧，其许用切应力按载荷类型，由表16-2选取。

合金弹簧钢丝的淬透性和回火稳定性好，60Si2MnA、65Si2MnWA等硅锰钢用于普通机械的较大弹簧；50CrVA等铬钒钢耐疲劳、抗冲击，适于受变载荷的弹簧。在腐蚀和高、低温条件下工作的弹簧，可采用1Cr18Ni9、0Cr19Ni10等不锈钢丝。在有耐磨损、耐腐蚀和防磁要求的场合，可采用硅青铜线QSi3-1、锡青铜线QSn4-3及铍青铜线QBe2等弹簧材料。

表16-2　碳素弹簧钢丝材料的部分性能

簧丝直径 d/mm		1.0	2.0	3.0	4.0	5.0	6.0	7.0	8.0	9.0	10.0
抗拉强度 σ_b/MPa	B级	1660	1470	1370	1320	1320	1220	1170	1170	1130	1130
	C级	1960	1710	1570	1520	1470	1420	1370	1370	1320	1320
	D级	2300	1910	1710	1620	1570	1520	—	—	—	—
许用切应力 [τ] /MPa	Ⅰ类载荷	压缩弹簧：(0.30～0.38) σ_b；拉伸弹簧：(0.24～0.30) σ_b									
	Ⅱ类载荷	压缩弹簧：(0.38～0.45) σ_b；拉伸弹簧：(0.30～0.36) σ_b									
	Ⅲ类载荷	压缩弹簧：0.5σ_b；拉伸弹簧：0.4σ_b									
极限切应力 τ_{lim}/MPa		Ⅰ类载荷≤1.67[τ]；Ⅱ类载荷≤1.25[τ]；Ⅲ类载荷≤1.12[τ]									
切变模量 G/MPa		79000									
推荐温度范围/℃		-40～130									

16.2.2　弹簧的制造

螺旋弹簧的制造过程包括：卷绕、两端面加工（压簧）或挂钩制作（拉簧和扭簧）、热处理、工艺性试验等。

弹簧生产批量小时，一般用卧式车床或者手工卷制；大批生产时，则在自动机床上进行。弹簧的卷绕方法可分为冷卷和热卷两种。当弹簧丝直径小于10mm时常用冷卷法，一般用冷拉碳素弹簧钢丝在常温下卷成，不再淬火，只经低温回火消除内应力即可。热卷是将弹簧丝加热到800℃～1000℃进行卷制，卷成后须经过淬火和回火处理。弹簧在卷绕和热处理后，需进行表面检验及工艺性试验，以鉴定弹簧的质量。

为提高弹簧的承载能力，可对压缩弹簧进行强压处理。强压处理是将弹簧预先压缩到应力超过材料的屈服极限，并保持6～48h后卸载，使簧丝表面层产生与工作应力方向相反的残余应力，受载时可抵消一部分工作应力，从而提高弹簧的承载能力。经强压处理的弹簧，不允许再进行任何热处理。也不宜在高温、变载荷及有腐蚀性介质的条件下使用，因为在这种情况下，强压处理产生的残余应力是不稳定的。

受变载荷作用的压缩弹簧，可采用喷丸处理，以提高其疲劳寿命。

16.3　圆柱螺旋弹簧的设计计算

16.3.1　弹簧的端部结构

图 16-1 所示为圆柱形螺旋压缩弹簧。在自由状态下，各圈之间均留有一定的间距 δ，以备受载时变形。通常，弹簧两端各有$\frac{3}{4}$ ~ $1\frac{1}{4}$圈的支承圈，工作时这几圈不参与变形，又称为死圈。支承圈的端面应与弹簧的轴线相垂直。YⅠ型支承圈端部结构并紧磨平（图 16-2a）和 YⅡ型支承圈端部结构并紧不磨平（图 16-2b）。在承受变载荷的重要场合，采用 YⅠ型结构。支承圈磨平部分的长度不小于$\frac{3}{4}$圈，末端厚度约为$\frac{d}{4}$。

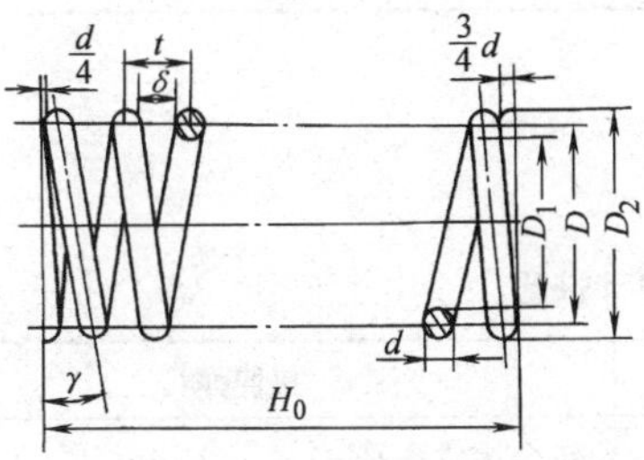

图 16-1　圆柱螺旋压缩弹簧

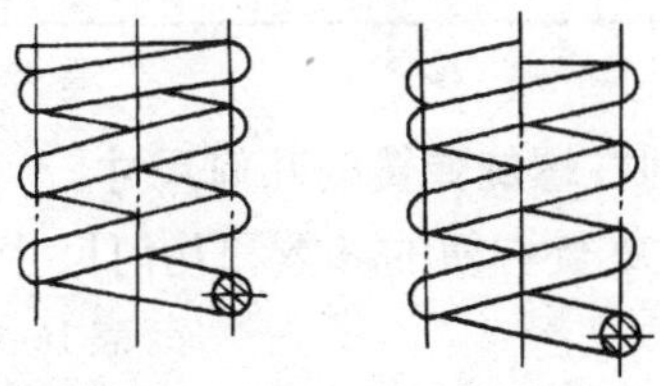

a)　　b)

图 16-2　压缩弹簧的端部结构

a）YⅠ型结构　b）YⅡ型结构

图 16-3 所示为圆柱螺旋拉伸弹簧。拉伸弹簧卷制时各圈已相互并紧，即间距 $\delta = 0$。弹簧端部做有挂钩，以便安装和加载。常用挂钩的形式如图 16-4 所示，其中半圆钩环型（图 16-4a）和圆钩环型（图 16-4b）的结构是直接由弹簧丝末端弯曲而成，制造方便。但这两种挂钩上的弯曲应力都较大，只适用于弹簧丝直径 $d \leqslant 10$mm，中、小载荷和不重要的地方。图 16-4c、d 所示为两端具有可转的钩环型，挂钩是另外装上去的活动钩，可任意转动。这两种挂钩受力情况较好，便于安装，但制造成本较高，主要用于弹簧丝较粗、受载大的场合。

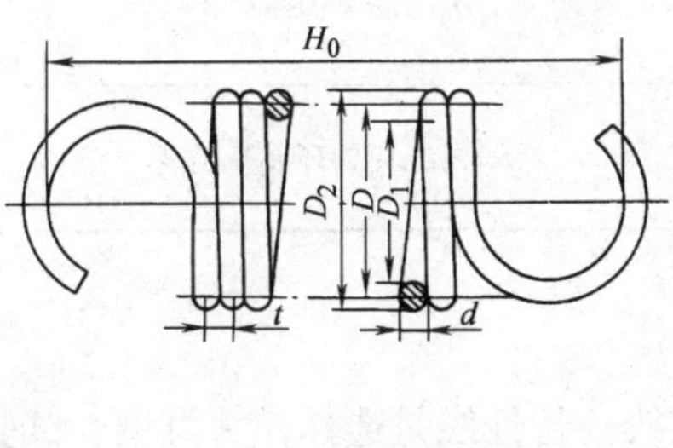

图 16-3　圆柱螺旋拉伸弹簧

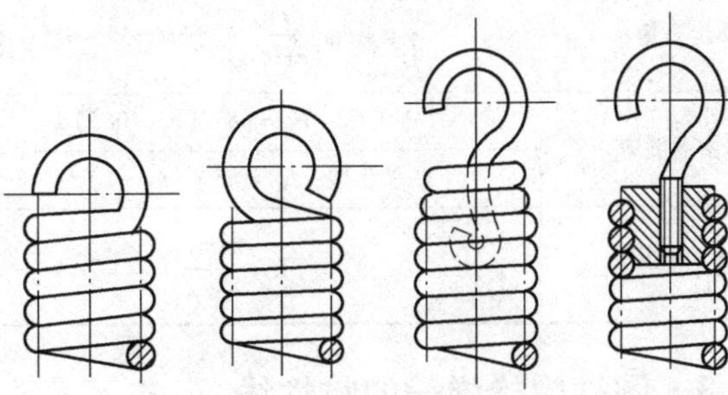

a)　　b)　　c)　　d)

图 16-4　拉伸弹簧的端部结构

a）半圆钩环型　b）圆钩环型　c）可转钩环型

d）可调钩环型

16.3.2　圆柱螺旋弹簧的主要参数和几何尺寸计算

1. 圆柱螺旋弹簧的主要参数

圆柱螺旋弹簧的主要参数有：弹簧丝直径 d，弹簧中径 D，弹簧节距 t，工作圈数 n、螺旋导程角 γ 和旋绕比 C。

旋绕比 $C=\dfrac{D}{d}$，是反映弹簧特性的一个重要参数。当 d 一定时，C 越小，弹簧中径 D 越小，弹簧就越硬（刚度越大），制造时簧丝卷绕越困难；反之，弹簧就越软（刚度越小），承载能力也越小。设计弹簧时，一般 $4\leqslant C\leqslant 16$，常用的范围为 $C=5\sim 8$。C 的值一般根据表 16-3 选取。

表 16-3　旋绕比 C

簧丝直径 d/mm	0.2 ~ 0.4	0.5 ~ 1.0	1.1 ~ 2.2	2.5 ~ 6.0	7.0 ~ 16	≥18
C	7 ~ 14	5 ~ 12	5 ~ 10	4 ~ 9	4 ~ 8	4 ~ 6

2. 圆柱螺旋弹簧的几何尺寸

圆柱螺旋弹簧的参数和几何尺寸计算见表 16-4。

表 16-4　弹簧参数及几何尺寸计算

<table>
<tr><th>名称</th><th>压缩弹簧</th><th>拉伸弹簧</th></tr>
<tr><td>弹簧丝直径 d</td><td colspan="2">由强度计算确定，应符合尺寸系列</td></tr>
<tr><td>弹簧中径 D</td><td colspan="2">$D=Cd$，C 为旋绕比，应符合尺寸系列</td></tr>
<tr><td>弹簧外径 D_2</td><td colspan="2">$D_2=D+d$</td></tr>
<tr><td>弹簧内径 D_1</td><td colspan="2">$D_1=D-d$</td></tr>
<tr><td>工作圈数 n</td><td colspan="2">由刚度计算确定</td></tr>
<tr><td>支承圈数 n_2</td><td>1.5 ~ 2.5</td><td>$n_2=0$</td></tr>
<tr><td>总圈数 n_1</td><td>$n_1=n+n_2$</td><td>$n_1=n$</td></tr>
<tr><td>节距 t</td><td>$t\approx(0.3\sim0.5)\ D$</td><td>$t=d$</td></tr>
<tr><td>间距 δ</td><td>$\delta=t-d$</td><td>$\delta=0$</td></tr>
<tr><td>螺旋升角 γ</td><td>$\gamma=\arctan\dfrac{t}{\pi D}$，推荐 $\gamma=5^\circ\sim9^\circ$</td><td></td></tr>
<tr><td rowspan="2">自由高度 H_0</td><td>YⅠ型：$H_0=n\delta+(n_1-0.5)d$</td><td rowspan="2">$H_0=nd+$钩环尺寸</td></tr>
<tr><td>YⅡ型：$H_0=n\delta+(n_1-1)d$</td></tr>
<tr><td>展开长度 L</td><td>$L=\dfrac{\pi Dn_1}{\cos\gamma}$</td><td>$L=\pi Dn+$钩环展开长度</td></tr>
</table>

16.3.3　圆柱螺旋弹簧的特性线

弹簧所受载荷与其变形的关系曲线，称为弹簧的特性线。特性线是选择弹簧类型、试验及检验的重要依据，应绘在工作图上。普通等节距的圆柱螺旋压缩（拉伸）弹簧的变形与载荷成正比，特性线为直线。

1. 圆柱螺旋压缩弹簧的特性线

图 16-5 所示为压缩弹簧的特性线，H_0 为弹簧的自由高度；F_1 为最小工作载荷，相应的弹簧高度为 H_1，变形量为 λ_1；F_2 为最大工作载荷，相应的弹簧高度为 H_2，变形量为 λ_2；$F_{\lim}$为弹簧的极限载荷，相应的弹簧高度为 $H_{\lim}$，变形量为 $\lambda_{\lim}$。工作行程 $h=H_1-H_2=\lambda_2-\lambda_1$。设计时，弹簧的最大工作载荷应小于极限载荷，通常取 $F_2\leqslant 0.8F_{\lim}$。圆柱形螺旋弹簧变形量 λ 可由式 $\lambda=8FC^3/(Gd)$ 求得。

2. 拉伸弹簧的特性线

图 16-6 所示为拉伸弹簧的特性线。按卷绕方法的不同，分为有初应力和无初应力两种，如图 16-6a、b 所示。X_0 为一段假想的压缩变形量，相应的力 F_0 是使弹簧开始变形时所需的初拉力，即当工作载荷大于 F_0 时，弹簧才开始伸长。

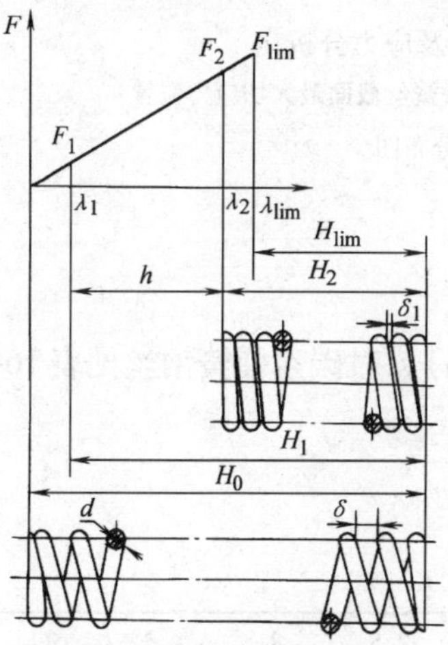

图 16-5　压缩弹簧的特性线

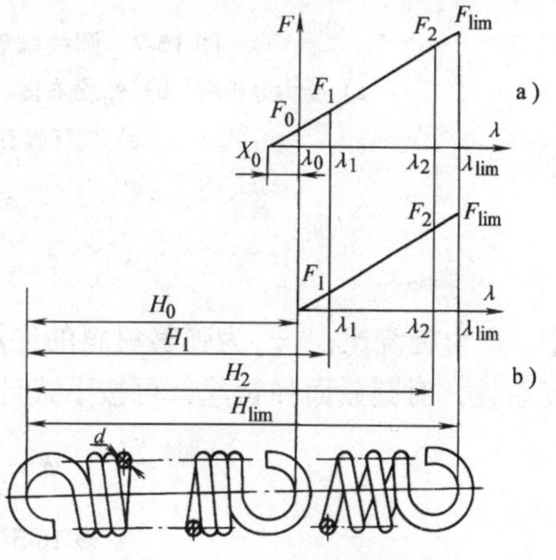

图 16-6　拉伸弹簧的特性线

a）有初应力　b）无初应力

初拉力 F_0 可按下列范围选取。当旋绕比 $C\leqslant 10$ 时，$F_0=(0.2\sim0.3)F_{\lim}$；当 $C>10$ 时，$F_0=(0.1\sim0.2)F_{\lim}$。

16.3.4　圆柱螺旋压缩（拉伸）弹簧的强度计算

计算弹簧强度的目的，是要确定弹簧钢丝的直径 d。

图 16-7 所示圆柱螺旋压缩弹簧受轴向载荷 F 作用，由力的平衡条件可知，在通过弹簧轴线的簧丝截面（视为圆形）上，作用有剪力 F_Q 和转矩 T，分别引起切应力 τ_Q 和 τ_T，图 16-7b、c 所示。截面内侧点 m 处的切应力 τ'最大，如图 16-7d 所示。

$$\tau'=\tau_Q+\tau_T=\frac{F\dfrac{D}{2}}{\dfrac{\pi d^3}{16}}+\frac{F}{\dfrac{\pi d^2}{4}}=\frac{8F}{\pi d^2}\,\frac{D}{d}\left(1+\frac{d}{2D}\right) \tag{16-1}$$

考虑螺旋升角 γ 和簧丝曲率（非直杆）等因素的影响，需在上式中引入修正系数 K，实际簧丝横截面上的应力分布情况如图 16-7e 所示，点 m 处的最大切应力 $\tau_{\max}>\tau'$，弹簧丝的最大切应力及强度条件为

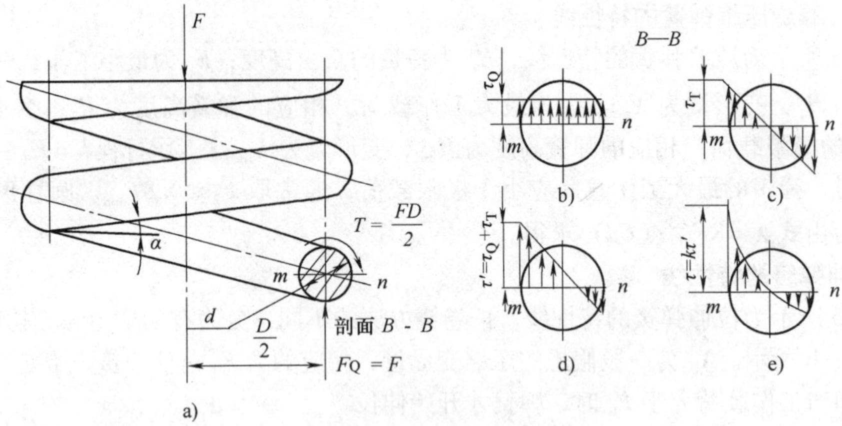

图 16-7　圆柱螺旋压缩弹簧的受力及应力分析

a）受力分析图　b）τ_Q 分布图　c）τ_T 分布图　d）簧丝截面最大切应力位置

e）实际弹簧横截面上的切应力分布图

$$\tau_{max} = K\frac{8FC}{\pi d^2} \leqslant [\tau] \tag{16-2}$$

式中，C 为旋绕比；$[\tau]$ 为弹簧材料的许用切应力（MPa），对碳素弹簧钢丝见表 16-2；K 为曲度系数，对圆截面弹簧丝，可按下式计算或查表 16-5。

$$K = \frac{4C-1}{4C-4} + \frac{0.615}{C} \tag{16-3}$$

表 16-5　弹簧的曲度系数 K

C	4	4.5	5	5.5	6	6.5	7	7.5	8	8.5	9	10
K	1.404	1.351	1.311	1.279	1.253	1.231	1.213	1.197	1.184	1.172	1.162	1.145

将最大工作载荷 F_2 代入式（16-2），整理得到弹簧丝直径 d 的设计公式为

$$d \geqslant \sqrt{\frac{8KF_2C}{\pi[\tau]}} = 1.6\sqrt{\frac{KF_2C}{[\tau]}} \tag{16-4}$$

如果选用碳素弹簧钢丝等材料，其许用应力［τ］和旋绕比 C 的荐用值都和弹簧丝直径 d 有关，按上式设计时，需采用“试算法”。所得 d 值，应按表 16-6 圆整为标准值。

表 16-6　弹簧材料直径标准值　（单位：mm）

第一系列	1　1.2　1.6　2　2.5　3　3.5　4　4.5　5　6　8　10　12　16　20
第二系列	1.4　1.8　2.2　2.8　3.2　4.2　5.5　7　9　14　18

注：优先选用第一系列。

16.3.5　圆柱螺旋压缩（拉伸）弹簧的刚度计算

圆柱螺旋压缩（拉伸）弹簧受轴向载荷 F 后的轴向变形量 λ，可根据材料力学中有关公式确定，即

$$\lambda = \frac{8FD^3n}{Gd^4} = \frac{8FC^3n}{Gd} \tag{16-5}$$

式中，n 为弹簧的有效圈数；G 为弹簧材料的切变模量（MPa）。

设计时，有效圈数 n 是根据变形量 λ_2 决定的，由式（16-5）可得

$$n = \frac{Gd\lambda_2}{8F_2C^3} \tag{16-6}$$

为了制造方便，当求出的圈数 $n \leqslant 20$ 时，应取 n 为 0.5 的整数倍；当 $n > 20$ 时，取 n 为整数。要求有效圈数 $n \geqslant 3$。

由式（16-5）可得弹簧刚度 k（N/mm）的计算式为

$$k = \frac{F}{\lambda} = \frac{Gd}{8C^3n} \tag{16-7}$$

可见，弹簧刚度 k 即为特性线的斜率，它也是表征弹簧性能的重要参数。

16.3.6　圆柱螺旋压缩弹簧的稳定性校核

高径比 $b = H_0/D$ 较大的压缩弹簧，当轴向载荷达到一定值时，弹簧就会发生侧向弯曲而失去稳定性，从而不能正常工作。为此，应使弹簧的高径比 b 不超过许用值 $[b]$，即 $b \leqslant [b]$。

弹簧两端固定时：$[b] = 5.3$；

弹簧一端固定、一端回转时：$[b] = 3.7$；

弹簧两端回转时：$[b] = 2.6$。

若 $b > [b]$ 时，要进行稳定性校核。若稳定性不足，又不便修改设计参数时，可设置导杆或导套，如图 16-8 所示，以增强稳定性。

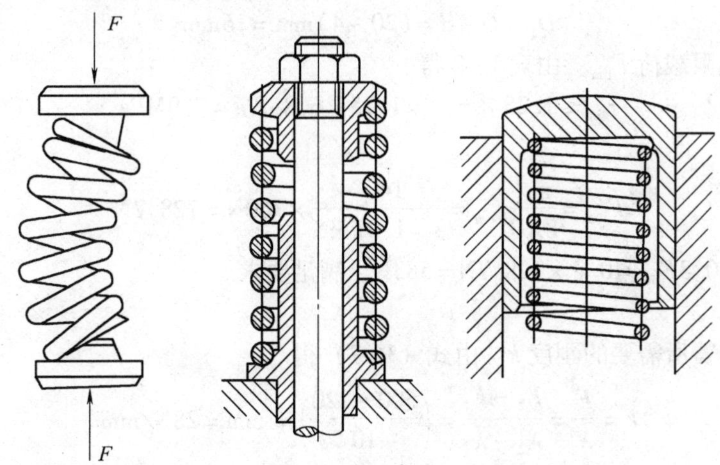

图 16-8　压缩弹簧失稳及防止方法

a）弹簧失稳　b）设置导杆　c）设置导套

任务实施

任务：试设计一圆柱螺旋压缩弹簧。已知：初始安装载荷 $F_1 = 220$N，最大工作载荷 $F_2 = 500$N，载荷按脉动循环变化，作用次数为 10^4，工作行程 $h = 10$mm，弹簧尺寸以径向不大于 30mm、轴向不大于 90mm 为宜，两端固定。

设计步骤：

1. 强度计算

（1）选择弹簧材料　该弹簧受Ⅱ类载荷，无特殊要求，选用碳素弹簧钢丝 C 级。查表 16-2 取 $[\tau]=0.4\sigma_b$，而 σ_b 又与弹簧丝直径 d 有关，故需要试算。

（2）计算弹簧丝直径 d　设 $d'=3\text{mm}$，查表 16-2 得 $\sigma_b=1570\text{MPa}$，$[\tau]=0.4\sigma_b=0.4\times1570\text{MPa}=628\text{MPa}$；由限定尺寸和 d'，按表 16-3 取推荐值 $C=5$；由式（16-3）得

$$K=\frac{4C-1}{4C-4}+\frac{0.615}{C}=\frac{4\times5-1}{4\times5-4}+\frac{0.615}{5}=1.31$$

由式（16-4）得

$$d\geqslant1.6\sqrt{\frac{KF_2C}{[\tau]}}=1.6\sqrt{\frac{1.31\times500\times5}{628}}\text{mm}=3.65\text{mm}>d'$$

不满足强度条件，故再设 $d''=4\text{mm}$，重复上述过程，得下列数据：$\sigma_b=1520\text{MPa}$；$[\tau]=608\text{MPa}$；$C=5$；$K=1.31$，则有

$$d\geqslant1.6\sqrt{\frac{KF_2C}{[\tau]}}=1.6\sqrt{\frac{1.31\times500\times5}{608}}\text{mm}=3.71\text{mm}<d''$$

满足强度条件，按标准中的系列值圆整为 $d=4\text{mm}$。

（3）计算弹簧中径 D、外径 D_2 和内径 D_1

$$D=Cd=5\times4\text{mm}=20\text{mm}$$

符合系列值。

$$D_2=D+d=(20+4)\text{mm}=24\text{mm}<\text{限定径向尺寸 }30\text{mm};$$

$$D_1=D-d=(20-4)\text{mm}=16\text{mm}$$

（4）验算极限载荷 $F_{\lim}$　由表 16-2 得

$$\tau_{\lim}\leqslant1.25\,[\tau]=1.25\times608\text{MPa}=760\text{MPa}$$

由式（16-2）得

$$F_{\lim}=\frac{\pi d^2}{8KC}\tau_{\lim}=\frac{3.14\times4^2}{8\times1.31\times5}\times760\text{N}=728.7\text{N}$$

$F_2=500\text{N}<0.8F_{\lim}=0.8\times728.7\text{N}=583\text{N}$，满足要求。

2. 刚度计算

（1）计算弹簧所需要的刚度 k　由式（16-7）得

$$k=\frac{F}{\lambda}=\frac{F_2-F_1}{\lambda_2-\lambda_1}=\left(\frac{500-220}{10}\right)\text{N/mm}=28\text{N/mm}$$

（2）计算弹簧所需圈数 n　查表 16-2 得 $G=79000\text{MPa}$，由式（16-7）得

$$n=\frac{Gd}{8kC^3}=\frac{79000\times4}{8\times28\times5^3}\text{圈}=11.29\text{ 圈}$$

取 $n=11.5$ 圈。由题意选 YⅠ型结构，取支承圈数 $n_2=2$ 圈，则总圈数

$$n_1=n+n_2=(11.5+2)\text{圈}=13.5\text{ 圈}$$

（3）弹簧刚度、变形、载荷校核　由式（16-7）得弹簧实际刚度为

$$k=\frac{Gd}{8nC^3}=\left(\frac{79000\times4}{8\times11.5\times5^3}\right)\text{N/mm}=27.478\text{N/mm}$$

与所需刚度基本相符，为保证最大工作载荷 F_2 和工作行程 h 不变，修正初始安装载荷 F_1 为

$$F_1 = F_2 - kh = (500 - 27.478 \times 10)\text{N} = 225.2\text{N}$$

$F_1 > 0.2F_{\lim} = 0.2 \times 728.7\text{N} = 145.7\text{N}$，满足要求。

$$\lambda_1 = \frac{F_1}{k} = \frac{225.2}{27.478}\text{mm} = 8.20\text{mm}$$

$$\lambda_2 = \lambda_1 + h = (8.20 + 10)\text{mm} = 18.20\text{mm}$$

$$\lambda_3 = \frac{1.25F_2}{k} = \frac{1.25 \times 500}{27.478}\text{mm} = 22.75\text{mm}$$

（4）计算节距 t、螺旋升角 γ、展开长度 L 和自由高度 H_0　由表 16-4 中的公式得

$t \approx (0.3 \sim 0.5)D = (0.3 \sim 0.5) \times 20\text{mm} = (6 \sim 10)\text{mm}$，取 $t = 6\text{mm}$。

$\gamma = \arctan\dfrac{t}{\pi D} = \arctan\dfrac{6}{3.14 \times 20} = 5°27'27''$，符合推荐值。

$L = \dfrac{\pi D n_1}{\cos\gamma} = \dfrac{3.14 \times 20 \times 13.5}{\cos 5°27'27''}\text{mm} = 851.66\text{mm}$，取 $L = 852\text{mm}$。

$H_0 = n\delta + (n_1 - 0.5)d = [11.5 \times 2 + (13.5 - 0.5) \times 4]\text{mm} = 75\text{mm} <$ 限定轴向尺寸 90mm。

3. 稳定性校核

$b = \dfrac{H_0}{D} = \dfrac{75}{20} = 3.75 < [b] = 5.3$，稳定性足够。

4. 绘制弹簧工作图（图 16-9）

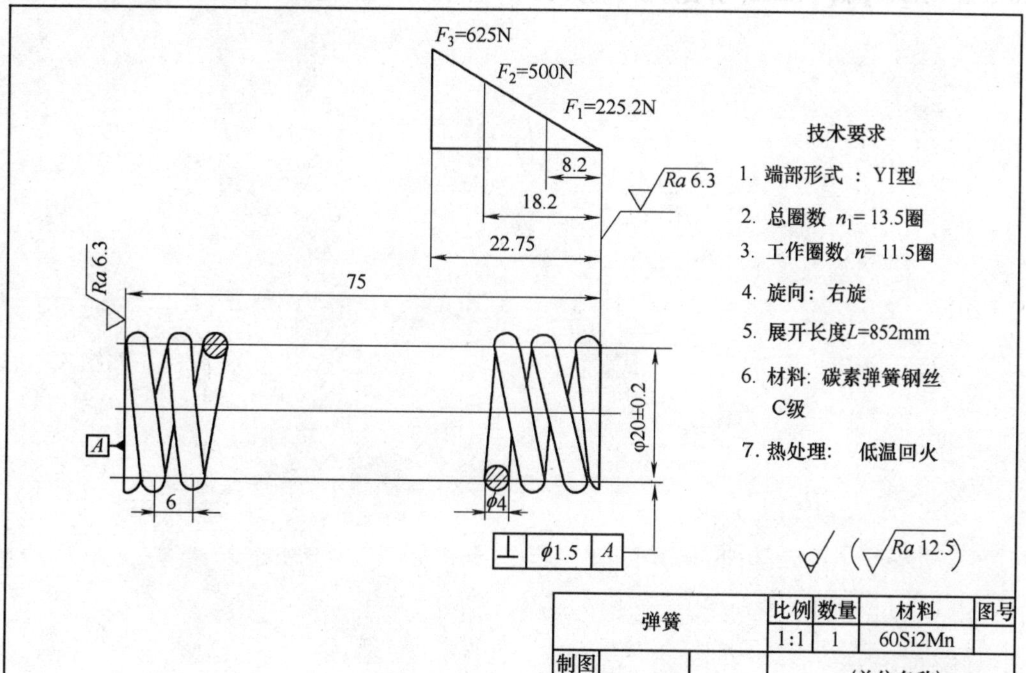

弹簧		比例	数量	材料	图号
		1:1	1	60Si2Mn	
制图		(单位名称)			
审核					

图 16-9　压缩弹簧工作图

思 考 题

16-1　弹簧的功用是什么？

16-2　弹簧的材料需满足哪些要求？

16-3　螺旋弹簧的制造过程包括哪些内容？

16-4　弹簧冷卷和热卷有何区别？如何选择？

16-5　什么是弹簧的旋绕比 C？对弹簧的性能有何影响？

16-6　圆柱螺旋弹簧的端部结构有何功用？

16-7　普通自行车上手闸、鞍座处的弹簧各属于什么类型？其功用是什么？

16-8　弹簧强压处理的目的是什么？

16-9　弹簧喷丸处理的目的是什么？

16-10　弹簧的特性线有何用途？圆柱螺旋压缩和拉伸弹簧的特性线有何异同？

16-11　在弹簧切应力计算中，为何引入曲度系数 K？

16-12　弹簧刚度 k 的物理意义是什么？k 与哪些因素有关？k 与 C 有何内在联系？对弹簧性能有何影响？

16-13　如何提高圆柱螺旋压缩弹簧的稳定性？

习 题

16-1　圆柱螺旋拉伸弹簧的材料为碳素弹簧钢丝 C 级，簧丝直径 $d=10\text{mm}$，中径 $D=45\text{mm}$，载荷按脉动循环变化，作用次数 10^5，求弹簧允许的最大工作载荷 F_2。

16-2　试设计一圆柱形螺旋压缩弹簧。已知 $F_1=180\text{N}$，$F_2=450\text{N}$，载荷按脉动循环变化，作用次数小于 10^3，$\lambda_1=10\text{mm}$，$\lambda_2=18\text{mm}$，弹簧外径不得大于 40mm，弹簧一端固定、一端回转。

第17章　机械系统的平衡和调速

任务描述

高速旋转的零件产生的离心力为零，称为平衡，否则为不平衡。在工作中很多机械构件高速运转，构件会产生很大的不平衡惯性力，极易导致机械失效，所以需进行机械回转件的动、静平衡。

在机械运转阶段，由于原动机的驱动力矩和执行构件上的负荷变化，引起机械速度的波动，这种速度波动在运动副中会产生附加动压力，增加机械的磨损，降低效率和工作可靠性，引起机械的振动，降低机械的精度和工艺性能，使产品质量下降，所以需对机械的速度波动进行调节，以减少对机械的不良影响。

任务分析

任务一：机械中很多构件都做高速旋转运动，若回转件结构不对称、制造不准确、材质不均匀，便会使整个回转件在转动时产生不平衡的离心力系，使离心力系的合力和合力偶矩不等于零。

不平衡离心力系会使机械各运动副中产生附加的动反力，从而加大运动副中摩擦力，使运动副磨损加剧，导致机械效率下降；使各构件的材料内部引起附加内应力，影响机械及各构件的使用寿命；会导致机械及其基础（机架）产生强迫振动（以上各惯性力即为干扰力），这会降低机械的运动精度，增大噪声，甚至产生共振，带来更严重的后果。

因此必须采取措施，调整回转件的质量分布，使其离心力系的合力、合力偶矩为零，达到平衡。

任务二：机械是在驱动力作用下克服阻力（生产阻力和有害阻力）而运转的。由能量守恒定律，在任一时间间隔内，驱动力所作的功和克服阻力所作的功之差，等于该时间间隔内机械动能的变化。动能的变化引起机械速度的变化，称为速度波动。

因此需进行速度波动的调节，把速度波动控制在允许的范围内，以减小速度波动产生的不良影响。

相关知识

17.1　回转件的平衡

回转件回转时的离心惯性力为

$$F = mr\omega^2 \tag{17-1}$$

例如质量为10kg，质心偏离回转轴线0.001m，转速为$n = 3000\text{r/min}$的回转件，回转时引起的离心惯性力F为

$$F = mr\omega^2 = mr\left(\frac{\pi n}{30}\right)^2 = 10 \times 0.001 \times \left(\frac{\pi \times 3000}{30}\right)^2 \text{N} \approx 1000\text{N}$$

离心力在回转件两端支座中引起附加动压力，加速轴承的磨损，还会引起振动，产生噪声，影响机械的效率和其使用寿命。因此必须采取措施，调整回转件的质量分布，使其离心力系的合力、合力偶矩为零，达到平衡。对于高速、精密机械，此工作更为重要。

17.1.1　静平衡

若一回转件其直径 D 与长度 l 的比值 $D/l \geqslant 5$，即轴向尺寸较小的圆盘状回转件，如齿轮、带轮等，可以认为它们的质量分布在同一回转平面内。这类回转件的平衡属于静平衡问题。

如图 17-1a 所示的回转件，各不平衡质量 m_1、m_2、m_3 分布在同一回转平面内。各不平衡质量到回转中心的距离为 $\boldsymbol{r}_1$、$\boldsymbol{r}_2$、$\boldsymbol{r}_3$。当回转件以等角速度 ω 回转时，各质量所产生的离心惯性力分别为

$$\boldsymbol{F}_1 = m_1\boldsymbol{r}_1\omega^2$$

$$\boldsymbol{F}_2 = m_2\boldsymbol{r}_2\omega^2$$

$$\boldsymbol{F}_3 = m_3\boldsymbol{r}_3\omega^2$$

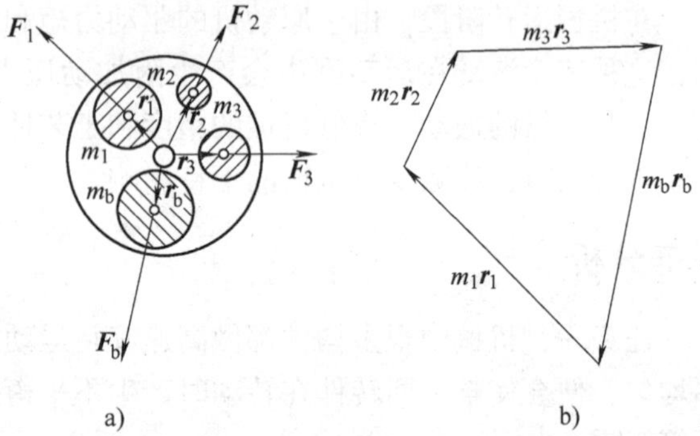

图 17-1　回转件的静平衡分析

这些离心惯性力构成平面汇交力系。若该力系的合力 $\sum \boldsymbol{F}_i$ 不为零，则处于静不平衡状态。欲使其平衡，只要在此平面内加上一个校正质量（或在其相反方向减去一个质量），使其产生的离心惯性力与原来不平衡质量产生的离心惯性力的合力为零，构成平衡力系，此回转件即达到静平衡状态。其平衡条件为

$$\boldsymbol{F}_b + \boldsymbol{F}_1 + \boldsymbol{F}_2 + \boldsymbol{F}_3 = 0 \tag{17-2}$$

即 $m_b\boldsymbol{r}_b\omega^2 + m_1\boldsymbol{r}_1\omega^2 + m_2\boldsymbol{r}_2\omega^2 + m_3\boldsymbol{r}_3\omega^2 = 0$

化简可得

$$m_b\boldsymbol{r}_b + m_1\boldsymbol{r}_1 + m_2\boldsymbol{r}_2 + m_3\boldsymbol{r}_3 = 0$$

式中，m_b 为校正质量（kg）；m_1、m_2、m_3 为不平衡质量（kg）；$\boldsymbol{r}_b$ 校正质量的质心到回转中心的矢径（m）；$\boldsymbol{r}_1$、$\boldsymbol{r}_2$、$\boldsymbol{r}_3$ 为不平衡质量的质心到回转中心的矢径（m）。

质量与质心到回转中心距离的乘积称为质径积。故回转件静平衡条件为不平衡质量和校正质量所产生的离心惯性力之和为零，或其质径积之和为零。

回转件的静平衡，就是确定不平衡质量的大小和方向，从而确定校正质量的质径积 $m_b\boldsymbol{r}_b$ 的大小和方向。图 17-1b 所示为图解法确定质径积 $m_b\boldsymbol{r}_b$ 的方法，其以一定比例尺按 $\boldsymbol{r}_1$、$\boldsymbol{r}_2$、$\boldsymbol{r}_3$ 的方向作向量代表质径积 $m_1\boldsymbol{r}_1$、$m_2\boldsymbol{r}_2$、$m_3\boldsymbol{r}_3$，最后的封闭向量即代表校正质量质径积的大小和方向。$\boldsymbol{r}_b$ 的大小，可视结构情况而定，一般尽可能大些，以便使校正质量 m_b 小些。

17.1.2　动平衡

对于轴向尺寸较大的回转件，$D/l \leqslant 5$，如内燃机的曲轴、机床主轴等，不能认为所有质量都分布在垂直于转轴轴线的平面内，而应看作是在垂直于轴线的相互平行的平面内。

如图 17-2 所示的回转件，两个不平衡质量 $m_1 = m_2$，$r_1 = r_2$。虽然总质心 S 处在回转轴

上，满足了静平衡条件 $m_1\boldsymbol{r}_1+m_2\boldsymbol{r}_2=0$。但由于两个不平衡质量不在同一个回转平面内，当其回转时，离心力 $\boldsymbol{F}_1$ 与 $\boldsymbol{F}_2$ 形成惯性力偶，仍使其处于不平衡状态。由于这种不平衡状态只有在回转时才能显示出来，故称为动不平衡。因此回转件的动平衡条件是：①回转件上各个质量的离心力系的合力等于零；②离心力所形成的合力偶矩等于零。

下面讨论各不平衡质量分布在若干个回转平面内的动平衡方法。

图 17-3a 所示的回转件，不平衡质量 m_1、m_2、m_3 分布在不同平面 1、2、3 内，它们所产生的离心力 $\boldsymbol{F}_1$、$\boldsymbol{F}_2$、$\boldsymbol{F}_3$ 组成一个空间力系，利用理论力学的力分解原理，则根据结构情况，选择两个平行的校正平面 T'、T''，分别将各离心力分解到两个校正平面上，其大小为

$$F_1'=\frac{l_1''}{l}F_1\qquad F_1''=\frac{l'}{l}F_1$$

$$F_2'=\frac{l_2''}{l}F_2\qquad F_2''=\frac{l_2'}{l}F_2$$

$$F_3'=\frac{l_3'''}{l}F_3\qquad F_3''=\frac{l_3'}{l}F_3$$

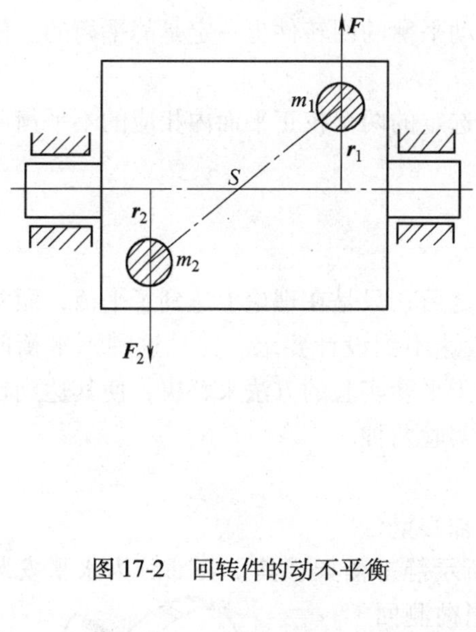

图 17-2　回转件的动不平衡

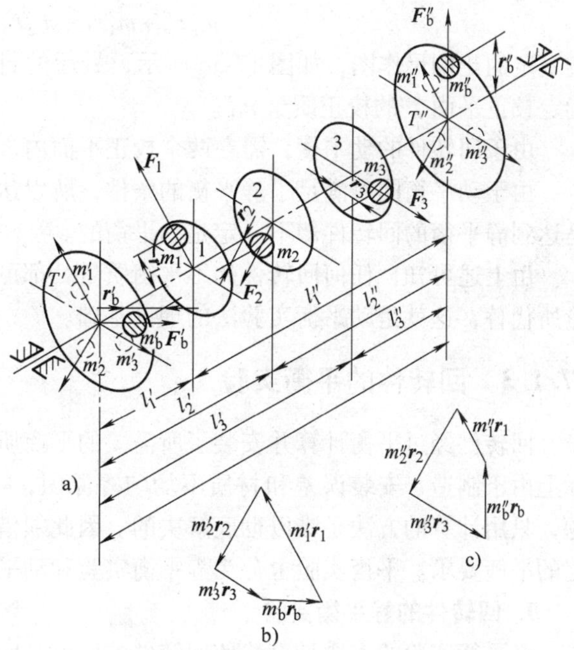

图 17-3　回转件的动平衡分析

原来的空间力系就转化为校正平面内的平面汇交力系，即将动平衡问题转化为静平衡的方法来处理。

若以质径积代之，上式可写成

$$m_1'r_1'=\frac{l_1''}{l}m_1r_1\qquad m_1''r_1''=\frac{l_1'}{l}m_1r_1$$

$$m_2'r_2'=\frac{l_2''}{l}m_2r_2\qquad m_2''r_2''=\frac{l_2'}{l}m_2r_2$$

$$m_3'r_3' = \frac{l_3''}{l}m_3r_3 \qquad m_3''r_3'' = \frac{l_3'}{l}m_3r_3$$

一般取 $r_1 = r_1' = r_1''$、$r_2 = r_2' = r_2''$、$r_3 = r_3' = r_3''$，整理得

$$m_1' = \frac{l_1''}{l}m_1 \qquad m_1'' = \frac{l_1'}{l}m_1$$

$$m_2' = \frac{l_2''}{l}m_2 \qquad m_2'' = \frac{l_2'}{l}m_2$$

$$m_3' = \frac{l_3''}{l}m_3 \qquad m_3'' = \frac{l_3'}{l}m_3$$

在校正平面 T' 内，加上校正质量，列其平衡方程为

$$m_b'\boldsymbol{r}_b' + m_1'\boldsymbol{r}_1 + m_2'\boldsymbol{r}_2 + m_3'\boldsymbol{r}_3 = 0$$

按一定的比例尺作图，如图 17-3b 所示，最后的封闭边代表质径积 $m_b'\boldsymbol{r}_b'$。选定 $\boldsymbol{r}_b'$ 后，即可确定校正平面 T' 的校正质量 m_b'。

同理在校正平面 T'' 内，加上校正质量，其平衡方程为

$$m_b''\boldsymbol{r}_b'' + m_1''\boldsymbol{r}_1 + m_2''\boldsymbol{r}_2 + m_3''\boldsymbol{r}_3 = 0$$

按一定的比例尺作图，如图 17-3c 所示，最后的封闭边代表质径积 $m_b''\boldsymbol{r}_b''$。选定 $\boldsymbol{r}_b''$ 后，即可确定校正平面 T'' 的校正质量 m_b''。

由于回转件的动平衡，需在两个校正平面内进行，所以回转件的动平衡称为双面平衡。

由于动平衡同时满足了静平衡的条件，所以达到动平衡的回转件也一定是静平衡的。但是达到静平衡的回转件却不一定是动平衡的。

由上述可知，任何回转件的不平衡质量，都可用选定的两个校正平面内相应的不平衡质量所代替，这就是动平衡实验法的理论基础。

17.1.3　回转件的平衡实验

回转件经过平衡计算并安装了所需要的平衡质量之后，只是在理论上达到了平衡，而实际上由于制造、安装误差和材质不均匀等原因，一般达不到设计要求。并且这种不平衡问题，只用计算的方法是难以彻底解决的。因此须借助于平衡实验的方法来解决，使其达到预定的平衡要求。平衡实验也分为静平衡实验和动平衡实验两种。

1. 回转件的静平衡实验

静平衡实验的实质是设法使回转件的质心与回转轴心重合。

静平衡实验一般在静平衡架上进行。如图 17-4 所示静平衡架，其主要部分为水平安装的两条互相平行的钢制刀口形（或圆柱形）导轨。当被测回转件的轴两端放在导轨上时，如果回转件质量不平衡，则其质心 S 必偏离轴线而产生一个重力矩使回转件在导轨上滚动，直至质心 S 落在轴线的铅垂下方，回转件停止滚动。为使回转件平衡，可在过回转件轴心的铅垂线上方，试加一平衡质量，再重复实验，调整所加平衡质量的大小及位置，直至回转件以不同位置放在导轨上都能保持静止时，说明质心已落在了回转轴线上，这时回转件就达到了静平衡。

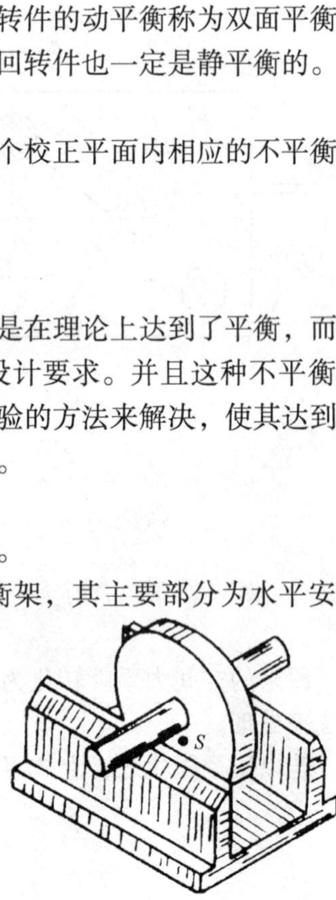

图 17-4　静平衡架示意图

2. 回转件的动平衡实验

由前述动平衡可知，对于 $L > D/5$ 的转子或有特殊要求的重要转子，一般都要进行动平衡试验。动平衡试验必须在动平衡试验机上进行。动平衡试验机的种类较多，除机械式外，由于电子技术和激光技术的发展和应用，近代动平衡机已采用电测技术测量校正面内的不平衡量和用激光技术自动去掉不平衡量。这些都大大提高了平衡精度和平衡试验的自动化程度。有关各种形式的动平衡试验机的结构、工作原理、操作过程等详细内容，可参阅相应产品样本或实验指导书等有关资料。

17.2 机械速度波动的调节

机械是在驱动力作用下克服阻力（生产阻力和有害阻力）而运转的。由能量守恒定律可知：在任一时间间隔内，驱动力所作的功和克服阻力所作的功之差，等于该时间间隔内机械动能的变化，即

$$W = W_d - W_r = E_e - E_s \tag{17-3}$$

式中，W_d 和 W_r 分别为任一时间间隔内驱动力所作的功和克服阻力所的功（J）；W 为该时间间隔内的盈功或亏功（统称盈亏功）（J）；E_e 和 E_s 分别为该时间间隔结束时和开始时机械中活动构件的动能（J）。

转动构件的动能为

$$E = \frac{I\omega^2}{2} \tag{17-4}$$

式中，I 为转动构件绕轴线的转动惯量（kg · m^2）；ω 是转动构件的角速度（rad/s）。

动能的变化引起机械速度的变化，称为速度波动。把速度波动控制在允许的范围内，以减小速度波动产生的不良影响，称为速度波动的调节，简称调速。

机械速度波动有周期性和非周期性两类。

17.2.1 周期性速度波动的调节

1. 周期性速度波动

在机械的运转中，当动能作周期性变化时，其主轴的角速度也作周期性的波动。如图 17-5 所示，在周期中的某一时间间隔中，驱动力所作的功和阻力所作的功不相等，速度是波动的，但主轴的角速度在经过一个运动周期 T 后，又恢复到初始状态。机械这种有规律的波动称为周期性速度波动。在周期性速度波动时，一个运动周期内，机械的动能没有改变，驱动力所作的功等于阻力所作的功。

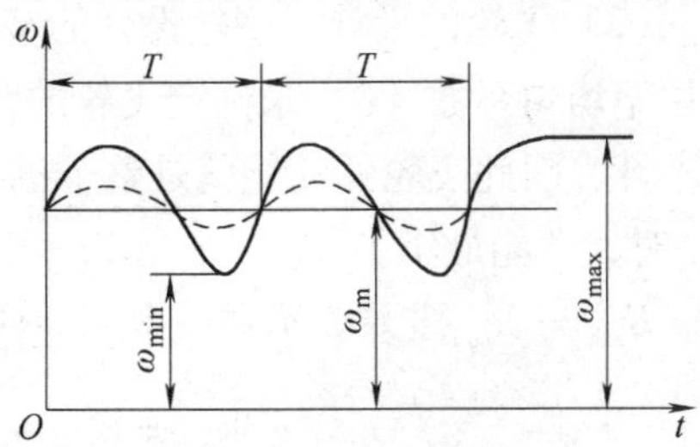

图 17-5　周期性速度波动

2. 机械运转的平均速度和不均匀系数

若机械的最大角速度为 ω_{max}，最小角速度为 ω_{min}，如图 17-5 所示，其平均速度为

$$\omega_m = \frac{1}{2}(\omega_{max} + \omega_{min}) \tag{17-5}$$

一般在机械的名牌上，通常用每分钟转速来标明这个近似的平均角速度，即“名义转速”或“额定转速”。

机械速度波动的相对程度，常用不均匀系数来表示。

$$\delta = \frac{\omega_{max} - \omega_{min}}{\omega_m} \tag{17-6}$$

根据各种机械的工作要求，对许用的不均匀系数［δ］有不同的规定，表 17-1 给出了几种常见机械不均匀系数的许用值。

表 17-1　几种常见机械不均匀系数的许用值

机械名称	［δ］	机械名称	［δ］
交流发电机	0.002 ~ 0.003	压缩机和水泵	0.03 ~ 0.05
直流发电机	0.005 ~ 0.01	轧钢机	0.04 ~ 0.1
内燃机	0.007 ~ 0.05	冲、剪、锻床	0.05 ~ 0.15
金属切削机床	0.02 ~ 0.05	破碎机	0.1 ~ 0.2

若 ω_m 和 δ 为已知，将式（17-5）与式（17-6）联立，可求得 ω_{max} 和 ω_{min} 为

$$\omega_{max} = \omega_m\left(1 + \frac{\delta}{2}\right) \tag{17-7}$$

$$\omega_{min} = \omega_m\left(1 - \frac{\delta}{2}\right) \tag{17-8}$$

由上式可见，δ 越小，机械速度的波动越小。

3. 飞轮设计的近似方法

（1）飞轮调速的基本原理　为了使机械的不均匀系数 $\delta \leqslant [\delta]$，可在机械中安装一个大转动惯量的盘状零件——飞轮，来调节周期性速度的波动。当驱动力所作的功大于阻力所作的功时，机械系统的运转速度升高，但由于飞轮的惯性，将阻止系统运转速度升高，这时飞轮的动能增加，相当于一部分多余的功以动能的形式储存起来；反之，当驱动力所作的功小于阻力所作的功时，系统的运转速度降低。由于飞轮的惯性，又将释放储存的动能以阻止系统的运转速度降低。

安装飞轮后，可使周期性速度波动变小，从而起到抑制作用，见图 17-5 中的虚线。

（2）飞轮的设计　飞轮设计的基本问题是，根据机械主轴所需要的平均角速度 ω_m 和所许用不均匀系数［δ］来确定飞轮的转动惯量 I_F。一般机械的动能与飞轮的动能相比，可略去不计，因此飞轮的动能就是整个机械的动能。当飞轮处于 ω_{max} 时，动能最大；当飞轮处于 ω_{min} 时，动能最小。

E_{max} 与 E_{min} 之差表示在一个周期内动能的最大变化量，通常称为机械的最大盈亏功

$$W_{max} = E_{max} - E_{min} = \frac{1}{2}I_F(\omega_{max}^2 - \omega_{min}^2) = I_F\omega_m^2\delta$$

或

$$I_F = \frac{W_{max}}{\omega_m^2\delta} \tag{17-9}$$

式中，最大盈亏功 W_{max} 可根据机械的驱动力矩变化曲线求得。

当最大盈亏功 W_{max} 已知时，选定允许的运转不均匀系数 [δ] 值，根据平均角速度 ω_m 或名义转速 n，可由式（17-9）求出所需飞轮的转动惯量 I_F，以保证机械速度波动在允许范围内。

17.2.2　非周期性速度波动的调节

如果驱动力所作的功在很长一段时间内总是大于阻力所作的功，则机械运转的速度将不断升高，直至超越机械强度所允许的极限转速而导致机械损坏；反之，如果驱动力所作的功总是小于阻力所作的功，则机械运转的速度将不断降低，直至停车。汽轮发电机组在供汽量不变而用电量突然增减时就会出现这种情况。这种速度波动是随机的，不规则的，没有一定的周期。因此，称为非周期性速度波动。这种速度波动不能依靠飞轮来进行调节，只能采用特殊的装置使驱动力所作的功趋于平衡，以达到新的稳定运转。这种特殊的装置称为调速器。

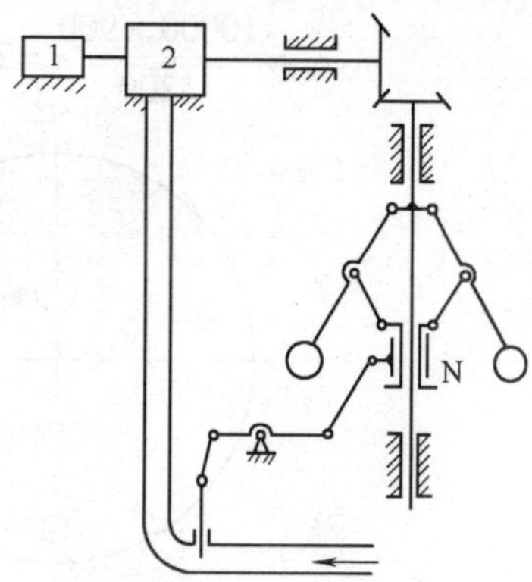

图 17-6　离心式调速器
1—工作机　2—原动机

图 17-6 所示为机械式离心调速器的工作原理。原动机 2 的输入功与供汽量的大小成正比。当负荷突然减小时，原动机 2 和工作机 1 的主轴转速升高，由锥齿轮驱动的调速器的主轴转速也随着升高，重球因离心力增大而飞向上方，带动圆筒 N 上升，并通过套杯和连杆将节流阀关小，使蒸汽输入量减小；反之，若负载突然增加，原动机及调速器主轴转速下降，飞球下落，节流阀开大，使供汽量增加。用这种方法使输入功和负荷所消耗的功（包括摩擦损失）达成平衡，以保持速度稳定。

任务实施

任务一：图示 17-7 所示为一双缸发动机的曲轴，两曲拐在同一平面内，相隔 180°，每一曲拐的质量为 50kg，离轴线距离为 200mm，A、B 两支承间距离为 900mm，工作转速 n = 3000r/min。若欲使此曲轴符合动平衡条件，以两端的飞轮平面作为平衡平面，设计在回转半径为 500mm 处应加平衡质量的大小和方向。

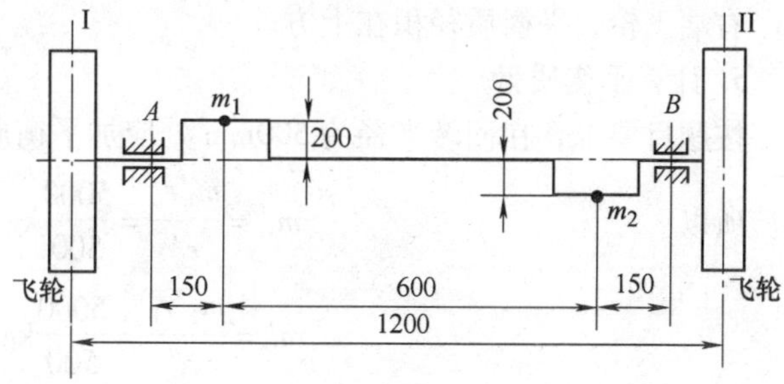

图 17-7　双缸发动机的曲轴

设计方案：

1. 计算不平衡质径积

$m_1 r_1 = 50 \times 200 = 10000\text{kg} \cdot \text{mm}$

$m_2 r_2 = 50 \times 200 = 10000\text{kg} \cdot \text{mm}$

2. 计算不平衡质径积引发的离心力偶矩

由式（17-1）得每曲拐处的离心惯性力为

$$F = mr\omega^2 = 50 \times \frac{200}{1000} \times \left(\frac{3000 \times 2\pi}{60}\right)^2 = 986960\text{N}$$

由平衡方程得

$$F_A = F_B = \frac{F \times 750 - F \times 150}{900} = 657973\text{N}$$

3. 分解不平衡质径积

将不平衡质径积 m_1r_1、m_2r_2 分解至平面Ⅰ、Ⅱ上，如图 17-8 所示。

$$m_1'r_1' = \frac{10000 \times 300}{1200} = 7500\text{kg} \cdot \text{mm} \qquad m_1''r_1'' = \frac{10000 \times 900}{1200} = 2500\text{kg} \cdot \text{mm}$$

$$m_2'r_2' = \frac{10000 \times 900}{1200} = 2500\text{kg} \cdot \text{mm} \qquad m_2''r_2'' = \frac{10000 \times 300}{1200} = 7500\text{kg} \cdot \text{mm}$$

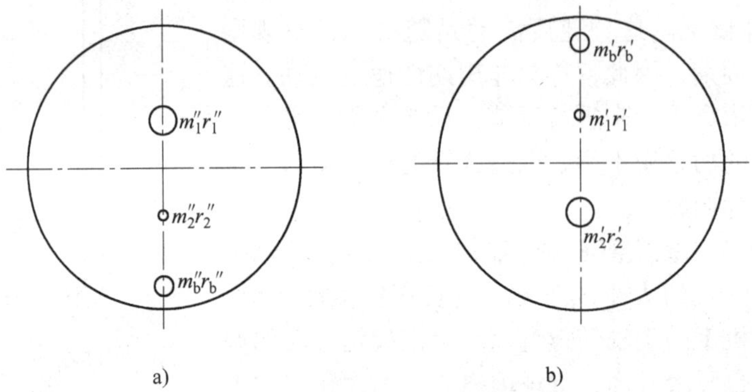

图 17-8　添加平衡质径积

a）Ⅰ平面　b）Ⅱ平面

4. 添加平衡质径积平衡质量

为满足动平衡条件，在飞轮处应加平衡质径积 $m_b'r_b'$、$m_b''r_b'''$，如图 17-8 所示。

$$m_b'r_b' = m_1'r_1' - m_2'r_2' = 7500 - 2500 = 5000\text{kg} \cdot \text{mm}$$

$$m_b''r_b'' = m_2''r_2'' - m_1''r_1'' = 7500 - 2500 = 5000\text{kg} \cdot \text{mm}$$

左端飞轮，平衡质径积在下方。

右端飞轮，平衡质径积在上方。

5. 计算平衡质量

按题目要求，在回转半径为 500mm 处应加平衡质量，即 $r_b' = r_b'' = 500\text{mm}$。

所以

$$m_b' = \frac{m_b'r_b'}{r_b'} = \frac{5000}{500}\text{kg} = 10\text{kg}$$

$$m_b'' = \frac{m_b''r_b''}{r_b''} = \frac{5000}{500}\text{kg} = 10\text{kg}$$

任务二：在电动机驱动的剪床中，已知：作用在剪床主轴上的阻力矩变化曲线 $M_r - \varphi$ 如图 17-9a 所示。电动机驱动，可认为驱动力矩 M_d 为常数，电动机转速为 1000r/min。求不均匀系数 $\delta = 0.15$ 时，所需安装在电动机主轴上飞轮的转动惯量 I_F。

设计方案：

1. 求驱动力矩 M_d

在一个运动周期中，驱动力矩 M_d 和阻力矩 M_r 所作的功分别为

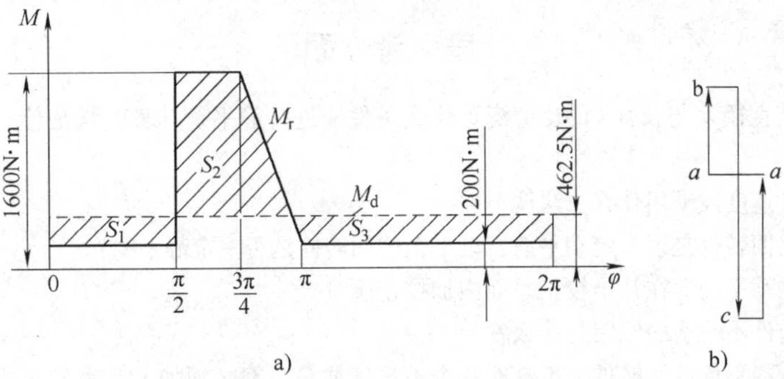

图 17-9　力矩和功、能指示图

$$W_d = \int_0^{2\pi} M_d d\phi = M_d 2\pi$$

$$\begin{aligned} W_r &= \int_0^{2\pi} M_r d\varphi \\ &= \left[200 \times 2\pi + (1600-200)\frac{\pi}{4} + \frac{1}{2}(1600-200)\frac{\pi}{4}\right] \\ &= 2906\text{J} \end{aligned}$$

根据稳定运转时，一个周期中功相等的原理求出驱动力矩为

$$M_d = \frac{W_r}{2\pi} = \frac{2906}{2\pi}\text{J} = 462.5\text{J}$$

作出 $M_r - \varphi$ 曲线如图 17-10a 中虚线所示。

2. 确定最大盈亏功 W_{max}

图 17-9a 中虚线以上的面积为盈功，虚线以下的面积为亏功。$M_d - \phi$ 与 $M_r - \phi$ 所包围的各小块面积及其所代表的功分别为

$$S_1 = (462.5-200)\frac{\pi}{2}\text{J} = 412.3\text{J}$$

$$S_2 = \left[(1600-462.5)\frac{\pi}{4} + \frac{1}{2}(1600-462.5)\frac{1600-462.5}{1600-200} \times \frac{\pi}{4}\right]\text{J} = 1256.3\text{J}$$

$$S_3 = (462.5-200)\pi + \frac{1}{2}(462.5-200)\left[\frac{\pi}{4} - \frac{\pi}{4} \times \frac{1600-462.5}{1600-200}\right]\text{J} = 844\text{J}$$

确定最大盈亏功可借助于动能指示图，如图 17-9b 所示。取 α 表示运动循环开始时机械的动能。以一定的比例依次作向量$\overline{ab}$、$\overline{bc}$、$\overline{ca}$代表上述各小块的面积 S_1、S_2、S_3。盈亏功为正，箭头向上；盈亏功为负，箭头向下。由于循环结束时与开始时的动能相等，因此该指示图的箭头应首尾相接。由图可见，b 点具有最大动能，对应于 ω_{max}，c 点具有最小动能，对应于 ω_{min}，向量$\overline{bc}$代表最大盈亏功 W_{max}。

3. 求飞轮的转动惯量 I_F

按式（17-9）得 $I_F = \dfrac{W_{max}}{\omega_m^2 \delta} = \dfrac{1256.3}{\left(\dfrac{1000\pi}{30}\right)^2 \times 0.15}\text{kg} \cdot \text{m}^2 = 0.765\text{kg} \cdot \text{m}^2$

思 考 题

17-1　回转件其直径 D 与长度 l 的比值满足什么条件应进行静平衡计算？满足什么条件应进行动平衡计算？

17-2　非周期性速度波动用什么方法调节？

17-3　静平衡的回转件是否一定动平衡？动平衡的回转件是否一定静平衡？

17-4　回转件的动平衡要在几个校正平面内加校正质量？

17-5　造成回转件不平衡的原因是什么？

17-6　需要进行静平衡的回转件，不论有几个不平衡质量，都必须加上几个校正质量才能平衡，这种说法正确吗？

17-7　回转件达到动平衡的条件是什么？

17-8　不均匀系数 δ 对机械速度有什么影响？

习 题

17-1　图 17-10 所示盘形回转件中，有 4 个偏心重量位于同一回转平面内，其大小及其重心到回转轴线的距离分别为 $m_1=50\text{g}$，$r_1=100\text{mm}$，$m_2=70\text{g}$，$r_2=200\text{mm}$，$m_3=80\text{g}$，$r_3=150\text{mm}$，$m_4=50\text{g}$，$r_4=100\text{mm}$。设校正质量到回转轴线的距离 $r_b=150\text{mm}$，求校正质量 m_b 和方位角 α_{b1}。

17-2　如图 17-11 所示一单缸卧式煤气机，在曲柄轴的两端装有两个飞轮 A 和 B。已知曲柄半径 $R=250\text{mm}$ 及换算到曲柄销 S 的不平衡质量为 50kg。欲在两飞轮上各装一平衡质量 m_A 和 m_B，其回转半径 $r=600\text{mm}$，试求 m_A 和 m_B 的大小和位置。

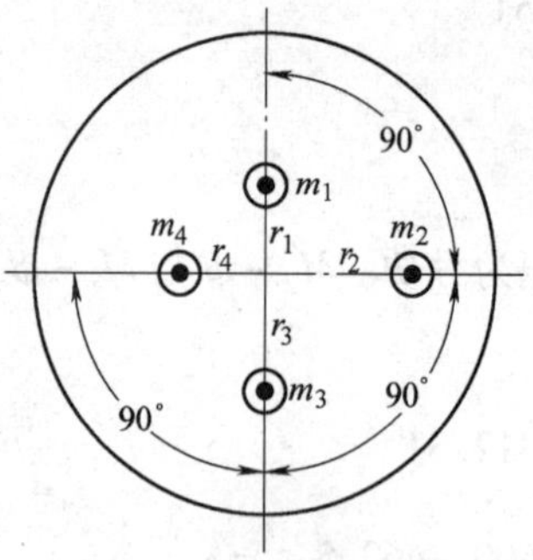

图 17-10　习题 17-1 图

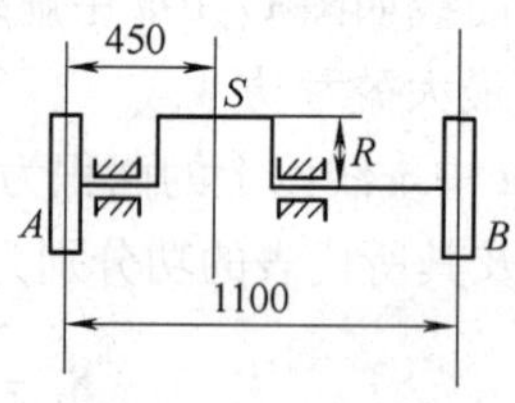

图 17-11　习题 17-2 图

17-3　某机组主轴上作用的驱动力矩 M_d 为常数，它的一个运动循环中阻力矩的变化如图 17-12 所示。已知 $\omega_m=25\text{rad/s}$，$\delta=0.04$。试确定：1）主轴的最大角速度 ω_{max} 和最小角速度 ω_{min}；2）驱动力矩 M_d 的大小；3）最大盈亏功 W_{max}；4）飞轮的转动惯量 I_F。

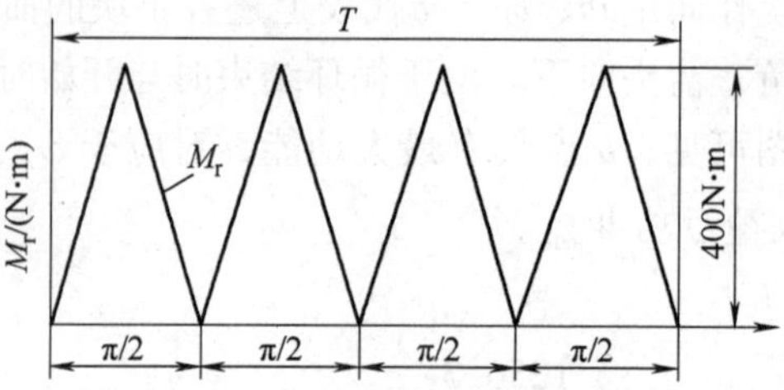

图 17-12　习题 17-3 图

第 18 章　机械总体设计

18.1　方案的设计

任务描述

任务一：设计肥皂压花机总体机构。

任务二：设计带式输送机传动装置。

18.1.1　常用机构和传动的特点

机械用以传递运动和动力，变换运动形式以实现工作机预定的工作要求，其工作性能、重量、成本在很大程度上取决于传动装置的性能、质量及设计布局的合理性，所以它的合理设计是一个十分重要的问题。

实现工作机预定的功能，可以有不同的方案。合理的方案除应满足工作机的性能要求和适应工作条件外，还应工作可靠、结构简单、尺寸紧凑、加工方便、成本低廉、效率高和使用维修方便等。

机械通常由各基本机构和传动组合而成，机械的组合形式应根据机构和传动的特点以及工作需要确定。常用机构的特点见表 18-1，常用传动的特点见表 18-2。

表 18-1　常用机构的特点

机构名称	平面连杆机构	凸轮机构	槽轮机构	棘轮机构	螺旋传动
简图	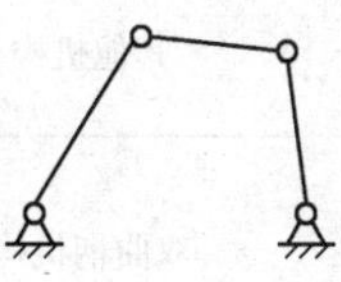	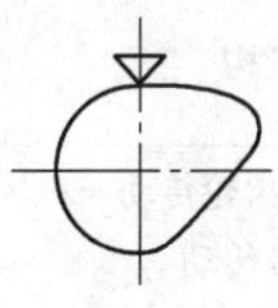	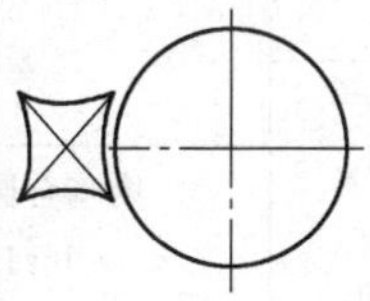	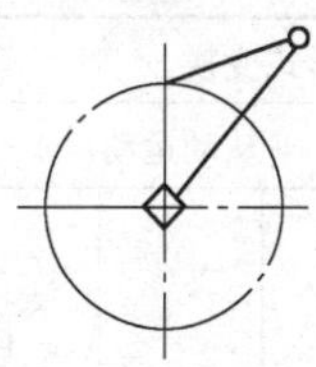	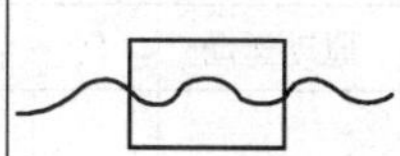
传动形式	转动→转动 转动→摆动 转动→移动 摆动→转动 移动→转动	转动→移动 转动→摆动 移动→移动 移动→摆动	转动→间歇转动	摆动→间歇转动 摆动→间歇移动	转动→移动
效率	较高	较低	较高	较低	$\eta=\dfrac{\tan\psi}{\tan(\psi+\rho_v)}$
相对成本	低	制造成本较高	较高	较高	中
性能特点	一定条件下有急回运动特性，可远距离传动	从动件可实现各种运动规律	槽数范围 3～8，槽数少则冲击大	可利用多种结构控制棘轮转角	传动平稳，能自锁（$\lambda\leqslant\rho_v$），增力效果好

表 18-2　常用传动的特点

<table>
<tr><td rowspan="2">名称</td><td colspan="2">带 传 动</td><td rowspan="2">链传动</td><td colspan="2">齿轮传动</td><td rowspan="2">蜗杆传动</td></tr>
<tr><td>平带传动</td><td>V 带传动</td><td>圆柱齿轮</td><td>锥齿轮</td></tr>
<tr><td>简图</td><td colspan="2">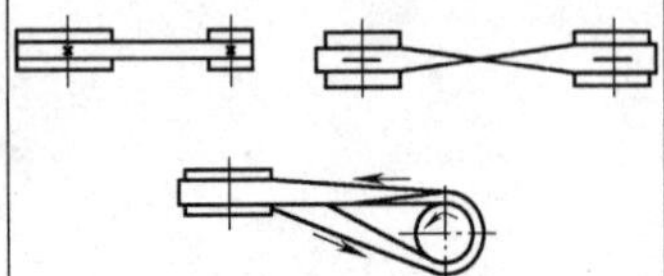</td><td>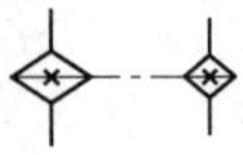</td><td colspan="2">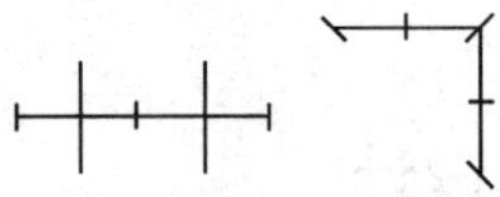</td><td>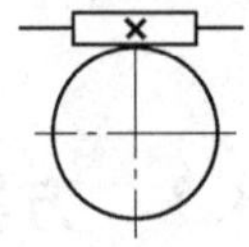</td></tr>
<tr><td>适用功率</td><td>小
≤20kW</td><td>中
≤100kW</td><td>中
≤100kW</td><td colspan="2">大
≤50000kW</td><td>小
≤50kW</td></tr>
<tr><td>单级传动比</td><td>常用值 2 ~ 4
最大值 6</td><td>常用值 2 ~ 4
最大值 15</td><td>常用值 2 ~ 5
最大值 10</td><td>常用值 2 ~ 5
最大值 10</td><td>常用值 2 ~ 3
最大值 6</td><td>常用值 7 ~ 40
最大值 80</td></tr>
<tr><td>外廓尺寸</td><td>大</td><td>大</td><td>大</td><td colspan="2">小</td><td>小</td></tr>
<tr><td>传动精度</td><td>低</td><td>低</td><td>中等</td><td colspan="2">高</td><td>高</td></tr>
<tr><td>平稳性</td><td>好</td><td>好</td><td>较差</td><td colspan="2">中等</td><td>好</td></tr>
<tr><td>使用寿命</td><td>短</td><td>短</td><td>中等</td><td colspan="2">长</td><td>中等</td></tr>
<tr><td>要求精度</td><td>低</td><td>低</td><td>中等</td><td colspan="2">高</td><td>高</td></tr>
<tr><td>润滑条件</td><td>不需</td><td>不需</td><td>中等</td><td colspan="2">高</td><td>高</td></tr>
</table>

18.1.2　常用机构和传动的选择

一般的原动机为电动机，其运动形式是匀速回转运动，而工作机构要求的运动形式却是移动、摆动、间歇运动和平面复杂运动等多种运动形式。各种常用机构与传动的运动形式见表 18-3。

表 18-3　实现各种运动形式变换常用机构

<table>
<tr><td colspan="5">运动形式变换</td><td rowspan="2">基本机构</td><td rowspan="2">其他机构</td></tr>
<tr><td>原动运动</td><td colspan="4">从动运动</td></tr>
<tr><td rowspan="6">连续回转</td><td rowspan="6">连续回转</td><td rowspan="4">变向</td><td rowspan="2">平行轴</td><td>同向</td><td>内啮合圆柱齿轮传动
开口平带传动
V 带传动
链传动</td><td>双曲柄机构
转动导杆机构</td></tr>
<tr><td>反向</td><td>外啮合圆柱齿轮传动</td><td>交叉平带传动
反平行四边形机构</td></tr>
<tr><td colspan="2">相交轴</td><td>锥齿轮传动</td><td></td></tr>
<tr><td colspan="2">交错轴</td><td>蜗杆蜗轮传动
交错轴斜齿圆柱齿轮传动</td><td>半交叉平带传动</td></tr>
<tr><td>变速</td><td colspan="2">减速
增速</td><td>齿轮传动
蜗杆传动
带传动
链传动</td><td></td></tr>
</table>

（续）

<table>
<tr><td colspan="4">运动形式变换</td><td rowspan="2">基本机构</td><td rowspan="2">其他机构</td></tr>
<tr><td>原动运动</td><td colspan="3">从动运动</td></tr>
<tr><td rowspan="8">连续回转</td><td colspan="3">间歇回转</td><td>槽轮机构</td><td>不完全齿轮机构</td></tr>
<tr><td rowspan="2">摆动</td><td colspan="2">无急回特性</td><td>摆动从动件凸轮机构</td><td>曲柄摇杆机构（$K=1$）</td></tr>
<tr><td colspan="2">有急回特性</td><td>曲柄摇杆机构（$K>1$）
摆动导杆机构</td><td>双曲柄机构</td></tr>
<tr><td rowspan="3">移动</td><td colspan="2">连续移动</td><td>齿轮齿条传动
螺旋传动</td><td></td></tr>
<tr><td rowspan="2">往复移动</td><td>无急回特性</td><td>对心曲柄滑块机构</td><td></td></tr>
<tr><td>有急回特性</td><td>偏置曲柄滑块机构</td><td></td></tr>
<tr><td colspan="3">间歇移动</td><td>不完全齿轮齿条传动</td><td></td></tr>
<tr><td colspan="3">平面运动</td><td>平面连杆机构</td><td></td></tr>
<tr><td rowspan="3">摆动</td><td colspan="3">摆动</td><td>双摇杆机构</td><td></td></tr>
<tr><td colspan="3">移动</td><td>摇杆滑块机构
摇块机构</td><td></td></tr>
<tr><td colspan="3">间歇回转</td><td>棘轮机构</td><td></td></tr>
</table>

几种传动形式进行组合时，其顺序需考虑以下几点。

1）带传动由于承载能力较低，在传递相同转矩时，结构尺寸较其他形式大，故应放在传动系统的高速级。此时转速较高，在传递相同功率时的转矩较小，从而使带传动获得较为紧凑的结构尺寸。

2）链传动由于运转不均匀，且有冲击，宜布置在传动系统的低速级。

3）锥齿轮传动由于锥齿轮加工较困难，特别是大锥齿轮加工更困难，因此，尽可能将锥齿轮传动布置在传动系统的高速级，并限制其传动比，以减小锥齿轮的结构尺寸。但需注意，当锥齿轮的速度过高时，其精度也需相应提高，此时还应考虑制造成本问题。

4）蜗杆传动大多用在传动比大而传递功率不大的情况下，其承载能力较齿轮传动低，宜布置在传动系统的高速级，以获得较小的结构尺寸。这样齿面相对滑动速度较高，易于形成液体动力润滑油膜，有利于提高承载能力及效率。

5）斜齿圆柱齿轮传动的平稳性较直齿圆柱齿轮传动好，相对地可用于高速级。

6）开式传动一般由于工作条件较差，润滑不良，故寿命较短，应布置在低速级。

7）为简化传动系统，一般总是将改变运动形式的机构（如连杆机构、凸轮机构等）布置在传动系统的末端。

8）制动器常设在高速轴，但此时需注意，位于制动器后面的传动机构不宜采用带传动和摩擦传动。

9）传动装置的布局上要求尽可能做到结构紧凑、匀称，强度和刚度好，适合车间布置情况，以便于工人操作和维修。

10）在传动装置总体设计中，有时还需要考虑防止因过载而造成机器或人身事故的问题。为此，可在传动系统的某一环节，加设安全保险装置。

如：为了满足带式输送机的工作要求，可以采用如图 18-1 所示方案。

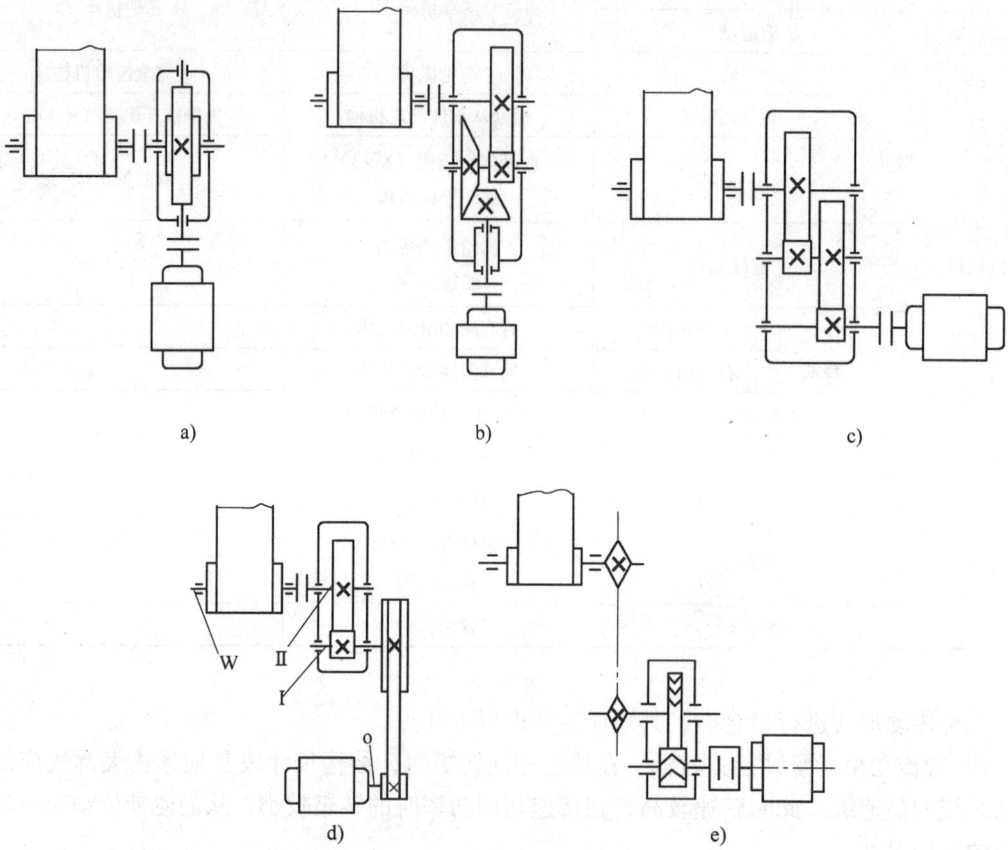

图 18-1　带式输送机传动方案

对几种方案进行比较见表 18-4。

表 18-4　传动方案比较

传动方案	特　点
a	结构紧凑，若在大功率和长期运转条件下使用，由于蜗杆传动效率低，功率损失大，不经济
b	宽度尺寸较小，可以在恶劣环境下长期连续工作，但锥齿轮加工较困难，加工成本较高
c	宽度尺寸较大，输入轴线与工作机位置水平布置，可以在恶劣环境下长期连续工作
d	宽度和长度尺寸较大，带传动不宜用于工作载荷较大和工作环境恶劣时，但有过载保护作用
e	能满足传动比要求，但起动力矩大时，链传动的抗冲击性能差，噪声大，链磨损快

18.2　原动机选择

机械中原动机一般为电动机。电动机已经标准化、系列化，一般由专门工厂按标准系列成批大量生产。设计时只需根据工作载荷、工作机的特性和工作环境，选择电动机的类型、结构形式和转速，计算电动机功率（容量），确定电动机型号即可。

18.2.1 类型选择

电动机类型是根据电源种类（直流或交流）、工作条件（温度、环境、空间尺寸等）及载荷特点（性质、大小、起动性能和过载情况）等条件来选择的。目前广泛采用的 Y 系列三相异步电动机是全封闭自扇冷笼型三相异步电动机，适用于不易燃、不易爆、无腐蚀性气体和无特殊要求的机械上，如金属切削机床、风机、输送机、搅拌机、农业机械和食品机械等。由于 Y 系列电动机具有较好的起动性能，因此，也适用于某些对起动转矩有较高要求的机械，如压缩机等。

Y 系列电动机的结构及技术数据可查有关手册。

18.2.2 电动机功率的确定

电动机功率（容量）的大小是根据工作机所需的功率大小和中间传动装置的效率以及机器的工作条件等来确定的。如电动机功率过小，则不能保证工作机正常工作，且电动机在长期过载下工作而过早损坏；电动机功率过大时，能量不能充分利用而造成浪费。合理的选择步骤如下：

1. 工作机所需功率 P_w

工作机所需的功率 P_w 按下式计算

$$P_w = \frac{Fv}{1000\eta_w} \tag{18-1}$$

式中，F 为传递的圆周力（N）；v 为圆周速度（m/s）；η_w 为工作机效率，根据工作机的类型确定，例如，带式输送机可取 $\eta_w = 0.95$。

2. 电机输出功率 P_0

$$P_0 = \frac{P_w}{\eta} \tag{18-2}$$

式中，η 为总效率。

$$\eta = \eta_1 \cdot \eta_2 \cdot \eta_3 \cdots \eta_n \tag{18-3}$$

η_1，η_2，…，η_n 为各种传动的效率可查有关手册。

3. 确定电动机的额定功率 P_m

对于长期连续运转，载荷不变或很少变化，且在常温下工作的电动机，选择电动机容量（额定功率）时，使电动机额定功率 P_m 等于或略大于电动机所需的输出功率 P_0，电动机便不会过热。通常取 $P_m = (1 \sim 1.3)P_0$，功率大小可视工作机的过载情况来决定，然后选择出相应的电动机型号。

18.2.3 电动机转速的确定

容量相同的同类电动机，其同步转速有 3000r/min、1500r/min、1000r/min 和 750r/min 四种。电动机的转速越高，则极数越少，尺寸和重量越小，价格也越低。但机械传动装置的总传动比增大，传动级数要增多，传动尺寸和成本都要增加。所以选择电动机转速时，必须做全面分析比较，通常多选用同步转速为 1000r/min 和 1500r/min 两种。

电动机的转速

$$n_{电} = i_{总} n_w \tag{18-4}$$

式中，n_w 为工作机转速（r/min）。

按照上式电动机转速，选定的电动机类型、结构、容量和转速，可由有关手册查出电动机型号，并记录其型号、性能参数和主要尺寸。

圆周速度与转速关系按下式计算

$$v = \frac{\pi dn}{60 \times 1000} \tag{18-5}$$

在其他条件相同的情况下，提高圆周速度可以减小传动的外廓尺寸。因此，在较高的速度下进行传动是有利的。对于挠性传动，限制速度的因素是离心力，它在挠性件中会引起附加载荷，并且减小其有效拉力；对于啮合传动，限制速度的主要因素是啮合元件进入啮合和退出啮合时产生的附加作用力，它的增大会使所传递的有效力减小。

为了获得大的圆周速度，需要提高主动件的转速或增大其直径。但是，直径增大会使传动的外廓尺寸变大。因此，为了维持高的圆周速度，主要是提高转速。转速的最大值受到啮合元件进入和退出啮合时的允许冲击力、振动及摩擦功的大小等因素的限制。

18.3 确定传动比和运动动力参数

18.3.1 确定传动比

电动机选定后，按照电动机的满载转速 $n_{电}$ 及工作机的转速 n_w，可确定传动装置的总传动比

$$i = \frac{n_{电}}{n_w} \tag{18-6}$$

当各级传动机构串联时，传动装置的总传动比是各级传动比的连乘积，即

$$i = i_1 i_2 \cdots i_n \tag{18-7}$$

式中，i_1、$i_2 \cdots i_n$ 为各级传动的传动比。

传动比分配直接影响传动装置的外廓尺寸、重量、润滑或减速器的中心距以及整个机器的工作能力等。但是，这许多因素往往不能同时兼顾。因此，合理分配传动比是一个十分重要的问题，设计时应根据设计要求考虑分配方案。

传动比合理分配的一般原则为：

1）各级传动应在其推荐范围内选取，不应超过最大值。表 18-2 列出了各类传动比的常用值和最大值供设计时参考。

2）应充分发挥各级传动的承载能力，注意使各级传动的结构尺寸协调、匀称及便于安装，如由带传动和一级圆柱齿轮减速器组成的传动装置中，应使带传动比小于齿轮传动比。

3）使各级传动装置具有较小外廓尺寸和最小中心距。

4）要考虑零件结构上不会造成相互干涉碰撞。

5）在二级及多级卧式圆柱齿轮减速器中，为便于实现浸油润滑，应使各级大齿轮浸油深度大致相等。对于展开式二级圆柱齿轮减速器，为使二级传动的大齿轮直径相近，传动比

一般推荐为 $i_1=(1.2\sim1.4)i_2$，式中，i_1、i_2 为减速器高速级和低速级传动比。

18.3.2　确定运动和动力参数

机械的运动和动力参数指其功率、转速和转矩，是设计计算机械零部件的依据。

各轴的功率、转速和转矩的关系按下式计算：

$$T_n=9550\frac{P_n}{n_n} \tag{18-8}$$

式中，P_n 为 n 轴实际输出功率(kW)。n_n 为 n 轴转速(r/min)。T_n 为 n 轴输出转矩(N·m)。

由上式可知：同一机械中，高速轴转速高、转矩小，所以高速轴及其上相应传动件尺寸较小；反之，低速轴转速低、转矩大，所以低速轴及其上相应传动件尺寸较大。

任务实施

任务一：设计肥皂压花机总体机构。

设计方案：

肥皂压花机有三个工作可以完成，如图 18-2 所示。

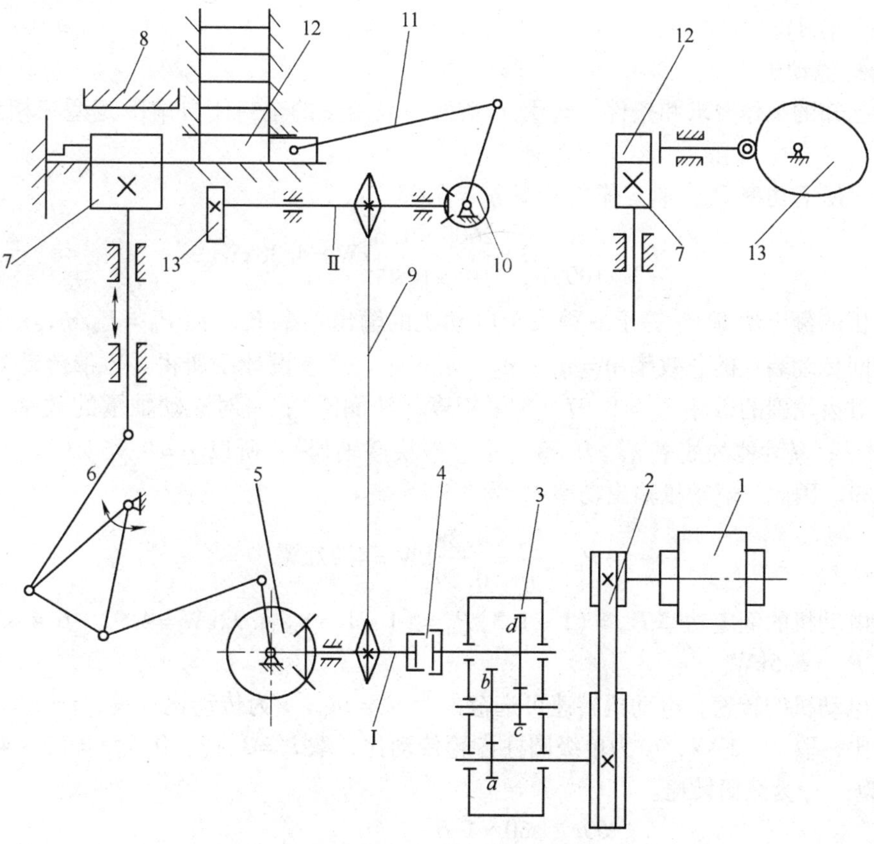

图 18-2　肥皂压花机的传动路线

1—电动机　2—带传动　3—二级齿轮减速器　4—离合器　5—锥齿轮传动　6—六杆机构　7—下模具　8—上模具　9—链传动　10—锥齿轮传动　11—曲柄滑块机构　12—皂块送进　13—凸轮机构

1）将肥皂块送入模具中。

2）移动下模具，完成压花。

3）将压好花的肥皂从模具中推出。

因此肥皂压花机的传动路线有三条。

1）通过带传动、二级齿轮减速器、离合器将电动机转动，传递到Ⅰ轴，再通过链传动、锥齿轮传动及曲柄滑块机构，将运动转化为滑块的往复移动，滑块往左移动时，将肥皂块送入模具中。

2）通过锥齿轮传动及六杆机构将Ⅰ轴的运动转化为下模具的往复移动，当下模具往上移动时，完成肥皂压花动作。

3）通过Ⅱ轴上的凸轮机构，将压好花的肥皂从模具中推出，完成整个压花动作。

任务二：已知带式输送机连续单向运转，输送带拉力 $F=2.6\text{kN}$，输送带工作速度 $v=1.6\text{m/s}$，卷筒直径 $D=400\text{mm}$，空载起动，使用期限5年，三班制工作，输送带速度容许误差为±5%，输送带效率一般为0.94～0.96，原动机为电动机，请确定：1）电动机型号；2）传动装置总传动比及各级传动比；3）传动系统的性能参数。

设计方案：

带式输送机传动方案设计如图18-1所示，各方案特点见表18-4，因该设计载荷不大，因此选择方案d）。

1. 选择电动机

根据已知的工作要求和条件，选用Y系列一般用途的全封闭自扇冷笼型三相异步电动机。

工作机所需功率 P_w，取工作机效率 $\eta_w=0.95$

$$P_w=\frac{Fv}{1000\eta_w}=\frac{2600\times1.6}{10^3\times0.95}\text{kW}=4.38\text{kW}$$

电动机的额定功率 P_m 等于或稍大于电动机的输出功率 P_0。而 $P_0=P_w/\eta$，η 为电动机至滚筒轴间传动装置的总效率 $\eta=\eta_1\cdot\eta_2\cdot\eta_3^2\cdot\eta_4$。经查设计手册得：V带传动效率 $\eta_1=0.96$；一对齿轮副的效率 $\eta_2=0.97$（8级精度，油润滑）；一对滚动轴承的效率 $\eta_3=0.99$（稀油润滑）；联轴器的效率 $\eta_4=0.98$（十字滑块联轴器）；所以 $\eta=0.96\times0.97\times0.99^2\times0.98=0.89$。因此，电动机输出功率 P_0 为

$$P_0=\frac{P_w}{\eta}=\frac{4.38}{0.89}\text{kW}=4.92\text{kW}$$

一般电动机的额定功率 $P_m=(1\sim1.3)P_0=(1\sim1.3)\times4.92\text{kW}=4.92\sim6.40\text{kW}$，查设计手册取 $P_m=5.5\text{kW}$。

确定电动机的转速，电动机转速可选范围为 $n'=in_w$，i 为传动比范围，$i=i_1\times i_2$，i_1 为V带传动比，取 $i_1=2\sim4$，i_2 为单级圆柱齿轮传动比，取 $i_2=3\sim5$，因此 $i=(2\sim4)\times(3\sim5)=6\sim20$；$n_w$ 为滚筒转速。

$$n_w=\frac{60v}{\pi D}=\frac{60\times1.6}{3.14\times400}\text{r/min}=76.4\text{r/min}$$

所以电动机可选择的转速范围为 $n'=in_w=(6\sim20)\times76.4\text{r/min}=458\sim1528\text{r/min}$，电动机的同步转速符合这一范围的有750r/min、1000r/min、1500r/min三种。电动机的转速

高，尺寸和质量小，价格也低，但传动装置的传动比大，从而传动装置的结构尺寸增大，成本提高。选用低速电动机则相反，因此选取同步转速为 1000r/min，Y 系列电动机。查设计手册得电动机型号为 Y132M2-6，其满载转速为 $n_m = 960\text{r/min}$。

2. 确定传动装置总传动比 i

$$i = \frac{n_m}{n_w} = \frac{960}{7604} = 12.57$$

分配各级传动比，为使 V 带传动的外廓尺寸不至于过大，初选带传动比 $i_1 = 3$，则齿轮传动比

$$i_2 = \frac{i}{i_1} = \frac{12.57}{3} = 4.19$$

3. 计算传动系统的性能参数，性能参数主要包括各轴的转速、输入功率、输入转矩等，这是各级传动强度计算的依据。

各轴转速

$$n_0 = n_m = 960\text{r/min}$$

$$n_{\mathrm{I}} = \frac{n_m}{i_1} = \frac{960}{3} = 320\text{r/min}$$

$$n_{\mathrm{II}} = \frac{n_{\mathrm{I}}}{i_2} = \frac{320}{4.19} = 76.4\text{r/min}$$

$$n_w = n_{\mathrm{II}} = 76.4\text{r/min}$$

式中，n_0 为 0 轴转速，n_{I} 为 I 轴转速，n_{II} 为 II 轴转速，n_W 为 W 轴转速。

各轴输入功率

$$P_0 = 4.92\text{kW}$$

$$P_{\mathrm{I}} = P_0\eta_1 = 4.92 \times 0.96\text{kW} = 4.72\text{kW}$$

$$P_{\mathrm{II}} = P_{\mathrm{I}}\eta_2\eta_3 = 4.72 \times 0.97 \times 0.99\text{kW} = 4.53\text{kW}$$

$$P_W = P_{\mathrm{II}}\eta_3\eta_4 = 4.53 \times 0.99 \times 0.98\text{kW} = 4.40\text{kW}$$

式中，P_0 为电动机实际输出功率，P_{I} 为 I 轴输入功率，P_{II} 为 II 轴输入功率，P_W 为 W 轴输入功率。

各轴输入转矩

$$T_0 = 9550\frac{P_0}{n_0} = 9550 \times \frac{4.92}{960}\text{N}\cdot\text{m} = 48.9\text{N}\cdot\text{m}$$

$$T_{\mathrm{I}} = 9550\frac{P_{\mathrm{I}}}{n_{\mathrm{I}}} = 9550 \times \frac{4.72}{320}\text{N}\cdot\text{m} = 141\text{N}\cdot\text{m}$$

$$T_{\mathrm{II}} = 9550\frac{P_{\mathrm{II}}}{n_{\mathrm{II}}} = 9550 \times \frac{4.53}{76.4}\text{N}\cdot\text{m} = 566.6\text{N}\cdot\text{m}$$

$$T_w = 9550\frac{P_w}{n_w} = 9550 \times \frac{4.40}{76.4}\text{N}\cdot\text{m} = 549.4\text{N}\cdot\text{m}$$

式中，T_0 为电动机实际输出转矩，T_{I} 为 I 轴输入转矩，T_{II} 为 II 轴输入转矩，T_W 为 W 轴输入转矩。

思　考　题

18-1　常用传动装置有哪些？

18-2　机械方案设计时应考虑哪些因素？

18-3　容量相同的同类电动机，其同步转速有多种，电动机应选择哪种？为什么？

习　题

18-1　简述常用传动装置的功能。

18-2　传动比合理分配的一般原则是什么？

18-3　常用传动装置有哪些主要性能？

附　　录

附录 A　普通平键与键槽尺寸（摘自 GB/T 1095—2003）　　（单位：mm）

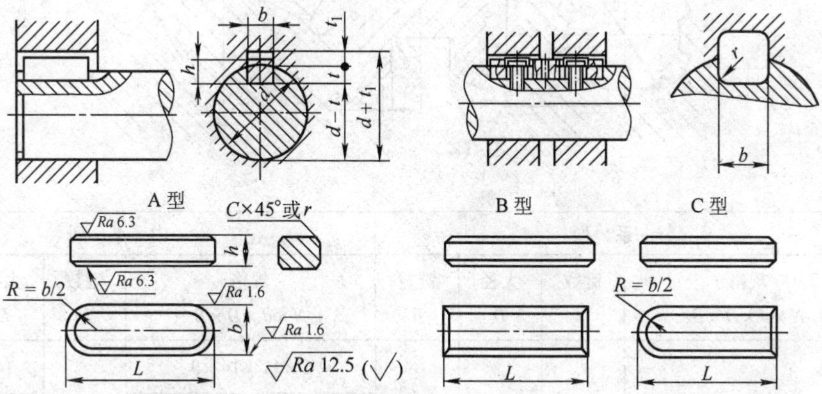

键尺寸 $b\times h$	键槽：宽度 b 基本尺寸	宽度 b 极限偏差 正常联结 轴 N9	正常联结 毂 JS9	紧密联结 轴和毂 P9	松联结 轴 H9	松联结 毂 D10	深度 轴 t_1 基本尺寸	轴 t_1 极限偏差	毂 t_2 基本尺寸	毂 t_2 极限偏差	半径 r min	半径 r max
2×2	2	−0.004 −0.029	±0.0125	−0.006 −0.031	+0.025 0	+0.060 +0.020	1.2	+0.1 0	1.0	+0.1 0	0.08	0.16
3×3	3						1.8		1.4			
4×4	4	0 −0.030	±0.015	−0.012 −0.042	+0.030 0	+0.078 +0.030	2.5		1.8			
5×5	5						3.0		2.3		0.16	0.25
6×6	6						3.5		2.8			
8×7	8	0 −0.036	±0.018	−0.015 −0.051	+0.036 0	+0.098 +0.040	4.0	+0.2 0	3.3	+0.2 0		
10×8	10						5.0		3.3		0.25	0.40
12×8	12	0 −0.043	±0.0215	−0.018 −0.061	+0.043 0	+0.0120 +0.050	5.0		3.3			
14×9	14						5.5		3.8			
16×10	16						6.0		4.3			
18×11	18						7.0		4.4			
20×12	20	0 −0.052	±0.026	−0.022 −0.074	+0.052 0	+0.149 +0.065	7.5		4.9		0.40	0.60
22×14	22						9.0		5.4			
25×14	25						9.0		5.4			
28×16	28						10.0		6.4			
32×18	32	0 −0.062	±0.031	−0.026 −0.088	+0.062 0	+0.180 +0.080	11.0		7.4			
36×20	36						12.0	+0.3 0	8.4	+0.3 0	0.70	1.00
40×22	40						13.0		9.4			
45×25	45						15.0		10.4			
50×28	50						17.0		11.4			
56×32	56	0 −0.074	±0.037	−0.032 −0.106	+0.074 0	+0.220 +0.100	20.0		12.4		1.20	1.60
63×32	63						20.0		12.4			
70×36	70						22.0		14.4			
80×40	80						25.0		15.4		2.00	2.50
90×45	90	0 −0.087	±0.0435	−0.037 −0.124	+0.087 0	+0.260 +0.120	28.0		17.4			
100×50	100						31.0		19.5			

附录 B　矩形花键的基本尺寸系列（摘自 GB/T 1144—2001）　（单位：mm）

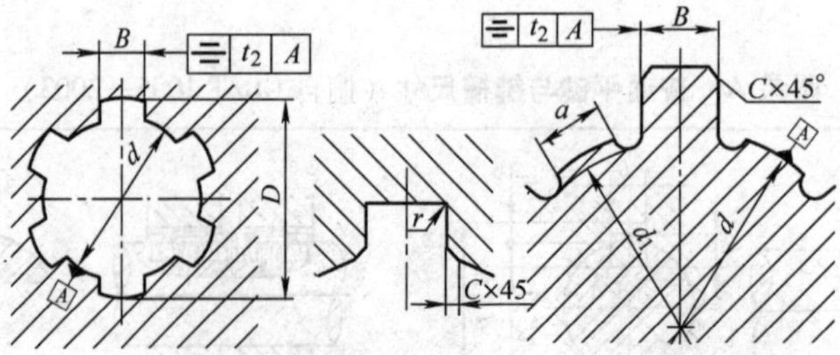

小径 d	轻系列				中系列			
	规格 $N\times d\times D\times B$	键数 N	大径 D	键宽 B	规格 $N\times d\times D\times B$	键数 N	大径 D	键宽 B
11	—	—	—	—	6×11×14×3	6	14	3
13					6×13×16×3.5		16	3.5
16					6×16×20×4		20	4
18					6×18×22×5		22	5
21					6×21×25×5		25	
23	6×23×26×6	6	26	6	6×23×28×6		28	6
26	6×26×30×6		30		6×26×32×6		32	
28	6×28×32×7		32	7	6×28×34×7		34	7
32	6×32×36×6		36	6	8×32×38×6	8	38	6
36	8×36×40×7	8	40	7	8×36×42×7		42	7
42	8×42×46×8		46	8	8×42×48×8		48	8
46	8×46×50×9		50	9	8×46×54×9		54	9
52	8×52×58×10		58	10	8×52×60×10		60	10
56	8×56×62×10		62		8×56×65×10		65	
62	8×62×68×12		68	12	8×62×72×12		72	12
72	10×72×78×12	10	78		10×72×82×12	10	82	
82	10×82×88×12		88		10×82×92×12		92	
92	10×92×98×14		98	14	10×92×102×14		102	14
102	10×102×108×16		108	16	10×102×112×16		112	16
112	10×112×120×18		120	18	10×112×125×18		125	18

附录C　普通螺纹基本尺寸（摘自 GB/T 196—2003）　（单位：mm）

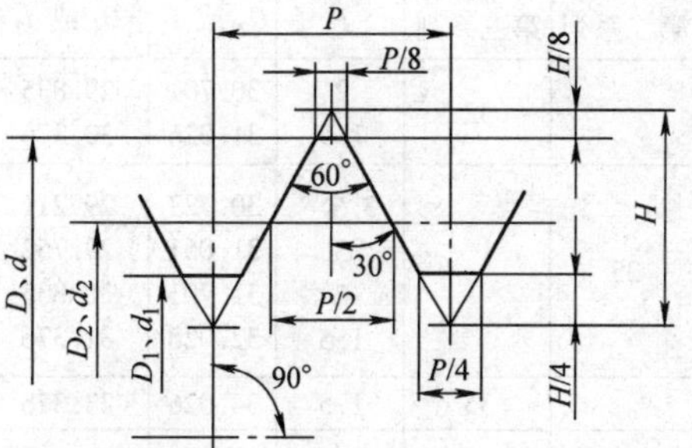

表中数值按下列公式计算，数值圆整到小数点后第三位数：

$$D_2 = D - 2 \times \frac{3}{8}H = D - 0.6495P$$

$$d_2 = d - 2 \times \frac{3}{8}H = d - 0.6495P$$

$$D_1 = D - 2 \times \frac{5}{8}H = D - 1.0825P$$

$$d_1 = d - 2 \times \frac{5}{8}H = d - 1.0825P$$

$$H = \frac{\sqrt{3}}{2}P = 0.866025404P$$

D—内螺纹的基本大径　d—外螺纹的基本大径　D_2—内螺纹的基本中径

d_2—外螺纹的基本中径　D_1—内螺纹的基本小径　d_1—外螺纹的基本小径

P—螺距　H—原始三角形高度

公称直径 D、d			螺距	中径	小径
第一系列	第二系列	第三系列	P	D_2 或 d_2	D_1 或 d_2
1			0.25①	0.838	0.729
			0.2	0.870	0.783
	1.1		0.25①	0.938	0.829
			0.2	0.970	0.883
1.2			0.25①	1.038	0.928
			0.2	1.070	0.983
	1.4		0.3①	1.205	1.075
			0.2	1.270	1.183
1.6			0.35①	1.373	1.221
			0.2	1.470	1.383
	1.8		0.35①	1.573	1.421
			0.2	1.670	1.583
2			0.4①	1.740	1.567
			0.25	1.838	1.729
	2.2		0.45①	1.908	1.713
			0.25	2.038	1.929
2.5			0.45①	2.208	2.013
			0.35	2.273	2.121
3			0.5①	2.675	2.459
			0.35	2.773	2.621
	3.54		0.6①	3.110	2.850
			0.35	3.273	3.121
4			0.7①	3.545	3.242
			0.5	3.675	3.459
	4.5		0.75①	4.013	3.688
			0.5	4.175	3.959
5			0.8①	4.480	4.134
			0.5	4.675	4.459

公称直径 D、d			螺距	中径	小径
第一系列	第二系列	第三系列	P	D_2 或 d_2	D_1 或 d_2
		5.5	0.5	5.175	4.959
6			1①	5.350	4.917
			0.75	5.513	5.188
	7		1①	6.350	5.917
			0.75	6.513	6.188
8			1.25①	7.188	6.647
			1	7.350	6.917
			0.75	7.513	7.188
	9		1.25①	8.188	7.647
			1	8.350	7.917
			0.75	8.513	8.188
10			1.5①	9.026	8.376
			1.25	9.188	8.647
			1	9.350	8.917
			0.75	9.513	9.188
		11	1.5①	10.026	9.376
			1	10.350	9.917
			0.75	10.513	10.188
12			1.75①	10.863	10.106
			1.5	11.026	10.376
			1.25	11.188	10.647
			1	11.350	10.917
	14		2①	12.701	11.835
			1.5	13.026	12.376
			1.25	13.188	12.647
			1	13.350	12.917

（续）

公称直径 D、d			螺距	中径	小径
第一系列	第二系列	第三系列	P	D_2 或 d_2	D_1 或 d_2
		15	1.5	14.026	13.376
			1	14.350	13.917
16			2①	14.701	13.835
			1.5	15.026	14.376
			1	15.350	14.917
		17	1.5	16.026	15.376
			1	16.350	15.917
	18		2.5①	16.376	15.294
			2	16.701	15.835
			1.5	17.026	16.376
			1	17.350	16.917
20			2.5①	18.376	17.294
			2	18.701	17.835
			1.5	19.026	18.376
			1	19.350	18.917
	22		2.5①	20.376	19.294
			2	20.701	19.835
			1.5	21.026	20.376
			1	21.350	20.917
24			3①	22.051	20.752
			2	22.701	21.835
			1.5	23.026	22.376
			1	23.350	22.917
		25	2	23.701	22.835
			1.5	24.026	23.376
			1	24.350	23.917
		26	1.5	25.026	24.376
	27		3①	25.051	23.752
			2	25.701	24.835
			1.5	26.026	25.376
			1	26.350	25.917
		28	2	26.701	25.835
			1.5	27.026	26.376
			1	27.350	26.917
30			3.5①	27.727	26.211
			3	28.051	26.752
			2	28.701	27.835
			1.5	29.026	28.376
			1	29.350	28.917
		32	2	30.701	29.835
			1.5	31.026	30.376
	33		3.5①	30.727	29.211
			3	31.051	29.752
			2	31.701	30.835
			1.5	32.026	31.376
		35	1.5	34.026	33.376
36			4①	33.402	31.670
			3	34.051	32.752
			2	34.701	33.835
			1.5	35.026	34.376
		38	1.5	37.026	36.376
	39		4①	36.402	34.670
			3	37.051	35.752
			2	37.701	36.835
			1.5	38.026	37.376
		40	3	38.051	36.752
			2	38.701	37.835
			1.5	39.026	38.376
42			4.5①	39.077	37.129
			4	39.402	37.670
			3	40.051	38.752
			2	40.701	39.835
			1.5	41.026	40.376
	45		4.5①	42.077	40.129
			4	42.402	40.670
			3	43.051	41.752
			2	43.701	42.835
			1.5	44.026	43.376
48			5①	44.752	42.587
			4	45.402	43.670
			3	46.051	44.752
			2	46.701	45.835
			1.5	47.026	46.376
		50	3	48.051	46.752
			2	48.701	47.835
			1.5	49.026	48.376
	52		5①	48.752	46.587
			4	49.402	47.670
			3	50.051	48.752
			2	50.701	49.835
			1.5	51.026	50.376

注：1. 直径优先选用第一系列，其次第二系列，第三系列尽可能不用。

2. 括号内的螺距尽可能不用。

3. M14×1.25 仅用于火花塞，M35×1.5 仅用于滚动轴承锁紧螺母。

① 为粗牙螺距，其余为细牙螺距。

附录 D 梯形螺纹的基本尺寸（摘自 GB/T 5796.1—2005） （单位：mm）

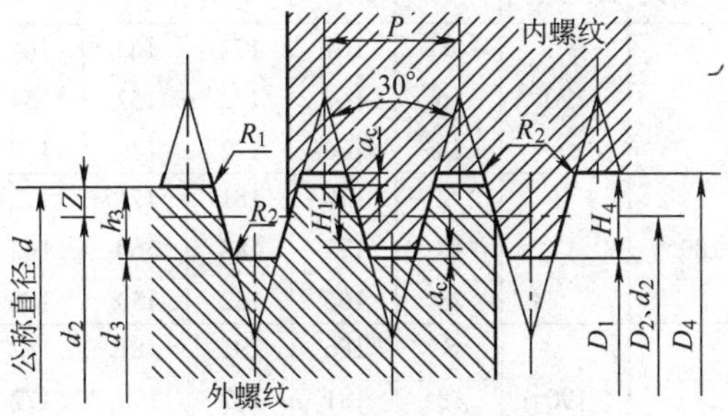

d—外螺纹大径（公称直径）

P—螺距

a_c—牙顶间隙

H_1—基本牙型高度，$H_1 = 0.5P$

h_3—外螺纹牙高，$h_3 = H_1 + a_c = 0.5P + a_c$

H_4—内螺纹牙高，$H_4 = H_1 + a_c = 0.5P + a_c$

Z—牙顶高，$Z = 0.25P = H_1/2$

d_2—外螺纹中径，$d_2 = d - 2Z = d - 0.5P$

D_2—内螺纹中径，$D_2 = d - 2Z = d - 0.5P$

d_3—外螺纹小径，$d_3 = d - 2h_3$

D_1—内螺纹小径，$D_1 = D - 2H_1 = d - P$

D_4—内螺纹大径，$D_4 = d + 2a_c$

R_1—外螺纹牙顶圆角，$R_{1max} = 0.5a_c$

R_2—牙底圆角，$R_{2max} = a_c$

公称直径 d		螺距	中径	大径	小径	
第一系列	第二系列	P	$d_2 = D_2$	D_4	d_3	D_1
8		1.5	7.25	8.3	6.2	6.5
	9	1.5	8.25	9.3	7.2	7.5
		2	8.00	9.5	6.5	7.0
10		1.5	9.25	10.3	8.2	8.5
		2	9.00	10.5	7.5	8.0
	11	2	10.00	11.5	8.5	9.0
		3	9.50	11.5	7.5	8.0
12		2	11.00	12.5	9.5	10.0
		3	10.50	12.5	8.5	9.0
	14	2	13	14.5	11.5	12
		3	12.5	14.5	10.5	11
16		2	15	16.5	13.5	14
		4	14	16.5	11.5	12
	18	2	17	18.5	15.5	16
		4	16	18.5	13.5	14
20		2	19	20.5	17.5	18
		4	18	20.5	15.5	16
	22	3	20.5	22.5	18.5	19
		5	19.5	22.5	16.5	17
		8	18	23	13	14
24		3	22.5	24.5	20.5	21
		5	21.5	24.5	18.5	19
		8	20	25	15	16
	26	3	24.5	26.5	22.5	23
		5	23.5	26.5	20.5	21
		8	22	27	17	18
28		3	26.5	28.5	24.5	25
		5	25.5	28.5	22.5	23
		8	24	29	19	20
	30	3	28.5	30.5	26.5	27
		6	27	31	23	24
		10	25	31	19	20
32		3	30.5	32.5	28.5	29
		6	29	33	25	26
		10	27	33	21	22

公称直径 d		螺距	中径	大径	小径	
第一系列	第二系列	P	$d_2 = D_2$	D_4	d_3	D_1
	34	3	32.5	34.5	30.5	31
		6	31	35	27	28
		10	29	35	23	24
36		3	34.5	26.5	32.5	33
		6	33	27	29	30
		10	31	27	25	26
	38	3	36.5	38.5	34.5	35
		7	34.5	39	30	31
		10	33	39	27	28
40		3	38.5	40.5	36.5	37
		7	36.5	41	32	33
		10	35	41	29	30
	42	3	40.5	42.5	38.5	39
		7	38.5	43	34	35
		10	37	43	31	32
44		3	42.5	44.5	40.5	41
		7	40.5	45	36	37
		12	38	45	31	32
	46	3	44.5	46.5	42.5	43
		8	42.0	47	37	38
		12	40.0	47	33	34
48		3	46.5	48.5	44.5	45
		8	44	49	39	40
		12	42	49	35	36
	50	3	48.5	50.5	46.5	47
		8	46	51	41	42
		12	44	51	37	38
52		3	50.5	52.5	48.5	49
		8	48	53	43	44
		12	46	53	39	40
	55	3	53.5	55.5	51.5	52
		9	50.5	56	45	46
		12	48	57	39	41
60		3	58.5	60.5	56.5	57
		9	55.5	61	50	51
		14	53	62	44	46

（续）

公称直径 d		螺距	中径	大径	小径		公称直径 d		螺距	中径	大径	小径	
第一系列	第二系列	P	$d_2=D_2$	D_4	d_3	D_1	第一系列	第二系列	P	$d_2=D_2$	D_4	d_3	D_1
		4	63	65.5	60.5	61			6	167	171	163	164
	65	10	60	66	54	55		170	16	162	172	152	154
		16	57	67	47	49			28	156	172	140	142
		4	68	70.5	65.5	66			8	176	181	171	172
70		10	65	71	59	60	180		18	171	182	160	162
		16	62	72	52	54			28	166	182	150	152
		4	73	75.5	70.5	71			8	186	191	181	182
	75	10	70	76	64	65		190	18	181	192	170	172
		16	67	77	57	59			32	174	192	156	158
		4	78	80.5	75.5	76			8	196	201	191	192
80		10	75	81	69	70	200		18	191	202	180	182
		16	72	82	62	64			32	184	202	166	168
		4	83	85.5	80.5	81			8	206	211	201	202
	85	12	79	86	72	73		210	20	200	212	188	190
		18	76	87	65	67			36	192	212	172	174
		4	88	90.5	85.5	86			8	216	221	211	212
90		12	84	91	77	78	220		20	210	222	198	200
		18	81	92	70	72			36	202	222	182	184
		4	93	95.5	90.5	91			8	226	231	221	222
	95	12	89	96	82	83		230	20	220	232	208	210
		18	86	97	75	77			36	212	232	192	194
		4	98	100.5	95.5	96			8	236	241	231	232
100		12	94	101	87	88	240		22	229	242	216	218
		20	90	102	78	80			36	222	242	202	204
		4	108	110.5	105.5	106			12	244	251	237	238
	110	12	104	111	97	98		250	22	239	252	226	228
		20	100	112	88	90			40	230	252	208	210
		6	117	121	113	114			12	254	261	247	248
120		14	113	122	104	106	260		22	249	262	236	238
		22	109	122	96	98			40	240	262	218	220
		6	127	131	123	124			12	264	271	257	258
	130	14	123	132	114	116		270	24	258	272	244	246
		22	119	132	106	108			40	250	272	228	230
		6	137	141	153	134			12	274	281	267	268
140		14	133	142	124	126	280		24	268	282	254	256
		24	128	142	114	116			40	260	282	238	240
		6	147	151	143	144			12	284	291	277	278
	150	16	142	152	132	134		290	24	278	292	264	266
		24	138	152	124	126			44	268	292	244	246
		6	157	161	153	154			12	294	301	287	288
160		16	152	162	142	144	300		24	288	302	274	276
		28	146	162	130	132			44	278	302	254	256

注：优先选用第一直径系列，其次是第二系列，第三系列尽量不用。

附录E　六角头普通螺栓（摘自 GB/T 5782—2000）　　（单位：mm）

GB/T5782A,GB/T5785A

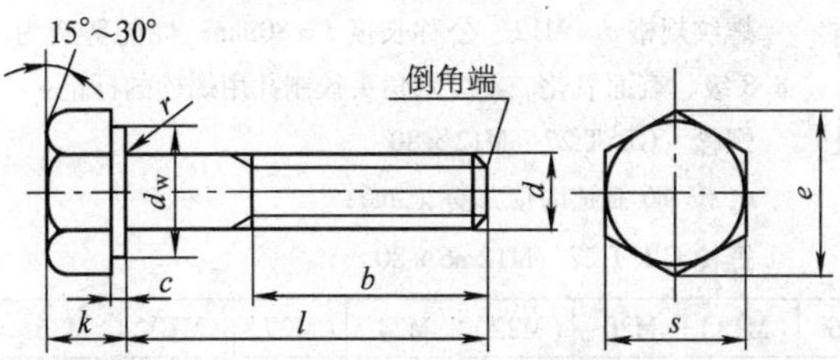

GB/T5783,GB/T5786

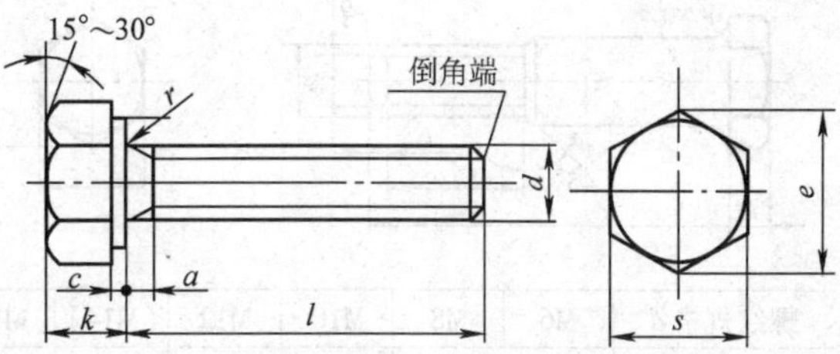

标记示例：

螺纹规格 d = M12、公称长度 l = 80mm、性能等级为 8.8 级，表面氧化、A 级六角头螺栓的标记：

螺栓　GB/T 5782　M12 × 80

螺纹规格 d = M12 × 1.5、公称长度 l = 80mm、细牙螺纹、性能等级为 8.8 级，表面氧化、A 级六角头螺栓的标记：

螺栓 GB/T 5785　M12 × 1.5 × 80

螺纹规格 d				M6	M8	M10	M12	M16	M20	M24	M30
b 参考		l≤125		18	22	26	30	38	46	54	66
		125 < l≤200		—	28	32	36	44	52	60	72
		l > 200		—	—	—	—	57	65	73	85
c		min		0.15	0.15	0.15	0.15	0.2	0.2	0.2	0.2
		max		0.5	0.6	0.6	0.6	0.8	0.8	0.8	0.8
d_s	max			6	8	10	12	16	20	24	30
	min	产品等级	A	5.82	7.78	9.78	11.73	15.73	19.67	23.67	—
			B	5.70	7.64	9.64	11.57	15.57	19.48	23.48	29.48
d_w　min		产品等级	A	8.9	11.6	14.6	16.6	22.5	28.2	33.6	—
			B	8.7	11.4	14.4	16.4	22	27.7	33.2	42.7
e　min		产品等级	A	11.05	14.38	17.77	20.03	26.75	33.53	39.98	—
			B	10.89	14.20	17.59	19.85	26.17	32.95	39.55	50.85
k	公称			4	5.3	6.4	7.5	10	12.5	15	18.7
	产品等级	A	min	3.85	5.15	6.22	7.32	9.82	12.28	14.78	—
			max	4.15	5.45	6.58	7.68	10.18	12.72	15.22	—
		B	min	3.76	5.06	6.11	7.21	9.71	2.15	14.65	18.28
			max	4.24	5.54	6.69	7.79	10.29	12.85	15.35	19.12
k'　min		产品等级	A	2.7	3.6	4.4	5.1	6.9	8.6	10.3	—
			B	2.6	3.5	4.3	5	6.8	8.5	10.2	12.3
r		min		0.25	0.4	0.4	0.6	0.6	0.8	0.8	1
s	max = 公称			10	13	16	18	24	30	36	46
	min	产品等级	A	9.78	12.73	15.73	17.73	23.67	29.67	35.38	—
			B	9.64	12.57	15.57	17.57	23.16	29.16	35	45

注：螺杆长度系列：2，3，4，5，6，8，10，12，16，20，25，30，35，40，45，50，55，60，65，70，80，90，100，110，120，130，140，150，160，180，200，220，240，260，280，300，320，340，360，380，400，420，440，480，500。

附录 F　六角头铰制孔螺栓 A 和 B 级（摘自 GB/T 27—2013）　　（单位：mm）

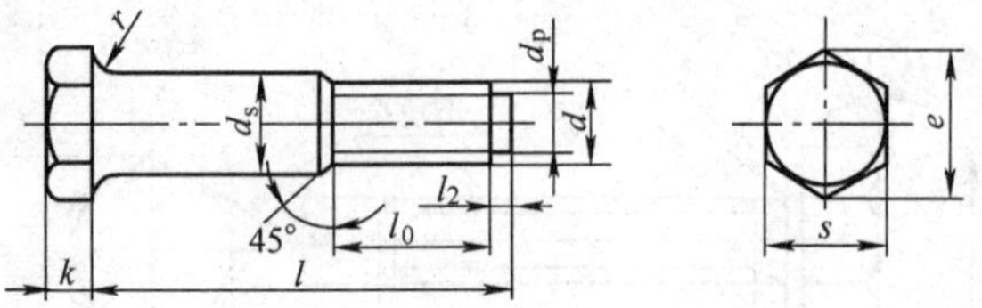

标记示例：

螺纹规格 d = M12、公称长度 l = 80mm、性能等级为 8.8 级、表面氧化、A 级六角头铰制孔用螺栓的标记：

螺栓　GB/T 27　M12 × 80

d_s 按 m6 制造时应加标记 m6：

螺栓 GB/T 27　M12m6 × 80

螺纹规格 d		M6	M8	M10	M12	(M14)	M16	(M18)	M20	(M22)	M24	(M27)	M30	M36
d_s(h9)	max	7	9	11	13	15	17	19	21	23	25	28	32	38
s	max	10	13	16	18	21	24	27	30	34	36	41	46	55
k	公称	4	5	6	7	8	9	10	11	12	13	15	17	20
r	min	0.25	0.4	0.4	0.6	0.6	0.6	0.6	0.8	0.8	0.8	1	1	1
d_p		4	5.5	7	8.5	10	12	13	15	17	18	21	23	28
l_2		1.5		2		3			4			5		6
e_{min}	A	11.05	14.38	17.77	20.03	23.35	26.75	30.14	33.53	37.72	39.98	—	—	—
	B	10.89	14.20	17.59	19.85	22.78	26.17	29.56	32.95	37,29	39.55	45.2	50.85	60.79
g		2.5			3.5						5			
l_0		12	15	18	22	25	28	30	32	35	38	42	50	55
l 范围		25 ~ 65	25 ~ 80	30 ~ 120	35 ~ 180	40 ~ 180	45 ~ 200	50 ~ 200	55 ~ 200	60 ~ 200	65 ~ 200	75 ~ 200	80 ~ 230	90 ~ 300
l 系列		25，(28)，30，(32)，35，(38)，40，45，50，(55)，60，(65)，70，(75)，80，85，90，(95)，100 ~ 260(10 进位)，280，300												

注：1. 尽可能不采用括号内的规格。

2. 根据使用要求，螺杆上无螺纹部分杆径(d_s)允许 m6、u8 制造。

附录 G　六角螺母(摘自 GB/T 6175—2000)　　（单位：mm）

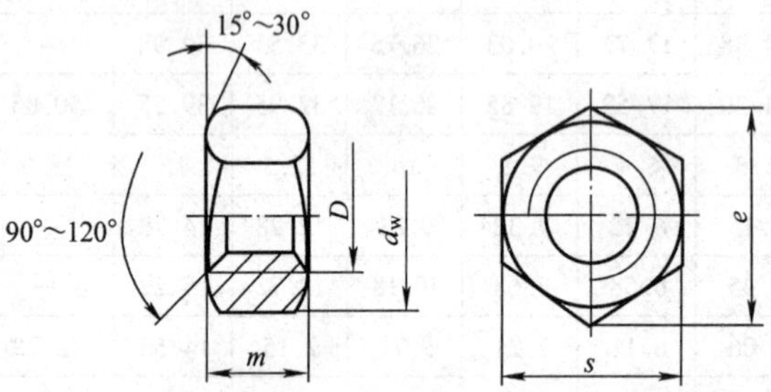

标记示例

螺纹规格 D = M16、性能等级 9 级、不经表面处理、A 型的 2 型六角螺母,标记为:螺母　GB/T 6175　M16

螺纹规格 D	M5	M6	M8	M10	M12	(M14)	M16	M20	M24	M30	M36
e(最小)	8.8	11.1	14.4	17.8	20.1	23.4	26.8	33	39.6	50.9	60.8
s(最大)	8	10	13	16	18	21	24	30	36	46	55
m(最大)	5.1	5.7	7.5	9.3	12	14.1	16.4	20.3	23.9	28.6	34.7
d_w(最小)	6.9	8.9	11.6	14.6	16.6	19.6	22.5	27.7	33.2	42.7	51.1
每 1000 个的质量/kg≈	1.14	2.15	4.68	8.83	13.31	20.92	32.29	57.95	99.35	207.1	356.9

技术条件	材料:钢	性能等级:9、12	螺纹公差:6H	表面处理:氧化;电镀技术要求按 GB/T 5267;非电解锌粉覆盖层技术要求按 ISO 10683;如需其他表面镀层或表面处理,应由供需双方协议

注：A 级用于 D≤M16；B 级用于 D > M16。

附录 H　弹簧垫圈（摘自 GB 93—1987、GB/T 859—1987、GB/T 7244－1987）

（单位：mm）

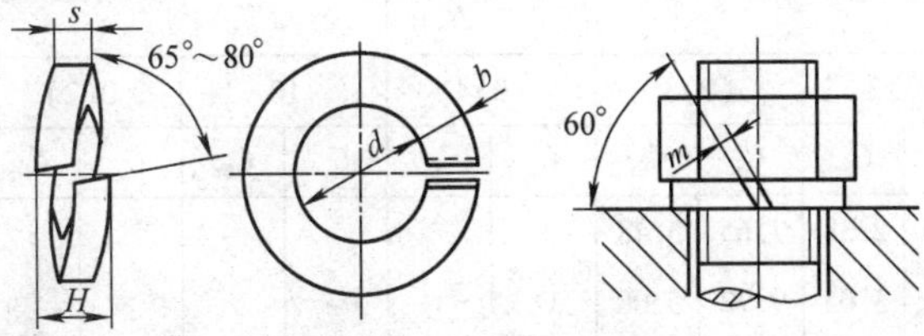

标记示例：

规格 16mm、材料 65Mn、表面氧化的标准型弹簧垫圈，标记为：垫圈　GB 93　16

规格（螺纹大径）	d（最小）	GB 93				GB/T 859					GB/T 7244				
		S(b)（公称）	H（最大）	m≤	每1000个的质量/kg	S（公称）	b（公称）	H（最大）	m≤	每1000个的质量/kg	S（公称）	b（公称）	H（最大）	m≤	每1000个的质量/kg
2	2.1	0.5	1.25	0.25	0.01	—	—	—	—	—	—	—	—	—	—
2.5	2.6	0.65	1.63	0.33	0.01	—	—	—	—	—	—	—	—	—	—
3	3.1	0.8	2	0.4	0.02	0.6	1	1.5	0.3	0.03	—	—	—	—	—
4	4.1	1.1	2.75	0.55	0.05	0.8	1.2	2	0.4	0.05	—	—	—	—	—
5	5.1	1.3	3.25	0.65	0.08	1.1	1.5	2.75	0.55	0.11	—	—	—	—	—
6	6.1	1.6	4	0.8	0.15	1.3	2	3.25	0.65	0.21	1.8	2.6	4.5	0.9	0.39
8	8.1	2.1	5.25	1.05	0.35	1.6	2.5	4	0.8	0.43	2.4	3.2	6	1.2	0.84
10	10.2	2.6	6.5	1.3	0.68	2	3	5	1	0.81	3	3.8	7.5	1.5	1.56
12	12.2	3.1	7.75	1.55	1.15	2.5	3.5	6.25	1.25	1.41	3.5	4.3	8.75	1.75	2.44
(14)	14.2	3.6	9	1.8	1.81	3	4	7.5	1.5	2.24	4.1	4.8	10.25	2.05	3.69
16	16.2	4.1	10.25	2.05	2.68	3.2	4.5	8	1.6	3.08	4.8	5.3	12	2.4	5.4
(18)	18.2	4.5	11.25	2.25	3.65	3.6	5	9	1.8	4.31	5.3	5.8	13.25	2.65	7.31
20	20.2	5	12.5	2.5	5	4	5.5	10	2	5.84	6	6.4	15	3	10.11
(22)	22.5	5.5	13.75	2.75	6.75	4.5	6	11.25	2.25	7.96	6.6	7.2	16.5	3.3	13.97
24	24.5	6	15	3	8.76	5	7	12.5	2.5	11.2	7.1	7.5	17.75	3.55	16.96
(27)	27.5	6.8	17	3.4	12.6	5.5	8	13.75	2.75	16.04	8	8.5	20	4	24.33
30	30.5	7.5	18.75	3.75	17.02	6	9	15	3	21.89	9	9.3	22.5	4.5	33.11
(33)	33.5	8.5	21.25	4.25	23.84	—	—	—	—	—	9.9	10.2	24.75	4.95	43.86
36	36.5	9	22.5	4.5	29.32	—	—	—	—	—	10.8	11	27	5.4	56.13
(39)	39.5	10	25	5	38.92	—	—	—	—	—	—	—	—	—	—
42	42.5	10.5	26.25	5.25	46.44	—	—	—	—	—	—	—	—	—	—
(45)	45.5	11	27.5	5.5	54.84	—	—	—	—	—	—	—	—	—	—
48	48.5	12	30	6	69.2	—	—	—	—	—	—	—	—	—	—

注：1. 标记示例中的材料为最常用的主要材料，其他技术条件按 GB/T 94.1 规定。

2. 本表为商品紧固件品种，应优先选用。尽量不采用括号内的规格。

3. m 应大于零。

附录 I　常用向心轴承的径向基本额定动载荷 C_r 和基本额定静载荷 C_{0r}（单位：kN）

轴承内径 mm	深沟球轴承(60000 型)								圆柱滚子轴承(N0000 型 / NF0000 型)							
	* (1)0		(0)2		(0)3		(0)4		10		0(2)		(0)3		(0)4	
	C_r	C_{0r}	C_r	C_{0r}	C_r	C_{0r}	C_r	C_{0r}	C_r	C_{0r}	C_r	C_{0r}	C_r	C_{0r}	C_r	C_{0r}
10	4.58	1.98	5.10	2.38	7.65	3.48										
12	5.10	2.38	6.82	3.05	9.72	5.08										
15	5.58	2.85	7.65	3.72	11.5	5.42					7.98	5.5				
17	6.00	3.25	9.58	4.78	13.5	6.58	22.5	10.8			9.12	7.0				
20	9.38	5.02	12.8	6.65	15.8	7.88	31.0	15.2	10.5	8.0	12.5	11.0	18.0	15.0		
25	10.0	5.85	14.0	7.88	22.2	11.5	38.2	19.2	11.0	10.2	14.2	12.8	25.5	22.5		
30	13.2	8.30	19.5	11.5	27.0	15.2	47.5	24.5			19.5	18.2	33.5	31.5	57.2	53.0
35	16.2	10.5	25.5	15.2	33.2	19.2	56.8	29.5			28.5	28.0	41.0	39.2	70.8	68.2
40	17.0	11.8	29.5	18.0	40.8	24.0	65.5	37.5	21.2	22.0	37.5	38.2	48.8	47.5	90.5	89.8
45	21.0	14.8	31.5	20.5	52.8	31.8	77.5	45.5			39.8	41.0	66.8	66.8	102	100
50	22.0	16.2	35.0	23.2	61.8	38.0	92.2	55.2	25.0	27.5	43.2	48.5	76.0	79.5	120	120
55	30.2	21.8	43.2	29.2	71.5	44.8	100	62.5	35.8	40.0	52.8	60.2	97.8	105	128	132
60	31.5	24.2	47.8	32.8	81.8	51.8	108	70.0	38.5	45.0	62.8	73.5	118	128	155	162

附录 J　常用角接触球轴承径向基本额定动载荷 C_r 和基本额定静载荷 C_{0r}

（单位：kN）

轴承内径 /mm	70000C 型($\alpha=15°$)				70000AC 型($\alpha=25°$)				70000B 型($\alpha=40°$)			
	* (1)0		(0)2		(1)0		(0)2		0(2)		(0)3	
	C_r	C_{0r}	C_r	C_{0r}	C_r	C_{0r}	C_r	C_{0r}	C_r	C_{0r}	C_r	C_{0r}
10	4.92	2.25	5.82	2.95	4.75	2.12	5.58	2.82				
12	5.42	2.65	7.35	3.52	5.20	2.55	7.10	3.35				
15	6.25	3.42	8.68	4.62	5.95	3.25	8.35	4.40				
17	6.60	3.85	10.8	5.95	6.30	3.68	10.5	5.65				
20	10.5	6.08	14.5	8.22	10.0	5.78	14.0	7.82	14.0	7.85		
25	11.5	7.45	16.5	10.5	11.2	7.08	15.8	9.88	15.8	9.45	26.2	15.2
30	15.2	10.2	23.0	15.0	14.5	9.85	22.0	14.2	20.5	13.8	31.0	19.2
35	19.5	14.2	30.5	20.0	18.5	13.5	29.0	19.2	27.0	18.8	38.2	24.5
40	20.0	15.2	36.8	25.8	19.0	14.5	35.2	24.5	32.5	23.5	46.2	30.5
45	25.8	20.5	38.5	28.5	25.8	19.5	36.8	27.2	36.0	26.2	59.5	39.8
50	26.5	22.0	42.8	32.0	25.2	21.0	40.8	30.5	37.5	29.0	68.2	48.0
55	37.2	30.5	52.8	40.5	35.2	29.2	50.5	38.5	46.2	36.0	78.8	56.5
60	38.2	32.8	61.0	48.5	36.2	31.5	58.2	46.2	56.0	44.5	90.0	66.3

注：* 尺寸系列代号括号中的数字通常省略。

附录 K　常用圆锥滚子轴承径向基本额定动载荷 C_r 和基本额定静载荷 C_{0r}

（单位：kN）

轴承代号	轴承内径/mm	C_r	C_{0r}	α	轴承代号	轴承内径/mm	C_r	C_{0r}	α
30203	17	20.8	21.8	12°57′10″	30303	17	28.2	27.2	10°45′29″
30204	20	28.2	30.5	12°57′10″	30304	20	33.0	33.2	11°18′36″
30205	25	32.2	37.0	14°02′10″	30305	25	46.8	48.0	11°18′36″
30206	30	43.2	50.5	14°02′10″	30306	30	59.0	63.0	11°51′35″
30207	35	54.2	63.5	14°02′10″	30307	35	75.2	82.5	11°51′35″
30208	40	63.0	74.0	14°02′10″	30308	40	90.8	108	12°57′10″
30209	45	67.8	83.5	15°06′34″	30309	45	108	130	12°′57″10
30210	50	73.2	92.0	15°38′32″	30310	50	130	158	12°57′10″
30211	55	90.8	115	15°06′34″	30311	55	152	188	12°′57″10
30212	60	102	130	15°06′34″	30312	60	170	210	12°′57″10

附录 L　LT 型弹性套柱销联轴器（摘自 GB/T 4323—2002）

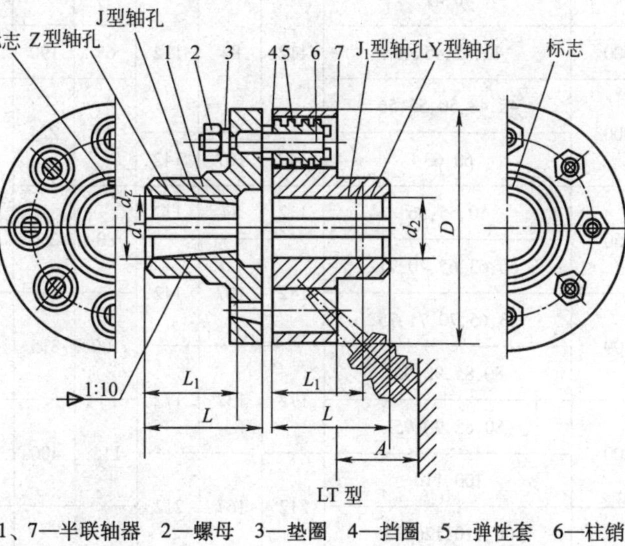

LT 型

1、7—半联轴器　2—螺母　3—垫圈　4—挡圈　5—弹性套　6—柱销

标记示例：LT3 联轴器 $\frac{ZC16\times30}{JB18\times42}$ GB/T 4323－2002

主动端：Z 型轴孔，C 型键槽，$d_Z=16$mm，$L=30$mm

从动端：J 型轴孔，B 型键槽，$d_2=18$mm，$L=42$mm

（续）

<table>
<tr><th rowspan="3">型号</th><th>公称转矩</th><th>许用转速</th><th>轴孔直径</th><th colspan="3">轴孔长度/mm</th><th rowspan="3">$L_{推荐}$</th><th rowspan="2">D</th><th rowspan="2">A</th><th>质量</th><th rowspan="2">转动惯量</th></tr>
<tr><th>T</th><th>$[n]$</th><th>d_1、d_2、d_z</th><th>Y 型</th><th colspan="2">J、J_1、Z 型</th><th>m</th></tr>
<tr><th>N · m</th><th>r/min</th><th>mm</th><th>L</th><th>L_1</th><th>L</th><th>mm</th><th>mm</th><th>kg</th><th>kg · m^2</th></tr>
<tr><td rowspan="3">LT1</td><td rowspan="3">6.3</td><td rowspan="3">8800</td><td>9</td><td>20</td><td>14</td><td rowspan="4">—</td><td rowspan="3">25</td><td rowspan="3">71</td><td rowspan="4">18</td><td rowspan="3">0.82</td><td rowspan="3">0.0005</td></tr>
<tr><td>10,11</td><td>25</td><td>17</td></tr>
<tr><td>12,14</td><td rowspan="2">32</td><td rowspan="2">20</td></tr>
<tr><td rowspan="2">LT2</td><td rowspan="2">16</td><td rowspan="2">7600</td><td>12,14</td><td rowspan="2">35</td><td rowspan="2">80</td><td rowspan="2">1.20</td><td rowspan="2">0.0008</td></tr>
<tr><td>16,18,19</td><td rowspan="2">42</td><td rowspan="2">30</td><td rowspan="2">42</td></tr>
<tr><td rowspan="2">LT3</td><td rowspan="2">31.5</td><td rowspan="2">6300</td><td>16,18,19</td><td rowspan="2">38</td><td rowspan="2">95</td><td rowspan="4">35</td><td rowspan="2">2.20</td><td rowspan="2">0.0023</td></tr>
<tr><td>20,22</td><td rowspan="2">52</td><td rowspan="2">38</td><td rowspan="2">52</td></tr>
<tr><td rowspan="2">LT4</td><td rowspan="2">63</td><td rowspan="2">5700</td><td>20,22,24</td><td rowspan="2">40</td><td rowspan="2">106</td><td rowspan="2">2.84</td><td rowspan="2">0.0037</td></tr>
<tr><td>25,28</td><td rowspan="2">62</td><td rowspan="2">44</td><td rowspan="2">62</td></tr>
<tr><td rowspan="2">LT5</td><td rowspan="2">125</td><td rowspan="2">4600</td><td>25,28</td><td rowspan="2">50</td><td rowspan="2">130</td><td rowspan="4">45</td><td rowspan="2">6.05</td><td rowspan="2">0.0120</td></tr>
<tr><td>30,32,35</td><td rowspan="2">82</td><td rowspan="2">60</td><td rowspan="2">82</td></tr>
<tr><td rowspan="2">LT6</td><td rowspan="2">250</td><td rowspan="2">3800</td><td>32,35,38</td><td rowspan="2">55</td><td rowspan="2">160</td><td rowspan="2">9.57</td><td rowspan="2">0.0280</td></tr>
<tr><td>40,42</td><td rowspan="3">112</td><td rowspan="3">84</td><td rowspan="3">112</td></tr>
<tr><td>LT7</td><td>500</td><td>3600</td><td>40,42,45,48</td><td>65</td><td>190</td><td>14.01</td><td>0.0550</td></tr>
<tr><td rowspan="2">LT8</td><td rowspan="2">710</td><td rowspan="2">3000</td><td>45,48,50,55,56</td><td rowspan="2">70</td><td rowspan="2">224</td><td rowspan="4">65</td><td rowspan="2">23.12</td><td rowspan="2">0.1340</td></tr>
<tr><td>60,63</td><td>142</td><td>107</td><td>142</td></tr>
<tr><td rowspan="2">LT9</td><td rowspan="2">1000</td><td rowspan="2">2850</td><td>50,55,56</td><td>112</td><td>84</td><td>112</td><td rowspan="2">80</td><td rowspan="2">250</td><td rowspan="2">30.69</td><td rowspan="2">0.2130</td></tr>
<tr><td>60,63,65,70,71</td><td rowspan="2">142</td><td rowspan="2">107</td><td rowspan="2">142</td></tr>
<tr><td rowspan="2">LT10</td><td rowspan="2">2000</td><td rowspan="2">2300</td><td>63,65,70,71,75</td><td rowspan="2">100</td><td rowspan="2">315</td><td rowspan="2">80</td><td rowspan="2">61.40</td><td rowspan="2">0.6600</td></tr>
<tr><td>80,85,90,95</td><td rowspan="2">172</td><td rowspan="2">132</td><td rowspan="2">172</td></tr>
<tr><td rowspan="2">LT11</td><td rowspan="2">4000</td><td rowspan="2">1800</td><td>80,85,90,95</td><td rowspan="2">115</td><td rowspan="2">400</td><td rowspan="2">100</td><td rowspan="2">120.70</td><td rowspan="2">2.1220</td></tr>
<tr><td>100,110</td><td rowspan="2">212</td><td rowspan="2">167</td><td rowspan="2">212</td></tr>
<tr><td rowspan="2">LT12</td><td rowspan="2">8000</td><td rowspan="2">1450</td><td>100,110,120,125</td><td rowspan="2">135</td><td rowspan="2">475</td><td rowspan="2">130</td><td rowspan="2">210.34</td><td rowspan="2">5.3900</td></tr>
<tr><td>130</td><td>252</td><td>202</td><td>252</td></tr>
<tr><td rowspan="3">LT13</td><td rowspan="3">16000</td><td rowspan="3">1150</td><td>120,125</td><td>212</td><td>167</td><td>212</td><td rowspan="3">160</td><td rowspan="3">600</td><td rowspan="3">180</td><td rowspan="3">419.36</td><td rowspan="3">17.5800</td></tr>
<tr><td>130,140,150</td><td>252</td><td>202</td><td>252</td></tr>
<tr><td>160,170</td><td>302</td><td>242</td><td>302</td></tr>
</table>

注：质量、转动惯量按材料为铸钢、无孔、$L_{推荐}$计算近似值。

附录 M　WH 型滑块联轴器（摘自 JB/ZQ 4384—2006）

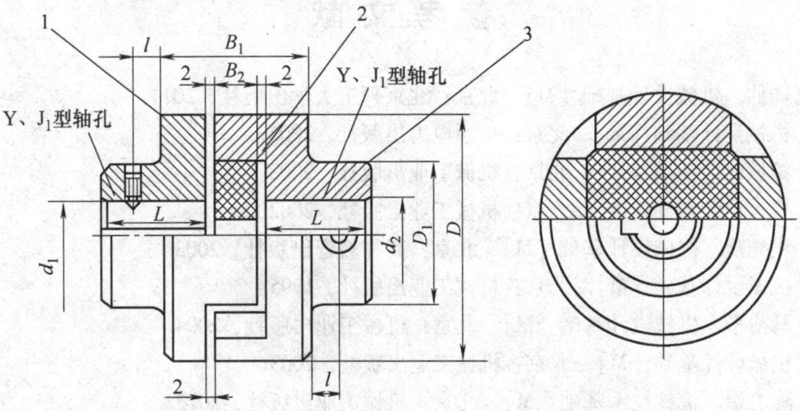

1、3—半联轴器　2—滑块

标记示例：WH6 联轴器　45×112　JB/ZQ 4384—2006

WH6 滑块联轴器，主动端：Y 型轴孔，A 型键槽，$d_1=45$mm，$L=112$mm

从动端：Y 型轴孔，A 型键槽，$d_2=45$mm，$L=112$mm

型号	公称转矩 T/N·m	许用转速 $[n]$ /(r/min)	轴孔直径 d_1，d_2	轴孔长度 Y	轴孔长度 J_1	D	D_1	B_1	B_2	l	转动惯量 /kg·m²	质量 /kg
				L								
			/mm									
WH1	16	10000	10，11 12，14	25 32	22 27	40	30	52	13	5	0.0007	0.6
WH2	31.5	8200	12，14 16，(17)，18	32 42	27 30	50	32	56	18	5	0.0038	1.5
WH3	63	7000	(17)，18，19 20，88	42 52	30 38	70	40	60	18	5	0.0053	1.8
WH4	160	5700	20，22，24 25，28	52 62	38 44	80	50	64	18	8	0.013	2.5
WH5	280	4700	25，28 30，32，35	62 82	44 60	100	70	75	23	10	0.045	5.8
WH6	500	3800	30，32，35，38 40，42，45	82 112	60 84	120	80	90	33	15	0.12	9.5
WH7	900	3200	40，42，45，48 50，55	112	84	150	100	120	38	25	0.43	25
WH8	1800	2400	50，55 60，63，65，70	112 142	84 107	190	120	150	48	25	1.98	55
WH9	3550	1800	65，70，75 80，85	142 172	107 132	250	150	180	58	25	4.9	85
WH10	5000	1500	80，85，90，95 100	172 212	132 167	330	190	180	58	40	7.5	120

注：1. 表中联轴器质量和转动惯量是按最小轴孔直径和最大长度计算的近似值。

2. 括号内的数值尽量不选用。

3. 工作环境温度 -20～70℃。

参考文献

[1] 王玉，高桂仙．机械设计基础［M］．北京：北京理工大学出版社，2011.
[2] 张国俊．机械设计基础［M］．北京：中国电力出版社，2005.
[3] 张久成．机械设计基础［M］．北京：机械工业出版社，2003.
[4] 陈庭吉．机械设计基础［M］．北京：机械工业出版社，2002.
[5] 杨可桢、程光蕴．机械设计基础［M］．北京：高等教育出版社，2003.
[6] 崔国泰．机械设计基础［M］．北京：机械工业出版社，1995.
[7] 范顺成、马治平．机械设计基础［M］．北京：机械工业出版社，2004.
[8] 柴鹏飞．机械设计基础［M］．北京：机械工业出版社，2003.
[9] 崔树平、陈卫娟．机械技术基础［M］．北京：机械工业出版社，2012.
[10] 胡家秀．机械设计基础［M］．北京：机械工业出版社，2004.
[11] 孙宝钧．机械设计基础［M］．北京：机械工业出版社，2004.
[12] 黄森彬．机械设计基础［M］．北京：机械工业出版社，2003.
[13] 何元庚．机械原理与机械零件［M］．北京：高等教育出版社，1999.
[14] 汤慧瑾．机械设计基础［M］．北京：机械工业出版社，1997.
[15] 李彦青，张国俊．机械设计基础［M］．北京：机械工业出版社，2002.
[16] 陈立德．机械设计基础［M］．北京：高等教育出版社，2000.
[17] 周志平，欧阳中和．机械设计基础与实践［M］．北京：冶金工业出版社，2008.
[18] 孙桓，陈作模，葛文杰．机械原理［M］．北京：高等教育出版社，2006.
[19] 陈定方．机械设计师手册［M］．北京：机械工业出版社，2014.
[20] 闻邦椿．机械设计手册［M］．5 版．北京：机械工业出版社，2010.
[21] 成大先．机械设计手册［M］．5 版．北京：化学工业出版社，2010.